Mechanik

TECHNISCHE UNIVERSITÄT DARMSTADT

Richard Markert

Dynamik – Aufgaben

Übungs- und Prüfungsaufgaben mit Lösungen zur Dynamik

Inhalt:

Shaker Verlag GmbH
ISBN 978-3-8440-2200-1

sdy

Bibliografische Information der Deutschen Nationalbibliothek

Die Deutsche Nationalbibliothek verzeichnet diese Publikation in der Deutschen Nationalbibliografie; detaillierte bibliografische Daten sind im Internet über http://dnb.d-nb.de abrufbar.

Printed in Germany.

ISBN 978-3-8440-2200-1
ISSN 1616-0126

Shaker Verlag GmbH • Postfach 101818 • 52018 Aachen
Telefon: 02407 / 95 96 - 0 • Telefax: 02407 / 95 96 - 9
Internet: www.shaker.de • E-Mail: info@shaker.de

Der Autor:

Richard Markert ist Professor für Strukturdynamik an der Technischen Universität Darmstadt. Seit mehreren Jahrzehnten hält er Vorlesungen über Technische Mechanik, Schwingungen, Strukturdynamik und Rotordynamik an verschiedenen Universitäten für Hörer unterschiedlicher Fachrichtungen.

Kontakt:

Markert@sdy.tu-darmstadt.de

Vorwort

Das Buch enthält Aufgaben mit Lösungen zum Band Dynamik der Buchreihe Technische Mechanik, wie sie als Übungen und Klausuren für Ingenieure an allen Technischen Universitäten für unterschiedlichste Fachrichtungen angeboten werden. Aufbau und Niveau des Buches orientieren sich an den Kenntnissen von Studierenden im 3. Semester.

Die Mehrzahl der Aufgaben hat der Autor – teilweise gemeinsam mit Kollegen – als Prüfungs- oder Übungsaufgaben zu seinen Mechanik-Lehrveranstaltungen für Maschinenbauer, Bauingenieure und Elektrotechniker entwickelt. Den beteiligten Kollegen sei an dieser Stelle für die langjährige konstruktive und vertrauensvolle Zusammenarbeit herzlich gedankt.

Idealerweise lösen die Studierenden die Aufgaben selbständig in häuslicher Nachbereitung alleine oder in Gruppen zur Vertiefung und Festigung des Vorlesungsstoffes. Die Musterlösungen sind zur Kontrolle und zur Hilfe bei Problemen auf dem Lösungsweg gedacht.

Aufbau und Niveau der Aufgaben orientieren sich an den Fähigkeiten von Studierenden im 3. Semester. Besonderer Wert wurde auf eine kurze und prägnante Darstellung der Zusammenhänge gelegt, rein algebraische Zwischenrechnungen, bei denen keine besonderen Kniffe notwendig sind, wurden unterdrückt.

Mein Dank gilt meinen wissenschaftlichen und studentischen Mitarbeitern, ohne deren aktive Hilfe das Buch nicht entstanden wäre und auch nicht die vorliegende Form hätte. Insbesondere muß ich hier den Damen und Herren Bauer, Baumann, Ehehalt, Norrick, Platz, Teschner und Wegener danken, die auch wertvolle inhaltliche Beiträge lieferten. Frau Xiao und etlichen Helfern danke ich auch für den unermüdlichen Einsatz bei der Erstellung der Bilder und der Formatierung des Textes. Dem Shaker-Verlag – speziell Frau Heike Jansen – danke ich für die bewährte gute Zusammenarbeit.

Darmstadt im August 2013 Richard Markert

Kontakt:

Markert@sdy.tu-darmstadt.de

Meinen Lehrern und Förderern

Ernst Lenz,
Herbert Pfützner,
Robert Gasch und
Hartmut Witfeld
gewidmet

Inhaltsverzeichnis

Die Aufgaben zu den Kapiteln 1 bis 21 behandeln Fragestellungen aus der Statik und der Elastomechanik. Sie sind im Buch zu Teil A „Statik – Aufgaben“ dieser Buchreihe enthalten.

Kapitel 22

Kinematik des Punktes

Aufgabe 22.1:

Ein Aufzug in einem Hochhaus beschleunigt oder verzögert mit $|a|$. Gemessen wurde die Beschleunigung über die Zeit, sie ist im Bild dargestellt.

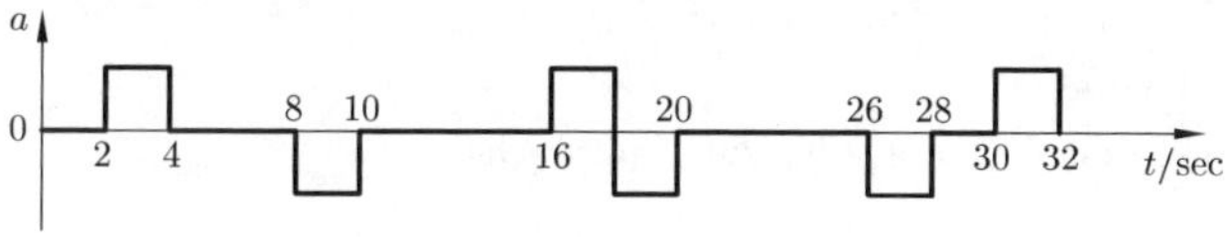

Gegeben: $h = 3\text{m}$, $|a| = 0.75\text{m}/\text{sec}^2$

Bild A22.1: Beschleunigungs-Zeitverlauf

In welchem Stockwerk hält der Aufzug schließlich nach 32 sec, wenn er im Erdgeschoß begann und jedes Stockwerk die Höhe h hat?

Lösung der Aufgabe 22.1:

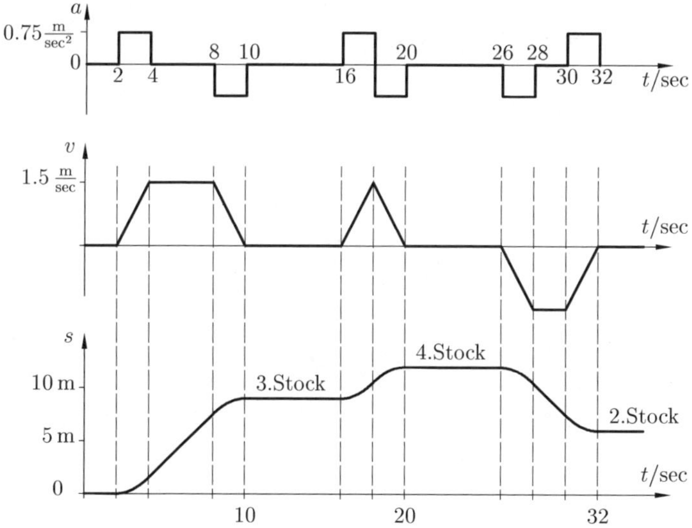

Aufgabe 22.2:

Auf der Autobahn fährt ein LKW mit der konstanten Geschwindigkeit v_1. Auf der Einfädelspur der Länge l fährt auf gleicher Höhe ein PKW mit der Geschwindigkeit v_2.

Welche konstante Beschleunigung a muß der PKW aufbringen, wenn er am Ende der Einfädelspur um die Strecke b vor dem LKW auf die Autobahn überwechseln will?

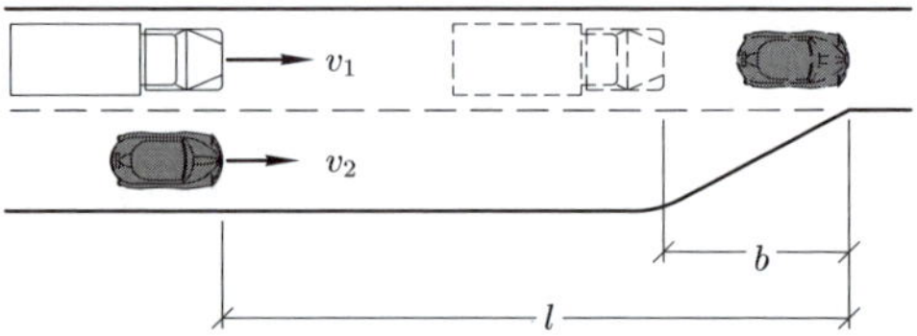

Bild A22.2: PKW auf Einfädelspur

Gegeben: $l = 200\text{m}$, $b = 20\text{m}$, $v_1 = 80\text{km/h}$, $v_2 = 60\text{km/h}$

Lösung der Aufgabe 22.2:

Zurückzulegende Strecken der Fahrzeuge bis zum Spurwechsel:

$$l_{\text{PKW}} = l \qquad = 200\,\text{m}$$

$$l_{\text{LKW}} = l - b = 180\,\text{m}$$

Weg-Zeit-Gesetze:

$$x_{\text{LKW}} = v_1\, t, \qquad x_{\text{PKW}} = \frac{1}{2}\, a\, t^2 + v_2\, t$$

Für $t = T$ ist

$$l_{\text{LKW}} = v_1\, T, \qquad l_{\text{PKW}} = \frac{1}{2}\, a\, T^2 + v_2\, T.$$

Ausrechnung:

$$T = \frac{l_{\text{LKW}}}{v_1} = 8.1\,\text{sec}$$

$$a = \frac{2}{T^2}\left(l_{\text{PKW}} - v_2 T\right) = \frac{2\, v_1\left(v_1\, l_{\text{PKW}} - v_2\, l_{\text{LKW}}\right)}{l_{\text{LKW}}^2} = 1.98\,\frac{\text{m}}{\text{sec}^2}$$

Aufgabe 22.3:

Ein Skispringer springt unter einem Winkel β gegenüber der Vertikalen mit der Geschwindigkeit v_0 ab.

Bei welcher Koordinate $x = a$ und $y = -c$ wird der Springer landen?

Gegeben: b, $\beta = 30°$, v_0, g

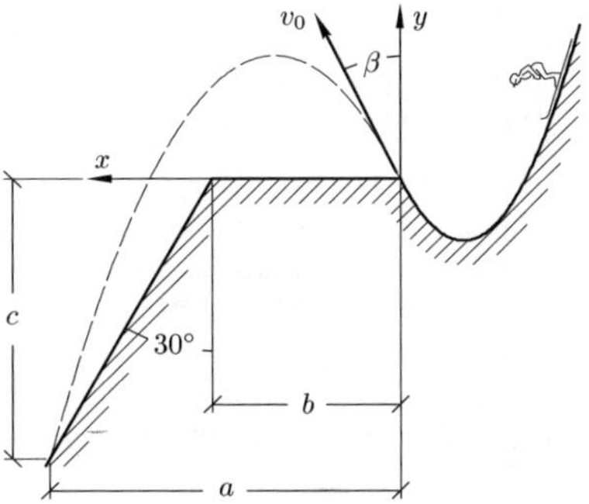

Bild A22.3: Skispringer

Lösung der Aufgabe 22.3:

a) Bewegungs-Zeit-Gesetz:

$$\ddot{x} = 0 \qquad \ddot{y} = -g$$

$$\dot{x} = v_0 \sin\beta \qquad \dot{y} = -g\,t + v_0 \cos\beta$$

$$x = v_0 \sin\beta\, t \qquad y = -\frac{1}{2} g\, t^2 + v_0 \cos\beta\, t$$

b) Wurfparabel:

$$y(x) = -\frac{1}{2}\,\frac{g}{v_0^2 \sin^2\beta}\, x^2 + \cot\beta\; x$$

c) Auftreffpunkt:

$$y = -c, \qquad x = a \qquad \Longrightarrow \qquad -c = -\frac{1}{2}\,\frac{g}{v_0^2 \sin^2\beta}\, a^2 + \cot\beta\; a$$

Geometrische Beziehung zwischen a und c auf der Hanggeraden:

$$\frac{a-b}{c} = \tan\beta = \frac{1}{\sqrt{3}}$$

d) Auflösung:

Quadratische Gleichung:

$$a^2 - \frac{\sqrt{3}\, v_0^2}{g}\, a + \frac{\sqrt{3}}{2}\,\frac{v_0^2}{g}\, b = 0 \qquad \Longrightarrow \qquad a_{1/2} = \frac{\sqrt{3}}{2}\,\frac{v_0^2}{g}\left(1 \pm \sqrt{1 - \frac{2\,bg}{\sqrt{3}\, v_0^2}}\right)$$

$$a = \frac{\sqrt{3}}{2}\,\frac{v_0^2}{g}\left(1 + \sqrt{1 - \frac{2\,bg}{\sqrt{3}\, v_0^2}}\right) \qquad c = \frac{3}{2}\,\frac{v_0^2}{g}\left(1 + \sqrt{1 - \frac{2\,bg}{\sqrt{3}\, v_0^2}}\right) - \sqrt{3}\, b$$

Aufgabe 22.4:

Bei einem Fußballspiel wird ein Freistoß gegeben. Der Spieler will den Ball so treten, daß dieser bei der Mauer x_1 und auf der Torlinie x_2 die Höhe h hat.

Berechnen Sie bei Vernachlässigung des Luftwiderstandes die notwendige Anfangsgeschwindigkeit v_0 und den Antrittswinkel α.

Gegeben: $h,\ x_1,\ x_2,\ g$

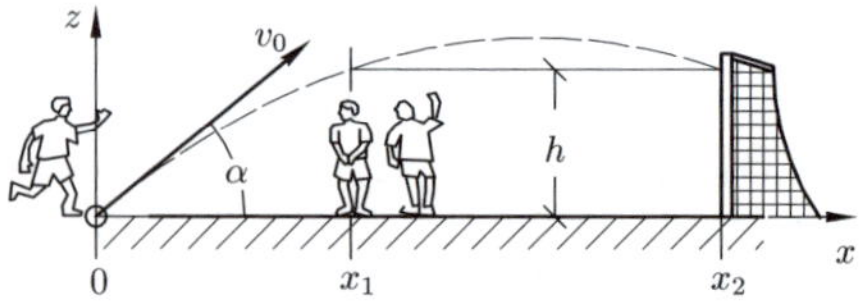

Bild A22.4: Freistoß vor dem Tor

Lösung der Aufgabe 22.4:

a) Bewegungs-Zeit-Gesetz:

$$\ddot{x} = 0 \qquad \ddot{z} = -g$$

$$\dot{x} = v_0 \cos\alpha \qquad \dot{z} = -g\,t \quad + v_0 \sin\alpha$$

$$x = v_0 \cos\alpha\, t \qquad z = -\frac{1}{2} g\, t^2 + v_0 \sin\alpha\, t$$

b) Geometrische Bedingung an der Stelle x_1:

$$z(T_1) = h \quad \Longrightarrow \quad h = -\frac{1}{2} g T_1^2 + v_0 \sin\alpha\, T_1$$

$$x(T_1) = x_1 \quad \Longrightarrow \quad x_1 = v_0 \cos\alpha\, T_1 \quad \Longrightarrow \quad T_1 = \frac{x_1}{v_0 \cos\alpha}$$

$$\Longrightarrow \quad h = -\frac{g\, x_1^2}{2\, v_0^2 \cos^2\!\alpha} + \tan\alpha\ x_1 \tag{1}$$

c) Geometrische Bedingung an der Stelle x_2:

$$z(T_2) = h \quad \Longrightarrow \quad h = -\frac{1}{2} g T_2^2 + v_0 \sin\alpha\, T_2$$

$$x(T_2) = x_2 \quad \Longrightarrow \quad x_2 = v_0 \cos\alpha\, T_2 \quad \Longrightarrow \quad T_2 = \frac{x_2}{v_0 \cos\alpha}$$

$$\Longrightarrow \quad h = -\frac{g\, x_2^2}{2\, v_0^2 \cos^2\!\alpha} + \tan\alpha\ x_2 \tag{2}$$

d) Auflösung: Aus (1) und (2) folgt zunächst

$$\frac{h - \tan\alpha\, x_1}{h - \tan\alpha\, x_2} = \frac{x_1^2}{x_2^2} \quad \Longrightarrow \quad \tan\alpha = \frac{h\,(x_1 + x_2)}{x_1\, x_2}$$

und schließlich mit

$$\cos^2\!\alpha = \frac{1}{\tan^2\!\alpha + 1} = \frac{x_1^2\, x_2^2}{h^2\,(x_1 + x_2)^2 + x_1^2\, x_2^2}$$

$$v_0 = \sqrt{\frac{g\, x_1^2}{2 \cos^2\!\alpha\,(\tan\alpha\, x_1 - h)}} = \sqrt{\frac{g\left[x_1^2\, x_2^2 + h^2\,(x_1 + x_2)^2\right]}{2\, h\, x_1\, x_2}}\,.$$

Aufgabe 22.5:

Von einem Baum löst sich eine Birne B und fällt senkrecht nach unten. Gleichzeitig mit dem Beginn des freien Falls der Birne wirft ein Kind bei A einen Stein unter dem Winkel α mit der Anfangsgeschwindigkeit v_0 ab.

a) Wie groß muß der Abwurfwinkel α sein, damit der Stein die Birne trifft?

b) Welche Anfangsgeschwindigkeit v_0 ist erforderlich, damit der Zusammenprall noch über dem Boden stattfindet?

Gegeben: b, h, l, g

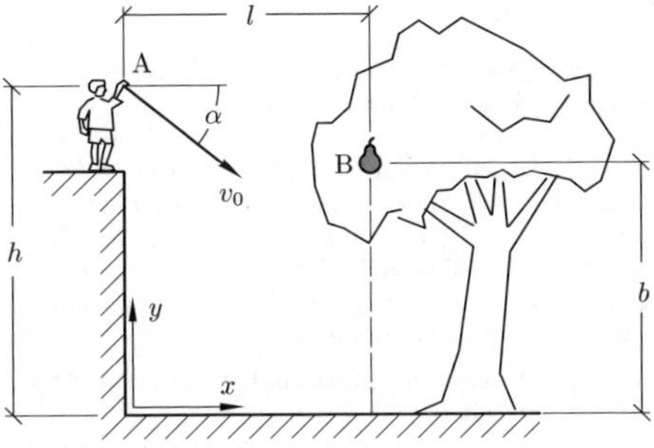

Bild A22.5: Stein und Birne

Lösung der Aufgabe 22.5:

Bewegungs-Zeit-Gesetze:

$$\ddot{x}_A = 0 \qquad \ddot{y}_A = -g \qquad \ddot{x}_B = 0 \qquad \ddot{y}_B = -g$$

$$\dot{x}_A = v_0 \cos\alpha \qquad \dot{y}_A = -g\,t - v_0 \sin\alpha \qquad \dot{x}_B = 0 \qquad \dot{y}_B = -g\,t$$

$$x_A = v_0 \cos\alpha\, t \qquad y_A = -\frac{1}{2} g\,t^2 - v_0 \sin\alpha\, t + h \qquad x_B = l \qquad y_B = -\frac{1}{2} g\,t^2 + b$$

a) Zusammentreffen von Stein und Birne zum Zeitpunkt T:

$$x_B = x_A \quad \Longrightarrow \quad l = v_0 \cos\alpha\, T$$

$$y_B = y_A \quad \Longrightarrow \quad -\frac{1}{2} g\, T^2 + b = -\frac{1}{2} g\, T^2 - v_0 \sin\alpha\, T + h \quad \Longrightarrow$$

$$\tan\alpha = \frac{h-b}{l}$$

b) Treffpunkt über dem Boden:

$$\left.\begin{aligned} v_0 \cos\alpha\, T &= l \\ v_0 \sin\alpha\, T &= h - b \end{aligned}\right\} \quad \Longrightarrow \quad v_0^2 T^2 = l^2 + (h-b)^2 \quad \Longrightarrow \quad T^2 = \frac{l^2 + (h-b)^2}{v_0^2}$$

$$y_B(T) \geq 0 \quad \Longrightarrow \quad -\frac{1}{2} g T^2 + b \geq 0 \quad \Longrightarrow$$

$$b \geq \frac{1}{2} g T^2 = \frac{g}{2 v_0^2}\left[l^2 + (h-b)^2\right], \qquad v_0 \geq \sqrt{g\,\frac{l^2 + (h-b)^2}{2b}}$$

Aufgabe 22.6:

Ein Fahrzeug rollt auf einer geraden Strecke. Zur Zeit $t = 0$ hat das Fahrzeug die Geschwindigkeit v_0 und passiert den Punkt A bei $s = 0$. Zwischen den Wegmarkierungen A und B bremst es so ab, daß es bei B nur noch die Hälfte seiner Anfangsgeschwindigkeit hat. Die Entfernung zwischen A und B ist L. Während des Bremsvorganges ist die momentane Verzögerung umgekehrt proportional zur momentanen Geschwindigkeit.

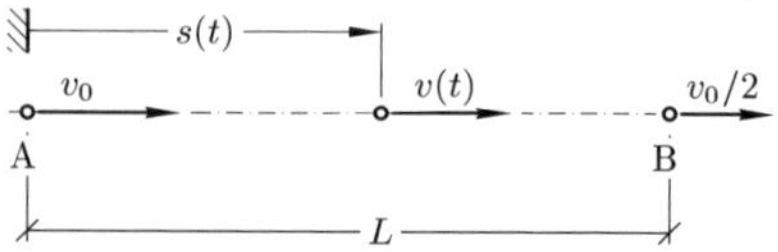

Bild A22.6: Fahrzeug auf gerader Strecke

a) Berechnen Sie die Geschwindigkeit $v(s)$ in Abhängigkeit vom Weg s sowie $v(t)$ in Abhängigkeit von der Zeit t.

b) Berechnen Sie den Zeitpunkt t_B, bei dem das Fahrzeug den Punkt B erreicht.

Gegeben: v_0, L

Lösung der Aufgabe 22.6:

a) Berechnung der Geschwindigkeit:

Beschleunigung als Funktion des Weges:

$$a = \dot{v} = \frac{dv}{ds}\frac{ds}{dt} = \frac{dv}{ds}v = \frac{K}{v}$$

Trennung der Veränderlichen:

$$\int_{v_0}^{v} \tilde{v}^2\, d\tilde{v} = \int_0^s K\, d\tilde{s} \qquad \Longrightarrow \qquad \frac{1}{3}(v^3 - v_0^3) = Ks$$

Endbedingung: Für $s = L$ ist $v = v_0/2$:

$$\frac{1}{3}v_0^3\left(\frac{1}{8} - 1\right) = KL \qquad \Longrightarrow \qquad K = -\frac{7}{24}\frac{v_0^3}{L}$$

Geschwindigkeit als Funktion des Ortes:

$$v^3 = v_0^3\left(1 - \frac{7}{8}\frac{s}{L}\right) \qquad \Longrightarrow \qquad v(s) = v_0\sqrt[3]{1 - \frac{7}{8}\frac{s}{L}}$$

Beschleunigung als Funktion der Zeit:

$$a = \dot{v} = \frac{dv}{dt} = \frac{K}{v}$$

Trennung der Veränderlichen:

$$\int_{v_0}^{v} \tilde{v}\, d\tilde{v} = \int_0^t K\, d\tilde{t} \qquad \Longrightarrow \qquad \frac{1}{2}(v^2 - v_0^2) = Kt$$

Geschwindigkeit als Funktion der Zeit:

$$v = \sqrt{v_0^2 + 2Kt} = v_0\sqrt{1 - \frac{7}{12}\frac{v_0 t}{L}}$$

b) Berechnung des Zeitpunktes t_B:

Die Geschwindigkeit bei B beträgt lt. Aufgabe $v_B = v_0/2$:

$$\frac{1}{2}v_0 = v_0\sqrt{1 - \frac{7}{12}\frac{v_0 t_B}{L}} \qquad \Longrightarrow \qquad t_B = \frac{9}{7}\frac{L}{v_0}$$

Aufgabe 22.7:

Die Fallbewegung eines Massenpunktes bei Luftwiderstand wird in etwa durch das Gesetz $\ddot{x}=g-\alpha\,\dot{x}^2$ beschrieben. Die Bewegung erfolgt aus der Ruhe heraus, $x(0)=0$ und $\dot{x}(0)=0$.

a) Berechnen Sie den Weg $x(t)$ und die Geschwindigkeit $\dot{x}(t)$ als Funktionen der Zeit.

b) Welche Endgeschwindigkeit $\dot{x}(\infty)$ stellt sich ein?

Gegeben: α, g

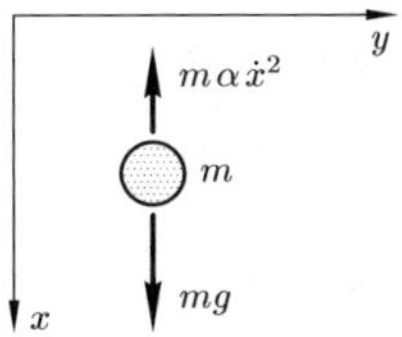

Bild A22.7: Freier Fall mit Luftwiderstand

Lösung der Aufgabe 22.7:

Bewegungsgleichung:

$$\ddot{x} = g - \alpha\,\dot{x}^2 \qquad \Longrightarrow \qquad \frac{dv}{dt} = g - \alpha\,v^2$$

Integration:

$$\int \frac{dv}{g/\alpha - v^2} = \alpha \int dt \qquad \Longrightarrow \qquad \frac{1}{\sqrt{g/\alpha}}\,\mathrm{Arth}\Big(\frac{v}{\sqrt{g/\alpha}}\Big) = \alpha\,t + \widetilde{C}_1$$

$$v(t) = \sqrt{\frac{g}{\alpha}}\,\tanh(\sqrt{g\,\alpha}\,t + C_1)$$

$$x(t) = \frac{1}{\alpha}\,\ln\Big[\cosh(\sqrt{g\,\alpha}\,t + C_1)\Big] + C_2$$

Anpassen der allgemeinen Lösung an die Anfangsbedingungen:

$$\left.\begin{aligned} x(0) &= 0 \\ \dot{x}(0) &= 0 \end{aligned}\right\} \quad \Longrightarrow \quad \left.\begin{aligned} C_2 &= 0 \\ C_1 &= 0 \end{aligned}\right\} \quad \Longrightarrow \quad \begin{aligned} x &= \frac{1}{\alpha}\,\ln\Big[\cosh(\sqrt{g\,\alpha}\,t)\Big] \\ \dot{x} &= \sqrt{\frac{g}{\alpha}}\,\tanh(\sqrt{g\,\alpha}\,t) \end{aligned}$$

Endgeschwindigkeit:

$$\dot{x}(\infty) = \sqrt{\frac{g}{\alpha}}\,\lim_{\tau\to\infty}\Big(\tanh\tau\Big) = \sqrt{\frac{g}{\alpha}}$$

Aufgabe 22.8:

Gegeben ist das Geschwindigkeits-Weg-Diagramm (Phasendiagramm) eines Punktes P.

Gesucht sind die Zeitverläufe für den Ort $x(t)$ und die Geschwindigkeit $v(t)$.

Gegeben: x_T, v_0

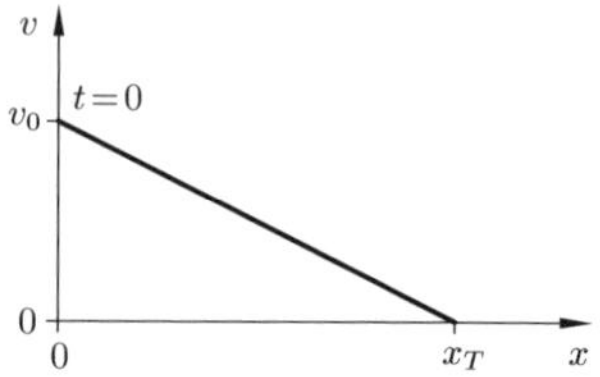

Bild A22.8: Phasendiagramm

Lösung der Aufgabe 22.8:

Geschwindigkeits-Weg-Gesetz:

$$v = \frac{dx}{dt} = v_0 \left(1 - \frac{x}{x_T}\right)$$

Integration:

$$\int \frac{dx}{1 - \frac{x}{x_T}} = \int v_0 \, dt \qquad \Longrightarrow \qquad -x_T \ln\left(1 - \frac{x}{x_T}\right) = v_0 t + C$$

$$\Longrightarrow \qquad x(t) = x_T \left[1 - e^{-(v_0 t + C)/x_T}\right]$$

Anfangsbedingung:

$$x(0) = 0 \qquad \Longrightarrow \qquad C = 0$$

Zeitverläufe:

$$x(t) = x_T \left[1 - e^{-v_0 t/x_T}\right], \qquad v(t) = \dot{x}(t) = v_0 \, e^{-v_0 t/x_T}$$

Aufgabe 22.9:

Um einen senkrecht stehenden Rundstab (Radius b) ist ein Faden geschlungen. Sein freies Ende E bewegt sich mit der konstanten Geschwindigkeit v.

Geben Sie die Beschleunigung des Punktes E

a) in natürlichen Koordinaten und

b) in kartesischen Koordinaten

sowohl als Funktionen des Ortes φ als auch als Funktionen der Zeit t an.

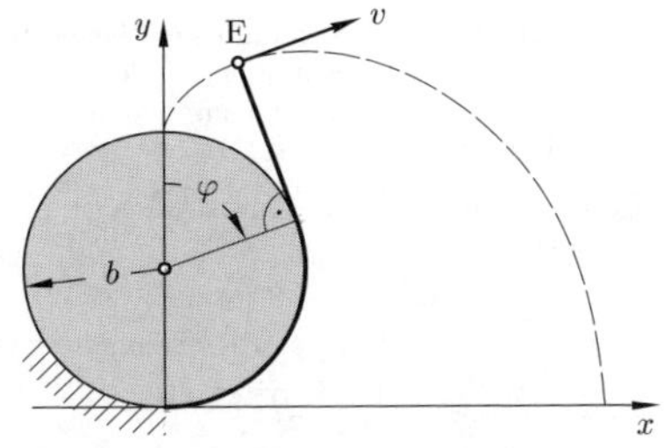

Gegeben: b, v **Bild A22.9:** Faden an Rundstab

Lösung der Aufgabe 22.9:

a) Natürliche Koordinaten:

Die Länge des abgewickelten Fadens $R = b\,\varphi$ ist der Krümmungsradius der Bahn.

Beschleunigung:

$$\vec{a} = a_t\,\vec{e}_t + a_n\,\vec{e}_n \qquad \text{mit} \qquad a_t = \dot{v} = 0 \qquad \text{und} \qquad a_n = \frac{v^2}{R} = \frac{v^2}{b\,\varphi}$$

b) Kartesische Koordinaten:

$$x = b\sin\varphi - b\,\varphi\cos\varphi \qquad \Longrightarrow \qquad \dot{x} = \frac{dx}{d\varphi}\frac{d\varphi}{dt} = b\,\varphi\sin\varphi\,\dot{\varphi} = v\sin\varphi$$

1 nach φ ableiten (normal) dann multipliz

$$y = b + b\cos\varphi + b\,\varphi\sin\varphi \qquad \Longrightarrow \qquad \dot{y} = \frac{dy}{d\varphi}\frac{d\varphi}{dt} = b\,\varphi\cos\varphi\,\dot{\varphi} = v\cos\varphi$$

$$v = \sqrt{\dot{x}^2 + \dot{y}^2} = b\,\varphi\,\dot{\varphi} \qquad \Longrightarrow \qquad \dot{\varphi} = \frac{v}{b\,\varphi}$$

$$\ddot{x} = \quad v\cos\varphi\,\dot{\varphi} = \frac{v^2}{b\,\varphi}\cos\varphi$$

$$\ddot{y} = -v\sin\varphi\,\dot{\varphi} = -\frac{v^2}{b\,\varphi}\sin\varphi$$

c) Winkel als Funktion der Zeit:

$$\frac{d\varphi}{dt} = \frac{v}{b\,\varphi} \qquad \Longrightarrow \qquad \int_0^{\varphi}\varphi\,d\varphi = \frac{v}{b}\int_0^t dt \qquad \Longrightarrow \qquad \frac{1}{2}\varphi^2 = \frac{v}{b}t \qquad \Longrightarrow \qquad \varphi = \sqrt{\frac{2v}{b}t}$$

d) Ergebnisse:

$$a_t = 0, \qquad a_n = \frac{v^2}{b\,\varphi} = \frac{v^2}{\sqrt{2bvt}}$$

$$\ddot{x} = \frac{v^2}{b\,\varphi}\cos\varphi = \frac{v^2}{\sqrt{2bvt}}\cos\sqrt{\frac{2vt}{b}}, \qquad \ddot{y} = -\frac{v^2}{b\,\varphi}\sin\varphi = -\frac{v^2}{\sqrt{2bvt}}\sin\sqrt{\frac{2vt}{b}}$$

Aufgabe 22.10:

Ein Punkt P bewegt sich auf einer ebenen Kurve $r(\varphi)$. Der Fahrstrahl soll mit der konstanten Winkelgeschwindigkeit $\dot{\varphi} = \omega$ drehen. Die Geschwindigkeitskomponente des Punktes in Richtung des Fahrstrahls ist konstant v_{r0}.

Gesucht sind für die speziellen Anfangsbedingungen $\varphi(0) = 0$ und $r(0) = 0$

a) die Geschwindigkeit $v(t)$ von P,

b) die Radial- und Zirkularbeschleunigung von P und

c) die Gleichung der Kurve $r(\varphi)$.

Gegeben: v_{r0}, ω

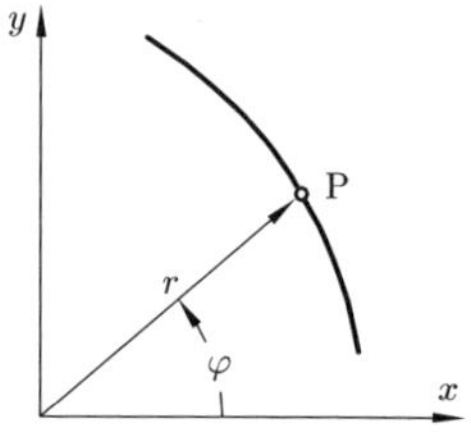

Bild A22.10: Ebene Kurve

Lösung der Aufgabe 22.10:

$$\dot{r} = v_{r0} = \text{const.}, \qquad r(0) = 0 \qquad \Longrightarrow \qquad \ddot{r} = 0, \qquad r = v_{r0}\, t$$

$$\dot{\varphi} = \omega \quad = \text{const.}, \qquad \varphi(0) = 0 \qquad \Longrightarrow \qquad \ddot{\varphi} = 0, \qquad \varphi = \omega t$$

a) Geschwindigkeit:

$$v(t) = \sqrt{\dot{r}^2 + (r\dot{\varphi})^2} = v_{r0}\sqrt{1 + (\omega t)^2}$$

b) Radial- und Zirkularbeschleunigung:

$$a_r = \ddot{r} - r\,\dot{\varphi}^2 \qquad = -v_{r0}\,\omega^2 t$$

$$a_\varphi = r\,\ddot{\varphi} + 2\dot{r}\,\dot{\varphi} \quad = 2\,v_{r0}\,\omega$$

c) Bahnkurve:

$$\left.\begin{aligned} r &= v_{r0}\, t \\ \varphi &= \omega\, t \end{aligned}\right\} \qquad \Longrightarrow \qquad r(\varphi) = \frac{v_{r0}}{\omega}\,\varphi \qquad \text{(Archimedische Spirale)}$$

Aufgabe 22.11:

Ein Punkt P bewegt sich auf einer Schraubenkurve mit dem Radius r_0, der Ganghöhe h und der Winkelbeschleunigung $\ddot{\varphi}=\alpha$. Zum Zeitpunkt $t=0$ sind $\dot{\varphi}(0)=0$ und $\varphi(0)=0$.

Gesucht sind der Geschwindigkeits- und der Beschleunigungsvektor in kartesischen und in natürlichen Koordinaten.

Gegeben: h, r_0, α

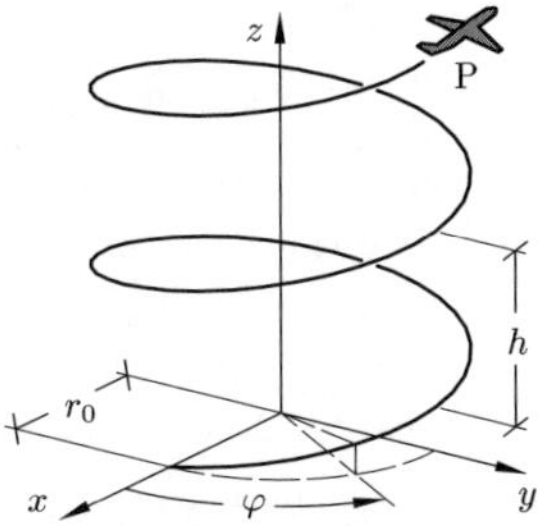

Bild A22.11: Schraubenkurve

Lösung der Aufgabe 22.11:

Winkelbewegung:

$$\ddot{\varphi} = \alpha, \qquad \dot{\varphi} = \alpha t, \qquad \varphi = \frac{\alpha}{2} t^2 \qquad \text{wegen } \varphi(0)=0 \text{ und } \dot{\varphi}(0) = 0$$

Kartesische Koordinaten:

$$\vec{r} = \quad r_0 \cos\varphi \, \vec{e}_x + \quad r_0 \sin\varphi \, \vec{e}_y + \frac{h}{2\pi} \varphi \, \vec{e}_z$$

$$\vec{v} = -r_0 \dot{\varphi} \sin\varphi \, \vec{e}_x + r_0 \dot{\varphi} \cos\varphi \, \vec{e}_y + \frac{h}{2\pi} \dot{\varphi} \, \vec{e}_z$$

$$\vec{a} = (-r_0 \dot{\varphi}^2 \cos\varphi - r_0 \ddot{\varphi} \sin\varphi) \, \vec{e}_x + (-r_0 \dot{\varphi}^2 \sin\varphi + r_0 \ddot{\varphi} \cos\varphi) \, \vec{e}_y + \frac{h}{2\pi} \ddot{\varphi} \, \vec{e}_z$$

Beträge der Geschwindigkeiten und der Beschleunigungen:

$$|\vec{v}| = v = \sqrt{\left(r_0 \dot{\varphi}\right)^2 + \left(\frac{h}{2\pi} \dot{\varphi}\right)^2} \qquad \Longrightarrow \qquad \dot{v} = \sqrt{r_0^2 + \left(\frac{h}{2\pi}\right)^2} \, \ddot{\varphi}$$

$$|\vec{a}| = a = \sqrt{\left(r_0 \dot{\varphi}^2\right)^2 + \left(r_0 \ddot{\varphi}\right)^2 + \left(\frac{h}{2\pi} \ddot{\varphi}\right)^2}$$

Natürliche Koordinaten ($R=$ Krümmungsradius):

$$\vec{v} = v \, \vec{e}_t = \sqrt{r_0^2 + \left(\frac{h}{2\pi}\right)^2} \, \dot{\varphi} \, \vec{e}_t$$

$$\vec{a} = a_t \, \vec{e}_t + a_n \, \vec{e}_n = \dot{v} \, \vec{e}_t + \frac{v^2}{R} \, \vec{e}_n = \sqrt{r_0^2 + \left(\frac{h}{2\pi}\right)^2} \, \ddot{\varphi} \, \vec{e}_t + \frac{r_0^2 + \left(\frac{h}{2\pi}\right)^2}{R} \, \dot{\varphi}^2 \, \vec{e}_n$$

$$|\vec{a}| = a = \sqrt{\left[r_0^2 + \left(\frac{h}{2\pi}\right)^2\right] \ddot{\varphi}^2 + \left[r_0^2 + \left(\frac{h}{2\pi}\right)^2\right]^2 \frac{\dot{\varphi}^4}{R^2}}$$

Vergleich:

$$r_0^2 \, \dot{\varphi}^4 + \left[r_0^2 + \left(\frac{h}{2\pi}\right)^2\right] \ddot{\varphi}^2 = \left[r_0^2 + \left(\frac{h}{2\pi}\right)^2\right]^2 \frac{\dot{\varphi}^4}{R^2} + \left[r_0^2 + \left(\frac{h}{2\pi}\right)^2\right] \ddot{\varphi}^2 \qquad \Longrightarrow$$

$$R = r_0 \, \frac{r_0^2 + \left(\frac{h}{2\pi}\right)^2}{r_0^2} = r_0 \left[1 + \left(\frac{h}{2\pi r_0}\right)^2\right] \geq r_0$$

$$\vec{a} = \sqrt{r_0^2 + \left(\frac{h}{2\pi}\right)^2} \, \ddot{\varphi} \, \vec{e}_t + r_0 \, \dot{\varphi}^2 \, \vec{e}_n$$

Aufgabe 22.12:

Von der Bewegung eines Punktes sind die konstante Radialgeschwindigkeit $\dot{r} = v_r = c$ und die konstante negative Radialbeschleunigung $a_r = -b$ im Polarkoordinatensystem bekannt.

Ermitteln Sie für die Anfangsbedingungen $r(0) = r_0$ und $\varphi(0) = \varphi_0$

a) die Winkelgeschwindigkeit $\dot{\varphi}(t)$ des Polarkoordinatensystems,

b) die Bahnkurve $r(\varphi)$ und

c) die Zirkularbeschleunigung $a_\varphi(t)$.

Gegeben: c, b, r_0, φ_0

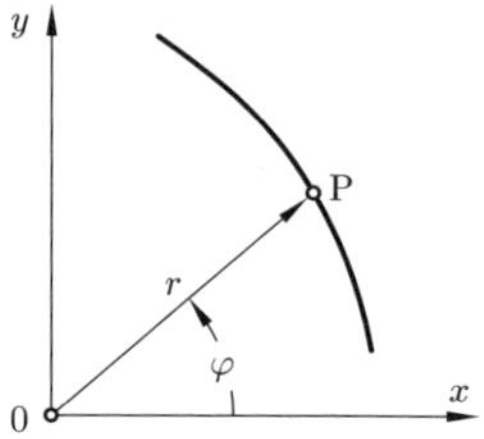

Bild A22.12: Ebene Kurve

Lösung der Aufgabe 22.12:

Beschleunigung in Polarkoordinaten:

$$\vec{a} = (\ddot{r} - r\,\dot{\varphi}^2)\,\vec{e}_r + (2\,\dot{r}\,\dot{\varphi} + r\,\ddot{\varphi})\,\vec{e}_\varphi$$

Radialgeschwindigkeit ist konstant:

$$\dot{r} = c \qquad \Longrightarrow \qquad \ddot{r} = 0, \qquad r = r_0 + c\,t \tag{1}$$

Radialbeschleunigung ist konstant:

$$a_r = \ddot{r} - r\,\dot{\varphi}^2 = -(r_0 + c\,t)\,\dot{\varphi}^2 = -b \qquad \Longrightarrow \qquad \dot{\varphi} = \sqrt{\frac{b}{c}}\left(t + \frac{r_0}{c}\right)^{-1/2} \qquad \Longrightarrow$$

$$\ddot{\varphi} = -\frac{1}{2}\sqrt{\frac{b}{c}}\left(t + \frac{r_0}{c}\right)^{-3/2} \qquad \varphi = \varphi_0 + 2\sqrt{\frac{b}{c}}\left\{\sqrt{t + \frac{r_0}{c}} - \sqrt{\frac{r_0}{c}}\right\} \tag{2}$$

Bahnkurve:

aus (2): $\quad t(\varphi) = \dfrac{\varphi - \varphi_0}{4\,b}\left\{c\,(\varphi - \varphi_0) + 4\sqrt{r_0\,b}\right\}$

in(1): $\quad r(\varphi) = r_0 + \dfrac{c\,(\varphi - \varphi_0)}{4\,b}\left\{c\,(\varphi - \varphi_0) + 4\sqrt{r_0\,b}\right\}$

Zirkularbeschleunigung:

$$a_\varphi = 2\,\dot{r}\,\dot{\varphi} + r\,\ddot{\varphi} = 2\,c\sqrt{\frac{b}{c}\Big/\left(t + \frac{r_0}{c}\right)} - c\left(t + \frac{r_0}{c}\right)\frac{1}{2}\sqrt{\frac{b}{c}}\left(t + \frac{r_0}{c}\right)^{-3/2} = \frac{3}{2}\sqrt{\frac{b\,c^2}{c\,t + r_0}}$$

Aufgabe 22.13:

Ein Punkt P bewegt sich mit konstantem Geschwindigkeitsbetrag v_0 in einer Ebene entlang der im Bild skizzierten Bahn. In Polarkoordinaten wird die Bahn durch den Radius $r(\varphi)$ beschrieben. Bei den nachfolgenden Fragen beschränken Sie sich bitte auf die rechte Halbebene ($-45° \leq \varphi \leq +45°$).

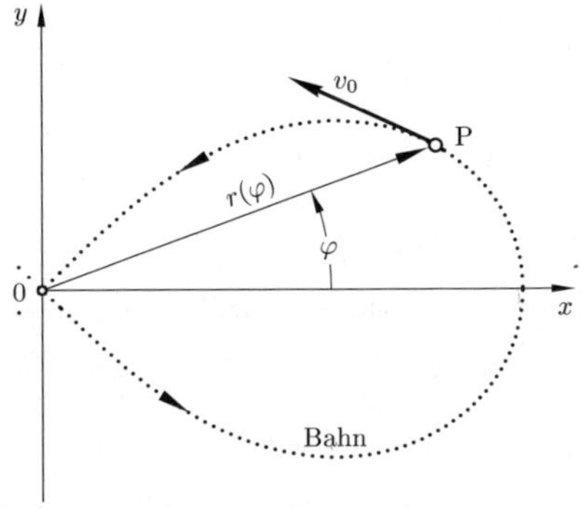

Bild A22.13: Bahn des Punktes P

Gegeben: v_0, a, $r(\varphi) = a\sqrt{2\cos 2\varphi}$

a) Geben Sie den Geschwindigkeitsvektor $\vec{v}$ in natürlichen und in Polarkoordinaten an.

b) Berechnen Sie die Winkelgeschwindigkeit $\dot{\varphi}(\varphi)$ und die Winkelbeschleunigung $\ddot{\varphi}(\varphi)$ durch Vergleich der beiden Darstellungen für die Geschwindigkeit $\vec{v}$.

c) Berechnen Sie die Geschwindigkeit $\vec{v}$ und den Tangenteneinheitsvektor $\vec{e}_t(\varphi)$ in Abhängigkeit vom Winkel φ und von den Einheitsvektoren $\vec{e}_r$ und $\vec{e}_\varphi$ des Polarkoordinatensystems.

d) Geben Sie die Tangential- und die Normalbeschleunigung a_{t0} und a_{n0} beim Durchfahren des Koordinatenursprungs 0 an.

e) An welcher Stelle x_A erfährt der Punkt P die größte Beschleunigung?

Lösung der Aufgabe 22.13:

a) Geschwindigkeitsvektoren:

Natürliche Koordinaten: $\vec{v} = v_0\,\vec{e}_t$

Polarkoordinaten: $\vec{v} = \dot{r}\,\vec{e}_r + r\,\dot{\varphi}\,\vec{e}_\varphi$

b) Winkelgeschwindigkeit aus Vergleich von $|\vec{v}|^2$:

$$\vec{v} = \dot{r}\,\vec{e}_r + r\,\dot{\varphi}\,\vec{e}_\varphi = -a\frac{2\sin 2\varphi}{\sqrt{2\cos 2\varphi}}\,\dot{\varphi}\,\vec{e}_r + a\sqrt{2\cos 2\varphi}\,\dot{\varphi}\,\vec{e}_\varphi =$$

$$= \frac{2\,a\,\dot{\varphi}}{\sqrt{2\cos 2\varphi}}\left(-\sin 2\varphi\,\vec{e}_r + \cos 2\varphi\,\vec{e}_\varphi\right)$$

$$v_0^2 = \frac{4\,a^2\,\dot{\varphi}^2}{2\cos 2\varphi} \quad\Longrightarrow\quad \dot{\varphi}^2 = \frac{v_0^2\,2\cos 2\varphi}{4\,a^2} \quad\Longrightarrow\quad \dot{\varphi} = \frac{v_0}{2\,a}\sqrt{2\cos 2\varphi}$$

Winkelbeschleunigung:

$$2\,\dot{\varphi}\,\ddot{\varphi} = -\frac{v_0^2}{4\,a^2}\,4\sin 2\varphi\,\dot{\varphi} \quad\Longrightarrow\quad \ddot{\varphi} = -\frac{v_0^2}{2\,a^2}\sin 2\varphi$$

c) Geschwindigkeit und Tangenteneinheitsvektor:

$$\vec{v} = \frac{2a\,\frac{v_0}{2a}\sqrt{2\cos 2\varphi}}{\sqrt{2\cos 2\varphi}}\,(-\sin 2\varphi\,\vec{e}_r + \cos 2\varphi\,\vec{e}_\varphi) = v_0\,(-\sin 2\varphi\,\vec{e}_r + \cos 2\varphi\,\vec{e}_\varphi)$$

$$\vec{e}_t = \frac{\vec{v}}{|\vec{v}|} = -\sin 2\varphi\,\vec{e}_r + \cos 2\varphi\,\vec{e}_\varphi$$

d) Beschleunigung:

In 0 ist die Krümmung null $\Longrightarrow$ $a_{n0} = \frac{v_0^2}{R} = 0$

v_0 ist konstant $\Longrightarrow$ $a_{t0} = \dot{v} = 0$

e) Größte Beschleunigung:

v_0 ist konstant $\Longrightarrow$ $a_t = 0$ $\Longrightarrow$ $a = a_n = \frac{v_0^2}{R}.$

Die Beschleunigung a_n ist maximal, wenn der Krümmungsradius R minimal ist, also ganz rechts bei

$$x_A = x_{max} = x(0) = \sqrt{2}\,a$$

Aufgabe 22.14:

Ein beweglicher Fußgängertunnel am Flughafen ist in 0 drehbar gelagert. Das Tunnelende A bewegt sich entsprechend dem Lenkwinkel α der Räder auf den Einstieg des Flugzeugs zu. Dabei schieben sich die Teile des Tunnels mit der relativen Geschwindigkeit $\dot{r} = v_1$ auseinander. Zum Zeitpunkt $t = 0$ hat der Punkt A die Koordinaten $r(0) = r_0$ und $\varphi(0) = \varphi_0$.

a) Berechnen Sie die Komponenten der Beschleunigung des Punkts A in Polarkoordinaten als Funktionen der Zeit t bei konstantem Lenkeinschlag α = const. und konstanter Relativgeschwindigkeit $\dot{r} = v_1 =$ const.

b) Berechnen Sie die Bahnkurve $r(\varphi)$ des Punktes A.

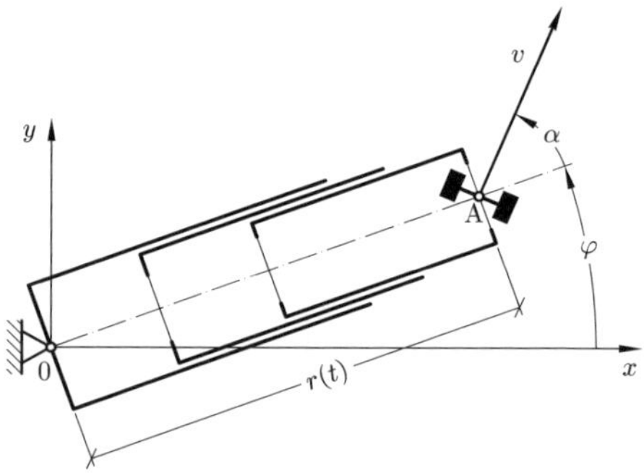

Bild A22.14: Fußgängertunnel

Gegeben: r_0, φ_0, v_1, α

Lösung der Aufgabe 22.14:

a) Berechnung der Beschleunigung des Punktes A:

Aufteilung der Geschwindigkeit v_A in Polarkoordinaten:

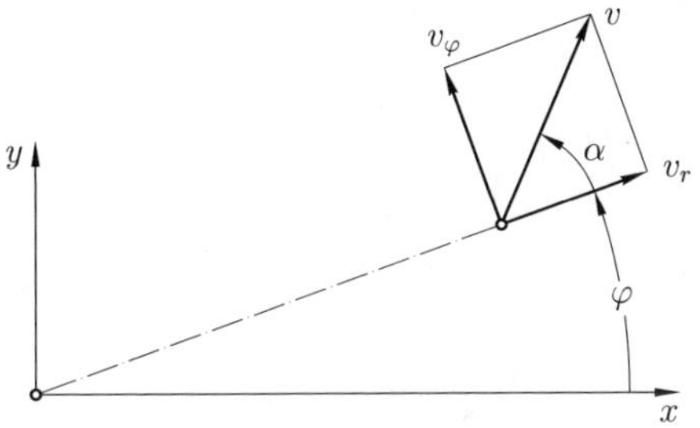

Radialgeschwindigkeit:

$$v_r = \dot{r} = v_1 = \text{const.} \tag{1}$$

Zirkulare Geschwindigkeit:

$$v_\varphi = r\,\dot{\varphi} = \text{const.} \tag{2}$$

Radialbewegung:

$$\ddot{r} = 0; \qquad r(t) = r_0 + v_1\,t$$

Winkelgeschwindigkeit und Winkelbeschleunigung:

$$\dot{\varphi}(t) = \frac{v_1\tan\alpha}{r(t)} = \frac{v_1\tan\alpha}{r_0 + v_1\,t}; \qquad \ddot{\varphi} = \frac{-v_1^2\tan\alpha}{(r_0+v_1\,t)^2}$$

Radialbeschleunigung:

$$a_r = \ddot{r} - r\,\dot{\varphi}^2 = -(r_0+v_1\,t)\,\frac{v_1^2\tan^2\alpha}{(r_0+v_1\,t)^2} = -\frac{v_1^2\tan^2\alpha}{r_0+v_1\,t}$$

Zirkularbeschleunigung:

$$a_\varphi = r\,\ddot{\varphi} + 2\dot{r}\,\dot{\varphi} = -(r_0+v_1\,t)\,\frac{v_1^2\tan\alpha}{(r_0+v_1\,t)^2} + 2\,v_1\,\frac{v_1\tan\alpha}{r_0+v_1\,t} = \frac{v_1^2\tan\alpha}{r_0+v_1\,t}$$

b) Berechnung der Bahnkurve:

aus (2) durch Elimination der Zeit:

$$r\,\dot{\varphi} = r\,\frac{d\varphi}{dr}\,\frac{dr}{dt} = r\,\frac{d\varphi}{dr}\,v_1 = v_1\,\tan\alpha \qquad \Longrightarrow \qquad r\,\frac{d\varphi}{dr} = \tan\alpha$$

$$\int d\varphi = \tan\alpha\int\frac{dr}{r} \qquad \Longrightarrow \qquad \varphi - \varphi_0 = \tan\alpha\,\ln\frac{r}{r_0}$$

Bahnkurve:

$$r(\varphi) = r_0\,e^{(\varphi-\varphi_0)/\tan\alpha}$$

Alternative Lösung durch Zeitintegration von $\dot{r}(t)$ und $\dot{\varphi}(t)$:

$$\varphi - \varphi_0 = \tan\alpha\int\frac{v_1\,d\tau}{r_0+v_1\,\tau} = \tan\alpha\,\ln\frac{r_0+v_1\,t}{r_0} = \tan\alpha\,\ln\frac{r}{r_0}$$

Aufgabe 22.15:

Ein Testfahrzeug steht zum Zeitpunkt $t = 0$ auf einer ebenen horizontalen Kreisbahn (Radius r). Es beschleunigt vom Startpunkt ($s = 0$) mit der Bahnbeschleunigung $a_t = a_0 + a_1 \cdot s$, wobei s der auf der Kreisbahn zurückgelegte Weg und a_0 und a_1 vorgegebene Konstanten sind.

Berechnen Sie nach der ersten Runde beim Überfahren des Startpunktes

a) die Geschwindigkeit und

b) den Betrag der Beschleunigung

des Fahrzeuges.

Gegeben: $r,\ a_0,\ a_1 = a_0/(\pi r)$

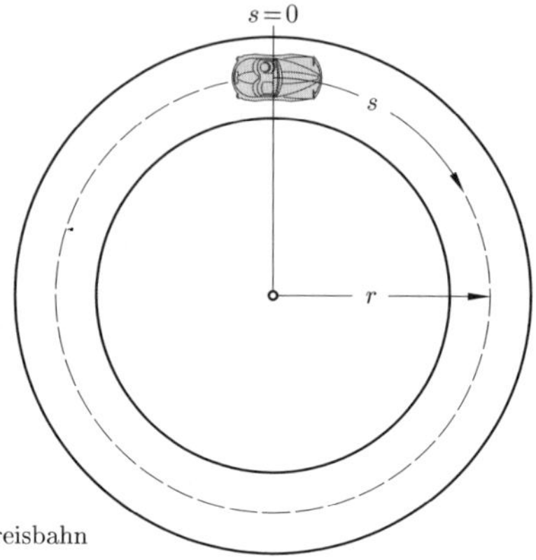

Bild A22.15: Beschleunigtes Fahrzeug auf einer Kreisbahn

Lösung der Aufgabe 22.15:

Tangentialbeschleunigung:

$$a_t = \frac{dv}{dt} = \frac{dv}{ds}\frac{ds}{dt} = \frac{dv}{ds} v = a_0 + a_1\, s$$

Trennung der Veränderlichen:

$$\int_0^v \tilde{v}\, d\tilde{v} = \int_0^s (a_0 + a_1\, \tilde{s})\, d\tilde{s} \quad \Longrightarrow \quad \frac{1}{2} v^2 = a_0\, s + \frac{1}{2} a_1\, s^2 \quad \Longrightarrow \quad v = \sqrt{2\, a_0\, s + a_1\, s^2}$$

Nach einer Runde:

$$s_1 = 2\pi r \quad \text{und} \quad v_1 = \sqrt{8\, a_0\, \pi\, r}$$

Betrag der Beschleunigung nach einer Runde:

$$a_{n,1} = \frac{v_1^2}{r} = 8\, a_0\, \pi$$

$$a_{t,1} = a_0 + a_1\, 2\pi r = 3a_0$$

$$a_1 = \sqrt{a_{n,1}^2 + a_{t,1}^2} = a_0 \sqrt{64\pi^2 + 9} \approx 25.3a_0$$

Kapitel 23

Kinematik des Starrkörpers

Aufgabe 23.1:

Die Keilriemenscheibe 1 einer Transmission rotiert mit der Winkelgeschwindigkeit ω_1. Sie treibt über die Riemenscheibe 2 ein Zahnrad 3 an, das innen im Zahnkranz 4 abrollt.

Welche Winkelgeschwindigkeit ω_4 hat der Zahnkranz?

Gegeben: r_1, r_2, r_3, r_4, ω_1

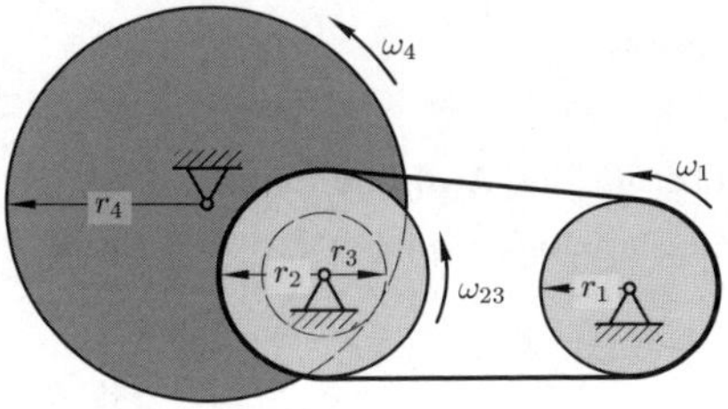

Bild A23.1: Getriebe

Lösung der Aufgabe 23.1:

EULERsche Geschwindigkeitsformel:

$\vec{v}_B = \vec{v}_A + \vec{\omega} \times \vec{r}_{AB}$

Riemen $\overline{12}$:	$v_{12} = \omega_1 r_1$		
Rad $\overline{23}$:	$v_{12} = \omega_{23} r_2$	$\Longrightarrow$	$\omega_{23} = \omega_1 \dfrac{r_1}{r_2}$
Kontaktpunkt $\overline{34}$:	$v_{34} = \omega_{23} r_3$	$\Longrightarrow$	$v_{34} = \omega_1 \dfrac{r_1 r_3}{r_2}$
Rad 4:	$v_{34} = \omega_4 r_4$	$\Longrightarrow$	$\omega_4 = \omega_1 \dfrac{r_1 r_3}{r_2 r_4}$

Aufgabe 23.2:

Um zwei Kreisscheiben (Radien r_1 und r_2) ist ein Riemen geschlungen. Die Scheibe 1 ist fest, die Scheibe 2 wird mit dem Hebel 3 um den festen Punkt 0 geführt.

Um welchen Winkel φ_{2T} hat sich die Scheibe 2 gedreht, wenn der Hebel 3 genau eine Umdrehung $\varphi_{3T}=2\pi$ durchlaufen hat.

Gegeben: r_1, r_2, $\varphi_{3T}=2\pi$

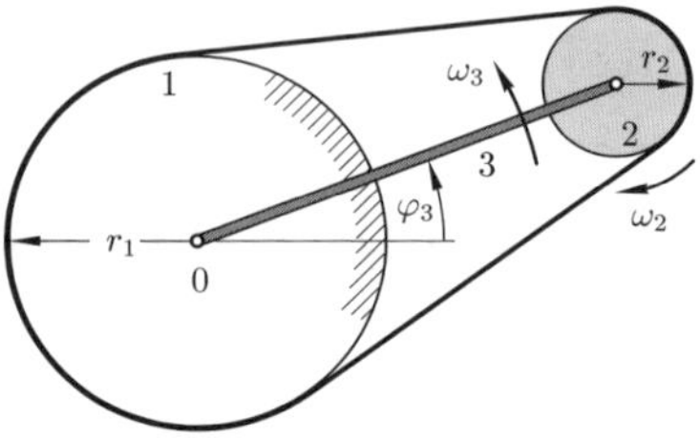

Bild A23.2: Riementrieb

Lösung der Aufgabe 23.2:

Geschwindigkeitsplan:

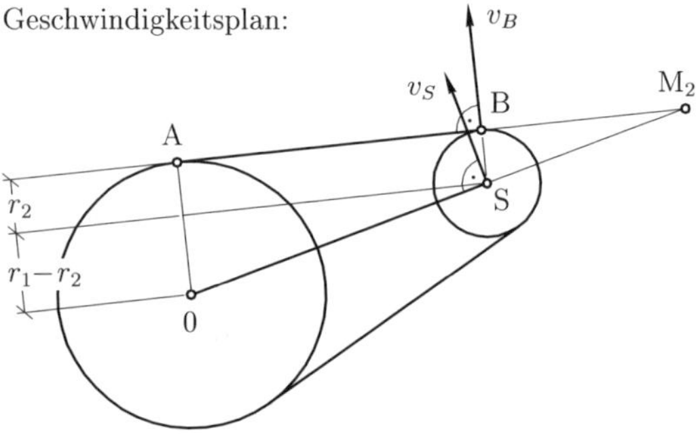

A ist der Momentanpol des Riemenstückes $\overline{AB}$.

Momentanpol des Rades 2:

$$\left.\begin{array}{l}\vec{v}_B \perp \overline{AB}\\ \vec{v}_S \perp \overline{0S}\end{array}\right\} \Longrightarrow$$

Der Momentanpol M_2 liegt im Schnittpunkt der beiden Geraden durch $\overline{AB}$ und $\overline{0S}$.

Geschwindigkeit des Radmittelpunktes S:

$$v_S = \omega_3\,\overline{0S} = \omega_2\,\overline{SM_2} \quad\Longrightarrow\quad \omega_2 = \frac{\overline{0S}}{\overline{SM_2}}\,\omega_3 = \frac{r_1-r_2}{r_2}\,\omega_3 \quad\Longrightarrow\quad \frac{d\varphi_2}{dt} = \frac{r_1-r_2}{r_2}\,\frac{d\varphi_3}{dt}$$

Integration:

$$\varphi_2\Big|_0^{\varphi_{2T}} = \frac{r_1-r_2}{r_2}\,\varphi_3\Big|_0^{2\pi}$$

Drehwinkel des Rades 2:

$$\varphi_{2T} = \frac{r_1-r_2}{r_2}\,2\pi$$

Aufgabe 23.3:

Ein Gabelstapler fährt mit konstanter Geschwindigkeit v_0 im Abstand e vom Gelenk gegen eine Schwingtür (Breite b), um diese zu öffnen.

Berechnen Sie die Geschwindigkeits- und Beschleunigungskomponenten des Punktes P in natürlichen Koordinaten.

Gegeben: b, e, v_0

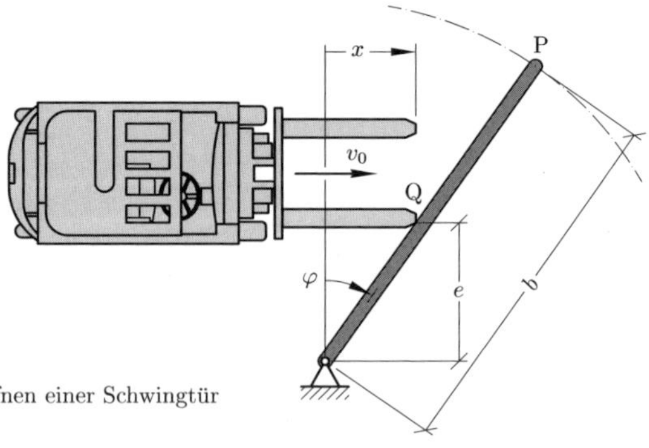

Bild A23.3: Öffnen einer Schwingtür

Lösung der Aufgabe 23.3:

Der Punkt P bewegt sich auf einem Kreis mit dem Radius b um 0.

Geschwindigkeit und Beschleunigung in natürlichen Koordinaten:

$$\vec{v}_P(t) = b\dot{\varphi}\,\vec{e_t}$$

$$\vec{a}_P(t) = b\ddot{\varphi}\,\vec{e_t} + b\dot{\varphi}^2\,\vec{e_n}$$

Bewegung des Gabelstaplerpunktes Q:

$$\dot{x} = v_0, \qquad \ddot{x} = 0, \qquad x(t) = v_0\,t$$

Berechnung von $\dot{\varphi}(t)$ und $\ddot{\varphi}(t)$ aus der Geometrie:

$$\left.\begin{aligned} e &= h(t)\cos\varphi(t) \\ x(t) &= h(t)\sin\varphi(t) \end{aligned}\right\} \quad \Longrightarrow \quad \frac{x(t)}{e} = \tan\varphi(t)$$

Ausrechnung:

$$\varphi(t) = \arctan\frac{x(t)}{e} = \arctan\frac{v_0\,t}{e}$$

$$\dot{\varphi}(t) = \frac{\dot{x}(t)}{e\Big[1+\Big(\frac{x(t)}{e}\Big)^2\Big]} = \frac{v_0}{e\Big[1+\Big(\frac{v_0\,t}{e}\Big)^2\Big]} = \frac{e\,v_0}{e^2+(v_0\,t)^2}$$

$$\ddot{\varphi}(t) = \frac{-2\,x(t)\Big(\frac{\dot{x}(t)}{e}\Big)^2}{e\Big[1+\Big(\frac{x(t)}{e}\Big)^2\Big]^2} = \frac{-2\,v_0\,t\Big(\frac{v_0}{e}\Big)^2}{e\Big[1+\Big(\frac{v_0\,t}{e}\Big)^2\Big]^2} = -\frac{2\,e\,v_0^3\,t}{\big[e^2+(v_0\,t)^2\big]^2}$$

Geschwindigkeit von P:

$$v_P = b\dot{\varphi} = \frac{b\dot{x}(t)}{e\Big[1+\Big(\frac{x(t)}{e}\Big)^2\Big]} = \frac{b\,v_0}{e\Big[1+\Big(\frac{v_0\,t}{e}\Big)^2\Big]} = \frac{b\,e\,v_0}{e^2+(v_0\,t)^2}$$

Tangentialbeschleunigung von P:

$$a_{Pt} = b\ddot{\varphi} = \frac{-2\,b\,x(t)\Big(\frac{\dot{x}(t)}{e}\Big)^2}{e\Big[1+\Big(\frac{x(t)}{e}\Big)^2\Big]^2} = \frac{-2\,b\,v_0\,t\Big(\frac{v_0}{e}\Big)^2}{e\Big[1+\Big(\frac{v_0\,t}{e}\Big)^2\Big]^2} = -\frac{2\,e\,b\,v_0^3 t}{\big[e^2+(v_0\,t)^2\big]^2}$$

Normalbeschleunigung von P:

$$a_{Pn} = b\dot{\varphi}^2 = \frac{v_P^2}{b} = \frac{b\,\dot{x}^2(t)}{e^2\Big[1+\Big(\frac{x(t)}{e}\Big)^2\Big]^2} = \frac{b\,v_0^2}{e^2\Big[1+\Big(\frac{v_0\,t}{e}\Big)^2\Big]^2} = \frac{b\,e^2 v_0^2}{\big[e^2+(v_0\,t)^2\big]^2}$$

?

Aufgabe 23.4:

Entlang einer geraden Führung 1 bewegt sich ein Gleitschuh A mit der Geschwindigkeit v_A. Am Gleitschuh ist ein Stab 2 der Länge l befestigt, der im Punkt B an einem Bolzen anliegt.

a) Man bestimme die Gleichung der Rastpolbahn des Stabes im xy-Koordinatensystem.

b) Man bestimme Größe und Richtung der Geschwindigkeit des Stabes im Hebelpunkt B als Funktion der Koordinate y_A.

Gegeben: a, $l \gg a$, v_A

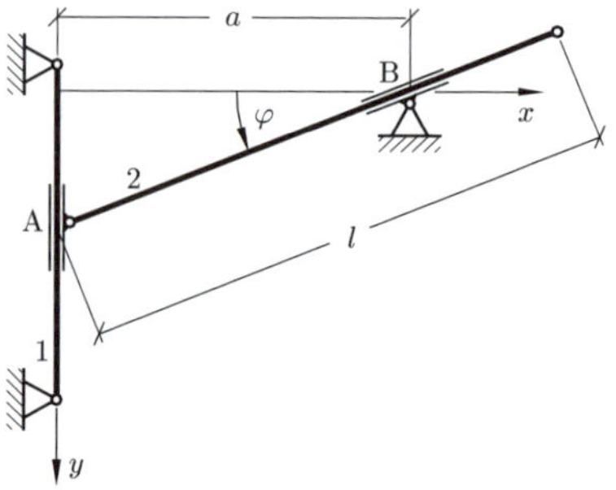

Bild A23.4: Gleitschuh mit Stab

Lösung der Aufgabe 23.4:

Geschwindigkeitsplan:

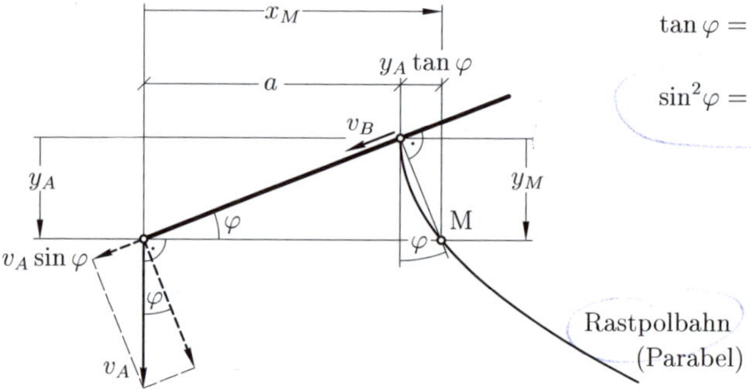

Geometrie:

$$\tan\varphi = \frac{y_A}{a}$$

$$\sin^2\varphi = \frac{{y_A}^2}{a^2 + {y_A}^2}$$

Momentanpol:

Die Geschwindigkeit v_B des Hebelpunktes B ist stets tangential zum Hebel, die des Punktes A zeigt in y-Richtung. Der Momentanpol M liegt im Schnittpunkt der Senkrechten auf den beiden Geschwindigkeiten,

$$y_M = y_A,$$

$$x_M = a + y_A \tan\varphi = \frac{a^2 + y_A^2}{a}.$$

Elimination von y_A liefert

$$x_M\, a = a^2 + {y_M}^2. \qquad \Longrightarrow$$

Die Rastpolbahn ist eine in x-Richtung geöffnete Parabel mit Scheitel in B.

Die Geschwindigkeit v_B der Stange stimmt mit dem Tangentialanteil von v_A überein,

$$v_B = v_A \sin\varphi = v_A \sqrt{\frac{y_A^2}{a^2 + y_A^2}}.$$

Aufgabe 23.5:

Zwei Stangen (jeweils Länge l) sind im Punkt B gelenkig miteinander verbunden. Sie führen eine ebene Bewegung aus und bilden im Augenblick einen rechten Winkel. Die momentanen Geschwindigkeiten der Punkte A und C sind nach Größe und Richtung bekannt.

Ermitteln Sie

a) die Geschwindigkeit $\vec{v}_B$ des Gelenkpunktes B nach Größe und Richtung,

b) die Winkelgeschwindigkeit ω_{AB} und ω_{BC} der beiden Stangen und

c) die Koordinaten der Momentanpole.

Gegeben: $\alpha = 60°$, $l = 2\,\mathrm{m}$, $v_A = 1\,\mathrm{m/s}$,
$v_C = 0.5\,\mathrm{m/s}$

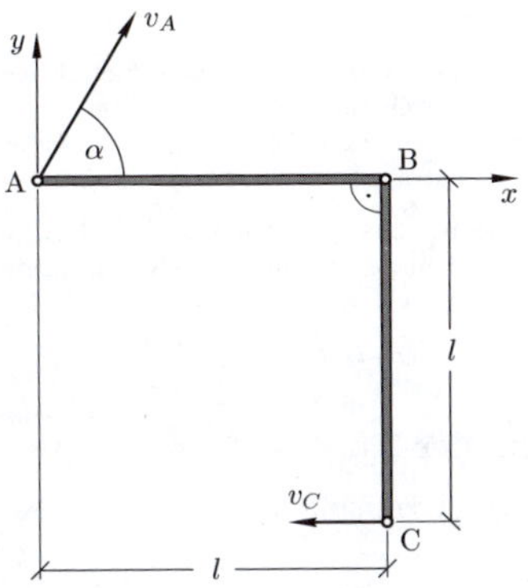

Bild A23.5: Gelenkig verbundene Stangen

Lösung der Aufgabe 23.5:

Geschwindigkeitsplan:

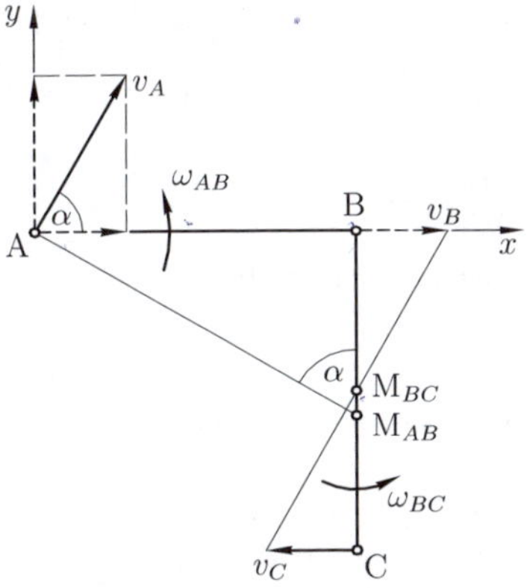

Geschwindigkeiten:

$$v_{Ax} = v_A \cos\alpha$$
$$v_{Ay} = v_A \sin\alpha$$
$$v_{Cx} = -v_C$$
$$v_{Cy} = 0$$

Eulersche Geschwindigkeitsformeln:

Stange $\overline{AB}$:
$$v_{Bx} = v_{Ax}$$
$$v_{By} = v_{Ay} + l\,\omega_{AB}$$

Stange $\overline{BC}$:
$$v_{Bx} = v_{Cx} - l\,\omega_{BC}$$
$$v_{By} = v_{Cy}$$

a) Daraus folgen die Geschwindigkeit des Punktes B zu

$$v_{Bx} = v_A \cos\alpha = 0.5\,\frac{\mathrm{m}}{\mathrm{sec}}; \qquad v_{By} = 0$$

b) und die Winkelgeschwindigkeiten zu

$$\omega_{AB} = -\frac{v_A \sin\alpha}{l} = -\frac{\sqrt{3}}{4}\,\frac{1}{\mathrm{sec}}, \qquad \omega_{BC} = -\frac{v_A \cos\alpha + v_C}{l} = -\frac{1}{2}\,\frac{1}{\mathrm{sec}}.$$

c) Momentanpole liegen stets auf den Senkrechten zu den Geschwindigkeiten:

$\Longrightarrow$ M_{AB} liegt auf der Stange $\overline{BC}$ bei $y = -l\cot\alpha = -1.15\,\mathrm{m}$

$\Longrightarrow$ M_{BC} liegt auf der Stange $\overline{BC}$ bei $y = -\frac{l}{2} = -1\,\mathrm{m}$

Die beiden Momentanpole fallen hier nur zufällig nahezu zusammen.

Aufgabe 23.6:

Ein homogener Stab rutscht eine schiefe Ebene hinunter, an die sich eine horizontale Ebene anschließt. Unmittelbar bevor der Endpunkt A die Ecke E erreicht hat, beträgt seine Geschwindigkeit v_A.

Geben Sie für diesen Zeitpunkt die Schwerpunktsgeschwindigkeit v_S und die Winkelgeschwindigkeit ω des Stabes an.

Gegeben: $\alpha = 30°$, l, v_A

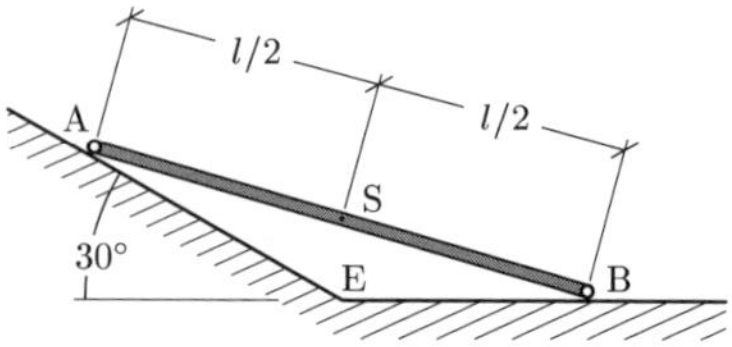

Bild A23.6: Abrutschender Stab

Lösung der Aufgabe 23.6:

Geschwindigkeitsplan:

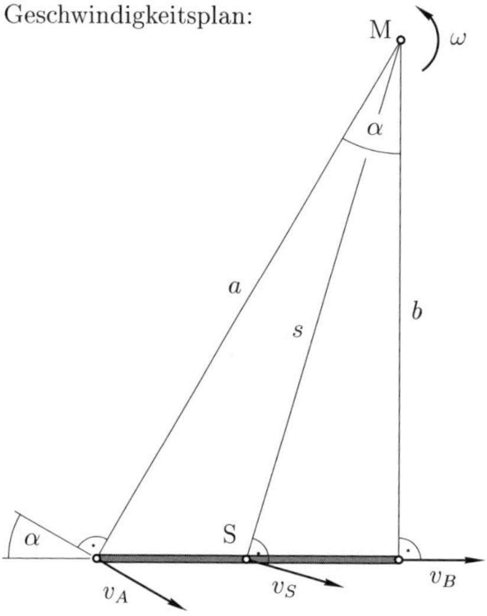

Drehung um Momentanpol M:

$$v_A = \omega\, a$$

$$v_S = \omega\, s$$

$$v_B = \omega\, b$$

Geometrie:

$$\sin\alpha = \frac{l}{a} \quad \Longrightarrow \quad a = \frac{l}{\sin 30°} = 2\,l$$

$$\cot\alpha = \frac{b}{l} \quad \Longrightarrow \quad b = l\cot 30° = \sqrt{3}\,l$$

$$s = \sqrt{\left(\frac{l}{2}\right)^2 + b^2} = \frac{\sqrt{13}}{2}\,l$$

Winkelgeschwindigkeit:

$$\omega = \frac{v_A}{a} = \frac{v_A \sin\alpha}{l} = \frac{v_A}{2l}$$

Schwerpunktsgeschwindigkeit:

$$v_S = \frac{v_A}{2l}\,\frac{\sqrt{13}}{2}\,l = \frac{\sqrt{13}}{4}\,v_A$$

Aufgabe 23.7:

Bei einem ebenen Getriebe dreht eine Kurbel AB (Radius r) mit konstanter Winkelgeschwindigkeit $\omega = \dot{\varphi}$ um A und bewegt die Schubstange BC (Länge l). Dabei bewegt sich der Gleitschuh C auf einer Geraden mit dem Abstand b vom Lager A.

Berechnen Sie die Geschwindigkeit v_C des Gleitschuhs in Abhängigkeit vom Lagewinkel φ.

Gegeben: r, l, b, ω

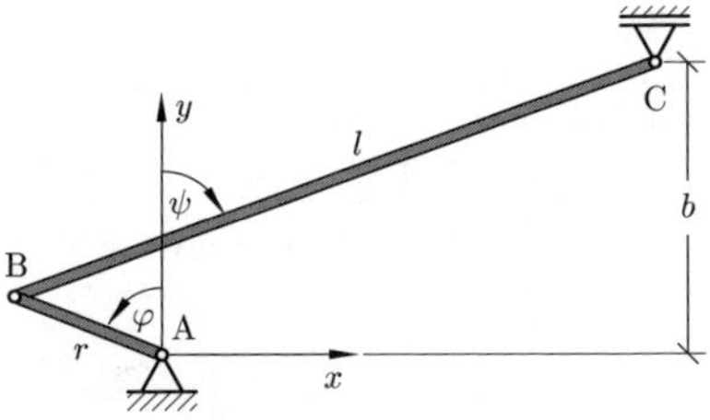

Bild A23.7: Kurbeltrieb

Lösung der Aufgabe 23.7:

Geometrie:

$$x_C = -r\sin\varphi + l\sin\psi \quad (1)$$

$$y_C = r\cos\varphi + l\cos\psi = b \quad (2)$$

Geschwindigkeiten:

$$v_C = \dot{x}_C = -r\,\omega\,\cos\varphi + l\,\dot{\psi}\,\cos\psi \quad (3)$$

$$0 = \dot{y}_C = -r\,\omega\,\sin\varphi - l\,\dot{\psi}\sin\psi \quad (4)$$

Winkelgeschwindigkeit:

aus (2): $$l\cos\psi = b - r\cos\varphi$$

$$l\sin\psi = \sqrt{l^2 - (b-r\cos\varphi)^2}$$

aus (4): $$\dot{\psi} = -\frac{r}{l}\,\omega\,\frac{\sin\varphi}{\sin\psi} = -r\,\omega\,\frac{\sin\varphi}{\sqrt{l^2 - (b-r\,\cos\varphi)^2}}$$

aus (3): $$v_C = -r\,\omega\left[\cos\varphi + \frac{\sin\varphi\,(b-r\,\cos\varphi)}{\sqrt{l^2 - (b-r\,\cos\varphi)^2}}\right]$$

Lösung gilt immer für $r<b$. Für $r\geq b$ gilt die Lösung nur für $0\leq\psi\leq\frac{\pi}{2}$!

Aufgabe 23.8:

Zwei gleiche Halbkreisscheiben (Radius r) sind im Punkt B gelenkig miteinander verbunden und bewegen sich in der xy-Ebene. Die erste Scheibe ist in A gelagert und dreht sich mit der konstanten Winkelgeschwindigkeit Ω_1. Die zweite Scheibe gleitet mit C auf der x-Achse.

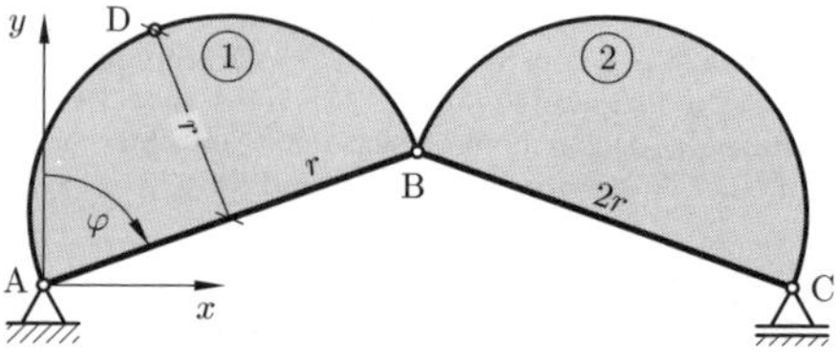

Bild A23.8: Halbkreisscheiben als Kurbeltrieb

a) Berechnen Sie analytisch die Gleichung der Rastpolbahn $y_M(x_M)$ der zweiten Scheibe.

b) Berechnen Sie die Geschwindigkeit und die Beschleunigung des Punktes D auf der ersten Scheibe.

c) Berechnen Sie die Geschwindigkeit v_B des Koppelpunktes B, die Winkelgeschwindigkeit Ω_2 der zweiten Scheibe und die Geschwindigkeit v_C in der Gleitführung als Funktionen des Drehwinkels φ.

Gegeben: r, Ω_1, φ, $0<\varphi<\pi/2$

Lösung der Aufgabe 23.8:

a) Momentanpol der Scheibe ②:

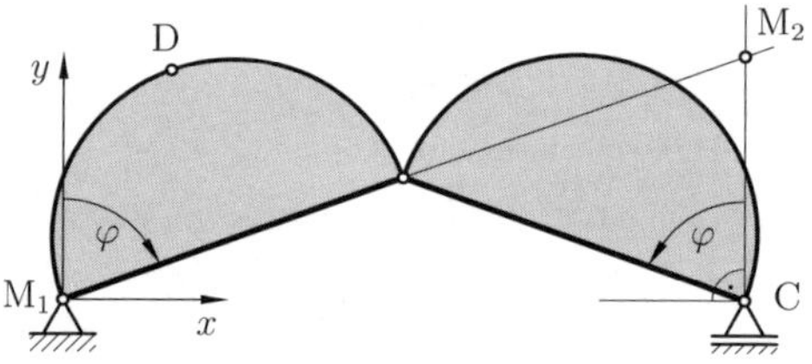

$x_M = 4r\sin\varphi$

$y_M = 4r\cos\varphi$

$x_M^2 + y_M^2 = (4r)^2$

$\Longrightarrow$ Kreis mit Radius $4r$ um A

$|y_M| = \sqrt{(4r)^2 - x_M^2}$

b) Bewegung von D:

$v_D = \sqrt{2}\,r\,\dot\varphi = \sqrt{2}\,r\,\Omega_1$ (auf Kreisbahn um A)

$a_D = \sqrt{2}\,r\,\dot\varphi^2 = \sqrt{2}\,r\,\Omega_1^2$ (in Richtung A)

c) Bewegung von B:

$v_B = 2\,r\,\Omega_1$

$\Omega_2 = \Omega_1$, aber entgegengesetzt gerichtet

$v_C = \dot x_C = (4r\cos\varphi)^{\dot{}} = 4\,r\,\Omega_1\cos\varphi \quad (= y_M\,\Omega_2)$

Aufgabe 23.9:

Eine Stange rollt nach dem Durchschneiden des Haltefadens ohne zu Gleiten auf der festen zylinderförmigen Unterlage (Radius R) ab.

a) Geben Sie die Koordinaten $x_M(\varphi)$ und $z_M(\varphi)$ des Momentanpols des Stabes an und ermitteln Sie die Gleichung $z_M(x_M)$ der Rastpolbahn.

b) Ermitteln Sie die Gangpolbahn.

Gegeben: R, a, φ

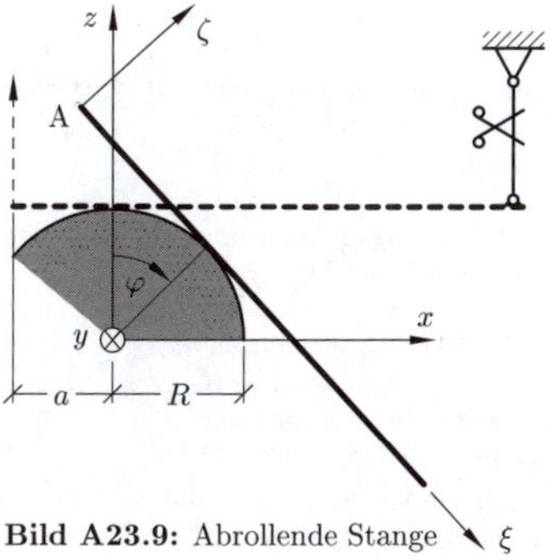

Bild A23.9: Abrollende Stange

Lösung der Aufgabe 23.9:

a) Momentanpol und Rastpolbahn:

Der Kontaktpunkt von Stange und Zylinder hat die Geschwindigkeit null, er ist der Momentanpol der Stange.

$$\left.\begin{aligned} x_M &= R\sin\varphi \\ z_M &= R\cos\varphi \end{aligned}\right\} \quad \Longrightarrow \quad x_M^2 + z_M^2 = R^2$$

Die Rastpolbahn ist die Begrenzungslinie des Zylinders.

b) Gangpolbahn:

$$\xi_M = a + R\varphi$$

$$\zeta_M = 0$$

Die Gangpolbahn liegt auf der Stange.

Aufgabe 23.10:

Ein ebener Mechanismus besteht aus den beiden Schwingen $\overline{AB}$ und $\overline{CE}$, die mit einer Koppelstange $\overline{BCD}$ verbunden sind. Die Schwinge $\overline{AB}$ dreht sich mit der konstanten Winkelgeschwindigkeit ω_1 und dadurch bewegen sich auch die beiden anderen Körper.

Ermitteln Sie für die spezielle gezeichnete Lage grafisch und rechnerisch

a) den Momentanpol M_{BD} der Koppelstange $\overline{BCD}$,

b) die Winkelgeschwindigkeit ω_2 der Schwinge $\overline{CE}$ und

c) die Geschwindigkeit v_D des Außenpunktes D der Koppelstange.

Gegeben: $a = 4\,\text{cm}$, $b = 6\,\text{cm}$, $c = 6\,\text{cm}$, $d = 4\,\text{cm}$, $\omega_1 = 3\,\text{s}^{-1}$

Geschwindigkeitsmaßstab: $1\text{cm} \mathrel{\widehat{=}} 4\text{cm/sec}$

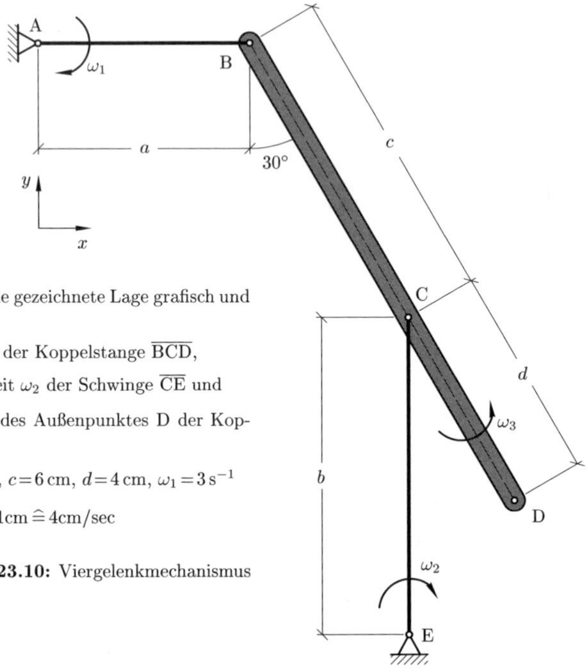

Bild A23.10: Viergelenkmechanismus

Lösung der Aufgabe 23.10:

Geschwindigkeitsplan,
Zeichnung 90° gedreht:

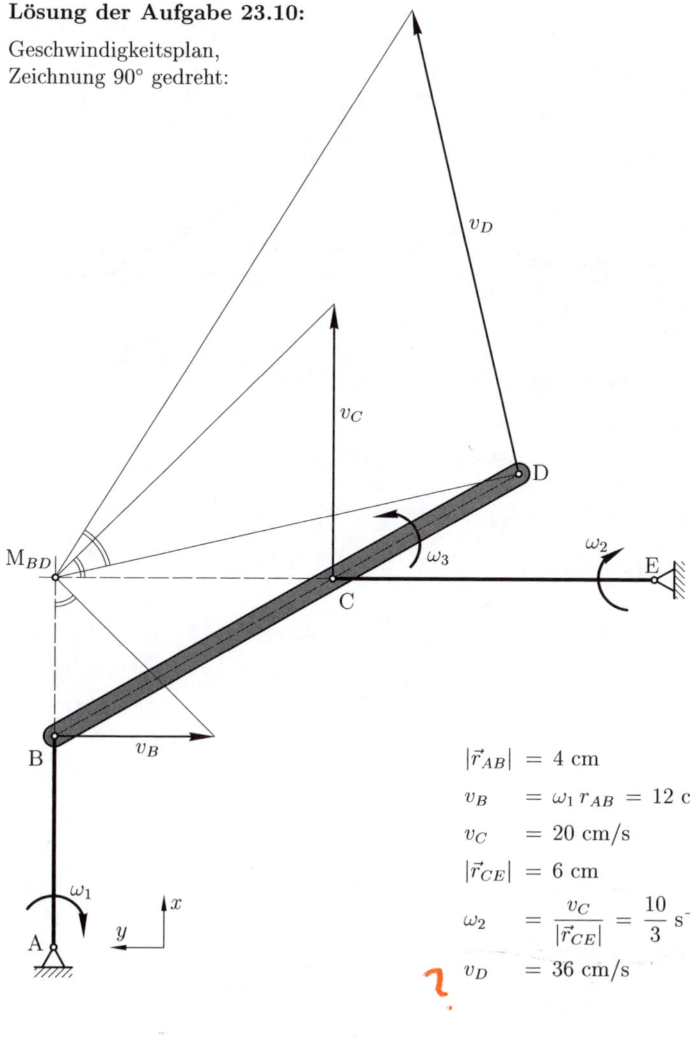

$$
\begin{aligned}
|\vec{r}_{AB}| &= 4 \text{ cm} && \hat{=}\ 4 \text{ cm}\\
v_B &= \omega_1\, r_{AB} = 12 \text{ cm/s} && \hat{=}\ 3 \text{ cm}\\
v_C &= 20 \text{ cm/s} && \hat{=}\ 5 \text{ cm}\\
|\vec{r}_{CE}| &= 6 \text{ cm} && \hat{=}\ 6 \text{ cm}\\
\omega_2 &= \frac{v_C}{|\vec{r}_{CE}|} = \frac{10}{3}\ \text{s}^{-1} && \\
v_D &= 36 \text{ cm/s} && \hat{=}\ 9 \text{ cm}
\end{aligned}
$$

Aufgabe 23.11:

Eine glatte Bahn besteht aus der Horizontalen und einem Halbkreis mit dem Radius R. Auf dieser Bahn rutscht ein Stab (Dicke vernachlässigbar). Sein Endpunkt A bewegt sich mit konstanter Geschwindigkeit v_A auf der Horizontalen. Im Punkt B gleitet der Stab an der Halbkreisbahn.

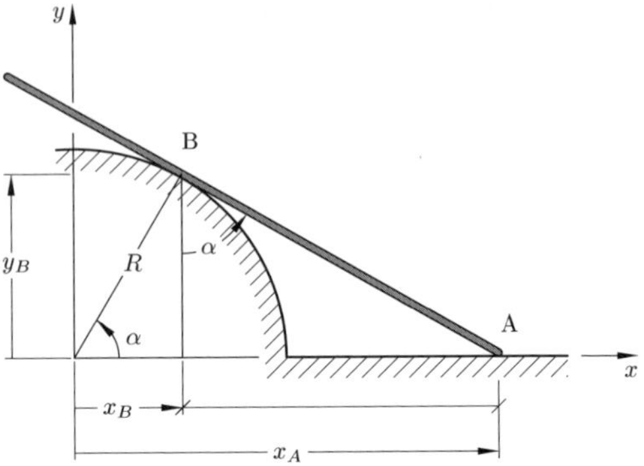

Bild A23.11: Rutschender Stab

a) Berechnen Sie den Winkel α und die Winkelgeschwindigkeit $\dot{\alpha}$ des Stabes in Abhängigkeit von den Bewegungsgrößen x_A und v_A des Stützpunktes A.
b) Berechnen Sie die Koordinaten x_M und y_M des Momentanpols sowie die Gleichung $y_M = f(x_M)$ der Rastpolbahn.

a) Berechnen Sie den momentanen Geschwindigkeitsvektor $\vec{v}_B$ des stabfesten Punktes B als Funktion der Bewegungsgrößen des Punktes A.

Gegeben: R, x_A, $v_A = \text{const.}$

Lösung der Aufgabe 23.11:

a) Winkel und Winkelgeschwindigkeit:

Geometrie:

$$R = x_A \cos\alpha \quad\Longrightarrow\quad \alpha = \arccos\frac{R}{x_A} \quad\Longrightarrow$$

$$\cos\alpha = \frac{R}{x_A}; \qquad \sin\alpha = \sqrt{1-\left(\frac{R}{x_A}\right)^2}$$

Differentiation der Geometrie:

$$0 = \dot{x}_A \cos\alpha - \dot{\alpha}\, x_A \sin\alpha \quad\Longrightarrow$$

$$\dot{\alpha} = \frac{v_A}{R}\frac{(R/x_A)^2}{\sqrt{1-(R/x_A)^2}}$$

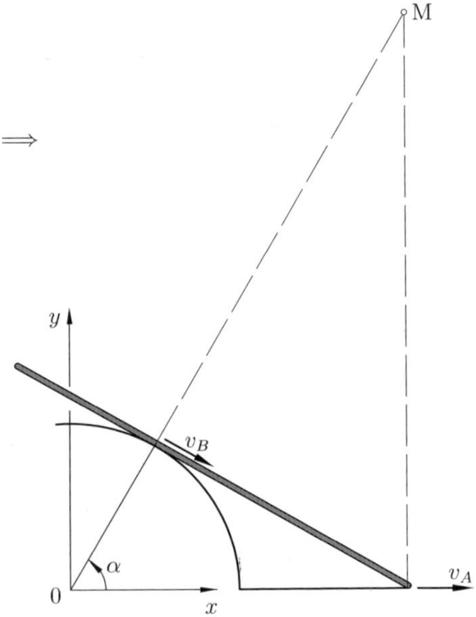

b) Momentanpol und Rastpolbahn:

$$x_M = x_A$$

$$y_M = x_A \tan\alpha = x_A \frac{\sqrt{1-(R/x_A)^2}}{R/x_A} = $$

$$= R\,\frac{\sqrt{1-(R/x_M)^2}}{(R/x_M)^2}$$

c) Stabgeschwindigkeit in B:

$$\vec{v}_B = v_B \left\{ \sin\alpha\, \vec{e}_x - \cos\alpha\, \vec{e}_y \right\} = v_A \sin\alpha \left\{ \sin\alpha\, \vec{e}_x - \cos\alpha\, \vec{e}_y \right\}$$

$$\vec{v}_B = v_A \left\{ \left[1 - \left(\frac{R}{x_A}\right)^2\right] \vec{e}_x - \frac{R}{x_A}\sqrt{1-\left(\frac{R}{x_A}\right)^2}\, \vec{e}_y \right\}$$

Aufgabe 23.12:

Zwei Balken (Längen a und $2a$) sind miteinander gelenkig verbunden und in den Punkten D und C fest bzw. verschieblich gelagert. Die Balken bewegen sich, wobei die Bewegung $\varphi_1(t)$ (und $\dot{\varphi}_1(t)$) vorgegeben ist.

Geben Sie die Geschwindigkeiten der Punkte A, B und C sowie die Lage des Momentanpols des Balkens $\overline{\mathrm{BC}}$ in Abhängigkeit von $\varphi_1(t)$ und $\dot{\varphi}_1(t)$ an.

Gegeben: a, φ_1, $\dot{\varphi}_1$, g

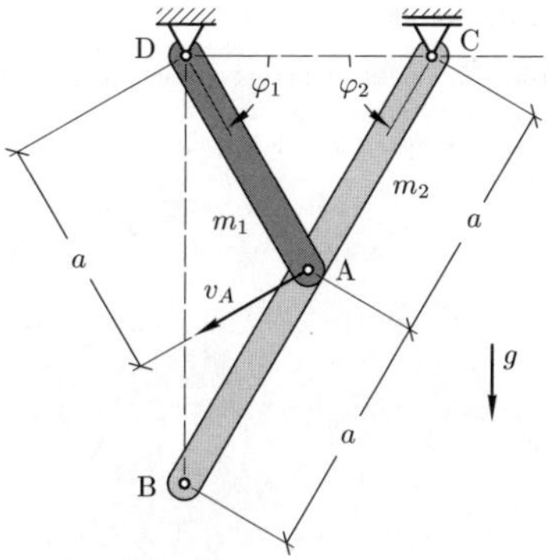

Bild A23.12: Hebelgetriebe

Lösung der Aufgabe 23.12:

Kinematik:

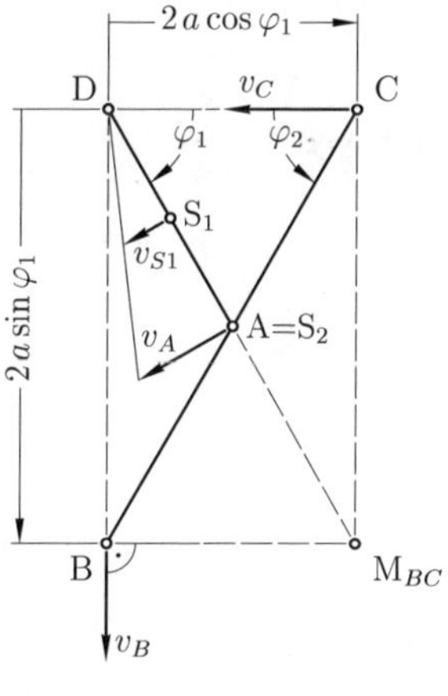

Geometrie:

$$\varphi_2 = \varphi_1$$

$$\dot{\varphi}_2 = \dot{\varphi}_1$$

Kartesische Koordinaten:

$$v_A = \dot{\varphi}_1 a$$

$$v_B = (2a \sin\varphi_1)^{\cdot} = \dot{\varphi}_1 2a\cos\varphi_1$$

$$v_C = -(2a\cos\varphi_1)^{\cdot} = \dot{\varphi}_1 2a \sin\varphi_1$$

EULERsche Geschwindigkeitsformel:

$$v_A = \dot{\varphi}_2\, a = \dot{\varphi}_1\, a$$

$$v_B = \dot{\varphi}_2\, 2a\cos\varphi_1 = \dot{\varphi}_1 2a\cos\varphi_1$$

$$v_C = \dot{\varphi}_2\, 2a\sin\varphi_1 = \dot{\varphi}_1 2a\sin\varphi_1$$

Aufgabe 23.13:

Die Teile eines Planetengetriebes haben die Radien r_1, r_2, $r_3 = r_1 + r_2$ und $r_4 = r_1 + 2r_2$. Die absoluten Winkelgeschwindigkeiten der Einzelteile sind ω_1, ω_2, ω_3 und ω_4.

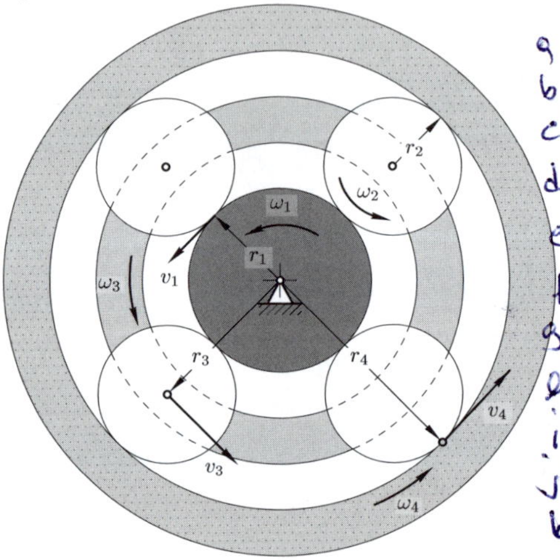

Bild A23.13: Planetengetriebe

Welche der kinematischen Beziehungen sind richtig und welche sind falsch?

Aussage	richtig	falsch
$v_1 = v_3 - \omega_2 r_2$		
$v_3 = \omega_1 r_1 + \omega_2 r_2$		
$v_3 = v_1 + \omega_3 r_3$		
$v_3 = (v_4 + v_1)/2$		
$v_3 = v_4 - \omega_2 r_2$		
$v_4 = \omega_1 (r_1 + 2r_2)$		
$v_4 = v_1 + 2\omega_2 r_2$		
$\omega_3 = (\omega_4 - \omega_1)/2$		
$v_1 = \omega_1 r_1$		
$v_1 = \omega_3 r_3 - \omega_2 r_2$		
$v_3 = \omega_1 r_1 - \omega_2 r_2$		
$v_4 = v_3 + \omega_3 (r_1 + r_2)$		

Lösung der Aufgabe 23.13:

r, r, f, r, r, f, r, f, r, r, f, f

Aufgabe 23.14:

Ein Brett gleitet bei B auf einer Kante und bei A auf dem horizontalen Boden. Das rechte Brettende A hat dabei die vorgegebene konstante Geschwindigkeit v_A.

a) Berechnen Sie den Winkel φ und die Winkelgeschwindigkeit $\dot{\varphi}$ des Brettes in Abhängigkeit von den Bewegungsgrößen x_A und v_A des Brettendes A.

b) Berechnen Sie die Koordinaten x_M und y_M des Momentanpols sowie die Gleichung $y_M = f(x_M)$ der Rastpolbahn des Brettes.

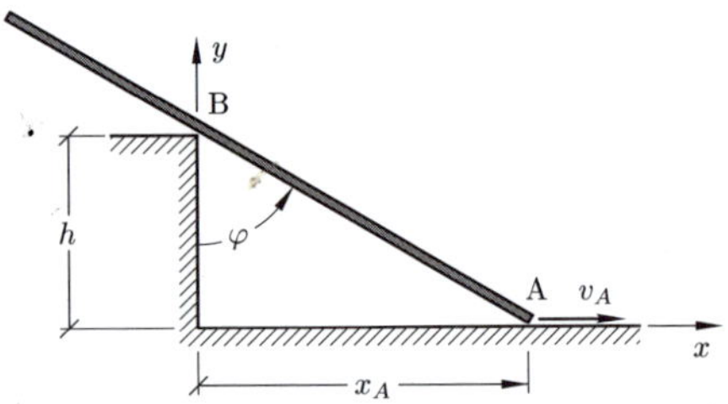

Bild A23.14: Rutschendes Brett

c) Berechnen Sie die Geschwindigkeit v_B des Brettes im Punkt B unmittelbar über der Kante als Funktion von x_A und v_A.

Gegeben: h, $v_A = \text{const.}$

Hinweis: $\tan^2\alpha = \dfrac{\sin^2\alpha}{\cos^2\alpha} = \dfrac{1-\cos^2\alpha}{\cos^2\alpha} = \dfrac{\sin^2\alpha}{1-\sin^2\alpha}$

Lösung der Aufgabe 23.14:

a) Kinematik:

Aktueller Ort des Punktes A:

$x_A(t) = h \tan\varphi(t)$

Differentiation:

$$\dot{x}_A(t) = v_A = \frac{h}{\cos^2\varphi}\,\dot{\varphi}$$

Winkelgeschwindigkeit:

$$\dot{\varphi} = \frac{v_A}{h}\cos^2\varphi = \frac{v_A}{h}\,\frac{1}{1+\tan^2\varphi} = \frac{v_A}{h\left\{1+\left(\frac{x_A}{h}\right)^2\right\}} = \frac{h\,v_A}{h^2+x_a^2}$$

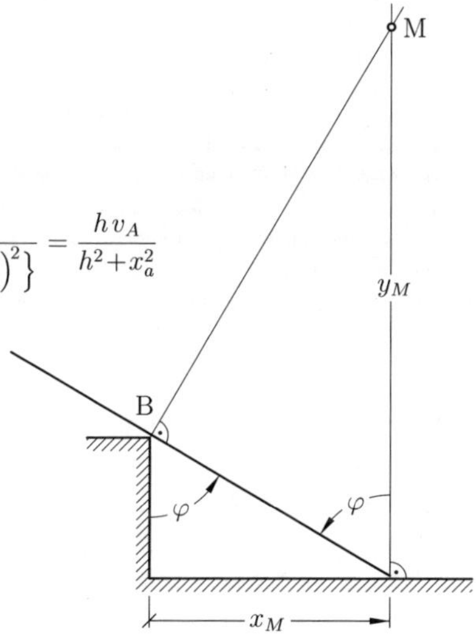

b) Konstruktion des Momentanpols:

Koordinaten des Momentanpols:

$x_M = x_A$

$$y_M = h + x_A \tan\varphi = h + x_A\,\frac{x_A}{h}$$

$$\Longrightarrow \qquad y_M = \frac{h^2+x_A^2}{h}$$

c) Geschwindigkeit des Punktes B:

Geschwindigkeitsplan:

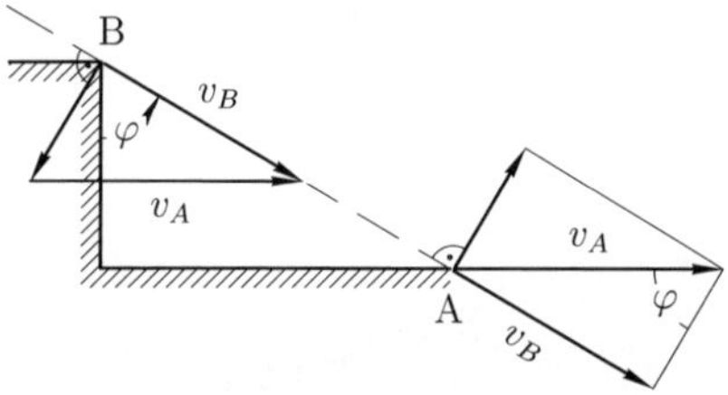

Der Brettabschnitt zwischen A und B verlängert sich nicht. Daher muß die Komponente von $\vec{v}_A$ in Brettrichtung die Größe von v_B haben.

Aus dem Geschwindigkeitsplan folgt:

$$v_B = v_A \sin\varphi = v_A\,\frac{\tan\varphi}{\sqrt{1+\tan^2\varphi}} =$$

$$= v_A\,\frac{\frac{x_A}{h}}{\sqrt{1+\left(\frac{x_A}{h}\right)^2}} = v_A\,\frac{x_A}{\sqrt{h^2+x_A^2}}$$

Alternative:

$$\omega = \frac{v_A}{\text{AM}} = \frac{v_B}{\text{BM}} \qquad \Longrightarrow \qquad v_B = v_A\,\frac{\text{BM}}{\text{AM}} = v_A \sin\varphi = v_A\,\frac{x_A}{\sqrt{h^2+x_A^2}}$$

Aufgabe 23.15:

Die Kurbel (Radius R) eines Kurbeltriebes läuft mit der konstanten Winkelgeschwindigkeit ω um. Dabei bewegt sich der Kolbenbolzen P nur entlang der x-Achse. Das Pleuel hat die Länge $l > 2R$.

a) Berechnen Sie die Geschwindigkeit $\dot{x}_P$ des Kolbenbolzens P in Abhängigkeit von den Drehgrößen φ und ω der Kurbel.

b) Berechnen Sie die Koordinaten $x_M(\varphi)$ und $y_M(\varphi)$ des Momentanpols des Pleuels.

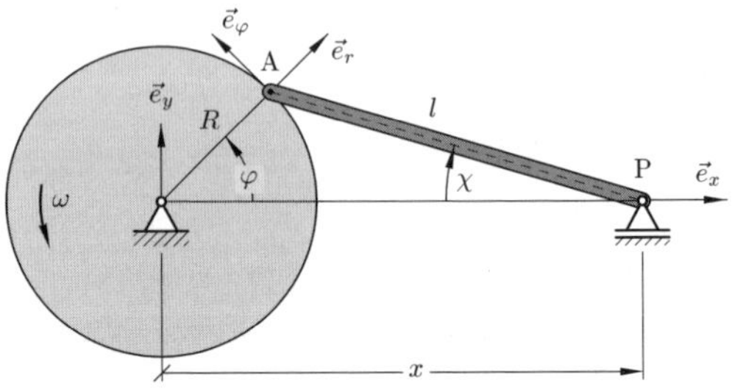

Bild A23.15: Kurbeltrieb

c) Berechnen Sie die Geschwindigkeit und die Beschleunigung des Punktes A.

Gegeben: R, l, ω

Lösung der Aufgabe 23.15:

a) Kinematik des Punktes P:

$$R\sin\varphi = l\sin\chi \qquad \Longrightarrow \qquad \cos\chi = \frac{1}{l}\sqrt{l^2 - R^2\sin^2\varphi}$$

$$x_P = R\cos\varphi + l\cos\chi = R\cos\varphi + \sqrt{l^2 - R^2\sin^2\varphi}$$

$$\dot{x}_P = \left[-R\sin\varphi - \frac{R^2\sin\varphi\cos\varphi}{\sqrt{l^2 - R^2\sin^2\varphi}}\right]\omega$$

b) Momentanpol des Pleuels:

Koordinaten des Momentanpols:

$$x_M = x_P = $$
$$= R\cos\varphi + \sqrt{l^2 - R^2\sin^2\varphi}$$

$$y_M = x_M\tan\varphi = $$
$$= R\sin\varphi + \tan\varphi\sqrt{l^2 - R^2\sin^2\varphi}$$

Lageplan:

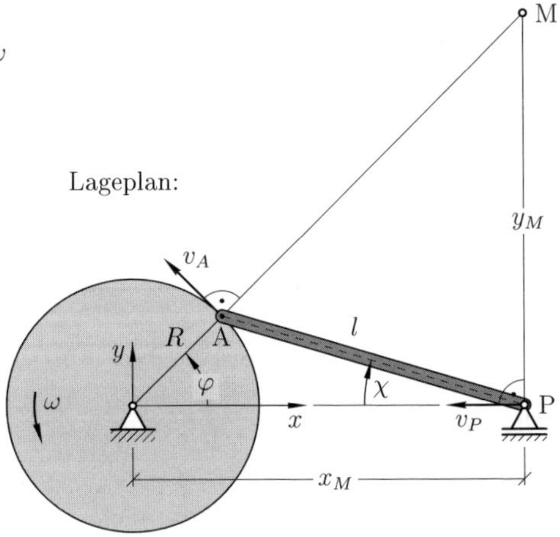

c) Kinematik des Punktes A:

$$\vec{v}_A = \omega R\,\vec{e}_\varphi \qquad \text{(Kreisbahn)}$$

$$\vec{a}_A = -\omega^2 R\,\vec{e}_r \qquad (\text{da } \omega = \text{const.})$$

Kapitel 24

Relativbewegung

Aufgabe 24.1:

Die Strömungsgeschwindigkeit $v_F(x)$ eines Flusses der Breite a sei parabolisch verteilt. Der Fluß soll von einem Boot vom Punkt A zum Punkt B überquert werden. Das Boot bewegt sich relativ zur Strömung mit der in Betrag und Richtung konstanten Geschwindigkeit v_B. Diese Relativgeschwindigkeit v_B und die x–Achse schließen stets den Winkel α ein.

a) Welche Absolutgeschwindigkeit $\dot{x} = v_x(x)$ und $\dot{y} = v_y(x)$ hat das Boot?

b) Wie lautet die Gleichung für die Bahnkurve $y(x)$?

c) Wie groß muß der Anstellwinkel α sein, damit das Boot genau gegenüber der Abfahrtstelle landet?

d) Skizzieren Sie die absolute Bahn des Bootes und geben Sie die Stellen $x_{1/2}$ an, an denen sich das Boot am weitesten flußaufwärts bzw. -abwärts befindet.

Gegeben: a, v_{F0}, v_B

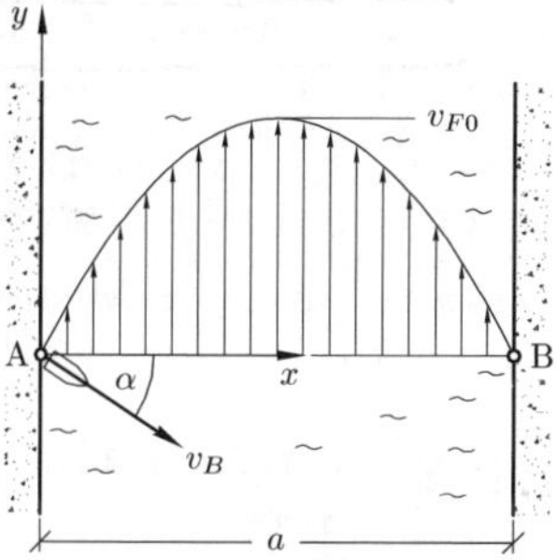

Bild A24.1: Geschwindigkeiten von Fluß und Boot

Lösung der Aufgabe 24.1:

a) Absolute Geschwindigkeit:

$$\vec{v} = \vec{v}_F + \vec{v}_{rel} = v_F\,\vec{e}_y + v_B\,(\cos\alpha\,\vec{e}_x - \sin\alpha\,\vec{e}_y) =$$
$$= v_B\,\cos\alpha\,\vec{e}_x + \left[4\,v_{F0}\,\tfrac{x}{a}\,(1 - \tfrac{x}{a}) - v_B\,\sin\alpha\right]\vec{e}_y$$

b) Bahnkurve:

$$\dot{x} = v_B\,\cos\alpha \qquad \dot{y} = 4\,v_{F0}\,\tfrac{x}{a}\,(1 - \tfrac{x}{a}) - v_B\sin\alpha$$

$$\frac{\dot{y}}{\dot{x}} = \frac{dy}{dx} = \frac{4\,v_{F0}\,\frac{x}{a}\left(1 - \frac{x}{a}\right) - v_B\sin\alpha}{v_B\cos\alpha}$$

$$y(x) = \frac{4\,v_{F0}\,a}{v_B\cos\alpha}\left[\left(\frac{x}{a}\right)^2\frac{1}{2}\left(1 - \frac{2}{3}\frac{x}{a}\right)\right] - \tan\alpha\,x + C$$

$$y(0) = 0 \implies C = 0$$

c) Ankunft genau gegenüber:

$$y(a) = 0 \implies \sin\alpha = \frac{2}{3}\,\frac{v_{F0}}{v_B}$$

d) Maximales Abdriften:

$$y' = 0 \implies 4\,v_{F0}\,\frac{x}{a}\left(1 - \frac{x}{a}\right) - \frac{2}{3}\,v_{F0} = 0$$

$$\implies x_{1/2} = \left(\frac{1}{2} \pm \frac{1}{2\sqrt{3}}\right)a$$

e) Bahn des Bootes:

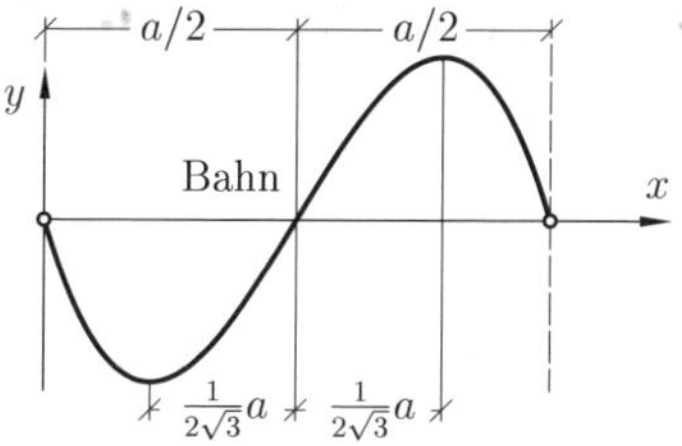

Aufgabe 24.2:

Ein Rasensprenger besitzt ein Rohr mit konstantem Durchmesser, das bei A um die vertikale Achse drehbar gelagert und an beiden Enden kreisbogenförmig abgewinkelt ist. Das Rohr wird vom Wasser mit der konstanten Relativgeschwindigkeit v_{rel} durchströmt und durch den Rückstoß in Drehung versetzt. Es stellt sich eine konstante Winkelgeschwindigkeit ω ein.

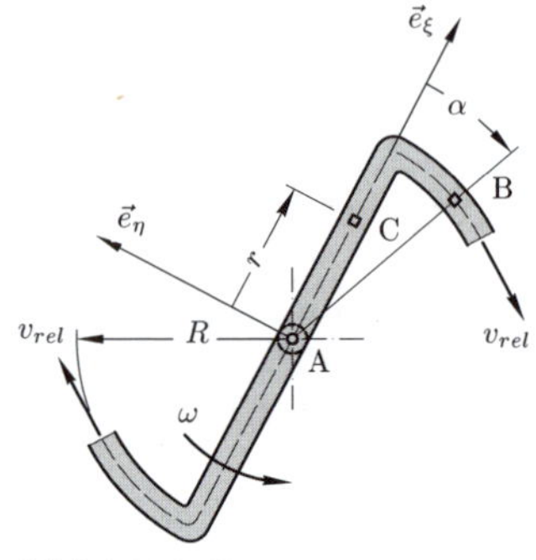

Bild A24.2: Rasensprenger

Welche Beschleunigung erfährt ein Wasserteilchen

a) im radialen Teil des Rohres (aktueller Radius r) und

b) im gebogenen Teil des Rohres (Radius R)?

c) Ermitteln Sie für ein Wasserteilchen im Punkt B, d. h. im gebogenen Teil des Rohres an der Stelle α, die relative Lage $\vec{\varrho}_{AB}$, die Geschwindigkeitskomponenten $\vec{v}_{rel}$ und $\vec{v}_f$ und die Absolutgeschwindigkeit $\vec{v}$ sowie die Komponenten $\vec{a}_f$, $\vec{a}_c$ und $\vec{a}_{rel}$ des Beschleunigungsvektors $\vec{a}$ und stellen Sie diese Vektoren im mit dem Rohr rotierenden Relativkoordinatensystem $\vec{e}_\xi$, $\vec{e}_\eta$ und $\vec{e}_z$ dar.

Gegeben: R, r, ω, v_{rel}, α

Lösung der Aufgabe 24.2:

a) Radialer Teil:

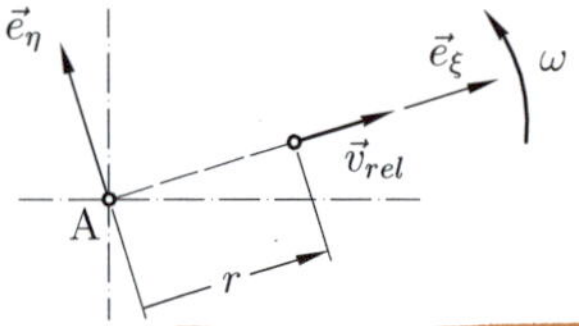

$$\vec{v} = \vec{v}_A + \vec{\omega} \times \vec{\rho} + \vec{v}_{rel} = $$
$$= \omega\, \vec{e}_z \times r\, \vec{e}_\xi + v_{rel}\, \vec{e}_\xi = \omega\, r\, \vec{e}_\eta + v_{rel}\, \vec{e}_\xi$$

$$\vec{a} = \vec{a}_A + \dot{\vec{\omega}} \times \vec{\rho} + \vec{\omega} \times (\vec{\omega} \times \vec{\rho}) + 2\vec{\omega} \times \vec{v}_{rel} + \vec{a}_{rel} =$$
$$= \omega\, \vec{e}_z \times (\omega\, \vec{e}_z \times r\, \vec{e}_\xi) + 2\,\omega\, \vec{e}_z \times v_{rel}\, \vec{e}_\xi = -\omega^2 r\, \vec{e}_\xi + 2\,\omega\, v_{rel}\, \vec{e}_\eta$$

b) Gebogener Teil:

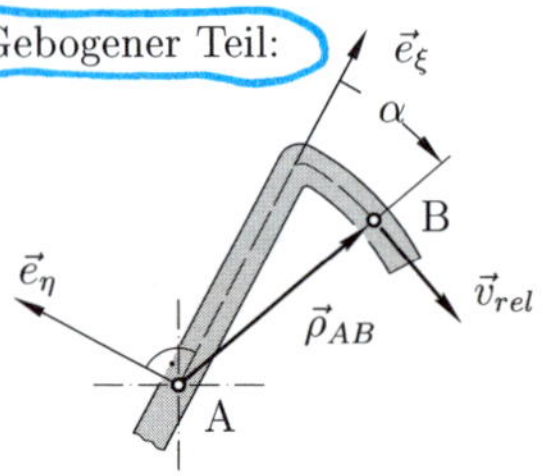

$$\vec{\rho}_{AB} = R\,\{\cos\alpha\, \vec{e}_\xi - \sin\alpha\, \vec{e}_\eta\}$$
$$\vec{v}_{rel} = R\dot{\alpha}\,\{-\sin\alpha\, \vec{e}_\xi - \cos\alpha\, \vec{e}_\eta\} =$$
$$= v_{rel}\,\{-\sin\alpha\, \vec{e}_\xi - \cos\alpha\, \vec{e}_\eta\}$$
$$\vec{a}_{rel} = v_{rel}\,\dot{\alpha}\,\{-\cos\alpha\, \vec{e}_\xi + \sin\alpha\, \vec{e}_\eta\} =$$
$$= \frac{v_{rel}{}^2}{R}\,\{-\cos\alpha\, \vec{e}_\xi + \sin\alpha\, \vec{e}_\eta\}$$

$$\vec{v} = \vec{v}_A + \vec{\omega} \times \vec{\rho}_{AB} + \vec{v}_{rel} =$$
$$= \omega\, \vec{e}_z \times R\,\{\cos\alpha\, \vec{e}_\xi - \sin\alpha\, \vec{e}_\eta\} + v_{rel}\,\{-\sin\alpha\, \vec{e}_\xi - \cos\alpha\, \vec{e}_\eta\} =$$
$$= (\omega R - v_{rel})\,\{\sin\alpha\, \vec{e}_\xi + \cos\alpha\, \vec{e}_\eta\}$$

$$
\begin{aligned}
\vec{a} &= \vec{a}_A + \dot{\vec{\omega}} \times \vec{\rho}_{AB} + \vec{\omega} \times (\vec{\omega} \times \vec{\rho}_{AB}) + 2\,\vec{\omega} \times \vec{v}_{rel} + \vec{a}_{rel} = \\
&= \omega\,\vec{e}_z \times [\,\omega\,\vec{e}_z \times R\,\{\cos\alpha\,\vec{e}_\xi - \sin\alpha\,\vec{e}_\eta\,\}\,] + 2\,\omega\,\vec{e}_z \times v_{rel}\,\{-\sin\alpha\,\vec{e}_\xi - \cos\alpha\,\vec{e}_\eta\,\} + \\
&\quad + \frac{{v_{rel}}^2}{R}\,\{-\cos\alpha\,\vec{e}_\xi + \sin\alpha\,\vec{e}_\eta\,\} = \\
&= -\,(\,\omega^2 R - 2\omega\,v_{rel} + \frac{{v_{rel}}^2}{R}\,)\,\{\cos\alpha\,\vec{e}_\xi - \sin\alpha\,\vec{e}_\eta\,\} = \\
&= -\,\frac{(\,\omega R - v_{rel}\,)^2}{R}\,\{\cos\alpha\,\vec{e}_\xi - \sin\alpha\,\vec{e}_\eta\,\}
\end{aligned}
$$

Aufgabe 24.3:

Der Roboterarm wird in einer Ebene durch zwei voneinander unabhängige Schrittmotoren in den Gelenken A und B bewegt. Die Motorwinkel $\varphi_1(t)$ und $\varphi_2(t)$ sind vorgegebene Funktionen der Zeit. Zur Beschreibung der Bewegung wird das mitbewegte $\xi\eta$-Relativkoordinatensystem benutzt.

Berechnen Sie für den Endpunkt E des Roboterarms

a) die Relativgeschwindigkeit,

b) die Coriolisbeschleunigung und

c) die Führungsbeschleunigung in diesem Relativsystem.

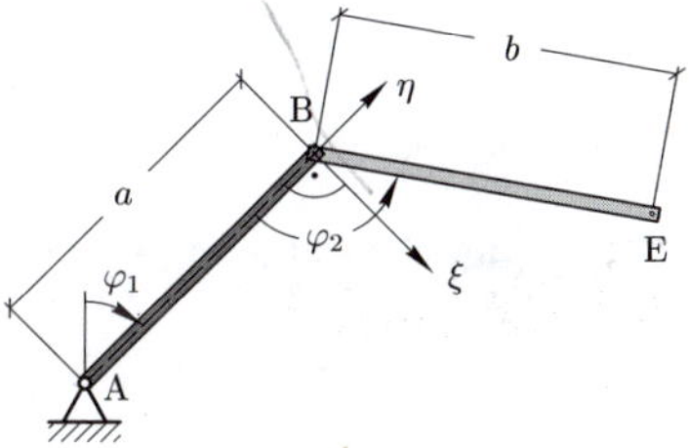

Bild A24.3: Roboterarm

Gegeben: a, b, $\varphi_1(t)$, $\varphi_2(t)$

Lösung der Aufgabe 24.3:

Vektoren:

$\vec{\omega}_{rel} = \dot{\varphi}_2\,\vec{e}_\zeta$ $\qquad \vec{\rho} = \vec{r}_{BE} = b\sin\varphi_2\,\vec{e}_\xi - b\cos\varphi_2\,\vec{e}_\eta$

$\vec{\omega}_{KS} = -\dot{\varphi}_1\,\vec{e}_\zeta$ $\qquad \vec{a}_B = a\,(\ddot{\varphi}_1\,\vec{e}_\xi - \dot{\varphi}_1^2\,\vec{e}_\eta)$

a) Relativgeschwindigkeit von E:

$$\vec{v}_{rel,E} = \vec{\omega}_{rel} \times \vec{r}_{BE} = \dot{\varphi}_2\vec{e}_\zeta \times \{b\sin\varphi_2\,\vec{e}_\xi - b\cos\varphi_2\,\vec{e}_\eta\} = b\,\dot{\varphi}_2\,\{\cos\varphi_2\,\vec{e}_\xi + \sin\varphi_2\,\vec{e}_\eta\}$$

b) Coriolisbeschleunigung:

$$
\begin{aligned}
\vec{a}_{c,E} &= 2\,\vec{\omega}_{KS} \times \vec{v}_{rel,E} = 2\,(-\dot{\varphi}_1\,\vec{e}_\zeta) \times (b\,\dot{\varphi}_2)\,\{\cos\varphi_2\,\vec{e}_\xi + \sin\varphi_2\,\vec{e}_\eta\} = \\
&= 2\,b\,\dot{\varphi}_1\,\dot{\varphi}_2\,\{\sin\varphi_2\,\vec{e}_\xi - \cos\varphi_2\,\vec{e}_\eta\}
\end{aligned}
$$

c) Führungsbeschleunigung:

$$
\begin{aligned}
\vec{a}_{f,E} &= \vec{a}_B + \dot{\vec{\omega}}_{KS} \times \vec{r}_{BE} + \vec{\omega}_{KS} \times (\vec{\omega}_{KS} \times \vec{r}_{BE}) = \\
&= a\,(\ddot{\varphi}_1\,\vec{e}_\xi - \dot{\varphi}_1^2\,\vec{e}_\eta) + (-\ddot{\varphi}_1\,\vec{e}_\zeta) \times \{b\sin\varphi_2\,\vec{e}_\xi - b\cos\varphi_2\,\vec{e}_\eta\} + \\
&\qquad + (-\dot{\varphi}_1\,\vec{e}_\zeta) \times \{(-\dot{\varphi}_1\,\vec{e}_\zeta) \times \{b\sin\varphi_2\,\vec{e}_\xi - b\cos\varphi_2\,\vec{e}_\eta\}\} = \\
&= \{a\,\ddot{\varphi}_1 - b\,\ddot{\varphi}_1\cos\varphi_2 - b\,\dot{\varphi}_1^2\sin\varphi_2\}\,\vec{e}_\xi + \{-a\,\dot{\varphi}_1^2 - b\,\ddot{\varphi}_1\sin\varphi_2 + b\,\dot{\varphi}_1^2\cos\varphi_2\}\,\vec{e}_\eta
\end{aligned}
$$

Aufgabe 24.4:

Bei einem Karussell auf dem Heinerfest sind auf einer horizontalen Scheibe (konstante Winkelgeschwindigkeit ω) im Abstand a von der Drehachse unter 45° zum Radialstrahl Schienen, in denen sich Gondeln mit $s(t)$ relativ zur Scheibe bewegen. Zur Beschreibung der Bewegung wird das scheibenfeste $\xi\eta$-Relativkoordinatensystem benutzt.

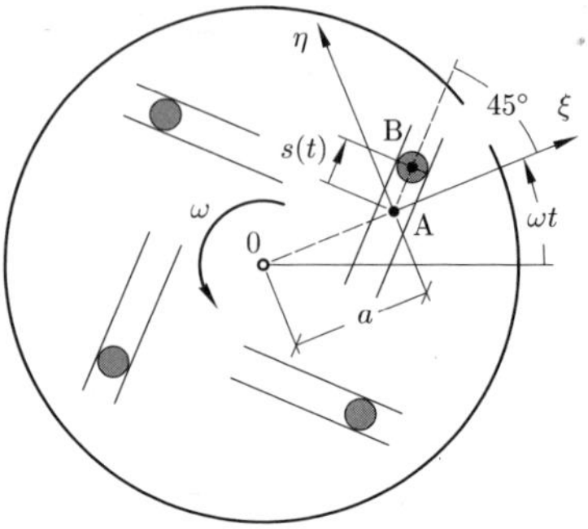

Bild A24.4: Gondeln auf dem Karussell

Berechnen Sie für die beliebige Fahrgastposition $s(t)$

a) die Führungsgeschwindigkeit $\vec{v}_f(t)$,

b) die Relativgeschwindigkeit $\vec{v}_{rel}(t)$,

c) die Führungsbeschleunigung $\vec{a}_f(t)$,

d) die Coriolisbeschleunigung $\vec{a}_c(t)$ und

e) die Relativbeschleunigung $\vec{a}_{rel}(t)$

in diesem Relativsystem, jeweils in Abhängigkeit von der Zeit t.

Gegeben: a, ω, $s(t) = \hat{s}\cos\Omega t$, $\hat{s}$, Ω

Lösung der Aufgabe 24.4:

Vektoren:

$$\vec{\omega} = \omega\,\vec{e}_\zeta; \qquad \dot{\vec{\omega}} = \vec{0}; \qquad \vec{\rho} = \frac{\sqrt{2}}{2}\,s\,(\vec{e}_\xi + \vec{e}_\eta)$$

$$\vec{r}_A = a\,\vec{e}_\xi; \qquad \vec{v}_A = \vec{\omega}\times\vec{r}_A = a\omega\,\vec{e}_\eta; \qquad \vec{a}_A = -a\omega^2\,\vec{e}_\xi$$

Führungsgeschwindigkeit:

$$\vec{v}_f = \vec{v}_A + \vec{\omega}\times\vec{\rho} = -\frac{\sqrt{2}}{2}\,s\,\omega\,\vec{e}_\xi + \left(a\omega + \omega\frac{\sqrt{2}}{2}s\right)\vec{e}_\eta =$$

$$= -\frac{\sqrt{2}}{2}\,\omega\,\hat{s}\cos\Omega t\,\vec{e}_\xi + \omega\left(a + \frac{\sqrt{2}}{2}\hat{s}\cos\Omega t\right)\vec{e}_\eta$$

Relativgeschwindigkeit:

$$\vec{v}_{rel} = \frac{d_{rel}\vec{\rho}}{dt} = \frac{\sqrt{2}}{2}\,\dot{s}\,(\vec{e}_\xi + \vec{e}_\eta) = -\frac{\sqrt{2}}{2}\,\Omega\,\hat{s}\sin\Omega t\,(\vec{e}_\xi + \vec{e}_\eta)$$

Führungsbeschleunigung:

$$\vec{a}_f = \vec{a}_A + \dot{\vec{\omega}}\times\vec{\rho} + \vec{\omega}\times(\vec{\omega}\times\vec{\rho}) =$$

$$= -\omega^2\left(a + \frac{\sqrt{2}}{2}\hat{s}\cos\Omega t\right)\vec{e}_\xi - \omega^2\frac{\sqrt{2}}{2}\hat{s}\cos\Omega t\,\vec{e}_\eta$$

Coriolisbeschleunigung:

$$\vec{a}_C = 2\,\vec{\omega}\times\vec{v}_{rel} = \omega\sqrt{2}\,\Omega\,\hat{s}\sin\Omega t\,(\vec{e}_\xi - \vec{e}_\eta)$$

Relativbeschleunigung:

$$\vec{a}_{rel} = \frac{\sqrt{2}}{2}\,\ddot{s}\,(\vec{e}_\xi + \vec{e}_\eta) = -\frac{\sqrt{2}}{2}\,\Omega^2\,\hat{s}\cos\Omega t\,(\vec{e}_\xi + \vec{e}_\eta)$$

Aufgabe 24.5:

Ein Roboterarm hat zwei Glieder, deren Längen $l_1(t)$ und $l_2(t)$ und Winkellagen $\varphi(t)$ und $\psi(t)$ nach vorgegebenen Gesetzen durch Schrittmotoren verändert werden können. Die Roboterarme führen ebene Bewegungen in der xy-Ebene aus.

a) Geben sie den Lagevektor, den Geschwindigkeitsvektor und den Beschleunigungsvektor des Gelenkpunktes A in Abhängigkeit von der gesteuerten Bewegung $\varphi(t)$ und $l_1(t)$ sowohl im raumfesten xyz- als auch im bewegten $r\varphi z$-Koordinatensystem an.

b) Stellen sie den Tangenteneinheitsvektor $\vec{e}_t$ der natürlichen Koordinaten der Bewegung des Punktes A mit den Einheitsvektoren $\vec{e}_r$ und $\vec{e}_\varphi$ des Polarkoordinatensystems dar.

c) Berechnen sie den Krümmungsradius R der Bahn des Punktes A.

d) Im Punkt A wird ein am ersten Roboterglied ausgerichtetes $\xi\eta\zeta$-Relativsystem angebracht.
Geben Sie
- die Führungsgeschwindigkeit,
- die Relativgeschwindigkeit,
- die Führungsbeschleunigung,
- die Relativbeschleunigung und
- die Coriolis-Beschleunigung

des Endpunktes B in diesem Relativsystem an.

Gegeben: $l_1(t)$, $\varphi(t)$, $l_2(t)$, $\psi(t)$

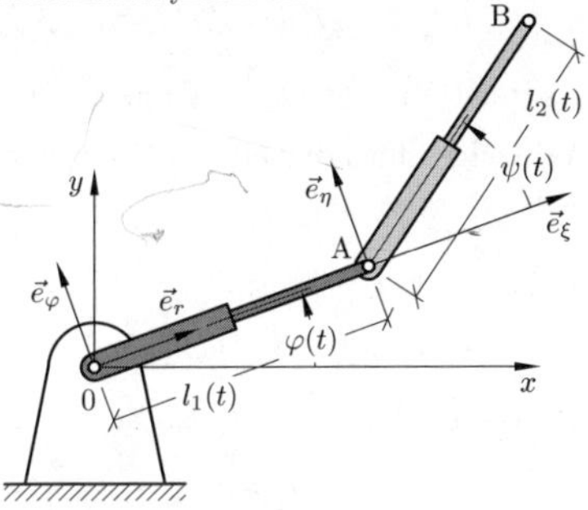

Bild A24.5: Zweigliedriger Roboterarm

Lösung der Aufgabe 24.5:

a) Bewegung des Punktes A:

$$\vec{r}_A = l_1 \cos\varphi\, \vec{e}_x + l_1 \sin\varphi\, \vec{e}_y = l_1\, \vec{e}_r$$

$$\begin{aligned}\vec{v}_A &= (\dot{l}_1 \cos\varphi - l_1\, \dot{\varphi} \sin\varphi)\, \vec{e}_x + (\dot{l}_1 \sin\varphi + l_1\, \dot{\varphi} \cos\varphi)\, \vec{e}_y = \\ &= \dot{l}_1\, \vec{e}_r + \dot{\varphi}\, \vec{e}_z \times l_1\, \vec{e}_r = \dot{l}_1\, \vec{e}_r + \dot{\varphi} l_1\, \vec{e}_\varphi\end{aligned}$$

$$\begin{aligned}\vec{a}_A &= (\ddot{l}_1 \cos\varphi - 2\dot{l}_1\, \dot{\varphi} \sin\varphi - l_1\, \dot{\varphi}^2 \cos\varphi - l_1\, \ddot{\varphi} \sin\varphi)\, \vec{e}_x + \\ &\quad +(\ddot{l}_1 \sin\varphi + 2\dot{l}_1\, \dot{\varphi} \cos\varphi + l_1\, \ddot{\varphi} \cos\varphi - l_1 \dot{\varphi}^2 \sin\varphi)\, \vec{e}_y = \\ &= \ddot{l}_1\, \vec{e}_r + (\dot{l}_1\, \dot{\varphi} + l_1\, \ddot{\varphi})\, \vec{e}_\varphi + \dot{\varphi}\, \vec{e}_z \times (\dot{l}_1\, \vec{e}_r + l_1\, \dot{\varphi}\, \vec{e}_\varphi) = \\ &= (\ddot{l}_1 - l_1\, \dot{\varphi}^2)\, \vec{e}_r + (2\dot{l}_1\, \dot{\varphi} + l_1\, \ddot{\varphi})\, \vec{e}_\varphi\end{aligned}$$

b) Tangenteneinheitsvektor der Bahn von A:

$\vec{v}_A$ ist tangential an die Bahn:

$$\vec{v}_A = v_A\, \vec{e}_t \qquad \Longrightarrow \qquad \vec{e}_t = \frac{\vec{v}_A}{|\vec{v}_A|} = \frac{\dot{l}_1\, \vec{e}_r + l_1\, \dot{\varphi}\, \vec{e}_\varphi}{\sqrt{\dot{l}_1^2 + (l_1\, \dot{\varphi})^2}}$$

c) Krümmungsradius R der Bahn des Punktes A:

Normaleneinheitsvektor:

$$\vec{e}_n = \frac{-l_1\, \dot{\varphi}\, \vec{e}_r + \dot{l}_1\, \vec{e}_\varphi}{v_A}$$

Beschleunigung in natürlichen Koordinaten:

$$\vec{a}_A = \dot{v}_A\,\vec{e}_t + \frac{v_A^2}{R}\vec{e}_n = (\ddot{l}_1 - l_1\,\dot{\varphi}^2)\,\vec{e}_r + (l_1\,\ddot{\varphi} + 2\dot{l}_1\,\dot{\varphi})\,\vec{e}_\varphi = (\ddot{l}_1 - l_1\,\dot{\varphi}^2)\,\vec{e}_\xi + (l_1\,\ddot{\varphi} + 2\dot{l}_1\,\dot{\varphi})\,\vec{e}_\eta$$

Projiziere $\vec{a}_A$ auf $\vec{e}_n$:

$$a_n = \frac{v_A^2}{R} = \vec{a}_A \cdot \vec{e}_n = \frac{-l_1\,\dot{\varphi}(\ddot{l}_1 - l_1\,\dot{\varphi}^2) + \dot{l}_1(l_1\ddot{\varphi} + 2\dot{l}_1\,\dot{\varphi})}{v_A} \qquad \Longrightarrow$$

$$R = \frac{\sqrt{\dot{l}_1^2 + (l_1\,\dot{\varphi})^2}^{\,3}}{-\ddot{l}_1\,l_1\,\dot{\varphi} + 2\dot{l}_1^2\,\dot{\varphi} + \dot{\varphi}^3\,l_1^2 + l_1\,\dot{l}_1\,\ddot{\varphi}}$$

d) Relativbewegung des Punktes B:

Winkelgeschwindigkeit des Koordinatensystems:

$$\vec{\omega} = \dot{\varphi}\,\vec{e}_\zeta$$

Relativer Lagevektor:

$$\vec{\rho}_{AB} = l_2\cos\psi\,\vec{e}_\xi + l_2\sin\psi\,\vec{e}_\eta$$

Relativgeschwindigkeit:

$$\vec{v}_{rel} = \frac{d_{rel}\vec{\rho}_{AB}}{dt} = (\dot{l}_2\cos\psi - l_2\,\dot{\psi}\sin\psi)\,\vec{e}_\xi + (\dot{l}_2\sin\psi + l_2\,\dot{\psi}\cos\psi)\,\vec{e}_\eta =$$
$$= (\dot{l}_2\cos\psi - l_2\,\dot{\psi}\sin\psi)\,\vec{e}_\xi + (\dot{l}_2\sin\psi + l_2\,\dot{\psi}\cos\psi)\,\vec{e}_\eta$$

Relativbeschleunigung:

$$\vec{a}_{rel} = \frac{d_{rel}\vec{v}_{rel}}{dt} = (\ddot{l}_2\cos\psi - \dot{l}_2\,\dot{\psi}\sin\psi - \dot{l}_2\,\dot{\psi}\sin\psi - l_2\,\ddot{\psi}\sin\psi - l_2\,\dot{\psi}^2\cos\psi)\,\vec{e}_\xi +$$
$$+ (\ddot{l}_2\sin\psi + \dot{l}_2\,\dot{\psi}\cos\psi + \dot{l}_2\,\dot{\psi}\cos\psi + l_2\,\ddot{\psi}\cos\psi - l_2\,\dot{\psi}^2\sin\psi)\,\vec{e}_\eta =$$
$$= \Big[(\ddot{l}_2 - l_2\dot{\psi}^2)\cos\psi - (l_2\,\ddot{\psi} + 2\dot{l}_2\,\dot{\psi})\sin\psi\Big]\,\vec{e}_\xi + \Big[(\ddot{l}_2 - l_2\dot{\psi}^2)\sin\psi + (l_2\,\ddot{\psi} + 2\dot{l}_2\,\dot{\psi})\cos\psi\Big]\,\vec{e}_\eta$$

Führungsgeschwindigkeit:

$$\vec{v}_f = \vec{v}_A + \vec{\omega}\times\vec{\rho} = \dot{l}_1\,\vec{e}_r + l_1\,\dot{\varphi}\,\vec{e}_\varphi + \dot{\varphi}\,\vec{e}_\zeta \times (l_2\cos\psi\,\vec{e}_\xi + l_2\sin\psi\,\vec{e}_\eta) =$$
$$= (\dot{l}_1 - l_2\,\dot{\varphi}\sin\psi)\,\vec{e}_\xi + (l_1\,\dot{\varphi} + l_2\,\dot{\varphi}\cos\psi)\,\vec{e}_\eta$$

Führungsbeschleunigung:

$$\vec{a}_f = \vec{a}_A + \dot{\vec{\omega}}\times\vec{\rho}_{AB} + \vec{\omega}\times(\vec{\omega}\times\rho_{AB}) =$$
$$= (\ddot{l}_1 - l_1\,\dot{\varphi}^2)\,\vec{e}_\xi + (l_1\,\ddot{\varphi} + 2\dot{l}_1\,\dot{\varphi})\,\vec{e}_\eta + \ddot{\varphi}\,\vec{e}_\zeta \times (l_2\cos\psi\,\vec{e}_\xi + l_2\sin\psi\,\vec{e}_\eta) +$$
$$+ (-\dot{\varphi}^2)(l_2\cos\psi\,\vec{e}_\xi + l_2\sin\psi\,\vec{e}_\eta) =$$
$$= (\ddot{l}_1 - l_1\,\dot{\varphi}^2 - l_2\,\dot{\varphi}^2\cos\psi - l_2\,\ddot{\varphi}\sin\psi)\,\vec{e}_\xi + (l_1\,\ddot{\varphi} + 2\dot{l}_1\,\dot{\varphi} - l_2\,\dot{\varphi}^2\sin\psi + l_2\,\ddot{\varphi}\cos\psi)\,\vec{e}_\eta$$

Coriolis-Beschleunigung:

$$\vec{a}_c = 2\,\vec{\omega}\times\vec{v}_{rel} = 2\,\dot{\varphi}\,\vec{e}_\zeta \times \vec{v}_{rel} =$$
$$= \Big[-2\,\dot{\varphi}\,(\dot{l}_2\sin\psi + l_2\,\dot{\psi}\cos\psi)\Big]\,\vec{e}_\xi + \Big[2\,\dot{\varphi}\,(\dot{l}_2\cos\psi - l_2\,\dot{\psi}\sin\psi)\Big]\,\vec{e}_\eta$$

Aufgabe 24.6:

Bei einem Karussell auf dem Heinerfest sind auf einer horizontalen Scheibe (konstante Winkelgeschwindigkeit ω) Gondeln montiert, die sich um ihre vertikale Achse relativ zur Scheibe mit der Winkelgeschwindigkeit $\dot{\varphi}(t)$ drehen. Die Bewegung eines in einer Gondel angeschnallten Fahrgastes wird im scheibenfesten $\xi\eta$-Relativkoordinatensystem durch den Lagewinkel $\varphi(t) = \pi \sin \Omega t$ und den Radius r beschrieben.

Berechnen Sie für die Position B des Fahrgastes

- die Führungsgeschwindigkeit,
- die Relativgeschwindigkeit,
- die Führungsbeschleunigung,
- die Coriolisbeschleunigung und
- die Relativbeschleunigung.

Dabei sind alle Größen als Vektoren im $\xi\eta$-Koordinatensystem darzustellen.

Gegeben: a, r, ω, $\varphi(t) = \pi \sin \Omega t$, Ω, $\text{sgn}\dot{\varphi}_B = 1$

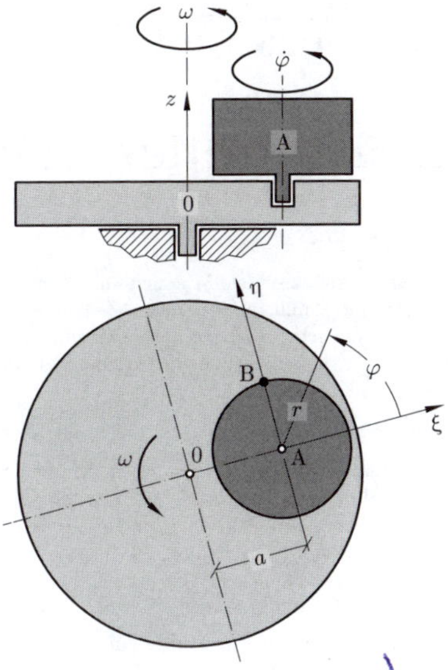

Bild A24.6: Karussell

Lösung der Aufgabe 24.6:

Berechnung der relativen Gondeldrehung:

$$\varphi = \pi \sin \Omega t, \qquad \dot{\varphi} = \pi\,\Omega \cos \Omega t, \qquad \ddot{\varphi} = -\pi\,\Omega^2 \sin \Omega t$$

Drehzustand speziell in der Stellung B:

$$\varphi_B = \frac{\pi}{2} \qquad \Longrightarrow \qquad \sin \Omega t_B = \frac{1}{2}, \qquad \cos^2 \Omega t_B = 1 - \sin^2 \Omega t_B = \frac{3}{4}$$

$$\dot{\varphi}_B = \frac{\sqrt{3}}{2}\pi\,\Omega, \qquad \ddot{\varphi}_B = -\frac{1}{2}\pi\,\Omega^2$$

Berechnung der Geschwindigkeitskomponeten:

$$\vec{v}_{fB} = \vec{v}_A + \vec{\omega} \times \vec{r}_{AB} = \omega\, a\, \vec{e}_\eta + (\omega\, \vec{e}_z \times r\, \vec{e}_\eta) = \omega\,(a\,\vec{e}_\eta - r\,\vec{e}_\xi)$$

$$\vec{v}_{rel\,B} = -r\,\dot{\varphi}_B\,\vec{e}_\xi = -r\,\frac{\pi\,\Omega\sqrt{3}}{2}\,\vec{e}_\xi$$

Berechnung der Beschleunigungskomponeten:

$$\vec{a}_{fB} = \vec{a}_A + \dot{\vec{\omega}} \times \vec{r}_{AB} + \vec{\omega} \times (\vec{\omega} \times \vec{r}_{AB}) = -a\omega^2\,\vec{e}_\xi + r\,\omega^2\,\vec{e}_z \times (\vec{e}_z \times \vec{e}_\eta) =$$

$$= -\omega^2\,(a\,\vec{e}_\xi + r\,\vec{e}_\eta)$$

$$\vec{a}_{cor\,B} = 2\vec{\omega} \times \vec{v}_{rel\,B} = 2\omega\,\frac{\pi}{2}\sqrt{3}\,r\,\Omega\,(-\vec{e}_\eta) = -\pi\,\sqrt{3}\,r\,\omega\,\Omega\,\vec{e}_\eta$$

$$\vec{a}_{rel\,B} = -r\,\ddot{\varphi}_B\,\vec{e}_\xi - r\,\dot{\varphi}_B^2\,\vec{e}_\eta = \frac{\pi}{2}\,r\,\Omega^2\,\vec{e}_\xi - \frac{3}{4}\pi^2\,r\,\Omega^2\,\vec{e}_\eta$$

Kapitel 25

Kräfte- oder Schwerpunktsatz

Aufgabe 25.1:

Auf einer glatten schiefen Ebene (Neigungswinkel α) liegt eine Punktmasse m. Zum Zeitpunkt $t=0$ befindet sie sich im Koordinatenursprung 0 und erhält dort in z-Richtung die Anfangsgeschwindigkeit v_0.

a) Auf welcher Kurve $x=x(z)$ rutscht die Masse?

b) Schreiben Sie alle Gleichungen für den Fall auf, daß zwischen der Oberfläche der schiefen Ebene und der Punktmasse Trockenreibung (Reibungskoeffizient μ) herrscht. Berechnen Sie dann den Weg-Zeit-Verlauf numerisch (z. B. mit MATLAB).

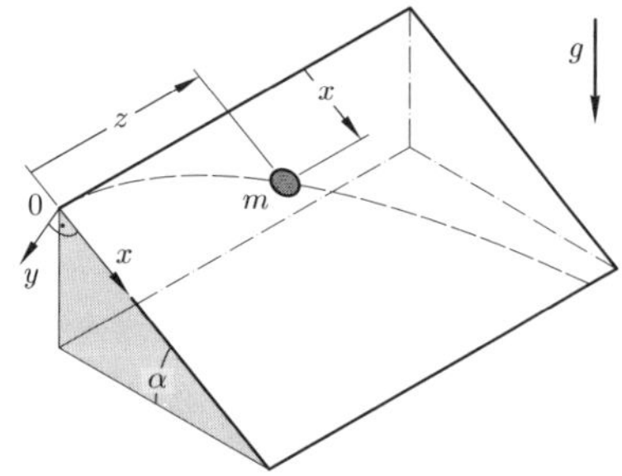

Bild A25.1: Punktmasse auf schiefer Ebene

c) Für welchen Reibungskoeffizienten kommt die Punktmasse nach endlicher Zeit zur Ruhe?

Gegeben: α, m, v_0, g

Lösung der Aufgabe 25.1:

a) Reibungsfreie Bewegung:

Freikörperbild:

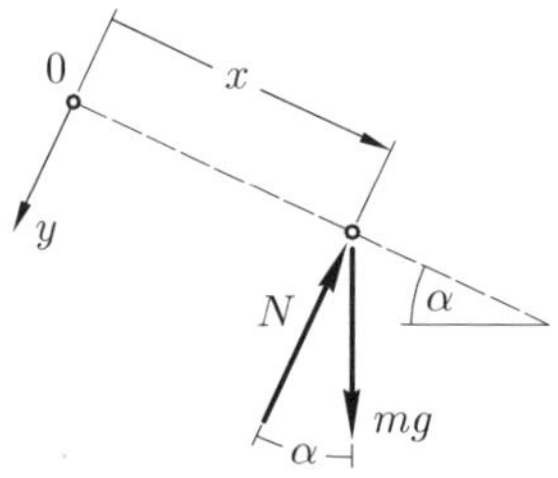

Kinetik:

$$m\ddot{x} = mg\sin\alpha$$

$$m\ddot{y} = mg\cos\alpha - N$$

$$m\ddot{z} = 0$$

Kinematik:

$$y=0 \implies \ddot{y}=0$$

Integration:

$$\ddot{x} = g\sin\alpha \implies \dot{x} = g\sin\alpha\, t + C_1 \implies x = \frac{1}{2} g\sin\alpha\, t^2 + C_1 t + C_2$$

$$\ddot{z} = 0 \implies \dot{z} = C_3 \implies z = C_3 t + C_4$$

Anfangsbedingungen:

$$x(0)=0, \quad \dot{x}(0)=0 \implies C_1 = 0, \quad C_2 = 0$$

$$z(0)=0, \quad \dot{z}(0)=v_0 \implies C_3 = v_0, \quad C_4 = 0$$

Bahn in Parameterdarstellung:

$$x(t) = \frac{1}{2} g\sin\alpha\, t^2, \qquad y=0, \qquad z = v_0\, t$$

Gleichung der Bahnkurve:

$$x(z) = \frac{g}{2\,v_0^2}\sin\alpha\;z^2$$

b) Bewegung mit Reibung:

Freikörperbild:

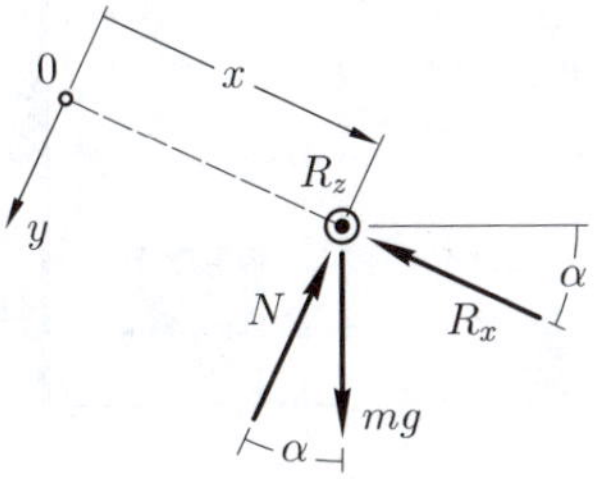

Kinetik:

$$\begin{aligned} m\ddot{x} &= mg\,\sin\alpha - R_x \\ m\ddot{y} &= mg\,\cos\alpha\,-\,N \\ m\ddot{z} &= -R_z \end{aligned}$$

Kinematik:

$$y = 0 \quad\Longrightarrow\quad \ddot{y} = 0$$

Coulombsche Reibkraft:

$$R = \mu N = \mu mg\cos\alpha$$

Hinweis: Das Minuszeichen entfällt, da R_x and R_z bereits in die negativen Koordinatenrichtungen positiv angesetzt sind.

Richtung der Reibkraft:

$$\vec{e}_R = -\frac{\dot{x}\,\vec{e}_x + \dot{z}\,\vec{e}_z}{\sqrt{\dot{x}^2+\dot{z}^2}}$$

Komponenten der Reibkraft:

$$R_x = \mu mg\,\cos\alpha\,\frac{\dot{x}}{\sqrt{\dot{x}^2+\dot{z}^2}}\,, \qquad R_z = \mu mg\,\cos\alpha\,\frac{\dot{z}}{\sqrt{\dot{x}^2+\dot{z}^2}}$$

Bewegungsdifferentialgleichungen für $x(t)$ und $z(t)$:

$$\ddot{x} = -\mu g\,\frac{\dot{x}}{\sqrt{\dot{x}^2+\dot{z}^2}}\cos\alpha + g\sin\alpha\,, \quad qquad\ddot{z} = -\mu g\,\frac{\dot{z}}{\sqrt{\dot{x}^2+\dot{z}^2}}\cos\alpha$$

Überführung auf ein System erster Ordnung:

$$q_1 = x\,, \qquad q_2 = z\,, \qquad q_3 = \dot{x}\,, \qquad q_4 = \dot{z}$$

Bewegungsgleichungen erster Ordnung (Zustandsraum):

$$\dot{q}_1 = q_3$$

$$\dot{q}_2 = q_4$$

$$\dot{q}_3 = -\mu g\,\frac{q_3}{\sqrt{q_3^2+q_4^2}}\cos\alpha + g\,\sin\alpha$$

$$\dot{q}_4 = -\mu g\,\frac{q_4}{\sqrt{q_3^2+q_4^2}}\cos\alpha$$

Dieses nichtlineare Differentialgleichungssystem erster Ordnung kann numerisch (z. B. mit MATLAB) integriert werden.

c) Große Reibkraft:

Hierbei genügt es, die Geschwindigkeit $\sqrt{\dot{x}^2+\dot{z}^2}$ über die Zeit t zu plotten und das asymptotische Verhalten für verschiedene Reibkoeffizienten zu analysieren.

Aufgabe 25.2:

Ein Fahrstuhl (Masse M) bewegt sich zunächst mit der Geschwindigkeit v_0 abwärts. Auf einer Waage im Fahrstuhl liegt ein Gewicht mg. Zum Zeitpunkt $t=0$ beginnt der Fahrstuhl gleichmäßig zu bremsen und die Waage zeigt dann die konstante Belastung $F>mg$ an.

a) Nach welcher Zeit T kommt der Fahrstuhl zum Stillstand und welchen Bremsweg s legt er bis dahin noch zurück?

b) Wie groß ist die Gesamtkraft in den Hängeseilen des Fahrstuhls beim Bremsen?

Gegeben: M, m, v_0, F, g

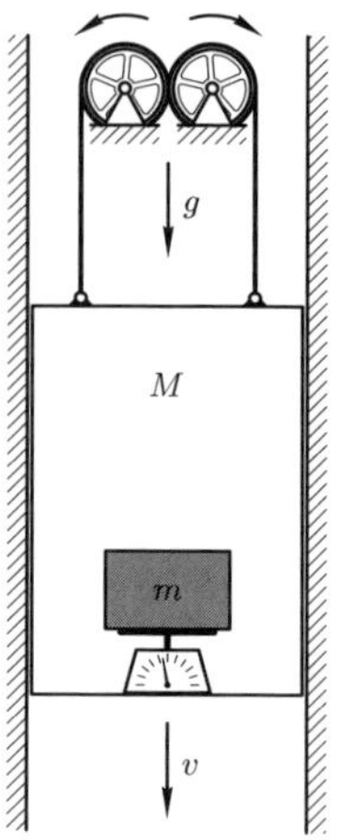

Bild A25.2: Fahrstuhl mit Masse auf Waage

Lösung der Aufgabe 25.2:

Freikörperbild der Masse im Fahrstuhl:

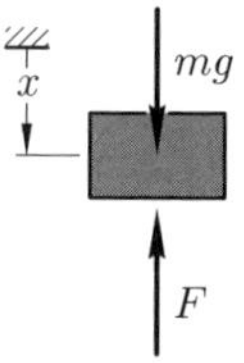

Kräftesatz:

$$m\ddot{x} = mg - F \qquad \Longrightarrow \qquad \ddot{x} = g - \frac{F}{m}$$

Integration:

$$\dot{x} = v_0 + \Big(g - \frac{F}{m}\Big)t \qquad \Longrightarrow \qquad x = v_0\,t + \frac{1}{2}\Big(g - \frac{F}{m}\Big)t^2$$

Zeitdauer T und zurückgelegte Strecke s bis zum Stillstand:

$$\dot{x}(T) = v_0 + \Big(g - \frac{F}{m}\Big)T = 0 \qquad \Longrightarrow \qquad T = \frac{m\,v_0}{F - mg}$$

$$s = x(T) = v_0\,\frac{m v_0}{F - mg} + \frac{1}{2}\Big(g - \frac{F}{m}\Big)\Big(\frac{m\,v_0}{F - mg}\Big)^2 = \frac{1}{2}\,\frac{m\,v_0^2}{F - mg}$$

Freikörperbild des Fahrstuhls:

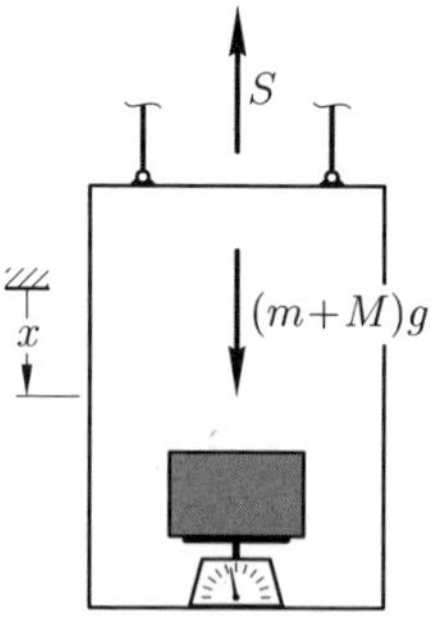

Kräftesatz:

$$(M+m)\,\ddot{x} = (M+m)g - S$$

Seilkraft:

$$S = (m+M)(g - \ddot{x}) = \frac{m+M}{m}\,F$$

Aufgabe 25.3:

Ein Kondensator besteht aus einer festen und einer beweglichen Platte. Die bewegliche Platte hat die Masse m und wird von der elektrostatischen Kraft $F = \varepsilon_r\,\varepsilon_0\,A\,U^2/(2\,x^2) = Q^2/(2\,\varepsilon_r\,\varepsilon_0\,A)$ angezogen. Bis zum Zeitpunkt $t=0$ wird die bewegliche Platte im Abstand $x=d$ festgehalten.

Berechnen Sie den Geschwindigkeitsverlauf der beweglichen Platte $v(x)$ für die beiden Fälle, bei denen

a) die Spannung U am Kondensator oder

b) die Ladung Q auf den Platten

konstant gehalten wird.

Gegeben: d, m, U, Q, $\varepsilon_r\varepsilon_0$, A

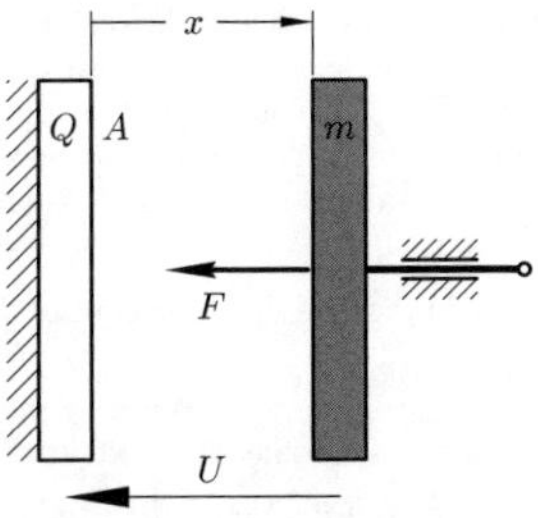

Bild A25.3: Kondensator mit beweglicher Platte

Lösung der Aufgabe 25.3:

a) Spannung U wird konstant gehalten:

Kraftgesetz:

$$F = \frac{1}{2}\varepsilon_r\,\varepsilon_0\,\frac{U^2}{x^2}\,A$$

Kinetik:

$$m\,\ddot{x} = -F$$

Integration:

$$2\,\dot{x}\,\ddot{x} = -\frac{\varepsilon_r\,\varepsilon_0\,A\,U^2}{m}\,\frac{\dot{x}}{x^2} \quad\Longrightarrow\quad \dot{x}^2 = \frac{\varepsilon_r\,\varepsilon_0\,A\,U^2}{m}\,\frac{1}{x} + C_1$$

Anfangsbedingungen:

$$x(0) = d, \qquad \dot{x}(0) = 0 \quad\Longrightarrow\quad C_1 = -\frac{\varepsilon_r\,\varepsilon_0\,A\,U^2}{m}\,\frac{1}{d}$$

Geschwindigkeitsverlauf:

$$\dot{x}(x) = v(x) = -U\sqrt{\frac{\varepsilon_r\,\varepsilon_0\,A}{m}\Big(\frac{1}{x} - \frac{1}{d}\Big)}$$

b) Ladung Q wird konstant gehalten:

Kraftgesetz:

$$F = \frac{Q^2}{2\,\varepsilon_r\,\varepsilon_0\,A}$$

Kinetik:

$$m\,\ddot{x} = -F$$

Integration:

$$2\,\dot{x}\,\ddot{x} = -\frac{Q^2}{\varepsilon_r\,\varepsilon_0\,A\,m}\,\dot{x} \quad\Longrightarrow\quad \dot{x}^2 = -\frac{Q^2}{\varepsilon_r\,\varepsilon_0\,A\,m}\,x + C_2$$

Anfangsbedingungen:

$$x(0) = d, \qquad \dot{x}(0) = 0 \quad\Longrightarrow\quad C_2 = \frac{Q^2\,d}{\varepsilon_r\,\varepsilon_0\,A\,m}$$

Geschwindigkeitsverlauf:

$$\dot{x}(x) = v(x) = -Q\sqrt{\frac{d - x}{\varepsilon_r\,\varepsilon_0\,A\,m}}$$

Aufgabe 25.4:

Eine Exzenterscheibe (Exzentrizität e) rotiert mit der Winkelgeschwindigkeit Ω. Sie bewegt dabei einen Schieber (Masse m) sinusförmig auf und ab. Um die Schwankungen der Anpreßkraft zwischen Exzenter und Schieber zu verringern, wird der Schieber an einer Feder mit der Steifigkeit k aufgehängt. Die Feder ist für $\varphi = 0$ entspannt.

a) Wie groß ist die Anpreßkraft P zwischen Schieber und Exzenter?

b) Wie groß darf die Winkelgeschwindigkeit Ω höchstens sein, damit der Schieber bei fehlender Feder ($k = 0$) nicht abhebt?

c) Wie groß muß man die Steifigkeit k wählen, damit die Anpreßkraft unabhängig von der Zeit ist?

Gegeben: $e,\ r,\ m,\ g,\ k,\ \Omega$

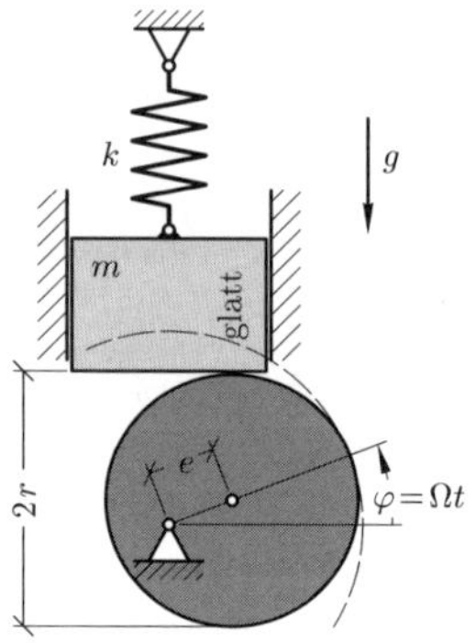

Bild A25.4: Exzenterstößel

Lösung der Aufgabe 25.4:

Freikörperbild:

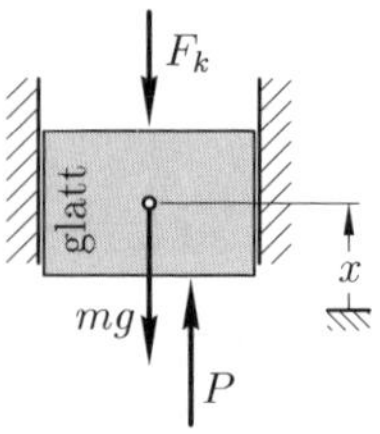

Geometrie:

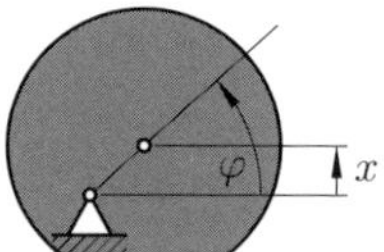

Kinetik:

$$m\,\ddot{x} = -F_k - mg + P(t)$$

Federgesetz:

$$F_k = k\,x$$

Bewegungsgleichung:

$$m\,\ddot{x} + k\,x = -mg + P(t)$$

Kinematik:

$$x = e\sin\Omega t \quad \Longrightarrow \quad \ddot{x} = -e\,\Omega^2\sin\Omega t$$

a) Anpresskraft:

$$P(t) = mg + (k - m\,\Omega^2)\,e\sin\Omega t$$

b) Spezialfall $k = 0$:

$$P(t) = m\,(g - \Omega^2 e\,\sin\Omega t) \qquad P_{min} = m\,(g - \Omega^2 e)$$

Abheben also für $\Omega^2 > \dfrac{g}{e}$

c) Spezialfall $P(t)$ unabhängig von der Zeit:

Bedingung: $\quad l - m\,\Omega^2 = 0 \quad \Longrightarrow \quad l = m\,\Omega^2; \qquad P_0 = mg$

Aufgabe 25.5:

Ein Körper mit der Masse m kann auf einer um die vertikale Achse 0 drehbaren masselosen Stange reibungsfrei gleiten. Der Körper wird in Drehung versetzt (Winkelgeschwindigkeit $\dot{\varphi}(0) = \omega > 0$) und dann sich selbst überlassen. Bei der Drehbewegung stützt er sich an der rauhen Innenwand (Reibkoeffizient μ) eines vertikal stehenden Kreiszylinders ab.

a) Berechnen Sie die Winkelgeschwindigkeit $\dot{\varphi}(t)$ als Funktion der Zeit.

b) Nach wievielen Umdrehungen ist die Geschwindigkeit des Körpers auf ein Zehntel ihres Anfangswertes abgesunken?

Gegeben: r, m, μ, ω

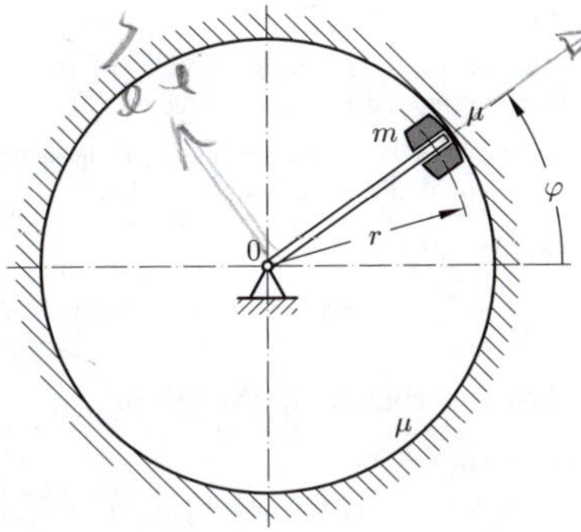

Bild A25.5: Rotierende Punktmasse

Lösung der Aufgabe 25.5:

Freikörperbild für $\dot{\varphi} > 0$:

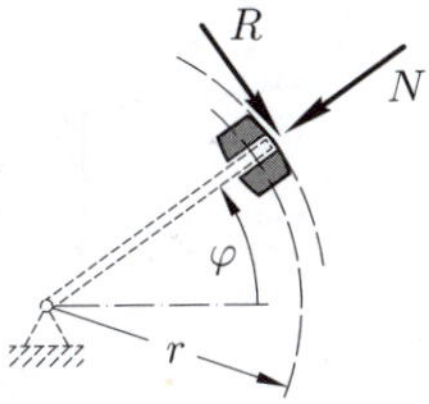

Kinetik:

$$m\,a_r = -N$$
$$m\,a_\varphi = -R$$

Kinematik:

$$a_r = \ddot{r} - r\,\dot{\varphi}^2 = -r\,\dot{\varphi}^2$$
$$a_\varphi = r\,\ddot{\varphi} + 2\,\dot{r}\,\dot{\varphi} = r\,\ddot{\varphi}$$

Reibgesetz:

$$R = \mu\,N$$

Ausrechnung:

$$m\,a_\varphi = m\,r\,\ddot{\varphi} = -\mu\,N = -\mu\,m\,r\,\dot{\varphi}^2 \implies \ddot{\varphi} = -\mu\,\dot{\varphi}^2$$

a) Zeitintegration:

$$\int_\omega^{\dot{\varphi}(t)} \frac{1}{\dot{\varphi}^2}\,\frac{d\dot{\varphi}}{dt}\,dt = -\mu \int_0^t dt \implies \frac{1}{\omega} - \frac{1}{\dot{\varphi}(t)} = -\mu\,t \implies \dot{\varphi}(t) = \frac{\omega}{1+\omega\,\mu\,t}$$

b) Winkelintegration:

$$\int \frac{\ddot{\varphi}}{\dot{\varphi}}\,dt = -\int \mu\,\dot{\varphi}\,dt \implies \int_\omega^{\dot{\varphi}_{10}} \frac{d\dot{\varphi}}{\dot{\varphi}} = -\int_0^{\varphi_{10}} \mu\,d\varphi \implies \ln\frac{\dot{\varphi}_{10}}{\omega} = -\mu\,\varphi_{10}$$

$$\implies \varphi_{10} = -\frac{\ln \dot{\varphi}_{10}/\omega}{\mu} = \frac{\ln 10}{\mu} = \frac{2.303}{\mu}$$

$$\implies n = \frac{\varphi_{10}}{2\pi} = \frac{0.367}{\mu}$$

Aufgabe 25.6:

Eine Masse m ist an zwei Fäden befestigt und rotiert mit der konstanten Winkelgeschwindigkeit Ω um die vertikale Achse.

In welchem Bereich muß die Winkelgeschwindigkeit Ω liegen, damit beide Fäden gespannt bleiben?

Gegeben: r, α, β, m, Ω, g

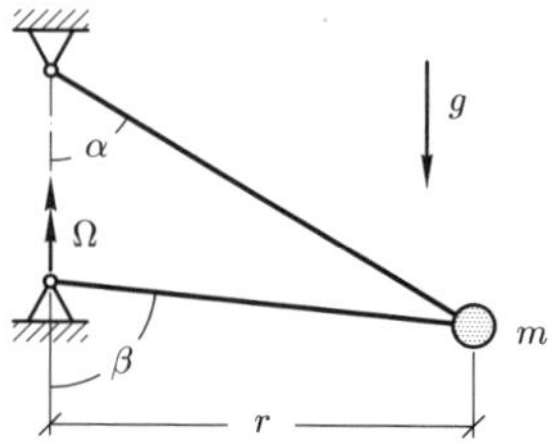

Bild A25.6: Rotierende Punktmasse an Fäden

Lösung der Aufgabe 25.6:

Kinetik:

zentral: $m r \Omega^2 = S_1 \sin\alpha + S_2 \sin\beta$

vertikal: $0 = S_1 \cos\alpha + S_2 \cos\beta - mg$

Freikörperbild:

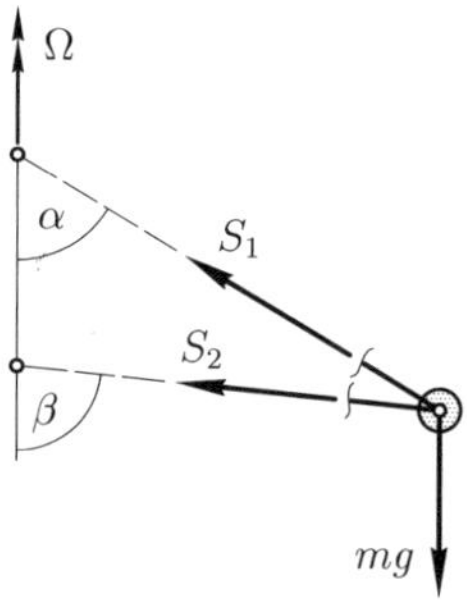

Auflösung:

$$S_1 = \frac{(g\sin\beta - r\,\Omega^2\cos\beta)\,m}{\sin(\beta-\alpha)}$$

$$S_2 = \frac{(r\,\Omega^2\cos\alpha - g\sin\alpha)\,m}{\sin(\beta-\alpha)}$$

Die Fäden bleiben für $S_1 \geq 0$ und $S_2 \geq 0$ gespannt:

$$S_1 \geq 0 \quad \Longrightarrow \quad \Omega^2 \leq \frac{g}{r}\tan\beta$$

$$S_2 \geq 0 \quad \Longrightarrow \quad \Omega^2 \geq \frac{g}{r}\tan\alpha$$

Die Fäden bleiben also gespannt für

$$\frac{g}{r}\tan\alpha \leq \Omega^2 \leq \frac{g}{r}\tan\beta .$$

Aufgabe 25.7:

Bei einem Karussell auf dem Heinerfest sind auf einer horizontalen Scheibe Schienen, in denen sich Gondeln reibungsfrei bewegen können. Die Scheibe rotiert mit konstanter Winkelgeschwindigkeit Ω_S. Jede Gondel (Masse m) ist mit einer Feder (Steifigkeit k) gegenüber der Scheibe abgestützt und wird von einem Linearantrieb mit der Kraft $F_x(t)$ harmonisch bewegt, $x(t) = \hat{x}\cos\Omega_G t$. In der Lage $r = r_0$ ist die Feder entspannt.

a) Welche horizontale Kraft $F_W(t)$ übt die Gondel auf ihre reibungsfreie Führung aus?

b) Welche Antriebskraft $F_x(t)$ muß der Linearantrieb liefern?

c) Bei welcher Steifigkeit k_{Res} tritt Resonanz ein?

Gegeben: r_0, k, m, Ω_S, $x(t) = \hat{x}\cos\Omega_G t$

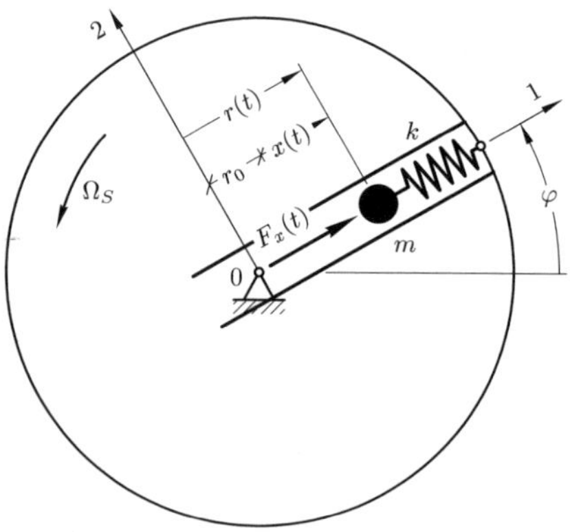

Bild A25.7: Punktmasse auf Karussell

Lösung der Aufgabe 25.7:

Allgemeine Ansätze:

Freikörperbild:

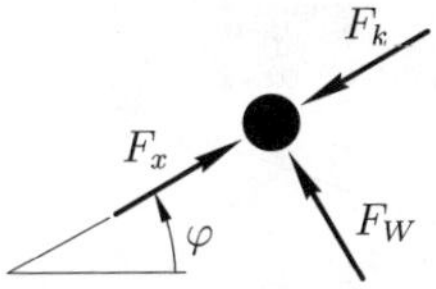

Federkraft:

$F_k = k\,x$

Kinematik:

$$r = r_0 + x = r_0 + \widehat{x}\cos\Omega_G t$$
$$\dot{r} = \dot{x} = -\Omega_G\,\widehat{x}\sin\Omega_G t$$
$$\ddot{r} = \ddot{x} = -\Omega_G^2\,\widehat{x}\cos\Omega_G t$$
$$\dot{\varphi} = \Omega_S = \text{const.}$$
$$\ddot{\varphi} = 0$$
$$a_r = \ddot{r} - r\,\dot{\varphi}^2 = \ddot{x} - (r_0 + x)\,\Omega_S^2$$
$$a_\varphi = r\,\ddot{\varphi} + 2\,\dot{r}\,\dot{\varphi} = 2\,\dot{x}\,\Omega_S$$

a) Wandkraft:

Kräftesatz: $m\,a_\varphi = F_W$

Ausrechnung: $F_W = m\,a_\varphi = m\,2\,\dot{x}\,\Omega_S = -2\,m\,\Omega_S\,\Omega_G\,\widehat{x}\sin\Omega_G t$

b) Antriebskraft:

Kräftesatz: $m\,a_r = F_x - F_k$

Ausrechnung: $m\,\ddot{x} + (k - m\,\Omega_S^2)\,x = F_x + m\,r_0\,\Omega_S^2$

$$\Longrightarrow \qquad F_x(t) = -m\,r_0\Omega_S^2 + \left[k - m(\Omega_S^2 + \Omega_G^2)\right]\widehat{x}\cos\Omega_G t$$

c) Resonanzbedingung:

$$\omega_0^2 = \frac{k_{Res} - m\,\Omega_S^2}{m} = \Omega_G^2 \qquad \Longrightarrow \qquad k_{Res} = m\,(\Omega_G^2 + \Omega_S^2)$$

Alternative Relativkinematik:

Winkelgeschwindigkeit des KS:	$\vec{\omega} = \Omega_S\,\vec{e}_3$
Winkelbeschleunigung des KS:	$\dot{\vec{\omega}} = \vec{0}$
Relativer Lagevektor:	$\vec{\rho} = (r_0 + x)\;\vec{e}_1$
Relativgeschwindigkeit:	$\vec{v}_{rel} = \dot{x}\,\vec{e}_1$
Relativbeschleunigung:	$\vec{a}_{rel} = \ddot{x}\,\vec{e}_1$
Führungsgeschwindigkeit:	$\vec{v}_f = \vec{v}_0 + \vec{\omega}\times\vec{\rho} = \Omega_S\,(r_0 + x)\;\vec{e}_2$
absolute Geschwindigkeit:	$\vec{v} = \vec{v}_f + \vec{v}_{rel} = \dot{x}\,\vec{e}_1 + \Omega_S\,(r_0 + x)\;\vec{e}_2$
Führungsbeschleunigung:	$\vec{a}_f = \vec{a}_0 + \dot{\vec{\omega}}\times\vec{\rho} + \vec{\omega}\times(\vec{\omega}\times\vec{\rho}) = -\Omega_S^2\,(r_0 + x)\;\vec{e}_1$
Coriolisbeschleunigung:	$\vec{a}_{cor} = 2\,\vec{\omega}\times\vec{v}_{rel} = 2\Omega_S\,\dot{x}\,\vec{e}_2$
Absolute Beschleunigung:	$\vec{a} = \vec{a}_f + \vec{a}_{cor} + \vec{a}_{rel} = \left[\ddot{x} - \Omega_S^2(r_0 + x)\right]\vec{e}_1 + 2\Omega_S\,\dot{x}\,\vec{e}_2$

Aufgabe 25.8:

Ein großer, oben offener Wasserbehälter (Füllhöhe h, Behälterquerschnitt A_B, Behältermasse vernachlässigbar) ist reibungsfrei gelagert. Er wird vollkommen mit Wasser (Dichte ρ_W, anfängliche Masse m_W) gefüllt und auf eine schiefe Ebene (Neigungswinkel α) gestellt. An seinem unteren Ende hat der Behälter eine Öffnung (Querschnittsfläche A), aus der Wasser mit der Relativgeschwindigkeit $v_{rel} = \sqrt{2gh}$ parallel zur schiefen Ebene austritt.

Bis zu welchem Winkel α wird der volle Behälter (Masse m_W) aufwärts beschleunigt?

Gegeben: A_B, A, α, m_W, ρ_W, h, g

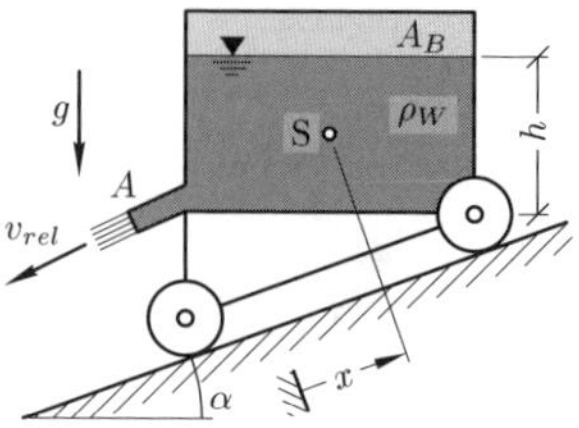

Bild A25.8: Behälter auf schiefer Ebene

Lösung der Aufgabe 25.8:

Freikörperbild:

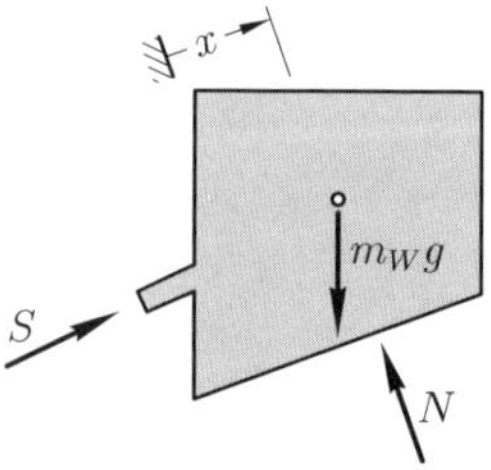

Aktuelle Masse:

$$m(t) = m_W - \rho_W A v_{rel} t = \rho_W A_B h - \rho_W A v_{rel} t$$

$$\dot{m}(t) = -\rho_W A v_{rel}$$

Kräftesatz bei beliebiger Füllhöhe :

$$m(t)\,\ddot{x} = S(t) - m(t) g \sin\alpha$$

Schub:

$$S(t) = -\dot{m}(t)\, v_{rel} = \rho_W A v_{rel}^2 = \rho_W A\, 2gh$$

Auflösung nach der Beschleunigung:

$$\ddot{x}(t) = \frac{\rho_W A\, 2gh}{m(t)} - g\sin\alpha = g\,\frac{2Ah}{A_B h - A v_{rel} t} - g\sin\alpha$$

$$\ddot{x}(0) = g\left(\frac{2A}{A_B} - \sin\alpha\right)$$

Der volle Wagen wird die schiefe Ebene hinauf beschleunigt, wenn $\ddot{x}(0) \geq 0$ ist:

$$\Longrightarrow \qquad \sin\alpha \leq \frac{2A}{A_B}$$

Aufgabe 25.9:

Eine Kette (Masse m_{ges}, Länge l) liegt in der unteren Rinne einer rauhen schiefen Ebene (Neigungswinkel α, Reibkoeffizient μ). An ihrem einen Ende soll mit der Kraft $F(t)$ gerade so gezogen werden, daß sich dieses nach einem vorgegebenen Bewegungsgesetz $x(t)$ die schiefe Ebene hinauf bewegt.

a) Berechnen Sie die Schnittkraft $S(t)$ (Schubkraft), die zwischen dem ruhenden und dem bewegten Kettenteil wirkt.

b) Berechnen Sie die Zugkraft $F(x, \dot{x}, \ddot{x})$, die die vorgegebene Bewegung $x(t)$ erzeugt.

Gegeben: m_{ges}, l, α, μ, g, $x(t) < l$, $\dot{x}(t)$, $\ddot{x}(t)$

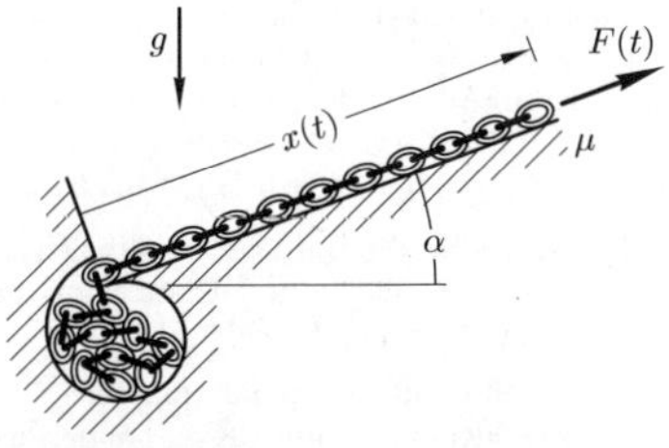

Bild A25.9: Kette auf schiefer Ebene

Lösung der Aufgabe 25.9:

Freikörperbild:

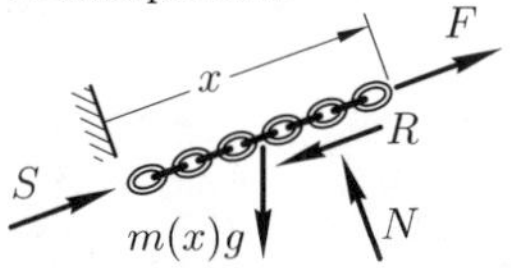

Aktuelle Masse:

$$m(x) = m_{ges}\,\frac{x}{l}$$

Relativgeschwindigkeit am linken Ende:

$$v_{rel} = -\dot{x}$$

Reibgesetz:

$$R = \mu N$$

Kräftesatz:

$$m(x)\,\ddot{x} = F - R - m(x) g \sin\alpha + S$$

$$0 = N - m(x) g \cos\alpha$$

Schub:

$$S = \dot{m}\,v_{rel} = \left(m_{ges}\,\frac{\dot{x}}{l}\right)(-\dot{x}) = -m_{ges}\,\frac{\dot{x}^2}{l}$$

? Formel vorgegeben?

Auflösung:

$$F = m(x)\,\ddot{x} + R + m(x) g \sin\alpha + S = m(x)\,\ddot{x} + \mu m(x) g \cos\alpha + m(x) g \sin\alpha + m_{ges}\,\frac{\dot{x}^2}{l}$$

$$F = \frac{m_{ges}}{l}\left[x\,\ddot{x} + \dot{x}^2 + g\,x\,(\mu\cos\alpha + \sin\alpha)\right]$$

Aufgabe 25.10:

Auf der gekippten Ladefläche (Neigungswinkel α) eines stehenden LKW liegt eine flache Kiste (Masse m). Nun fährt der LKW mit der konstanten Beschleunigung a_0 los. Der Haftbeiwert μ_0 zwischen Kiste und Ladefläche sei so groß, so daß die Kiste nicht ins Rutschen kommt.

a) Berechnen Sie die Haftkraft und die Normalkraft, die zwischen Ladefläche und Kiste übertragen werden, wenn das Fahrzeug beschleunigt.

b) Wie groß ist der maximal zulässige Wert $a_{0\max}$ für die Beschleunigung des LKW, bei der die Kiste noch haftet?

Gegeben: α, m, a_0, μ_0, g

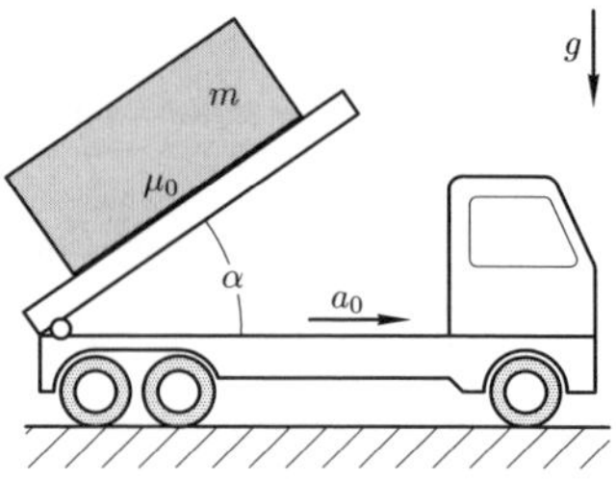

Bild A25.10: Beschleunigter LKW

Lösung der Aufgabe 25.10:

a) Haltekräfte der Kiste:

Freikörperbild:

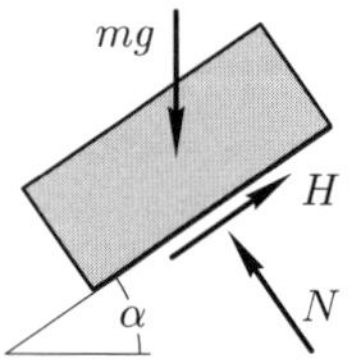

Kräftesatz:

$\rightarrow$: $\quad m a_0 = H\cos\alpha - N\sin\alpha$

$\uparrow$: $\quad 0 = H\sin\alpha + N\cos\alpha - mg$

Ausrechnung der Kontaktkräfte:

$H = m(g\sin\alpha + a_0\cos\alpha)$

$N = m(g\cos\alpha - a_0\sin\alpha)$

b) Berechnung der zulässigen Beschleunigung:

Haftbedingung:

$|H| \leq \mu_0 N$

Einsetzen und ausrechnen:

$$a_0\cos\alpha + g\sin\alpha \leq \mu_0(g\cos\alpha - a_0\sin\alpha) \qquad \Longrightarrow \qquad a_0 \leq g\,\frac{\mu_0\cos\alpha - \sin\alpha}{\cos\alpha + \mu_0\sin\alpha}$$

Der verschwindende Zähler

$\mu_0\cos\alpha = \sin\alpha$

ist die Haftbedingung bei stehendem Fahrzeug.

Aufgabe 25.11:

Zwei Punktmassen m_1 und m_2 sind durch ein Seil über eine masselose Rolle verbunden. Die Masse m_1 rutscht auf einem glatten Viertelkreis mit dem Radius r aufwärts, während die Masse m_2 herabsinkt. Bei $\varphi_0 = \pi/6$ haben die Massen m_1 und m_2 die Geschwindigkeit v_0.

a) Berechnen Sie die Beschleunigung $\ddot{x}_2(\varphi)$ der Masse m_2 und die Seilkraft $S(\varphi)$ in Abhängigkeit vom Winkel φ.

b) Berechnen Sie die Geschwindigkeit $v_1(\varphi)$ der Masse m_1 in Abhängigkeit vom Winkel φ.

c) Berechnen Sie die Normalkraft $N(\varphi)$ zwischen der Masse m_1 und der Kreisbahn in Abhängigkeit vom Winkel φ.

d) Berechnen Sie den maximal erlaubten Wert für v_0, damit die Masse m_1 bis zu $\varphi_{max} = \pi/2$ auf der Kreisbahn bleibt.

Gegeben: m_1, m_2, r, g, v_0, $\varphi_0 = \pi/6$, $\varphi_{max} = \pi/2$

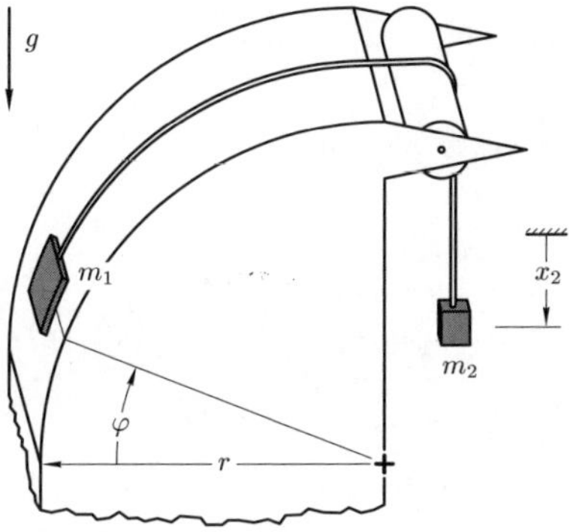

Bild A25.11: Rutschende Punktmassen

Lösung der Aufgabe 25.11:

a) Beschleunigung $\ddot{x}_2(\varphi)$ und Seilkraft $S(\varphi)$:

Freikörperbilder:

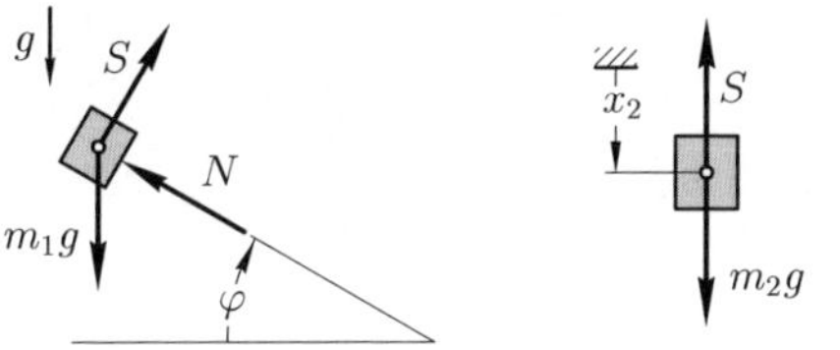

Kinematik:

$$a_t = r\,\ddot{\varphi}, \qquad \dot{x}_2 = r\,\dot{\varphi}$$

Kinetik:

$$m_1\, r\,\ddot{\varphi} = S - m_1 g \cos\varphi$$

$$m_2\,\ddot{x}_2 = -S + m_2 g$$

Ausrechnung:

$$\ddot{x}_2 = \frac{g}{m_1+m_2}\,(m_2 - m_1\cos\varphi), \qquad S = \frac{m_1 m_2 g}{m_1+m_2}\,(1+\cos\varphi)$$

$$\ddot{\varphi} = \frac{g}{(m_1+m_2)\,r}\,(m_2 - m_1\cos\varphi)$$

b) Geschwindigkeit durch Integration der Bewegungsgleichung:

$$2r^2\,\dot\varphi\,\ddot\varphi = \frac{2\,g\,r}{m_1+m_2}(m_2-m_1\cos\varphi)\,\dot\varphi$$

$$\int 2\,r^2\dot\varphi\,\ddot\varphi\,dt = \frac{2\,g\,r}{m_1+m_2}\int(m_2-m_1\cos\varphi)\,\dot\varphi\,dt$$

$$r^2\,\dot\varphi^2\Big|_{\dot\varphi_0}^{\dot\varphi} = \frac{2\,g\,r}{m_1+m_2}\Big[m_2\,\varphi-m_1\sin\varphi\Big]_{\varphi_0}^{\varphi}$$

$$v_1^2-v_0^2 = \frac{2\,g\,r}{m_1+m_2}\Big[m_2(\varphi-\varphi_0)-m_1(\sin\varphi-\sin\varphi_0)\Big]$$

$$v_1^2 = v_0^2+\frac{2\,m_1 g\,r}{m_1+m_2}\Big(\frac{1}{2}-\sin\varphi\Big)-\frac{2\,m_2 g\,r}{m_1+m_2}\Big(\frac{\pi}{6}-\varphi\Big)$$

Alternative: Geschwindigkeit $v_1(\varphi)$ aus Energieerhaltungssatz:

$$\frac{1}{2}m_1\,v_0^2+\frac{1}{2}m_2\,v_0^2+m_1 g\,r\,\sin\varphi_0-m_2 g\,r\,\varphi_0 =$$
$$= \frac{1}{2}m_1\,v_1^2+\frac{1}{2}m_2\,v_1^2+m_1 g\,r\,\sin\varphi-m_2 g\,r\,\varphi$$

$$v_1^2 = v_0^2+\frac{2\,m_1 g\,r}{m_1+m_2}(\sin\varphi_0-\sin\varphi)-\frac{2\,m_2 g\,r}{m_1+m_2}(\varphi_0-\varphi) =$$
$$= v_0^2+\frac{2\,m_1 g\,r}{m_1+m_2}\Big(\frac{1}{2}-\sin\varphi\Big)-\frac{2\,m_2 g\,r}{m_1+m_2}\Big(\frac{\pi}{6}-\varphi\Big)$$

c) Normalkraft:

Kinematik:	Kräftesatz:	Ergebnis:
$a_r = -\dfrac{v_1^2}{r}$	$m_1\,a_r = N-m_1 g\,\sin\varphi$	$N = m_1 g\,\sin\varphi-\dfrac{m_1}{r}\,v_1^2$

d) Kein Abheben bis $\varphi=\pi/2$:

Es wird vorausgesetzt, daß v_0 und m_2 hinreichend groß sind, so dass $\varphi_{max}=\pi/2$ erreicht wird.

Normalkraft:

$$N|_{\varphi=\varphi_0} = N_0 = m_1 g\,\sin\varphi_0-\frac{m_1}{r}\,v_0^2$$

Aus $N_0>0$ folgt $v_0^2<r\,g/2$.

Damit m_1 bei φ_{max} nicht abhebt, muß $N(\varphi_{max})>0$ sein:

$$N(\varphi_{max}) = m_1 g\,\sin\varphi_{max}-\frac{m_1}{r}\,v_1^2\Big|_{\varphi_{max}}>0$$

$$\Longrightarrow\quad r\,g>v_1^2$$

$$\Longrightarrow\quad r\,g>v_0^2+\frac{2\,m_1 g\,r}{m_1+m_2}\Big(\frac{1}{2}-1\Big)-\frac{2m_1 g\,r}{m_1+m_2}\Big(\frac{\pi}{6}-\frac{\pi}{2}\Big)$$

$$\Longrightarrow\quad v_0^2<\frac{1}{3}\,r\,g\,\frac{6\,m_1+m_2\,(3-2\,\pi)}{m_1+m_2}$$

Aufgabe 25.12:

Ein Klotz (Masse m_2) liegt auf einer glatten, horizontalen Ebene. Auf ihm liegt ein weiterer, rauher Klotz (Masse m_1, Reibkoeffizient μ), der von einem horizontalen Seil gezogen wird. Das Seil ist über einen rauhen Pfosten (Reibkoeffizient μ) geführt und trägt am Ende einen schweren Klotz (Masse m_3). Der schwere Klotz m_3 setzt die Anordnung in Bewegung, wobei es an allen Kontaktstellen zum Rutschen kommt.

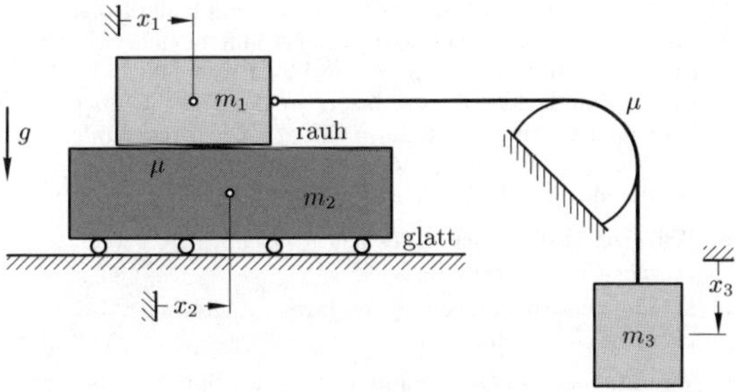

Bild A25.12: Beschleunigte Klötze an umgelenktem Seil

Berechnen Sie

Gegeben: m_1, m_2, m_3, μ, g

a) die Beschleunigungen $\ddot{x}_1$, $\ddot{x}_2$ und $\ddot{x}_3$ der Klötze sowie

b) die Seilkraft S_3 oberhalb des vertikal beweglichen Klotzes m_3.

Lösung der Aufgabe 25.12:

a) Freikörperbilder:

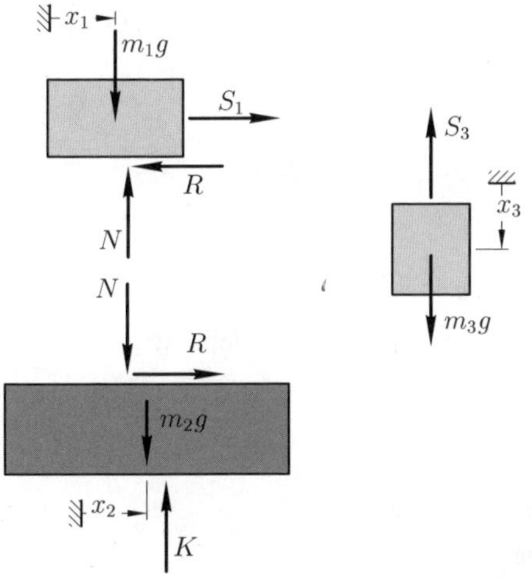

Kinematik:

$$\dot{x}_1 = \dot{x}_3$$

Kräftesätze:

$$m_1\,\ddot{x}_1 = S_1 - R \qquad (1)$$

$$m_2\,\ddot{x}_2 = R \qquad (2)$$

$$m_3\,\ddot{x}_3 = -S_3 + m_3 g \qquad (3)$$

Reibgesetze:

$$R = \mu N = \mu m_1 g \qquad (4)$$

$$S_3 = S_1\, e^{\mu\pi/2} \qquad (5)$$

Berechnung der Beschleunigungen:

$\big[(1)\ \text{mit}\ (4)\big]\, e^{\mu\pi/2} + (3)$:

$$\big[m_3 + m_1\, e^{\mu\pi/2}\big]\,\ddot{x}_1 = \big[m_3 - \mu m_1\, e^{\mu\pi/2}\big]\, g \quad \Longrightarrow \quad \ddot{x}_1 = \frac{m_3 - \mu m_1\, e^{\mu\pi/2}}{m_3 + m_1\, e^{\mu\pi/2}}\, g$$

$$(2) + (4): \qquad m_2\,\ddot{x}_2 = \mu m_1 g \quad \Longrightarrow \quad \ddot{x}_2 = \mu \frac{m_1}{m_2}\, g$$

Berechnung der Seilkraft aus (3):

$$S_3 = m_3\,(g - \ddot{x}_3) = \frac{m_1\,(1+\mu)\, e^{\mu\pi/2}}{m_3 + m_1\, e^{\mu\pi/2}}\, m_3 g$$

Aufgabe 25.13:

Ein Fallschirmspringer (Punktmasse m) springt in der Höhe H aus einem Hubschrauber. Der Springer fällt zunächst ohne Anfangsgeschwindigkeit im senkrechten freien Fall (Luftwiderstand vernachlässigbar), bis er in der Höhe h über dem Erdboden seinen Fallschirm öffnet. Die Bremskraft des Fallschirms ist dem Quadrat der Sinkgeschwindigkeit proportional, $F_B = k\,v^2$.

a) Wie groß ist die Geschwindigkeit v_h des Springers, wenn er seinen Fallschirm öffnet?

b) Welche Beschleunigung $\ddot{y}$ erfährt der Springer bei geöffnetem Fallschirm.

c) Wie groß ist die Geschwindigkeit v_0 des Springers bei der Landung auf dem Boden?

d) In welcher Höhe h^* müßte der Springer seinen Fallschirm öffnen, um danach mit konstanter Geschwindigkeit zu Boden zu sinken?

Hinweis: $\displaystyle\int_{x_1}^{x_2} \frac{x}{a^2-x^2}\,dx = -\frac{1}{2}\ln\frac{a^2-x_2^2}{a^2-x_1^2}$

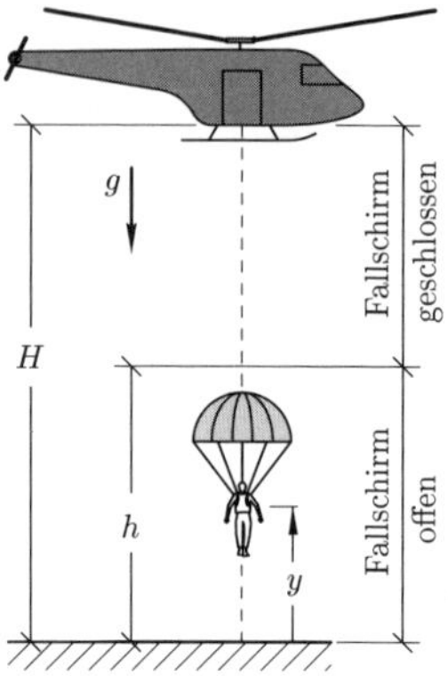

Bild A25.13: Fallschirmspringer

Gegeben: m, g, k, H, h

Lösung der Aufgabe 25.13:

a) Freier ungebremster Fall aus schiefen Wurf:

$$\ddot{y} = -g; \qquad \dot{y} = -g\,t; \qquad y = -\frac{1}{2}g\,t^2 + H$$

Zum Zeitpunkt t_h gilt:

$$y(t_h) = h \quad \text{und} \quad \dot{y}(t_h) = -v_h \quad \Longrightarrow \quad t_h = \sqrt{\frac{2}{g}(H-h)} \quad \Longrightarrow$$

$$v_h = g\,t_h = \sqrt{2\,g\,(H-h)}$$

Alternative: Freier Fall aus Energieerhaltungssatz:

$$\frac{1}{2}m\,v_h^2 = mg\,(H-h) \quad \Longrightarrow \quad v_h = \sqrt{2g(H-h)} \quad \text{bzw.} \quad \dot{y}\big|_h = -v_h$$

b) Beschleunigung bei offenem Fallschirm:

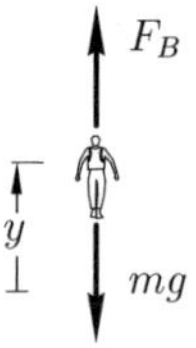

Kräftesatz:

$$m\,\ddot{y} = F_b - mg = k\,\dot{y}^2 - mg$$

Beschleunigung:

$$\ddot{y} = -g + \frac{k}{m}\dot{y}^2$$

c) Geschwindigkeit bei der Landung:

$$\ddot{y} = \frac{d\dot{y}}{dy}\frac{dy}{dt} = \dot{y}\frac{d\dot{y}}{dy} = -g + \frac{k}{m}\dot{y}^2 = -\frac{k}{m}\Big(\frac{mg}{k} - \dot{y}^2\Big)$$

$$\int_{\dot{y}_1}^{\dot{y}_2} \frac{\dot{y}\,d\dot{y}}{(mg/k)-\dot{y}^2} = -\frac{k}{m}\int_{y_1}^{y_2} dy \quad \text{Randbedigungen:}$$

$y_1 = h, \quad \dot{y}_1 = -v_h, \quad y_2 = 0 \quad$ und $\quad \dot{y}_2 = -v_0$

Ausrechnung:

$$-\frac{1}{2}\ln\frac{mg/k - v_0^2}{mg/k - v_h^2} = \frac{k}{m}h \quad \Longrightarrow \quad \frac{mg/k - v_0^2}{mg/k - v_h^2} = e^{-2hk/m} \quad \Longrightarrow$$

$$v_0^2 = \frac{mg}{k} - \Big(\frac{mg}{k} - v_h^2\Big)\, e^{-2hk/m}$$

d) Öffnungshöhe für konstante Sinkgeschwindigkeit:

$$\ddot{y} \equiv 0 \quad \Longrightarrow \quad mg = F_B = k\,v^{*2} \quad \Longrightarrow \quad v^{*2} = \frac{mg}{k} = 2g\,(H - h^*) \quad \Longrightarrow \quad h^* = H - \frac{m}{2k}$$

Aufgabe 25.14:

Ein Massenpunkt (Masse m) gleitet in einem mit Flüssigkeit gefüllten Behälter mit glattem horizontalem Boden und glatter Seitenwand auf einer Kreisbahn (Radius r). Zum Zeitpunkt $t = 0$ ist er an der Stelle $s = 0$ und hat die Geschwindigkeit $v = v_0$. Durch die der Geschwindigkeit v proportionale Widerstandskraft $W = \kappa v$ verlangsamt sich der Massenpunkt während der folgenden Kreisbewegung permanent.

a) Berechnen Sie den Geschwindigkeitsverlauf $v(t)$.

b) Berechnen Sie den Geschwindigkeitsverlauf $v(s)$.

c) Welche Druckkraft $N(s)$ übt der Massenpunkt auf die Wand aus?

Gegeben: m, r, v_0, κ

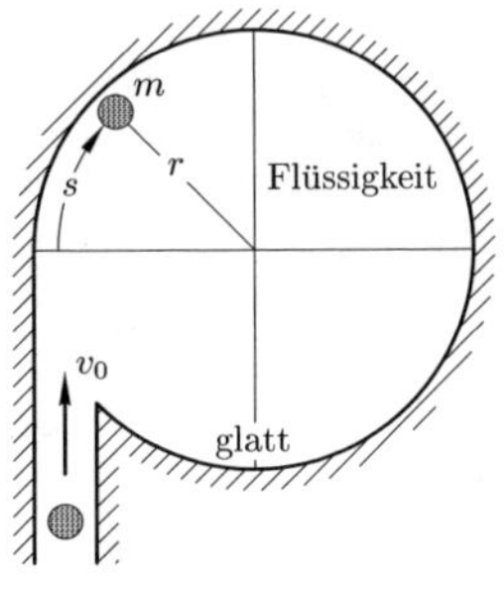

Bild A25.14: Punktmasse in Behälter

Lösung der Aufgabe 25.14:

a) Geschwindigkeit $v(t)$ aus Kräftesatz in Tangentialrichtung:

$$m\,a_t = -W \qquad \Longrightarrow \qquad m\,\dot{v} = -\kappa\,v$$

Trennung der Veränderlichen und Integration:

$$\int_{v_0}^{v} \frac{d\tilde{v}}{\tilde{v}} = -\frac{\kappa}{m}\int_0^t d\tau$$

Geschwindigkeit als Funktion der Zeit:

$$\ln\frac{v}{v_0} = -\frac{\kappa}{m}\,t \qquad \Longrightarrow \qquad v = v_0\,e^{-\dfrac{\kappa}{m}\,t}$$

b) Geschwindigkeit $v(s)$ aus Kräftesatz in Tangentialrichtung:

$$m\,\dot{v} = m\,\frac{dv}{ds}\,\frac{ds}{dt} = m\,\frac{dv}{ds}\,v = -\kappa\,v \qquad \Longrightarrow \qquad m\,\frac{dv}{ds} = -\kappa$$

Integration:

$$\int_{v_0}^{v} d\tilde{v} = -\frac{\kappa}{m}\int_0^s d\tilde{s} \qquad \Longrightarrow \qquad v - v_0 = -\frac{\kappa}{m}\,s$$

Geschwindigkeit als Funktion des Ortes:

$$v = v_0 - \frac{\kappa}{m}\,s$$

c) Normalkraft N aus Kräftesatz in Normalrichtung:

$$m\,a_n = N \qquad \Longrightarrow \qquad N = m\,\frac{v^2}{r} = \frac{m}{r}\Big(v_0 - \frac{\kappa}{m}\,s\Big)^2$$

Aufgabe 25.15:

Eine Scheibe rotiert mit der konstanten Winkelgeschwindigkeit Ω um die Vertikalachse. Im Abstand b vom Scheibenlagerpunkt ist eine gerade Führung angebracht, in der eine Punktmasse m reibungsfrei gleiten kann. Die Punktmasse wird durch zwei Federn (Steifigkeit jeweils k) abgestützt, welche bei der Auslenkung $\eta = 0$ spannungsfrei sind.

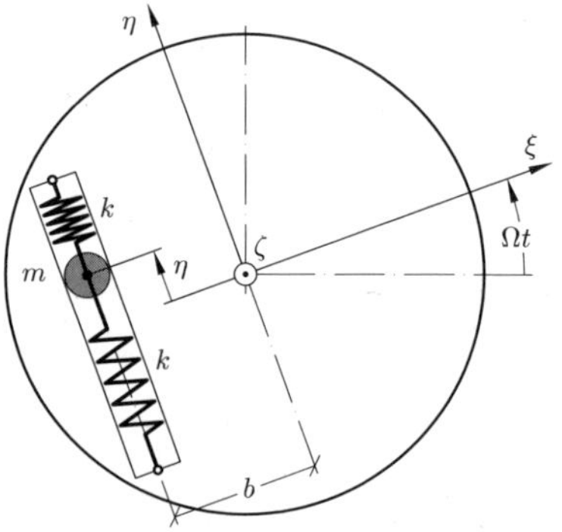

Bild A25.15: Elastisch gehaltene Punktmasse auf Karussell

a) Berechnen Sie die Führungs-, die Coriolis-, die Relativ- und die Absolutbeschleunigung der Punktmasse m im mitrotierenden $\xi\eta\zeta$-Koordinatensystem.

b) Zeichnen Sie für positive Relativbewegungungsgrößen der Punktmasse und positive Drehzahl Ω die Coriolis-Beschleunigung und die Relativbeschleunigung in die Systemskizze ein.

c) Geben Sie die Differentialgleichung für die Bewegung η der Punktmasse in der Form $\ddot{\eta} = f(\eta, \dot{\eta})$ sowie die Gleichung für die Führungskraft der Masse m in der Form $N = h(\eta, \dot{\eta})$ an.

Gegeben: $m,\ k,\ b,\ \Omega$; sowie für die Aufgabenteile a) und b): $\eta,\ \dot{\eta},\ \ddot{\eta}$

Lösung der Aufgabe 25.15:

a) Relativbewegung:

$$\vec{\omega} = \Omega\,\vec{e}_\zeta\,, \qquad \dot{\vec{\omega}} = \vec{0}, \qquad \vec{a}_0 = \vec{0}$$

$$\vec{r} = -b\,\vec{e}_\xi + \eta\,\vec{e}_\eta\,,$$

$$\vec{v}_{rel} = \dot{\eta}\,\vec{e}_\eta$$

$$\vec{v} = \vec{v}_0 + \vec{\omega}\times\vec{r} + \vec{v}_{rel} = -\eta\,\Omega\,\vec{e}_\xi + (\dot{\eta} - b\,\Omega)\,\vec{e}_\eta$$

$$\vec{a}_f = \vec{a}_0 + \dot{\vec{\omega}}\times\vec{r} + \vec{\omega}\times(\vec{\omega}\times\vec{r}) = \Omega^2\,b\,\vec{e}_\xi - \Omega^2\,\eta\,\vec{e}_\eta$$

$$\vec{a}_c = 2\,\vec{\omega}\times\vec{v}_{rel} = -2\,\Omega\,\dot{\eta}\,\vec{e}_\xi$$

$$\vec{a}_{rel} = \ddot{\eta}\,\vec{e}_\eta$$

$$\vec{a} = \vec{a}_f + \vec{a}_c + \vec{a}_{rel} = (\Omega^2\,b - 2\,\Omega\,\dot{\eta})\,\vec{e}_\xi + (\ddot{\eta} - \Omega^2\,\eta)\,\vec{e}_\eta$$

b) Richtung der Beschleunigungskomponenten:

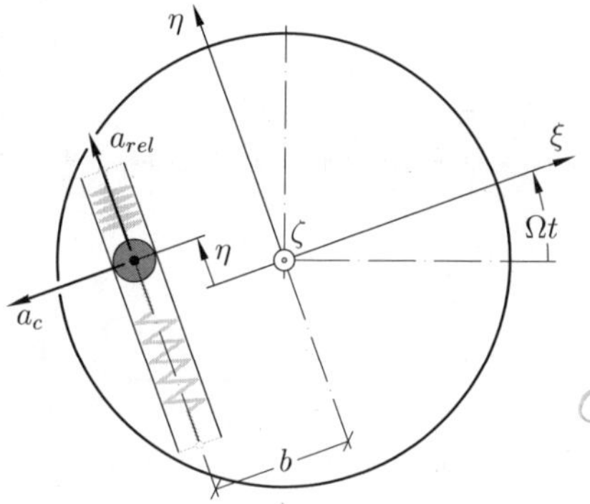

c) Ermittlung der Bewegungsgleichung:

Freikörperbild:

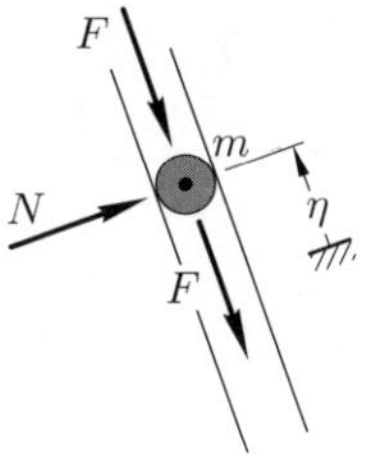

Kraftgesetz:

$$F = k\,\eta$$

Kräftesätze:

$$m\,a_\xi = m\,(\Omega^2\,b - 2\,\Omega\,\dot{\eta}) = N$$

$$m\,a_\eta = m\,(\ddot{\eta} - \Omega^2\,\eta) = -2\,F$$

Ausrechnung:

$$N = m\,\Omega\,(\Omega\,b - 2\,\dot{\eta}), \qquad \ddot{\eta} = (\Omega^2 - 2\,k/m)\,\eta$$

Kapitel 26

Massenträgheitsmomente

Aufgabe 26.1:

Aus einem Würfel (Dichte ρ, Kantenlänge $2a$) ist ein kleiner Würfel (Kantenlänge a) ausgeschnitten.

a) Berechnen Sie das Volumen, die Masse und die Schwerpunktslage des Körpers.

b) Berechnen Sie die Massenträgheitsmomente bezüglich des xyz-Koordinatensystems durch 0.

c) Berechnen Sie die Hauptträgheitsmomente und die Hauptträgheitsrichtungen bezüglich 0.

d) Berechnen Sie die zentralen Hauptträgheitsmomente.

Gegeben: a, ρ

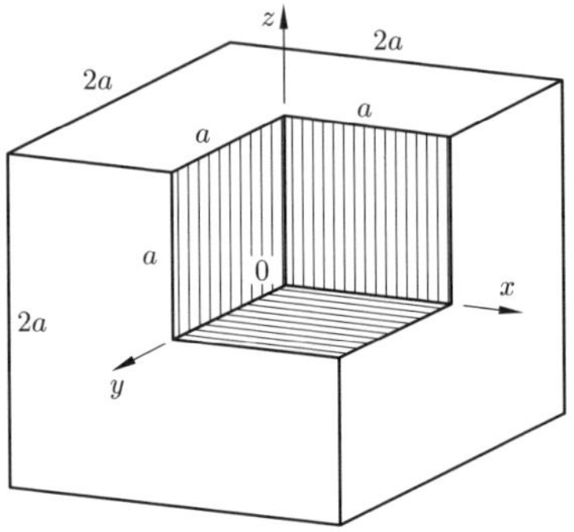

Bild A26.1: Würfel mit Ausschnitt

Lösung der Aufgabe 26.1:

a) Volumen, Masse und Schwerpunktslage:

$$V = (2a)^3 - a^3 = 7a^3, \qquad m = \rho V = 7\rho a^3, \qquad x_S = y_S = z_S = \frac{\frac{a}{2}(-\rho a^3)}{7\rho a^3} = -\frac{1}{14}a$$

b) Massenträgheitsmoment bezüglich des xyz-Koordinatensystems durch 0:

$$\Theta_x^0 = \Theta_y^0 = \Theta_z^0 = \frac{8\rho a^3}{12}\left[(2a)^2+(2a)^2\right] - \left\{\frac{\rho a^3}{12}\left[a^2+a^2\right] + \rho a^3\left[\left(\frac{a}{2}\right)^2+\left(\frac{a}{2}\right)^2\right]\right\} = \frac{14}{3}\rho a^5$$

$$\Theta_{xy}^0 = \Theta_{yz}^0 = \Theta_{xz}^0 = 0 - \left[0 - \rho a^3 \frac{a}{2}\frac{a}{2}\right] = \frac{1}{4}\rho a^5$$

Tensor der Massenträgheitsmomente bezüglich Punkt 0:

$$\mathbf{\Theta}_{xyz}^0 = \frac{1}{12}\begin{bmatrix} 56 & 3 & 3 \\ 3 & 56 & 3 \\ 3 & 3 & 56 \end{bmatrix}\rho a^5$$

c) Hauptträgheitsmoment und Hauptachsen bezüglich Punkt 0:

Die Hauptträgheitsmomente und Hauptachsen folgen aus dem Eigenwertproblem

$$(\mathbf{\Theta} - \Theta\mathbf{E})\,\vec{n} = \vec{0},$$

ausgeschrieben

$$\begin{bmatrix} 56-\lambda & 3 & 3 \\ 3 & 56-\lambda & 3 \\ 3 & 3 & 56-\lambda \end{bmatrix}\begin{bmatrix} n_x \\ n_y \\ n_z \end{bmatrix} = \begin{bmatrix} 0 \\ 0 \\ 0 \end{bmatrix}$$

mit der Abkürzung für bezogene Eigenwerte

$$\lambda = \frac{12}{\rho a^5}\Theta .$$

Dieses homogene Gleichungssystem hat nur dann nichttriviale Lösungen für $\vec{n}$, wenn seine Koeffizientendeterminante verschwindet:

$$\det\{\boldsymbol{\Theta} - \Theta \mathbf{E}\} = \Big\{ -\lambda^3 + 168\,\lambda^2 - 9381\,\lambda + 174158\Big\}\frac{\rho a^5}{12} = 0$$

Die charakteristische Gleichung hat die drei (bezogenen) Eigenwerte

$$\lambda_1 = 53\,, \qquad \lambda_2 = 53 \qquad \text{und} \qquad \lambda_3 = 62$$

$$\Theta_1^0 = \frac{53}{12}\rho a^5, \qquad \Theta_2^0 = \frac{53}{12}\rho a^5 \qquad \text{und} \qquad \Theta_3^0 = \frac{62}{12}\rho a^5.$$

Das Einsetzen der Eigenwerte in das lineare Gleichungssystem liefert die Eigenvektoren und damit die Hauptrichtungen:

$$\vec{n}_1 = \Big[\ 2\ \ (\sqrt{3}-1)\ \ -(\sqrt{3}+1)\ \Big]^T; \qquad \vec{e}_1 = \frac{\sqrt{3}}{6}\Big[\ 2\ \ (\sqrt{3}-1)\ \ -(\sqrt{3}+1)\ \Big]^T$$

$$\vec{n}_2 = \Big[\ 2\ \ -(\sqrt{3}+1)\ \ (\sqrt{3}-1)\ \Big]^T; \qquad \vec{e}_2 = \frac{\sqrt{3}}{6}\Big[\ 2\ \ -(\sqrt{3}+1)\ \ (\sqrt{3}-1)\ \Big]^T$$

$$\vec{n}_3 = \Big[\ 1\ \ \ 1\ \ \ 1\ \Big]^T; \qquad \vec{e}_3 = \frac{\sqrt{3}}{6}\Big[\ 2\ \ \ 2\ \ \ 2\ \Big]$$

Transformationsmatrix für die Umrechnung vom xyz-Koordinatensystem auf das Hauptachsensystem:

$$\boldsymbol{T} = \frac{\sqrt{3}}{6}\begin{bmatrix} 2 & (\sqrt{3}-1) & -(\sqrt{3}+1) \\ 2 & -(\sqrt{3}+1) & (\sqrt{3}-1) \\ 2 & 2 & 2 \end{bmatrix}$$

d) Zentrale Hauptachsen im xyz-Koordinatensystem durch den Schwerpunkt S:

Steineanteile:

$$\boldsymbol{S}_{xyz} = \begin{bmatrix} y_S^2+z_S^2 & -x_S\,y_S & -x_S\,z_S \\ -x_S\,y_S & x_S^2+z_S^2 & -y_S\,z_S \\ -x_S\,y_S & -y_S\,z_S & x_S^2+y_S^2 \end{bmatrix} 7\,\rho a^3 = \frac{\rho a^5}{28}\begin{bmatrix} 2 & -1 & -1 \\ -1 & 2 & -1 \\ -1 & -1 & 2 \end{bmatrix}$$

Massenträgheitsmomententensor bezüglich des Schwerpunktes S:

$$\boldsymbol{\Theta}_{xyz}^S = \boldsymbol{\Theta}_{xyz}^0 - \boldsymbol{S}_{xyz} = \frac{\rho a^5}{42}\begin{bmatrix} 193 & 12 & 12 \\ 12 & 193 & 12 \\ 12 & 12 & 193 \end{bmatrix}$$

Die Lösung des Eigenwertproblemes liefert für diesen zentralen Massenträgheitsmomententensor die zentralen Hauptträgheitsmomente

$$\Theta_1^S = \Theta_2^S = \frac{181}{42}\rho a^5 \qquad \text{und} \qquad \Theta_3^S = \frac{217}{42}\rho a^5.$$

Die Hauptachsen sind die gleichen wie bei dem Bezugssystem durch den Punkt 0.

2

9

Aufgabe 26.2:

Für einen Kugelabschnitt (Dichte ρ, Kugelradius R, Höhe $R-h$) berechne man

a) die Massenträgheitsmomente $\Theta_x^0 = \Theta_y^0$ und Θ_z^0,

b) die Schwerpunktslage und

c) die zentralen Hauptträgheitsmomente.

Gegeben: R, h, ρ

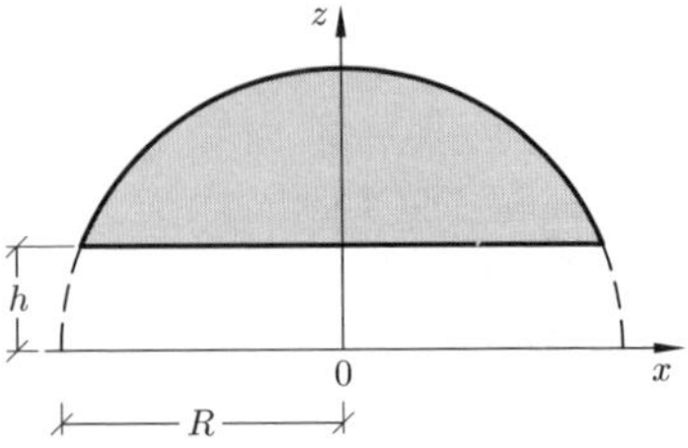

Bild A26.2: Kugelabschnitt

Lösung der Aufgabe 26.2:

a) Berechnung der Massenträgheitsmomente um 0:

Massenelement:

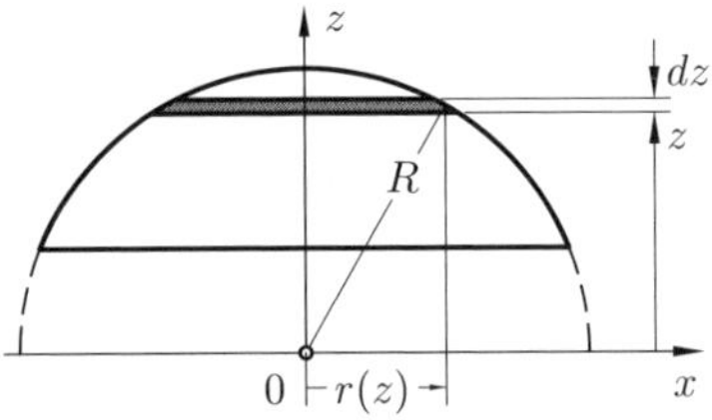

Scheibenelement:

Radius: $r(z) = \sqrt{R^2 - z^2}$

Masse: $dm = \rho \pi r^2 dz$

Massenträgheitsmoment um z:

$$d\Theta_z^0 = \frac{1}{2} r^2 \, dm$$

Massenträgheitsmoment um x:

$$d\Theta_x^0 = \frac{1}{4} r^2 \, dm + z^2 \, dm$$

Gesamtkörper:

$$\Theta_z^0 = \int_{(m)} d\Theta_z^0 = \int_h^R \frac{1}{2} r^2 \rho \pi r^2 \, dz == \int_h^R \frac{1}{2} \rho \pi \, (R^2 - z^2)^2 \, dz =$$

$$= \frac{1}{2} \rho \pi \int_h^R (R^4 - 2R^2 z^2 + z^4) \, dz = \frac{1}{2} \rho \pi \left\{ R^4 z - \frac{2}{3} R^2 z^3 + \frac{1}{5} z^5 \right\} \Big|_h^R =$$

$$= \rho \pi \left\{ \frac{4}{15} R^5 - \frac{h}{2} \left(R^4 - \frac{2}{3} R^2 h^2 + \frac{1}{5} h^4 \right) \right\}$$

$$\Theta_x^0 = \int_{(m)} d\Theta_x^0 = \int_h^R \left(\frac{1}{4} r^2 + z^2 \right) \rho \pi r^2 \, dz = \frac{\rho \pi}{4} \int_h^R (R^2 + 3z^2)(R^2 - z^2) \, dz =$$

$$= \frac{\rho \pi}{4} \int_h^R (R^4 + 2R^2 z^2 - 3z^4) \, dz = \frac{\rho \pi}{4} \left\{ R^4 z + \frac{2}{3} R^2 z^3 - \frac{3}{5} z^5 \right\} \Big|_h^R =$$

$$= \rho \pi \left\{ \frac{4}{15} R^5 - \frac{h}{4} \left(R^4 + \frac{2}{3} R^2 h^2 - \frac{3}{5} h^4 \right) \right\}$$

b) Berechnung der Schwerpunktslage:

Masse:

$$m = \int\limits_{(m)} dm = \rho\pi \int\limits_h^R r^2\,dz = \rho\pi \int\limits_h^R (R^2 - z^2)\,dz = \rho\pi \left\{R^2 z - \frac{z^3}{3}\right\}\Bigg|_h^R =$$

$$= \frac{\rho\pi}{3}\left\{2R^3 - 3R^2 h + h^3\right\}$$

Statisches Massenmoment:

$$\int\limits_{(m)} z\,dm = \rho\pi \int\limits_h^R r^2 z\,dz = \rho\pi \int\limits_h^R (R^2 - z^2)\,z\,dz = \rho\pi \left\{R^2 \frac{z^2}{2} - \frac{z^4}{4}\right\}\Bigg|_h^R =$$

$$= \frac{\rho\pi}{4}\left\{R^4 - 2R^2 h^2 + h^4\right\}$$

Schwerpunkt:

$$z_S = \frac{\int z\,dm}{\int dm} = \frac{3}{4}\,\frac{R^4 - 2R^2h^2 + h^4}{2R^3 - 3R^2h + h^3} = \frac{3}{4}\,\frac{(R^2 + 2hR + h^2)(R-h)^2}{(2R+h)(R-h)^2} = \frac{3}{4}\,\frac{(R+h)^2}{2R+h}$$

c) Berechnung der zentralen Hauptträgheitsmomente:

$$\Theta_x^S = \Theta_y^S = \Theta_x^0 - z_S^2\, m =$$

$$= \rho\pi\left\{\frac{4}{15}R^5 - \frac{h}{4}\left(R^4 + \frac{2}{3}R^2h^2 - \frac{3}{5}h^4\right)\right\} - \left[\frac{3}{4}\,\frac{(R+h)^2}{2R+h}\right]^2 \frac{\rho\pi}{3}\left\{2R^3 - 3R^2h + h^3\right\} =$$

$$= \frac{1}{240}\,\frac{\rho\pi\,(83R^3 + 103R^2h + 45Rh^2 + 9h^3)\,(R-h)^3}{2R+h}$$

$$\Theta_z^S = \Theta_z^0 = \rho\pi\left\{\frac{4}{15}R^5 - \frac{h}{2}\left(R^4 - \frac{2}{3}R^2h^2 + \frac{1}{5}h^4\right)\right\}$$

Aufgabe 26.3:

Aus einem Halbzylinder (Masse $m_1 + m_2$, Außenradius R) wird der Kern (Masse m_2, Radius r) herausgetrennt und um seine Längsachse um φ verdreht.

a) Ermitteln Sie alle Massenträgheitsmoment des Gesamtkörpers $m_1 + m_2$ bezüglich des xyz-Koordinatensystems in Abhängigkeit vom Verdrehwinkel φ des inneren Halbzylinders m_2.

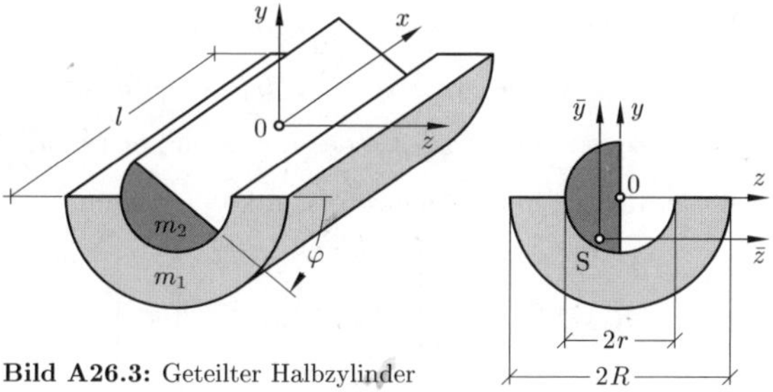

Bild A26.3: Geteilter Halbzylinder

b) Speziell für den Verdrehwinkel $\varphi = 90°$ liegt der Schwerpunkt bei $z_S = -r/(3\pi)$ und $y_S = -7r/(3\pi)$. Berechnen Sie die Hauptträgheitsrichtungen sowie die Hauptträgheitsmomente bezüglich des zentralen $\bar{x}\bar{y}\bar{z}$-Achsensystems.

Gegeben: $r,\ R = 2r,\ m_1 = 3m,\ m_2 = m,\ l,\ \varphi$

Lösung der Aufgabe 26.3:

a) Massenträgheitsmomente um 0:

Teilkörper m_1 bezüglich xyz-Koordinaten:

$$\boldsymbol{\Theta}^0_{1xyz} = \begin{bmatrix} \frac{1}{2}m_1(R^2+r^2) & 0 & 0 \\ 0 & \frac{1}{12}m_1\left[3(R^2+r^2)+l^2\right] & 0 \\ 0 & 0 & \frac{1}{12}m_1\left[3(R^2+r^2)+l^2\right] \end{bmatrix} =$$

$$= \begin{bmatrix} \frac{15}{2}mr^2 & 0 & 0 \\ 0 & \frac{1}{4}m(15r^2+l^2) & 0 \\ 0 & 0 & \frac{1}{4}m(15r^2+l^2) \end{bmatrix}$$

Teilkörper m_2 bezüglich den um φ gegenüber dem xyz-Koordinatensystem gedrehten Achsen (Hauptachsen des Körpers m_2):

$$\boldsymbol{\Theta}^{0\varphi}_2 = \begin{bmatrix} \frac{1}{2}m_2r^2 & 0 & 0 \\ 0 & \frac{1}{12}m_2(3r^2+l^2) & 0 \\ 0 & 0 & \frac{1}{12}m_2(3r^2+l^2) \end{bmatrix} = \begin{bmatrix} \frac{1}{2}mr^2 & 0 & 0 \\ 0 & \frac{1}{12}m(3r^2+l^2) & 0 \\ 0 & 0 & \frac{1}{12}m(3r^2+l^2) \end{bmatrix}$$

Transformationsmatrix für die Transformation auf das xyz-Koordinatensystem:

$$\boldsymbol{T} = \begin{bmatrix} 1 & 0 & 0 \\ 0 & \cos\varphi & -\sin\varphi \\ 0 & \sin\varphi & \cos\varphi \end{bmatrix}$$

Massenträgheitsmomente des um φ gedrehten Kerns m_2:

$$\boldsymbol{\Theta}^0_{2xyz} = \boldsymbol{T}\,\boldsymbol{\Theta}^{0\varphi}_2\,\boldsymbol{T}^T = \begin{bmatrix} \frac{1}{2}mr^2 & 0 & 0 \\ 0 & \frac{1}{12}m(3r^2+l^2) & 0 \\ 0 & 0 & \frac{1}{12}m(3r^2+l^2) \end{bmatrix}$$

Die Massenträgheitsmomente des Kerns sind hier unabhängig vom Drehwinkel φ.

Massenträgheitsmomente des Gesamtkörpers um 0:

$$\boldsymbol{\Theta}^0_{xyz} = \boldsymbol{\Theta}^0_{1xyz} + \boldsymbol{\Theta}^0_{2xyz} = \begin{bmatrix} \Theta^0_{xx} & \Theta^0_{xy} & \Theta^0_{xz} \\ \Theta^0_{yx} & \Theta^0_{yy} & \Theta^0_{yz} \\ \Theta^0_{zx} & \Theta^0_{zy} & \Theta^0_{zz} \end{bmatrix} = \begin{bmatrix} 8mr^2 & 0 & 0 \\ 0 & \frac{1}{3}m(12r^2+l^2) & 0 \\ 0 & 0 & \frac{1}{3}m(12r^2+l^2) \end{bmatrix}$$

b) Zentrale Massenträgheitsmomente:

Steiner-Anteile des Gesamtsystems mit der Masse $4m$:

$$\boldsymbol{S}_{xyz} = \begin{bmatrix} 4m(y_S^2+z_S^2) & 0 & 0 \\ 0 & 4m(x_S^2+z_S^2) & -4my_S z_S \\ 0 & -4my_S z_S & 4m(x_S^2+y_S^2) \end{bmatrix} = \begin{bmatrix} \frac{200}{9\pi^2}mr^2 & 0 & 0 \\ 0 & \frac{4}{9\pi^2}mr^2 & -\frac{28}{9\pi^2}mr^2 \\ 0 & -\frac{28}{9\pi^2}mr^2 & \frac{196}{9\pi^2}mr^2 \end{bmatrix}$$

Satz von Steiner:

$$\boldsymbol{\Theta}^S_{\bar{x}\bar{y}\bar{z}} = \boldsymbol{\Theta}^0_{xyz} - \boldsymbol{S}_{xyz} = \begin{bmatrix} 4mr^2\frac{18\pi^2-50}{9\pi^2} & 0 & 0 \\ 0 & 4mr^2\frac{9\pi^2-1}{9\pi^2}+\frac{1}{3}ml^2 & \frac{28}{9\pi^2}mr^2 \\ 0 & \frac{28}{9\pi^2}mr^2 & 4mr^2\frac{9\pi^2-49}{9\pi^2}+\frac{1}{3}ml^2 \end{bmatrix}$$

Die $\bar{x}$-Richtung ist eine Hauptträgheitsrichtung 1, da $\Theta^S_{\bar{x}\bar{y}}=0$ und $\Theta^S_{\bar{x}\bar{z}}=0$ sind.

Das zugehörige Hauptträgheitsmoment beträgt:

$$\Theta^S_1 = 4mr^2\,\frac{18\pi^2-50}{9\pi^2}$$

Die beiden anderen Hauptrichtungen 2 und 3 sowie die Hauptträgheitsmomente errechnen sich aus dem Eigenwertproblem:

$$\begin{bmatrix} \Theta^S_{\bar{y}\bar{y}}-\Theta & \Theta^S_{\bar{y}\bar{z}} \\ \Theta^S_{\bar{y}\bar{z}} & \Theta^S_{\bar{z}\bar{z}}-\Theta \end{bmatrix} \begin{bmatrix} n_1 \\ n_2 \end{bmatrix} = \begin{bmatrix} 0 \\ 0 \end{bmatrix}$$

Charakteristische Gleichung:

$$(\Theta^S_{\bar{y}\bar{y}}-\Theta)(\Theta^S_{\bar{z}\bar{z}}-\Theta) - \Theta^{S2}_{\bar{y}\bar{z}} = \Theta^2 - (\Theta^S_{\bar{y}\bar{y}}+\Theta^S_{\bar{z}\bar{z}})\,\Theta + (\Theta^S_{\bar{y}\bar{y}}\Theta^S_{\bar{z}\bar{z}} - \Theta^{S2}_{\bar{y}\bar{z}}) =$$

$$= \Theta^2 - 2\left\{\frac{36\pi^2-100}{9\pi^2}mr^2+\frac{1}{3}ml^2\right\}\Theta +$$

$$+\left\{\frac{9\pi^2-50}{9\pi^2}\left(4mr^2\right)^2+2\,\frac{9\pi^2-25}{9\pi^2}\,\frac{1}{3}ml^2\left(4mr^2\right)+\left(\frac{1}{3}ml^2\right)^2\right\} = 0$$

Hauptträgheitsmomente:

$$\Theta^S_2 = \frac{36\pi^2-200}{9\pi^2}mr^2 + \frac{1}{3}ml^2, \qquad \Theta^S_3 = 4mr^2 + \frac{1}{3}ml^2$$

Gleichung zur Berechnung der zugehörigen Hauptrichtungen:

$$\left\{\left[\frac{4}{9}\,\frac{mr^2\,(9\pi^2-1)}{\pi^2}+\frac{1}{3}ml^2\right] - \Theta^S_j\right\}n_{j,2} + \frac{28}{9}\,\frac{mr^2}{\pi^2}\,n_{j,3} = 0$$

Richtungsvektoren:

$$\vec{n}_2 = [0,\ 1,\ -7]^T \quad\Longrightarrow\quad \vec{e}_2 = \frac{1}{\sqrt{50}}[0,\ 1,\ -7]^T$$

$$\vec{n}_3 = [0,\ 7,\ 1]^T \quad\Longrightarrow\quad \vec{e}_3 = \frac{1}{\sqrt{50}}[0,\ 7,\ 1]^T$$

Aufgabe 26.4:

In eine homogene Kreisscheibe (Radius R, Dicke $d \ll R$, Dichte ρ) wird eine exzentrische Bohrung (Radius r) so eingebracht, daß ihr Außenrand gerade den Außenrand der Kreisscheibe berührt.

Berechnen Sie

a) die Lage des Schwerpunktes,

b) die Massenträgheitsmomente bezüglich der z-Achse durch den geometrischen Scheibenmittelpunkt 0,

c) die zentralen Massenträgheitsmomente bezüglich der zu den xyz-Achsen parallelen $\bar{x}\bar{y}\bar{z}$-Achsen durch den Schwerpunkt S und

d) die Massenträgheitsmomente bezüglich des um 45° gedrehten $\xi\eta\zeta$-Koordinatensystems durch 0.

Gegeben: R, r, d, ρ

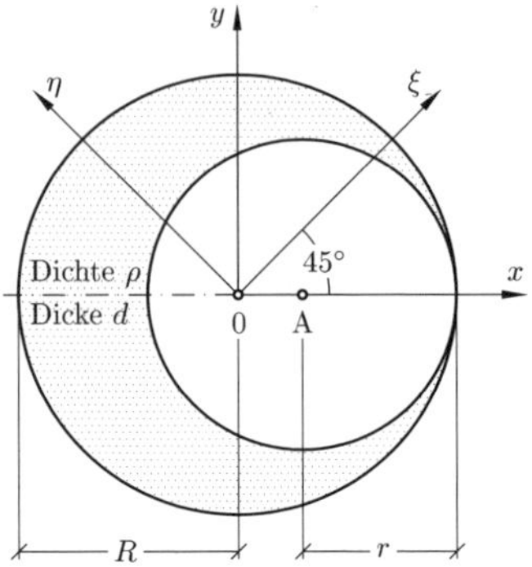

Bild A26.4: Kreisscheibe mit Bohrung

Lösung der Aufgabe 26.4:

a) Schwerpunktberechnung:

Aufteilung des Körpers in

– Vollscheibe mit Masse

$$M = \rho\pi R^2 d, \qquad x_{SM} = 0$$

– und Ausschnitt mit fehlender Masse

$$m = \rho\pi r^2 d, \qquad x_{Sm} = R - r\,.$$

Lage des Gesamtschwerpunktes:

$$y_S = 0, \qquad z_S = 0, x_S = \frac{\Sigma m_i x_{Si}}{\Sigma m_i} = \frac{\rho d\pi \left[R^2 \cdot 0 - r^2(R-r)\right]}{\rho d\pi \left[R^2 - r^2\right]} = -\frac{r^2}{R+r}$$

b) Trägheitsmomente um 0:

$$\Theta_x^0 = \frac{1}{4} M R^2 - \frac{1}{4} m r^2 = \frac{1}{4}\rho\pi d(R^4 - r^4) = \frac{1}{4}\rho\pi d(R-r)(R+r)(R^2+r^2)$$

$$\Theta_y^0 = \frac{1}{4} M R^2 - \left[\frac{1}{4} m r^2 + m(R-r)^2\right] = \frac{1}{4}\rho\pi d\left(R^4 - 4R^2r^2 + 8Rr^3 - 5r^4\right) = $$
$$= \frac{1}{4}\rho\pi d(R-r)\left(R^3 + R^2 r - 3Rr^2 + 5r^3\right)$$

$$\Theta_z^0 = \frac{1}{2} M R^2 - \left[\frac{1}{2} m r^2 + m(R-r)^2\right] = \frac{1}{2}\rho\pi d\left(R^4 - 2R^2r^2 + 4Rr^3 - 3r^4\right) = $$
$$= \frac{1}{2}\rho\pi d(R-r)\left(R^3 + R^2 r - Rr^2 + 3r^3\right)$$

$$\Theta_{xy}^0 = \Theta_{xz}^0 = \Theta_{yz}^0 = 0$$

c) Zentrale Massenträgheitsmomente:

$$\Theta_x^S = \Theta_x^0 - (M-m)\,(y_S^2+z_S^2) = \frac{1}{4}\rho\pi\, d\,(R^4-r^4) = \frac{1}{4}\rho\pi\, d\,(R-r)\,(R+r)\,(R^2+r^2)$$

$$\Theta_y^S = \Theta_y^0 - (M-m)\,(x_S^2+z_S^2) = \frac{1}{4}\rho\pi\, d\,\frac{R^5+R^4\,r-4\,R^3\,r^2+4\,R^2\,r^3-R\,r^4-r^5}{R+r} =$$

$$= \frac{1}{4}\rho\pi\, d\,\frac{(R-r)\big(R^4+2\,R^3\,r-2\,R^2\,r^2+2\,R\,r^3+r^4\big)}{R+r}$$

$$\Theta_z^S = \Theta_z^0 - (M-m)(x_S^2+y_S^2) = \frac{1}{2}\rho\pi\, d\,\frac{R^5+R^4\,r-2\,R^3\,r^2+2\,R^2\,r^3-R\,r^4-r^5}{R+r} =$$

$$= \frac{1}{2}\rho\pi\, d\,\frac{(R-r)\big(R^4+2\,R^3\,r+2\,R\,r^3+r^4\big)}{R+r}$$

$$\Theta_{xy}^S = \Theta_{xz}^S = \Theta_{yz}^S = 0 \qquad \text{(Hauptachsen)}$$

d) Transformation auf gedrehte Achsen:

Transformationsmatrix:

$$\boldsymbol{T} = \begin{bmatrix} \cos 45^\circ & \sin 45^\circ & 0 \\ -\sin 45^\circ & \cos 45^\circ & 0 \\ 0 & 0 & 1 \end{bmatrix} = \begin{bmatrix} \frac{\sqrt{2}}{2} & \frac{\sqrt{2}}{2} & 0 \\ -\frac{\sqrt{2}}{2} & \frac{\sqrt{2}}{2} & 0 \\ 0 & 0 & 1 \end{bmatrix}$$

Transformationsvorschrift:

$$\boldsymbol{\Theta}_T^0 = \boldsymbol{T}\,\boldsymbol{\Theta}^0\,\boldsymbol{T}^T$$

Berechnung:

			$\boldsymbol{\Theta}^0 =$			$\boldsymbol{T}^T =$		
			Θ_x^0	0	0	$\frac{\sqrt{2}}{2}$	$-\frac{\sqrt{2}}{2}$	0
			0	Θ_y^0	0	$\frac{\sqrt{2}}{2}$	$\frac{\sqrt{2}}{2}$	0
$\boldsymbol{T} =$			0	0	Θ_z^0	0	0	1
$\frac{\sqrt{2}}{2}$	$\frac{\sqrt{2}}{2}$	0	$\frac{\sqrt{2}}{2}\Theta_x^0$	$\frac{\sqrt{2}}{2}\Theta_y^0$	0	$\frac{1}{2}\big(\Theta_x^0+\Theta_y^0\big)$	$\frac{1}{2}\big(\Theta_y^0-\Theta_x^0\big)$	0
$-\frac{\sqrt{2}}{2}$	$\frac{\sqrt{2}}{2}$	0	$-\frac{\sqrt{2}}{2}\Theta_x^0$	$\frac{\sqrt{2}}{2}\Theta_y^0$	0	$\frac{1}{2}\big(\Theta_y^0-\Theta_x^0\big)$	$\frac{1}{2}\big(\Theta_x^0+\Theta_y^0\big)$	0
0	0	1	0	0	Θ_z^0	0	0	Θ_z^0

Massenträgheitsmomente bezüglich der gedrehten Achsen:

$$\boldsymbol{\Theta}_T^0 = \begin{bmatrix} \Theta_{\xi\xi}^0 & \Theta_{\xi\eta}^0 & \Theta_{\xi\zeta}^0 \\ \Theta_{\xi\eta}^0 & \Theta_{\eta\eta}^0 & \Theta_{\eta\zeta}^0 \\ \Theta_{\xi\zeta}^0 & \Theta_{\eta\zeta}^0 & \Theta_{\zeta\zeta}^0 \end{bmatrix} = \begin{bmatrix} \frac{1}{2}\big(\Theta_x^0+\Theta_y^0\big) & \frac{1}{2}\big(\Theta_y^0-\Theta_x^0\big) & 0 \\ \frac{1}{2}\big(\Theta_y^0-\Theta_x^0\big) & \frac{1}{2}\big(\Theta_x^0+\Theta_y^0\big) & 0 \\ 0 & 0 & \Theta_z^0 \end{bmatrix} =$$

$$= \begin{bmatrix} (R^4-2R^2r^2+4Rr^3-3r^4) & -2(R-r)^2r^2 & 0 \\ -2(R-r)^2r^2 & (R^4-2R^2r^2+4Rr^3-3r^4) & 0 \\ 0 & 0 & 2(R^4-2R^2r^2+4Rr^3-3r^4) \end{bmatrix} \frac{\rho\pi d}{4}$$

Prüfung der Ergebnisse:

α) Scheibe ohne Ausschnitt, $r \to 0$:

$$\mathbf{\Theta}^0 = \mathbf{\Theta}^S = \begin{bmatrix} \frac{1}{4}\rho\pi d R^4 & 0 & 0 \\ 0 & \frac{1}{4}\rho\pi d R^4 & 0 \\ 0 & 0 & \frac{1}{2}\rho\pi d R^4 \end{bmatrix} = M \begin{bmatrix} \frac{R^2}{4} & 0 & 0 \\ 0 & \frac{R^2}{4} & 0 \\ 0 & 0 & \frac{R^2}{2} \end{bmatrix}$$

β) Sichelförmige Scheibe, $r \to R$ (Schwerpunkt der Sichel liegt bei $x_S = -r/2$):

$$\mathbf{\Theta}^0 = \rho\pi d(R^2-r^2) \begin{bmatrix} \frac{1}{2}R^2 & 0 & 0 \\ 0 & \frac{1}{2}R^2 & 0 \\ 0 & 0 & R^2 \end{bmatrix} = (M-m) \begin{bmatrix} \frac{1}{2}R^2 & 0 & 0 \\ 0 & \frac{1}{2}R^2 & 0 \\ 0 & 0 & R^2 \end{bmatrix}$$

$$\mathbf{\Theta}^S = \rho\pi d(R^2-r^2) \begin{bmatrix} \frac{1}{2}R^2 & 0 & 0 \\ 0 & \frac{1}{4}R^2 & 0 \\ 0 & 0 & \frac{3}{4}R^2 \end{bmatrix} = (M-m) \begin{bmatrix} \frac{1}{2}R^2 & 0 & 0 \\ 0 & \frac{1}{4}R^2 & 0 \\ 0 & 0 & \frac{3}{4}R^2 \end{bmatrix}$$

Aufgabe 26.5:

Ein dünner Halbkreisring (Masse m, Radius r) ist im Punkt 0 drehbar gelagert.

Berechnen Sie das axiale Massenträgheitsmoment Θ_z^0 bezüglich der auf der Ringebene senkrechten Achse durch den Aufhängepunkt 0.

Gegeben: m, r

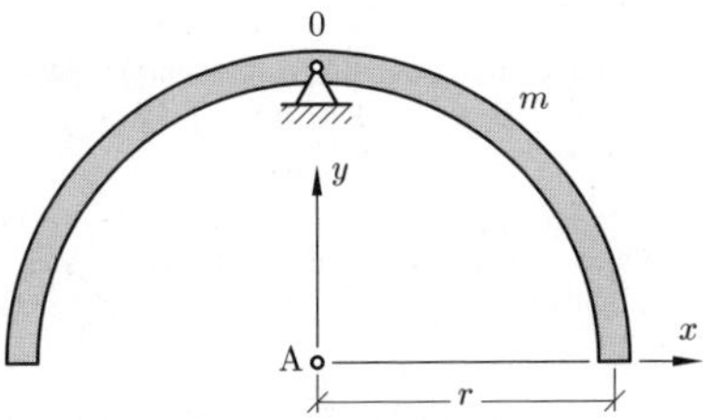

Bild A26.5: Dünner Halbkreisring

Lösung der Aufgabe 26.5:

a) Berechnung des Massenträgheitsmomentes um A:

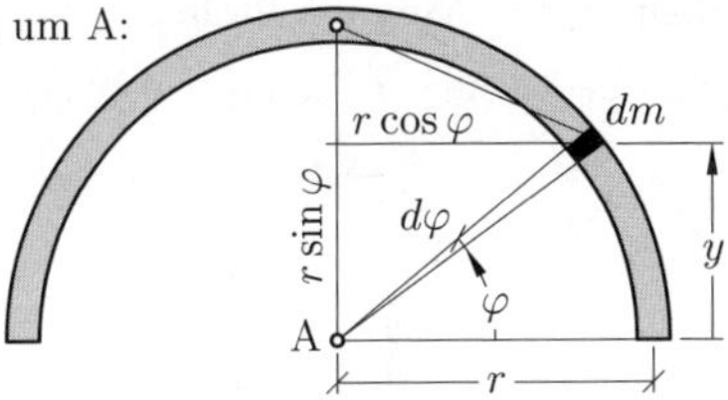

Vollring:

$\Theta_{zV}^A = m_V r^2$ mit $m_V = 2m$

Halbring:

$$\Theta_z^A = \frac{1}{2}\Theta_{zV}^A = m r^2$$

b) Lage des Schwerpunktes; Berechnung oder aus Tabelle 35.1:

$$dm = \frac{m}{\pi}\,d\varphi, \qquad y = r\sin\varphi, \qquad y_S = \frac{\int y\,dm}{m} = \frac{r\dfrac{m}{\pi}\int_0^\pi \sin\varphi\,d\varphi}{m} = -\frac{r}{\pi}\cos\varphi\Big|_0^\pi = \frac{2}{\pi}r$$

c) Massenträgheitsmomente um S und um 0:

$$\Theta_z^S = \Theta_z^A - m\,y_S^2 = \left[1-\left(\frac{2}{\pi}\right)^2\right]m\,r^2 \approx 0.595\,m\,r^2$$

$$\Theta_z^0 = \Theta_z^S + m\,(r-y_S)^2 = \left\{\left[1-\left(\frac{2}{\pi}\right)^2\right]+\left[1-\frac{2}{\pi}\right]^2\right\}m\,r^2 = \frac{2(\pi-2)}{\pi}m\,r^2 \approx 0.727\,m\,r^2$$

Direkte Berechnung durch Integration:

$$\Theta_z^0 = \int\limits_{(m)}\left[x^2+(r-y)^2\right]dm = \int\limits_0^\pi\left[(r\cos\varphi)^2+(r-r\sin\varphi)^2\right]\frac{m}{\pi}\,d\varphi =$$

$$= m\,r^2\,\frac{2}{\pi}\int\limits_0^\pi(1-\sin\varphi)\,d\varphi = \frac{2(\pi-2)}{\pi}m\,r^2$$

Aufgabe 26.6:

Ein schiefer Kreiskegel (Grundfläche kreisförmig mit Radius R, Höhe h, Dichte ρ) ist exzentrisch (Exzentrizität ε).

Berechnen Sie die Massenträgheitsmomente bezüglich des xyz-Koordinatensystems durch die Kegelspitze.

Gegeben: R, h, ε, ρ

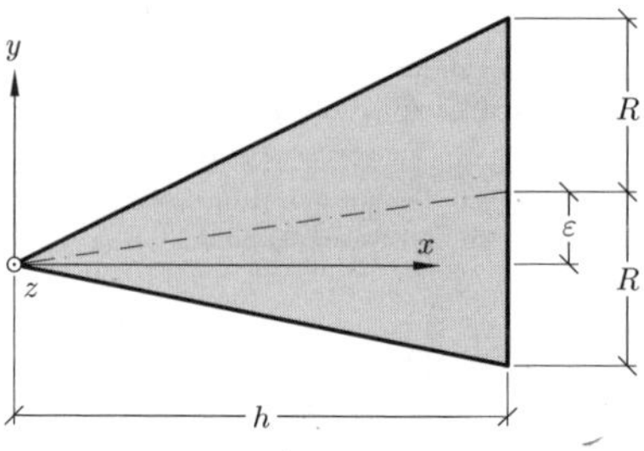

Bild A26.6: Exzentrischer Kegel

Lösung der Aufgabe 26.6:

Massenelement mit Radius und Exzentrizität:

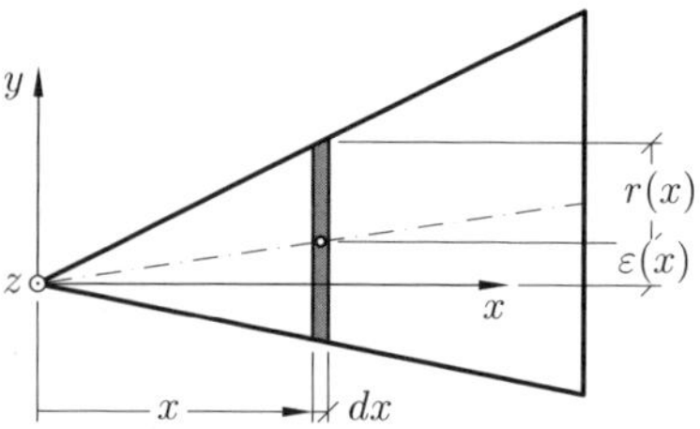

$$r(x) = \frac{R}{h}\,x\,, \qquad \varepsilon(x) = \frac{\varepsilon}{h}\,x$$

$$dm = \varrho\pi\, r^2(x)\,dx = \varrho\pi\left(\frac{R}{h}\right)^2 x^2\,dx$$

Masse des Kegels:

$$m = \int_{(m)} dm = \varrho\pi\left(\frac{R}{h}\right)^2\int_0^h x^2\,dx = \frac{\varrho\pi}{3}\,R^2 h$$

Axiales Massenträgheitsmoment Θ^0_{xx}:

$$d\Theta^0_{xx} = \frac{1}{2}r^2\,dm + \varepsilon^2(x)\,dm = \frac{1}{2}\left(\frac{R}{h}\right)^2\varrho\pi\left(\frac{R}{h}\right)^2 x^4\,dx + \left(\frac{\varepsilon}{h}\right)^2\varrho\pi\left(\frac{R}{h}\right)^2 x^4\,dx =$$

$$= \left[\frac{1}{2}\left(\frac{R}{h}\right)^2 + \left(\frac{\varepsilon}{h}\right)^2\right]\varrho\pi\left(\frac{R}{h}\right)^2 x^4\,dx$$

$$\Theta^0_{xx} = \int_{(m)} d\Theta^0_{xx} = \left[\frac{1}{2}\left(\frac{R}{h}\right)^2 + \left(\frac{\varepsilon}{h}\right)^2\right]\varrho\pi\left(\frac{R}{h}\right)^2\int_0^h x^4\,dx =$$

$$= \varrho\pi\left[\frac{1}{2}\left(\frac{R}{h}\right)^2 + \left(\frac{\varepsilon}{h}\right)^2\right]\left(\frac{R}{h}\right)^2\frac{h^5}{5} = \frac{\varrho\pi}{10}(R^2+2\varepsilon^2)\,R^2 h = \frac{3}{10}(R^2+2\varepsilon^2)\,m$$

Axiale Massenträgheitsmomente Θ^0_{yy} und Θ^0_{zz}:

$$d\Theta^0_{yy} = \frac{1}{4}r^2\,dm + x^2\,dm = \left[\frac{1}{4}\left(\frac{R}{h}\right)^2 + 1\right]\varrho\pi\left(\frac{R}{h}\right)^2 x^4\,dx$$

$$\Theta^0_{yy} = \int_{(m)} d\Theta^0_{yy} = \varrho\pi\left[\frac{1}{4}\left(\frac{R}{h}\right)^2 + 1\right]\left(\frac{R}{h}\right)^2\int_0^h x^4\,dx =$$

$$= \frac{\varrho\pi}{20}(R^2+4h^2)\,R^2 h = \frac{3}{20}(R^2+4h^2)\,m$$

$$d\Theta^0_{zz} = \frac{1}{4}r^2\,dm + (x^2+\varepsilon^2)\,dm = \left[\frac{1}{4}\left(\frac{R}{h}\right)^2 + 1 + \left(\frac{\varepsilon}{h}\right)^2\right]\varrho\pi\left(\frac{R}{h}\right)^2 x^4\,dx$$

$$\Theta^0_{zz} = \int_{(m)} d\Theta^0_{zz} = \varrho\pi\left[\frac{1}{4}\left(\frac{R}{h}\right)^2 + 1 + \left(\frac{\varepsilon}{h}\right)^2\right]\left(\frac{R}{h}\right)^2\int_0^h x^4\,dx =$$

$$= \frac{\varrho\pi}{20}(R^2+4h^2+4\varepsilon^2)\,R^2 h = \frac{3}{20}(R^2+4h^2+4\varepsilon^2)\,m$$

Massendeviationsmomente:

$d\Theta^0_{xz} = d\Theta^0_{yx} = 0$ wegen xy-Symmetrieebene

$$d\Theta^0_{xy} = d\Theta^S_{xy} - x\,\varepsilon(x)\,dm = 0 - x\,\varepsilon(x)\,dm = -x^2\,\frac{\varepsilon}{h}\,\varrho\pi\left(\frac{R}{h}\right)^2 x^2\,dx$$

$$\Theta^0_{xy} = -\int_0^h \varrho\pi\frac{\varepsilon}{h}\left(\frac{R}{h}\right)^2 x^4 dx = -\varrho\pi\,\frac{\varepsilon}{h}\left(\frac{R}{h}\right)^2\frac{h^5}{5} = -\frac{\varrho\pi}{5}\,\varepsilon R^2 h^2 = -\frac{3}{5}\,\varepsilon\,h\,m$$

Aufgabe 26.7:

Ein Schwungrad besteht aus einem dünnen Kreisring (Radius R, Querschnitt A, Dichte ρ) und n dünnen Speichen (Länge R, Masse jeweils m_{Sp}).

Ermitteln Sie die Anzahl n der Speichen gerade so, daß das zentrale Massenträgheitsmoment des Schwungrades um die Rotationsachse mindestens einen vorgegebenen Wert Θ^S hat.

Gegeben: A, R, ρ, m_{Sp}, Θ^S

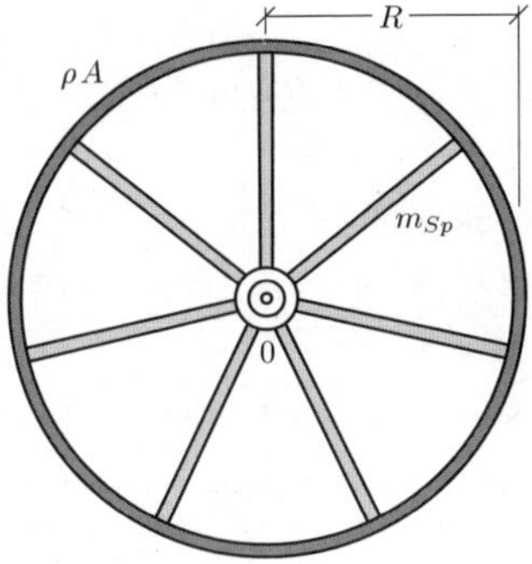

Bild A26.7: Schwungrad mit Speichen

Lösung der Aufgabe 26.7:

Trägheitsmoment des Kreisrings:

$\Theta^0_R = m_R R^2$ mit $m_R = \rho A 2\pi R$

Trägheitsmoment einer Speiche:

$$\Theta^0_{Sp} = \frac{1}{12}m_{Sp}R^2 + m_{Sp}\left(\frac{R}{2}\right)^2 = \frac{1}{3}m_{Sp}R^2$$

Gesamtträgheitsmoment:

$$\Theta^0_{ges} = \sum\Theta^0_i = \Theta^0_R + n\,\Theta^0_{Sp} = \rho A 2\pi R^3 + n\,\frac{1}{3}m_{Sp}R^2$$

Forderung:

$$\Theta^0_{ges} > \Theta^0_G \qquad \Longrightarrow \qquad n > \frac{3(\Theta_G - 2\pi\rho A R^3)}{m_{Sp}R^2}$$

Aufgabe 26.8:

Kreuzen Sie die richtigen Aussagen über Massenträgheitsmomente an:

- ☐ Hauptachsen sind stets Symmetrieachsen des Körpers.
- ☐ Symmetrieachsen eines Körpers sind stets Hauptachsen.
- ☐ Hat ein Körper eine Symmetrieebene, so steht eine Hauptachse senkrecht darauf.
- ☐ Hauptträgheitsmomente sind stets positiv.
- ☐ Deviationsmomente sind stets negativ.

Lösung der Aufgabe 26.8:

f, r, r, r, f

Aufgabe 26.9:

Welche Aussagen über Massenträgheitsmomente sind falsch bzw. fehlerhaft, welche richtig?

Aussage:	falsch	richtig
Zentrale Hauptträgheitsachsen gehen durch den Schwerpunkt		
Die axialen Trägheitsmomente haben die Werte: $\Theta^0_{xx} = m r^2$, $\Theta^0_{yy} = 2m r^2$, $\Theta^0_{zz} = 4m r^2$		
Eine mögliche Einheit von Massenträgheitsmomenten ist Nms^2.		
$m = 1$ kg, $\Theta^S_{xx} = 1$ kgm^2, Trägheitsradius $k^S_{xx} = 0.7$ m		
Bei Parallelverschiebung der Bezugsachsen hin zum Schwerpunkt nehmen die axialen Massenträgheitsmomente zu.		
Deviationsmomente sind stets positiv.		
Bezüglich Hauptachsen sind die Deviationsmomente extremal.		
Wenn zwei Hauptträgheitsmomente gleich sind, muß Rotationssymmetrie vorliegen.		
Wenn zwei axiale Massenträgheitsmomente gleich sind, ist das entsprechende Deviationsmoment betragsmäßig extremal.		

Lösung der Aufgabe 26.9:

r, f, r, f, f, f, f, f, r

Kapitel 27

Momentensatz

Aufgabe 27.1:

Ein Vollzylinder (Masse m_1, Radius r_1) ist an einer gewichtslosen Stange drehbar befestigt und rotiert zunächst mit der Winkelgeschwindigkeit $\dot{\varphi}_1(0) = \omega_1$. Ein zweiter Vollzylinder (Masse m_2, Radius r_2) ist in A drehbar gelagert und ruht zunächst. Nun wird der rotierende erste Zylinder auf den zweiten aufgesetzt, so daß beide aufeinander rutschen (Reibbeiwert μ).

a) Nach welcher Zeit T rollen beide Walzen aufeinander?

b) Wie groß sind dann die Winkelgeschwindigkeiten $\dot{\varphi}_1(T)$ und $\dot{\varphi}_2(T)$?

c) Wie groß sind die Lagerkräfte in B?

Gegeben: r_1, r_2, ω_1, μ, m_1, m_2, g

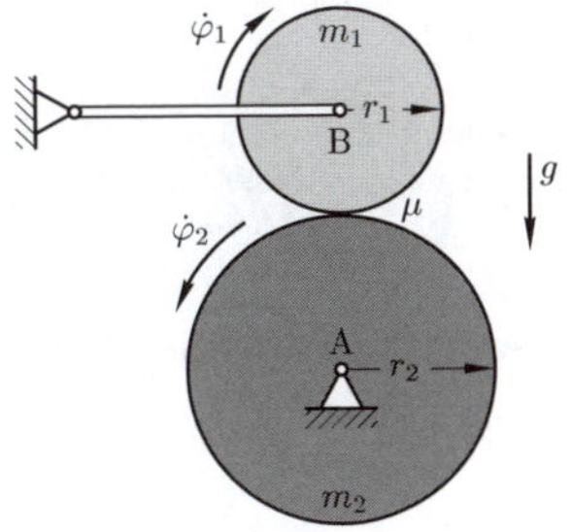

Bild A27.1: Rotierende Zylinder

Lösung der Aufgabe 27.1:

Freikörperbild:

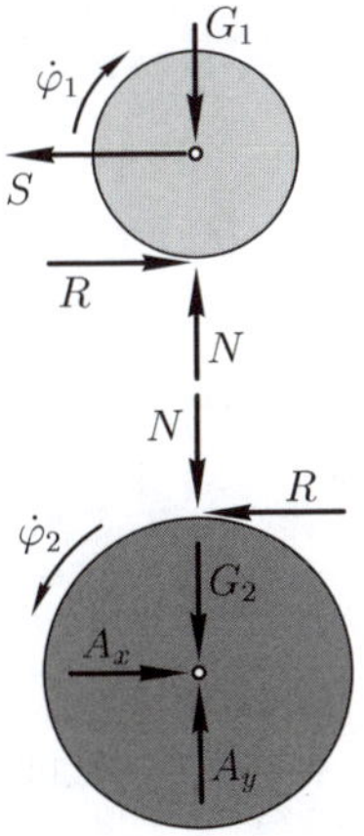

Kinetik:

$$\Theta_1 \ddot{\varphi}_1 = -R r_1 \qquad \text{mit} \qquad \Theta_1 = \frac{1}{2} m_1 r_1^2$$

$$\Theta_2 \ddot{\varphi}_2 = R r_2 \qquad \text{mit} \qquad \Theta_2 = \frac{1}{2} m_2 r_2^2$$

$$0 = N - m_1 g$$

Reibgesetz:

$$R = \mu N$$

Auflösung:

$$\ddot{\varphi}_1 = -\frac{\mu N r_1}{\Theta_1} = -\frac{2 \mu g}{r_1}$$

$$\ddot{\varphi}_2 = \frac{\mu N r_2}{\Theta_2} = \frac{2 \mu g}{r_2} \frac{m_1}{m_2}$$

Integration:

$$\dot{\varphi}_1 = \omega_1 - \frac{2 \mu g}{r_1} t, \qquad \dot{\varphi}_2 = \frac{2 \mu g}{r_2} \frac{m_1}{m_2} t$$

Ende der Rutschphase:

Für $t = T$ ist $\dot{\varphi}_1(T) r_1 = \dot{\varphi}_2(T) r_2 \implies r_1 \omega_1 - 2 \mu g T = 2 \mu g \frac{m_1}{m_2} T \implies$

$$T = \frac{r_1 \omega_1 m_2}{2 \mu g (m_1 + m_2)} \implies$$

$$\dot{\varphi}_1(T) = \frac{m_1}{m_1 + m_2} \omega_1, \qquad \dot{\varphi}_2(T) = \frac{m_1}{m_1 + m_2} \frac{r_1}{r_2} \omega_1$$

Aufgabe 27.2:

Auf eine homogene Trommel (Innenradius r_i, Außenradius r_a, Masse m_1, Massenträgheitsmoment Θ^S) ist ein biegeschlaffes Seil gewickelt, an dessen Ende eine Masse m_2 hängt. Die Trommel wird durch eine gewichtslose horizontale Pendelstütze gehalten und rutscht auf der horizontalen Ebene (Reibkoeffizient μ) so, daß sich die Masse m_2 nach unten bewegt.

a) Welche Beschleunigung $\ddot{x}_2$ erfährt die Masse m_2 für $\dot{x}_2>0$?

b) Welchen Mindestwert muß der Reibkoeffizient μ zwischen Walze und Ebene haben, damit die Abwärtsbewegung der Masse m_2 gebremst wird?

Gegeben: r_i, $r_a=2r_i$, m_1, m_2, Θ^S, μ, g

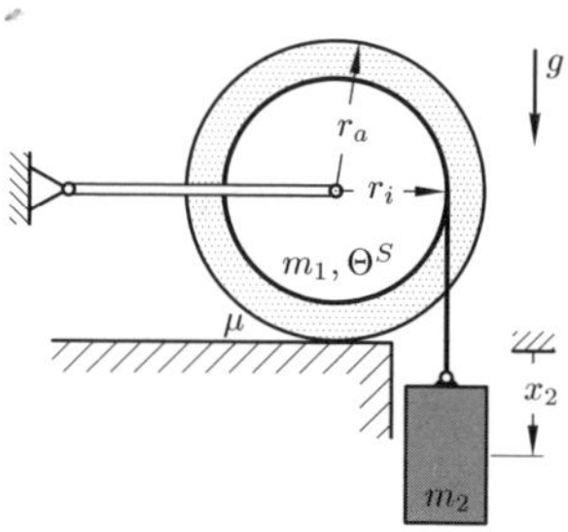

Bild A27.2: Seilzug an Trommel

Lösung der Aufgabe 27.2:

Freikörperbild:

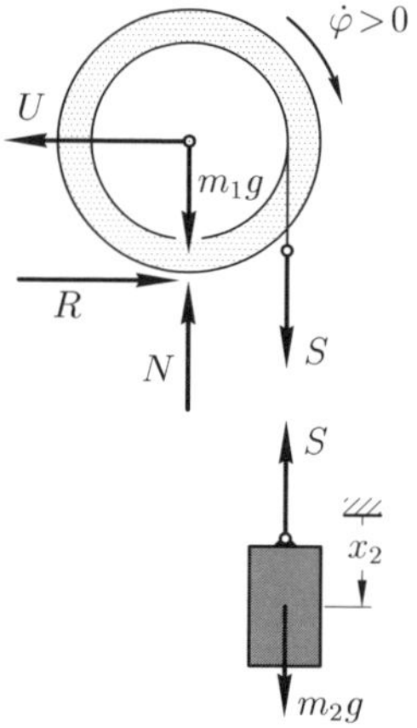

Kinetik:

$$\Theta^S\,\ddot{\varphi} = S\,r_i - R\,r_a \tag{1}$$

$$m_2\,\ddot{x}_2 = -\,S + m_2 g \tag{2}$$

$$0 = N - m_1 g - S \tag{3}$$

Reibgesetz:

$$R = \mu\,N \tag{4}$$

Kinematik:

$$\dot{x}_2 = r_i\,\dot{\varphi} \tag{5}$$

Auflösung:

(4) mit (3): $\quad R = \mu\,(m_1 g + S)$ (4')

(1) mit (4): $\quad \Theta^S\,\ddot{\varphi} = S\,(r_i - \mu\,r_a) - m_1 g\,\mu\,r_a$ (1')

(2) mit (5): $\quad m_2\,r_i\,\ddot{\varphi} = -S + m_2 g$ (2')

(1') + (2')$\cdot(r_i - \mu\,r_a)$:

$$\ddot{\varphi} = \frac{m_2\,r_i^2 - \mu\,(m_1+m_2)\,r_a\,r_i}{\Theta^S + (r_i-\mu\,r_a)\,r_i\,m_2}\,\frac{g}{r_i}, \qquad \ddot{x}_2 = \frac{m_2\,r_i^2 - \mu\,(m_1+m_2)\,r_a\,r_i}{\Theta^S + (r_i-\mu\,r_a)\,r_i\,m_2}\,g$$

Aus der Ruhe heraus setzt keine Bewegung ein bzw. eine vorhandene Bewegung kommt zum Stillstand, wenn sich rechnerisch ein negativer Wert für $\ddot{x}_2$ ergäbe:

$$\ddot{x}_2 < 0 \qquad \Longrightarrow \qquad \mu > \frac{m_2\,r_i}{(m_1+m_2)\,r_a}$$

Aufgabe 27.3:

Eine homogene Walze (Gewicht G_1, Radius r_1) ist an einem Seil aufgehängt. Auf der mit der Walze fest verbundenen masselosen Scheibe (Radius r_2) ist ein zweites Seil aufgewickelt, das am freien Ende ein Gewicht G_2 trägt. Die Seile seien masselos.

Berechnen Sie

a) die Schwerpunktsbeschleunigung $\ddot{x}_1$ der Walze und

b) die Seilkräfte S_1 und S_2.

Gegeben: r_1, r_2, G_1, G_2, g

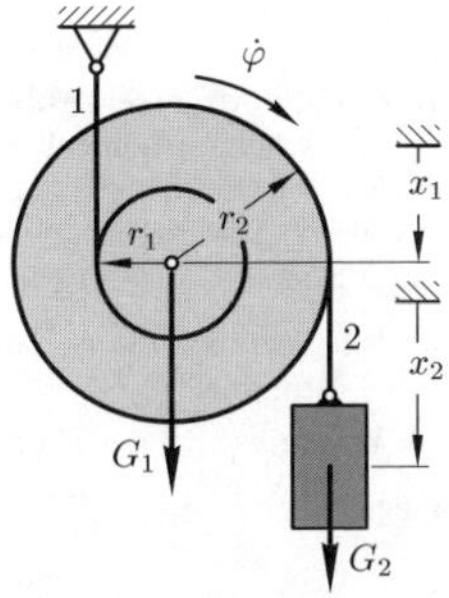

Bild A27.3: Walze am Seil

Lösung der Aufgabe 27.3:

Freikörperbild:

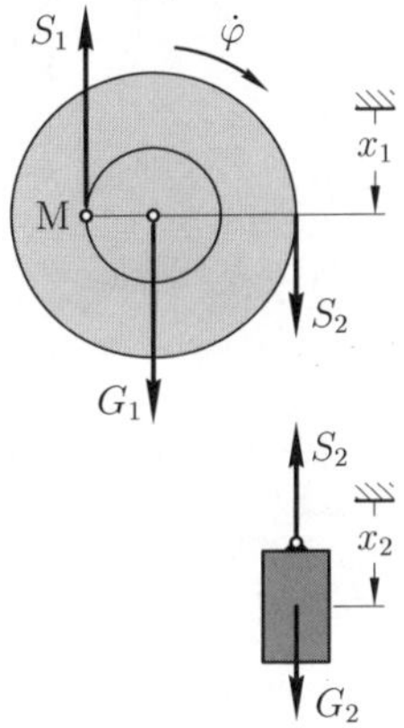

Kinetik:

$$m_1\,\ddot{x}_1 = S_2 - S_1 + G_1 \qquad (1)$$

$$\Theta\,\ddot{\varphi} = S_2\,r_2 + S_1\,r_1 \qquad (2)$$

$$m_2\,\ddot{x}_2 = -S_2 + G_2 \qquad (3)$$

Kinematik:

$$\dot{x}_1 = r_1\,\dot{\varphi}$$

$$\dot{x}_2 = (r_1 + r_2)\,\dot{\varphi}$$

Massengeometrie:

$$\Theta = \frac{1}{2}\,m_1\,r_1^2$$

Ausrechnung:

$(1)\cdot r_1 + (2) + (3)\cdot(r_1{+}r_2)$:

$$\Longrightarrow \quad m_1\,\ddot{x}_1\,r_1 + \Theta\,\ddot{\varphi} + m_2\,\ddot{x}_2\,(r_1{+}r_2) = G_1\,r_1 + G_2\,(r_1{+}r_2)$$

$$\Longrightarrow \quad \ddot{x}_1 = \frac{G_1\,r_1^2 + G_2\,(r_1{+}r_2)\,r_1}{\frac{3}{2}\,G_1\,r_1^2 + G_2\,(r_1{+}r_2)^2}\,g$$

$$\Longrightarrow \quad S_2 = \frac{\frac{1}{2}\,G_1\,r_1^2 - G_1\,r_1\,r_2}{\frac{3}{2}\,G_1\,r_1^2 + G_2\,(r_1{+}r_2)^2}\,G_2\,, \qquad S_1 = \frac{\frac{1}{2}\,(G_1{+}G_2)\,r_1^2 + G_2\,r_2^2}{\frac{3}{2}\,G_1\,r_1^2 + G_2\,(r_1{+}r_2)^2}\,G_1$$

Aufgabe 27.4:

Auf eine Seiltrommel (Außenradius r_a, Innenradius r_i, Masse m, Trägheitsmoment Θ^S) ist ein masseloses Seil gewickelt, an dem unter dem Winkel α mit der Kraft F gezogen wird. Die Seiltrommel rollt auf einer rauhen horizontalen Ebene.

a) Wie groß ist die Schwerpunktsbeschleunigung $\ddot{x}_S$ der Seiltrommel?

b) Wie groß muß der Haftbeiwert μ_0 mindestens sein?

Gegeben: r_a, r_i, m, Θ^S, α, $F < mg/\sin\alpha$, g

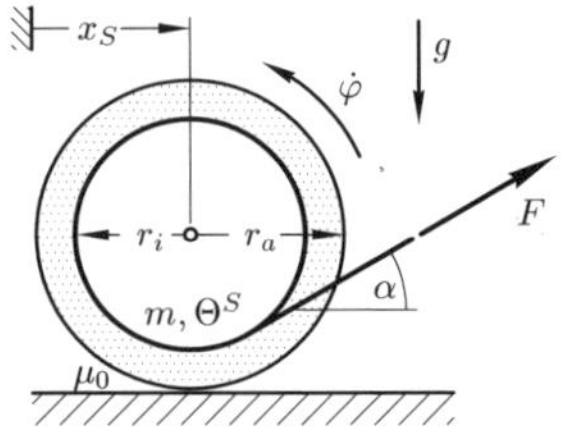

Bild A27.4: Seiltrommel auf rauher Ebene

Lösung der Aufgabe 27.4:

Freikörperbild:

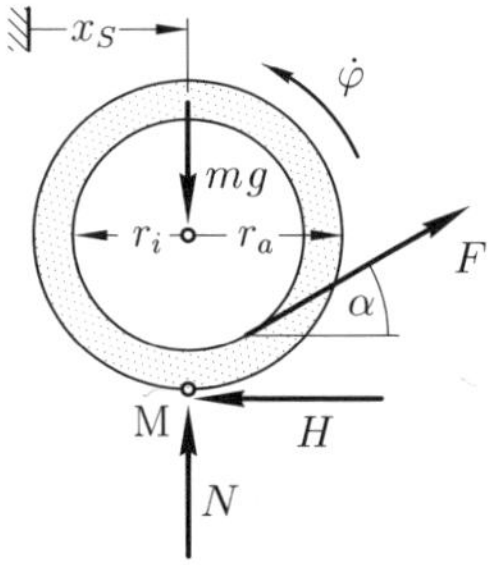

Kinetik:

$$\Theta^S \ddot{\varphi} = F\, r_i - H\, r_a \tag{1}$$

$$m\, \ddot{x}_S = F \cos\alpha - H \tag{2}$$

$$0 \quad = F \sin\alpha + N - mg \tag{3}$$

Kinematik:

$$\dot{x}_S = -\, r_a\, \dot{\varphi}$$

a) Beschleunigung:

$$(2)\cdot r_a - (1): \quad \Longrightarrow \quad \ddot{x}_S = \frac{r_a^2 \cos\alpha - r_a\, r_i}{m\, r_a^2 + \Theta^S}\, F$$

Für $\cos\alpha = r_i/r_a$ geht die Wirkungslinie von F durch den Momentanpol M und $\ddot{x}_S = 0$.

b) Haftbedingung:

$$N = mg - F \sin\alpha > 0$$

$$H = F \cos\alpha - m\, \ddot{x}_S = \frac{\cos\alpha\, \Theta^S + m\, r_a\, r_i}{m\, r_a^2 + \Theta^S}\, F$$

Haften nur für $|H| < \mu_0 N$ mit $N > 0 \quad \Longrightarrow$

$$\mu_0 > \frac{|H|}{N} = \frac{\cos\alpha\, \Theta^S + m\, r_a\, r_i}{(mg - F\sin\alpha)\,(m\, {r_a}^2 + \Theta^S)}\, F$$

Aufgabe 27.5:

Auf einem Teppich liegt eine Walze (Masse m, Massenträgheitsmoment Θ^S, Radius r). Der Teppich wird mit der Beschleunigung a_T bewegt. Hierdurch setzt sich die Walze ebenfalls in Bewegung, wobei sie auf dem Teppich rollt.

Welche Beschleunigung $\ddot{x}_S$ erfährt der Schwerpunkt der Walze?

Gegeben: a_T, m, r, Θ^S, g

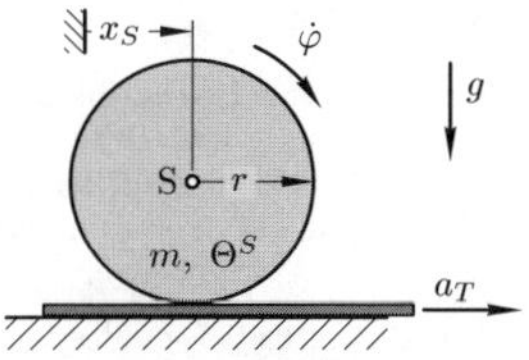

Bild A27.5: Walze auf Teppich

Lösung der Aufgabe 27.5:

Freikörperbild:

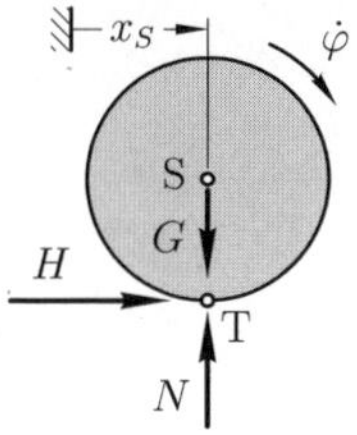

Kinetik:

$$m\,\ddot{x}_S = H \tag{1}$$

$$\Theta^S\,\ddot{\varphi} = -H\,r \tag{2}$$

Kinematik für Haften:

$$\dot{x}_S = \dot{x}_T + r\,\dot{\varphi}$$

$$\ddot{x}_S = \ddot{x}_T + r\,\ddot{\varphi} = a_T + r\,\ddot{\varphi} \tag{3}$$

Ausrechnung:

$$\ddot{x}_S = \frac{\Theta^S}{m r^2 + \Theta^S}\,a_T\,, \qquad \ddot{\varphi} = -\frac{m r^2}{m r^2 + \Theta^S}\,\frac{a_T}{r}$$

Aufgabe 27.6:

Ein Brett (Länge l, Gewicht G) liegt symmetrisch auf den beiden Lagern A und B (Abstand a). Wenn das Lager B plötzlich entfernt wird, ändert sich im allgemeinen die Größe der Lagerkraft A sprungartig.

a) Wie groß ist die Lagerkraft A unmittelbar nach dem plötzlichen Entfernen des Lagers B?

b) Bei welchem Lagerabstand a_0 bleibt die Lagerkraft A zu Beginn der Bewegung zunächst unverändert?

Gegeben: l, a, G, g

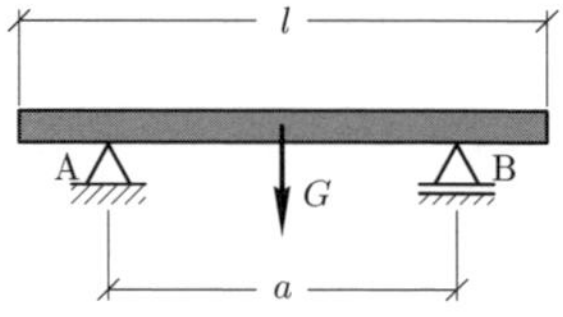

Bild A27.6: Brett auf Stützen

Lösung der Aufgabe 27.6:

Freikörperbild:

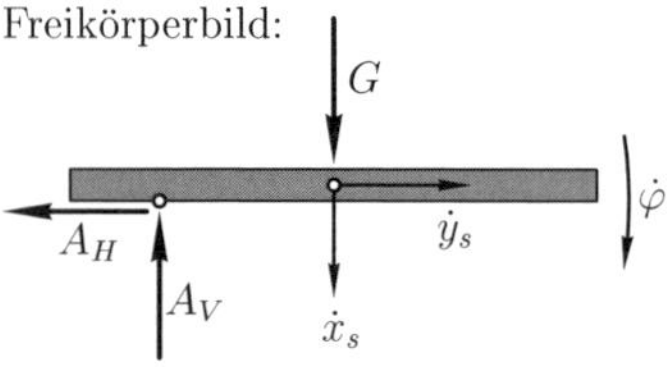

Kinematik:

$$\dot{x}_S = \frac{a}{2}\cos\varphi\,\dot{\varphi} \quad\Longrightarrow\quad \ddot{x}_S(0) = \frac{a}{2}\,\ddot{\varphi}(0)$$

$$\dot{y}_S = -\frac{a}{2}\sin\varphi\,\dot{\varphi} \quad\Longrightarrow\quad \ddot{y}_S(0) = 0$$

Kinetik zu Beginn der Drehung:

$$\Theta^A\,\ddot{\varphi}(0) = G\,\frac{a}{2}$$

$$m\,\ddot{x}_S(0) = G - A_V$$

$$m\,\ddot{y}_S(0) = -A_H$$

Massengeometrie:

$$\Theta^A = \frac{1}{12}\,m\,l^2 + m\Big(\frac{a}{2}\Big)^2$$

a) Ausrechnung der Kräfte und Beschleunigungen:

$$\ddot{\varphi}(0) = \frac{3\,a^2}{l^2+3\,a^2}\,\frac{2\,g}{a}, \qquad \ddot{x}_S(0) = \frac{3\,a^2}{l^2+3\,a^2}\,g$$

$$A_H(0)=0, \qquad A_V(0) = \frac{l^2}{l^2+3\,a^2}\,G$$

b) Die Lagerkraft bleibt unverändert für $A_V(0)=G/2$.

$$a_0 = \frac{l}{\sqrt{3}}$$

Aufgabe 27.7:

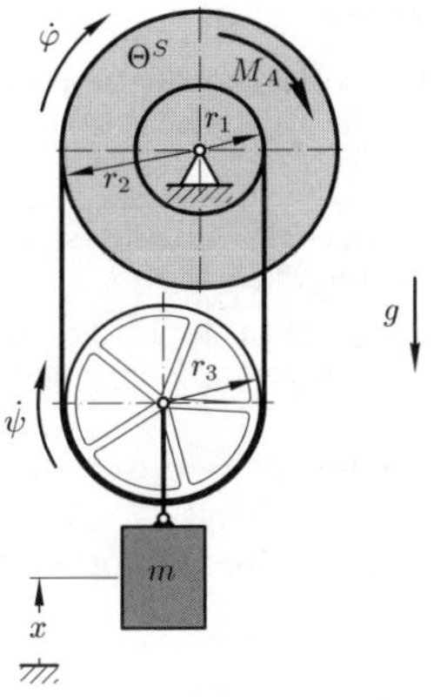

Ein Differentialflaschenzug besteht aus dem Antriebsmotor mit zwei fest miteinander verbundenen homogenen Rollen (Radien r_1 und r_2, Massenträgheitsmoment Θ^S, Antriebsmoment M_A) und einer losen, masselosen Umlenkrolle (Radius r_3). Das Anheben der Last $G = mg$ erfolgt dadurch, daß auf die größere Rolle mehr Seil aufgewickelt wird, als sich gleichzeitig von der kleinen Rolle abwickelt.

a) Geben Sie die Geschwindigkeit $\dot{x}$ der Last und die Winkelgeschwindigkeit $\dot{\psi}$ der Umlenkrolle in Abhängigkeit von der Antriebswinkelgeschwindigkeit $\dot{\varphi}$ an (Kinematik).

b) Welche Beschleunigung $\ddot{x}$ erfährt die Masse m?

Gegeben: r_1, r_2, $r_3 = (r_1 + r_2)/2$, Θ^S, m, M_A, g

Bild A27.7: Differentialflaschenzug

Lösung der Aufgabe 27.7:

Freikörperbilder:

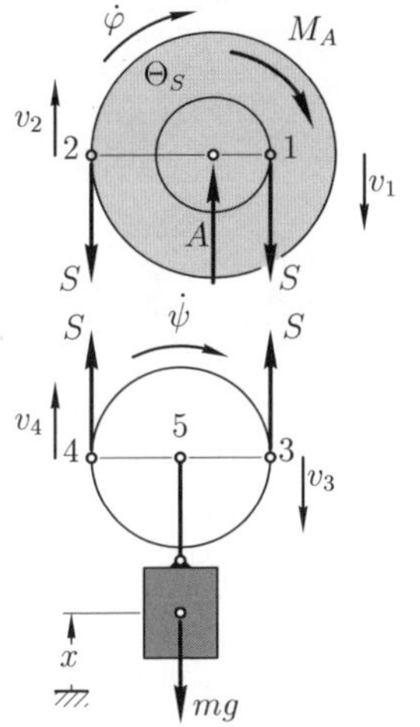

Kinetik:

$$S_1 = S_2 = S \qquad \text{(Umlenkrolle masselos)}$$

$$\Theta_S \ddot{\varphi} = M_A + S r_1 - S r_2 \qquad (1)$$

$$m \ddot{x} = 2S - mg \qquad (2)$$

Kinematik:

$$v_3 = v_1 = r_1 \dot{\varphi} \qquad (3)$$

$$v_4 = v_2 = r_2 \dot{\varphi} \qquad (4)$$

$$v_3 = -v_4 + \dot{\psi}\, 2 r_3 \qquad (5)$$

$$\dot{x} = v_4 - \dot{\psi} r_3 \qquad (6)$$

Ausrechnung

a) Geschwindigkeiten:

$$\dot{x} = \frac{1}{2}(r_2 - r_1)\,\dot{\varphi}, \qquad \dot{\psi} = \dot{\varphi}$$

b) Beschleunigungen:

$(1)\cdot 2 + (2)\cdot(r_2 - r_1)$:

$$\ddot{\varphi} = 2\,\frac{2M_A - mg\,(r_2 - r_1)}{4\Theta_S + m\,(r_2 - r_1)^2}, \qquad \ddot{x} = (r_2 - r_1)\,\frac{2M_A - mg\,(r_2 - r_1)}{4\Theta_S + m\,(r_2 - r_1)^2}$$

Aufgabe 27.8:

Eine Druckmaschine muß die Papierbahn mit der konstanten Geschwindigkeit v_1 verarbeiten. Die Zuführgeschwindigkeit $v_2(t)$ schwankt aber mit der Zeit. Um ein Reißen des Papiers zu verhindern, legt man vor die Druckmaschine eine Ausgleichsschleife, in der eine Walze (Radius R, Gewicht G) liegt.

Wie groß muß der Trägheitsradius k der Walze sein, damit die Spannkraft S_1 im vertikalen Papierbahnstück konstant ist?

Gegeben: R, G

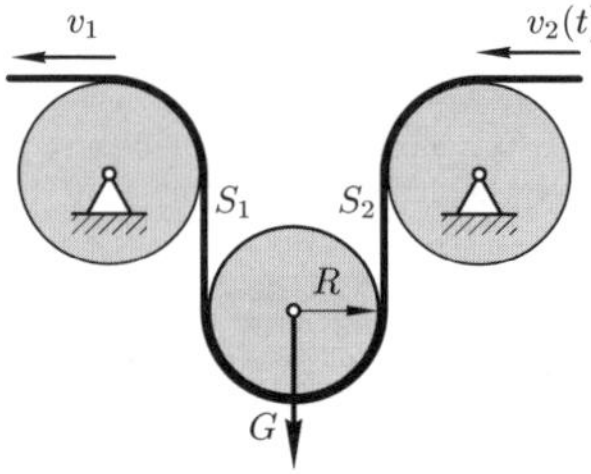

Bild A27.8: Ausgleichsschleife vor einer Druckmaschine

Lösung der Aufgabe 27.8:

Freikörperbild:

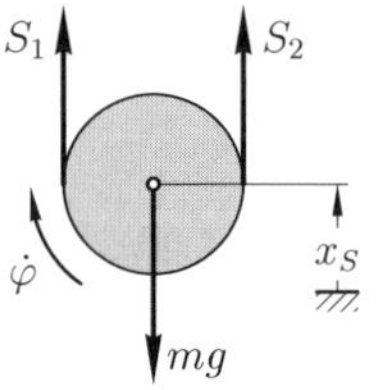

Kinetik:

$$m\,\ddot{x}_S = S_1 + S_2 - mg \qquad (1)$$

$$\Theta^S \ddot{\varphi} = R\,(S_1 - S_2) \qquad (2)$$

Massengeometrie:

$$\Theta^S = m\,k^2$$

Kinematik:

$$v_1 = \dot{x}_S + R\,\dot{\varphi} \qquad (3)$$

$$v_2 = -\,\dot{x}_S + R\,\dot{\varphi} \qquad (4)$$

Ausrechnung:

(3) und (4): $\dot{\varphi} = \dfrac{v_1 + v_2(t)}{2R} \implies \ddot{\varphi} = \dfrac{\dot{v}_2}{2R}$

$\dot{x}_S = \dfrac{v_1 - v_2(t)}{2} \implies \ddot{x}_S = -\dfrac{\dot{v}_2}{2}$

(1)$\cdot R$ + (2): $S_1 = \dfrac{mg}{2} + \dfrac{\ddot{x}_S R + \ddot{\varphi} k^2}{2R}\, m = \dfrac{mg}{2} - \dfrac{R^2 - k^2}{4R^2}\, m\dot{v}_2(t)$

Die Spannkraft S_1 ist zeitunabhängig für beliebige $\dot{v}_2(t)$, wenn der Trägheitsradius gerade $k = R$ ist (dünnwandige Hohlwalze).

Aufgabe 27.9:

Eine lange Kette (Masse m_{ges}, Länge $l \gg h$) liegt zunächst bei A auf einem Podest (Höhe b). Sie rollt mit der zunehmenden Geschwindigkeit $v(t)$ über eine reibungsfrei gelagerte Walze (Höhe h, Radius r, Massenträgheitsmoment Θ) und trifft auf den tieferen Boden B auf. Der Vorgang wird als reibungsfrei angesetzt.

a) Geben Sie die Kräfte S_A und S_B in der Kette an den Rändern A und B des bewegten Kettenstücks als Funktionen der Kettengeschwindigkeit $v(t)$ an.

b) Berechnen Sie die Beschleunigung $\dot{v}(t)$ der bewegten Kettenglieder für den Fall, daß sowohl links als auch rechts Kettenglieder auf den Boden liegen.

c) Kontrollieren Sie das Ergebnis $\dot{v}(t)$ der bewegten Kettenglieder mit dem Arbeitssatz.

Gegeben: m_{ges}, l, h, b, r, Θ, g

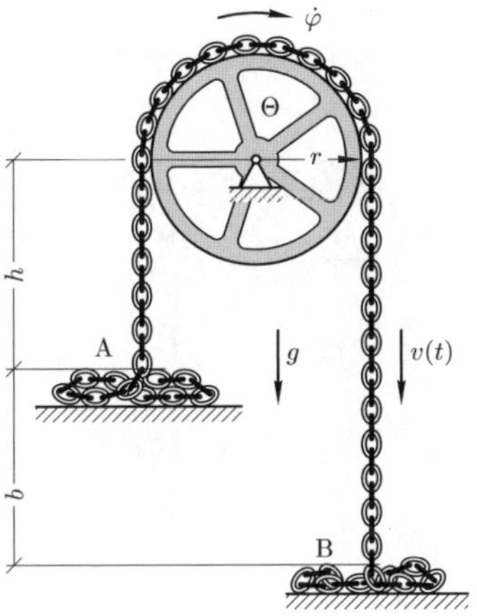

Bild A27.9: Abrollende Kette

Lösung der Aufgabe 27.9:

a) Berechnung der Schubkräfte an den beiden Kettenrändern A und B:

Massenzunahme bei A:

$$\dot{m}_A = m_{ges}\,\frac{v}{l}$$

Relativgeschwindigkeit bei A:

$$v_{relA} = -v$$

Schubkraft bei A:

$$S_A = \dot{m}_A\, v_{relA} = -m_{ges}\,\frac{v^2}{l}$$

Massenzunahme bei B (Abnahme):

$$\dot{m}_B = -m_{ges}\,\frac{v}{l}$$

Relativgeschwindigkeit bei B:

$$v_{relB} = -v$$

Schubkraft bei B:

$$S_B = \dot{m}_B\, v_{relB} = m_{ges}\,\frac{v^2}{l}$$

b) Berechnung der Beschleunigung des bewegten Kettenstücks, nachdem die ersten Kettenglieder den Boden erreicht haben:

Freikörperbilder:

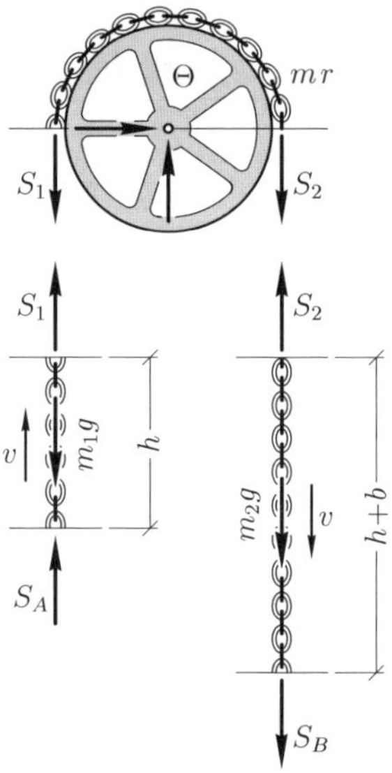

Bewegte Massen:

$$m_1 = m_{ges}\,\frac{h}{l}$$

$$m_r = m_{ges}\,\frac{\pi\,r}{l}$$

$$m_2 = m_{ges}\,\frac{h+b}{l}$$

Kinematik:

$$v = r\,\dot\varphi$$

Kräfte- und Momentensatz:

linke Kette:

$$m_1\,\dot v = S_1 + S_A - m_1 g \qquad (1)$$

rechte Kette:

$$m_2\,\dot v = m_2 g + S_B - S_2 \qquad (2)$$

Rolle:

$$(m_r r^2 + \Theta)\,\ddot\varphi = S_2\,r - S_1\,r \qquad (3)$$

Einsetzen und Ausrechnen:

$$(1) + (2) + (3)/r: \qquad \Big(m_1 + m_2 + m_r + \frac{\Theta}{r^2}\Big)\,\dot v = S_A - m_1 g + m_2 g + S_B$$

Beschleunigung der Kettenglieder:

$$\dot v = \frac{m_{ges}\,b}{m_{ges}\,(2\,h+b+\pi\,r) + l\,\Theta/r^2}\,g$$

c) Kontrolle mit dem Arbeitssatz:

$$U_A + T_A + W^*_{AB} = T_B + U_B$$

$$U_A = T_A = W^*_{AB} = 0, \qquad T_B = \frac{1}{2}(2\,h + b + \pi\,r)\,\frac{m_{ges}}{l}\,v^2 + \frac{1}{2}\,\frac{\Theta}{r^2}\,v^2$$

$$\dot U_B = \lim_{\Delta t\to 0}\frac{\Delta U}{\Delta t} = -\lim_{\Delta t\to 0}\frac{\frac{m_{ges}}{l}\,v\,\Delta t\,g\,b}{\Delta t} = -\frac{m_{ges}}{l}\,g\,b\,v$$

$$0 = \dot T_B + \dot U_B \qquad \Longrightarrow \qquad \Big[\Big(2\,h + b + \pi\,r\Big)\,\frac{m_{ges}}{l} + \frac{\Theta}{r^2}\Big]\,\dot v\,v - \frac{m_{ges}}{l}\,g\,b\,v = 0$$

$$\dot v = \frac{m_{ges}\,b}{m_{ges}\,(2\,h+b+\pi\,r) + l\,\Theta/r^2}\,g$$

Aufgabe 27.10:

Auf dem Kern (Radius $r/2$) einer Walze (Radius r, Masse m, Massenträgheitsmoment Θ^S) ist ein Seil aufgewickelt, an dessen Ende ein Klotz (Masse m) hängt. Die Walze rollt eine schiefe Ebene (Winkel α) hinab und zieht dabei den Klotz auf der rauhen Ebene hinter sich her (Reibkoeffizient μ).

a) Welche Beschleunigungen $\ddot{x}_1$, $\ddot{x}_2$ und $\ddot{\varphi}$ erfahren die beiden Körper?

b) Wie groß muß der Reibkoeffizient μ mindestens sein, damit das Seil gespannt bleibt?

c) Wie groß darf der Reibkoeffizient μ maximal sein, damit die Anordnung nicht steckenbleibt?

Gegeben: r, α, m, $\Theta^S = mr^2/2$, μ, g

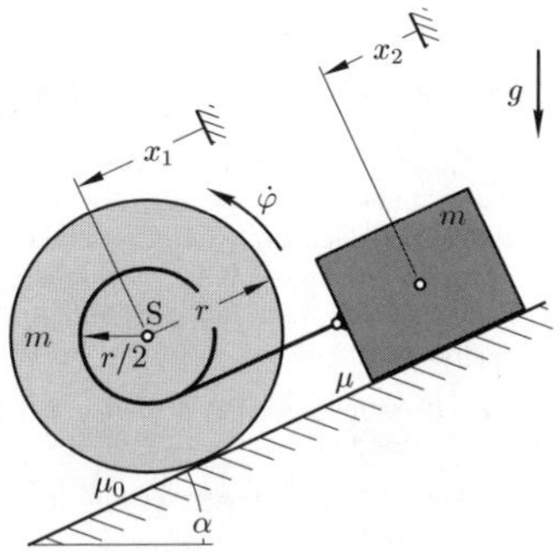

Bild A27.10: Walze und Klotz auf schiefer Ebene

Lösung der Aufgabe 27.10:

Freikörperbild:

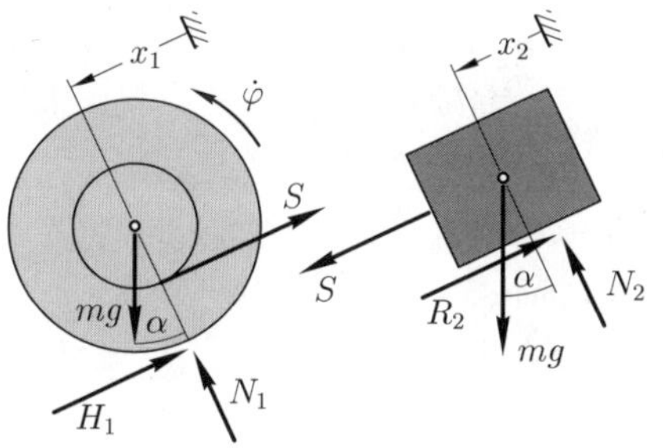

Kinetik:

$$m\ddot{x}_1 = mg\sin\alpha - S - H_1 \quad (1)$$

$$\Theta^S\ddot{\varphi} = H_1 r + S\frac{r}{2} \quad (2)$$

$$m\ddot{x}_2 = S - R_2 + mg\sin\alpha \quad (3)$$

$$0 = N_2 - mg\cos\alpha$$

Reibgesetz:

$$R_2 = \mu N_2$$

Kinematik:

$$\dot{x}_1 = r\,\dot{\varphi}, \qquad \dot{x}_2 = \frac{r}{2}\,\dot{\varphi}$$

Ausrechnung:

a) Beschleunigungen: $(1)\cdot r + (2) + \frac{1}{2}r\cdot(3)$:

$$\ddot{\varphi} = \frac{2}{7}(3\sin\alpha - \mu\cos\alpha)\frac{g}{r}$$

$$\ddot{x}_1 = \frac{2}{7}(3\sin\alpha - \mu\cos\alpha)\,g$$

$$\ddot{x}_2 = \frac{1}{7}(3\sin\alpha - \mu\cos\alpha)\,g$$

b) Seilkraft aus (3):

$$S = \frac{2mg}{7}(3\mu\cos\alpha - 2\sin\alpha), \qquad S \geq 0 \implies \mu > \frac{2}{3}\tan\alpha$$

c) Kein Steckenbleiben:

$$\ddot{\varphi} \geq 0 \implies \mu < 3\tan\alpha$$

Aufgabe 27.11:

Eine homogene Walze (Radius r, Masse M) ist im Mittelpunkt mit einem vertikal verschieblichen Loslager reibungsfrei gelagert. Um die Walze ist ein masseloses, undehnbares Seil geschlungen, das über eine masselose Umlenkrolle ein Gewicht (Masse m) trägt. Dieses Gewicht setzt den Mechanismus in Bewegung, wobei die Walze auf der rauhen Unterlage (Reibkoeffizient μ) rutscht.

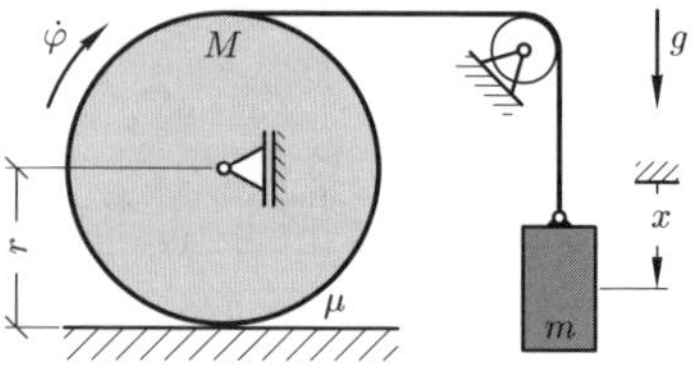

Bild A27.11: Seilzug mit Walze

a) Welche Beschleunigungen $\ddot{x}$ und $\ddot{\varphi}$ erfahren die beiden Systemteile?

b) Wie groß muß das Massenverhältnis m/M mindestens sein, damit aus der Ruhe heraus eine Bewegung beginnt?

Gegeben: r, m, M, μ, g

Lösung der Aufgabe 27.11:

Freikörperbild:

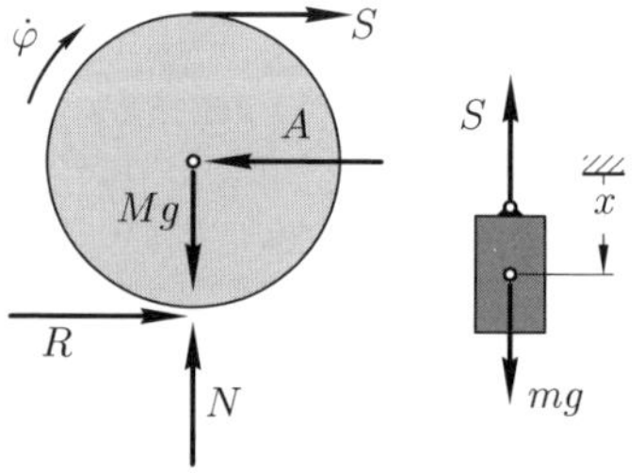

Kinetik:

$$m\ddot{x} = mg - S \quad (1)$$

$$\Theta_S \ddot{\varphi} = (S - R)r \quad (2)$$

$$0 = Mg - N \quad (3)$$

Reibgesetz:

$$R = \mu N$$

Kinematik:

$$\dot{x} = r\dot{\varphi}$$

Massengeometrie:

$$\Theta_S = \frac{1}{2} M r^2$$

a) Auflösung:

$$(1)\cdot r + (2): \implies \quad \ddot{\varphi} = \frac{2(m - \mu M)}{M + 2m}\frac{g}{r}, \quad \ddot{x} = \frac{2(m - \mu M)}{M + 2m} g$$

b) Bewegung setzt nur ein für

$$\ddot{\varphi} > 0. \implies \frac{m}{M} > \mu$$

Aufgabe 27.12:

Eine Walze (Masse m_1, Trägheitsmoment Θ^S, Radius r) wird von einem Seil umschlungen. Mit dem Walzenschwerpunkt ist über einen masselosen Stab ein Klotz (Masse m_2) verbunden. Der Klotz und die Walze rutschen auf der rauhen schiefen Ebene (Reibungskoeffizient μ) abwärts.

a) Welche Beschleunigung $\ddot{x}$ erfährt der Walzenschwerpunkt.

b) Wie groß darf der Reibungskoeffizient μ maximal sein, damit aus der Ruhe heraus eine Gleitbewegung beginnt?

Gegeben: r, α, $m_1 = m_2 = m$, Θ^S, μ, g

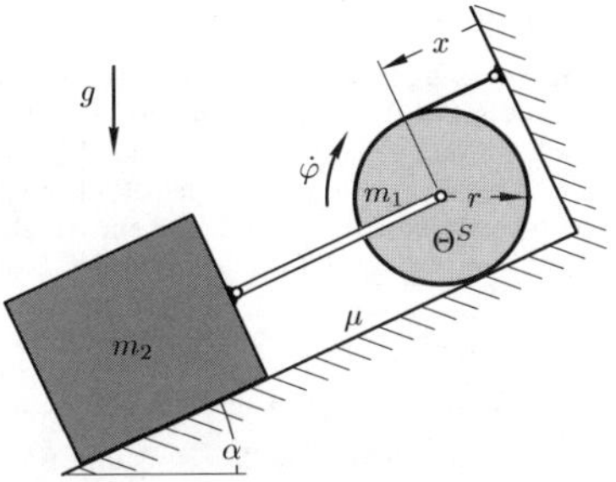

Bild A27.12: Klotz und Walze auf schiefer Ebene

Lösung der Aufgabe 27.12:

Freikörperbilder:

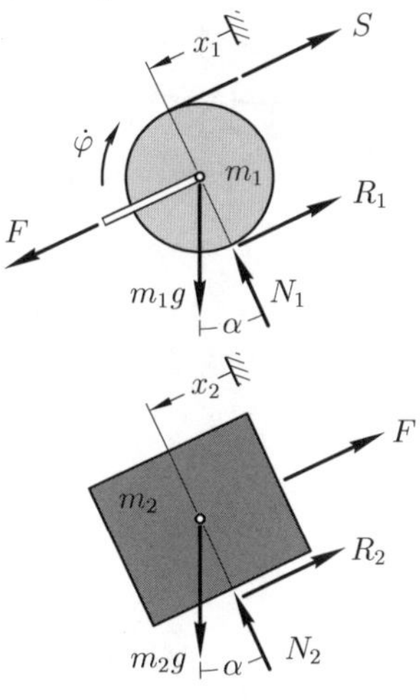

Kinetik:

$$m_1 \ddot{x} = m_1 g \sin\alpha + F - R_1 - S \qquad (1)$$

$$m_2 \ddot{x} = m_2 g \sin\alpha - F - R_2 \qquad (2)$$

$$\Theta^S \ddot{\varphi} = (S - R_1)\, r \qquad (3)$$

Reibkräfte:

$$R_1 = \mu N_1 = \mu m_1 g \cos\alpha$$

$$R_2 = \mu N_2 = \mu m_2 g \cos\alpha$$

Kinematik:

$$\dot{x}_1 = \dot{x}_2 = \dot{x} = r\,\dot{\varphi} \qquad (4)$$

Ausrechnung:

a) $(3) + [(1) + (2)] \cdot r$:

$$\ddot{x} = \frac{m r^2}{2 m r^2 + \Theta^S} (2\sin\alpha - 3\mu\cos\alpha)\, g$$

b) $\ddot{x} > 0$

$$2\sin\alpha - 3\mu\cos\alpha > 0 \quad \Longrightarrow \quad \mu < \frac{2}{3}\tan\alpha$$

Aufgabe 27.13:

Ein Fahrzeug besteht aus zwei gleichen, homogenen zylindrischen Walzen (Masse m), die durch einen Balken (Masse m_0) verbunden sind. Ein Motor (Gewicht vernachlässigbar) auf dem Balken gibt an die hintere Walze das Antriebsmoment M ab und das Fahrzeug beginnt auf der horizontalen Bahn zu rollen.

Ermitteln Sie

a) die Beschleunigung $\ddot{x}$ des Fahrzeuges und

b) die Kräfte in den Radlagern A und B.

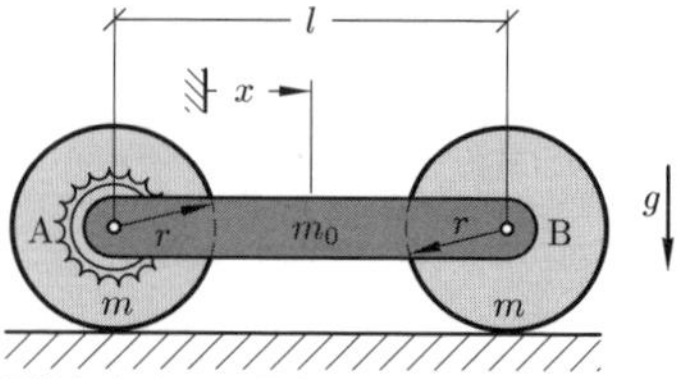

Bild A27.13: Fahrzeug mit Antrieb

Gegeben: l, r, m, m_0, M, g

Lösung der Aufgabe 27.13:

Freikörperbilder:

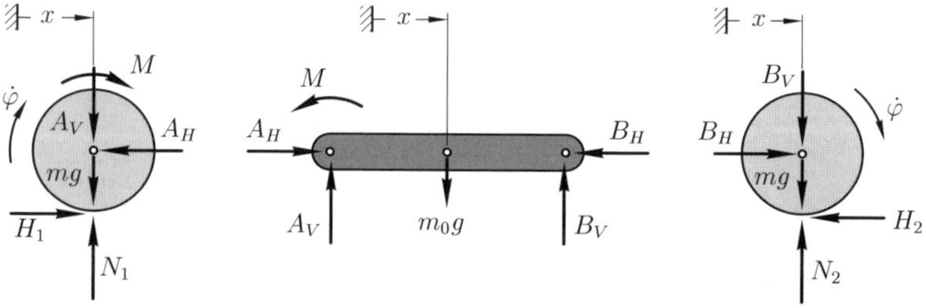

$$\text{Kinetik Rad 1:}\quad m\,\ddot{x} = H_1 - A_H \tag{1}$$

$$\Theta\,\ddot{\varphi} = M - H_1\,r \tag{2}$$

$$\text{Kinetik Rad 2:}\quad m\,\ddot{x} = B_H - H_2 \tag{3}$$

$$\Theta\,\ddot{\varphi} = H_2\,r \tag{4}$$

$$\text{Kinetik Balken:}\quad m_0\,\ddot{x} = A_H - B_H \tag{5}$$

$$0 = A_V + B_V - m_0 g \tag{6}$$

$$0 = M + \frac{l}{2}(B_V - A_V) \tag{7}$$

$$\text{Kinematik:}\quad \dot{x} = r\,\dot{\varphi} \tag{8}$$

$$\text{Massengeometrie:}\quad \Theta = \frac{1}{2}m\,r^2 \tag{9}$$

Ausrechnung: $[(1)\cdot r + (2)] + [(3)\cdot r + (4)] + r(5) \quad\Longrightarrow$

$$m\,r\,\ddot{x} + \Theta\,\ddot{\varphi} + m\,r\,\ddot{x} + \Theta\,\ddot{\varphi} + m_0\,r\,\ddot{x} = M \quad\Longrightarrow\quad \ddot{x} = \frac{M}{r\,(3m+m_0)}$$

$$(6)\cdot\frac{l}{2} + (7) \quad\Longrightarrow\quad B_V = \frac{1}{2}m_0 g - \frac{M}{l}$$

$$(6)\cdot\frac{l}{2} - (7) \quad\Longrightarrow\quad A_V = \frac{1}{2}m_0 g + \frac{M}{l}$$

$$\Big[(1)\cdot r + (2)\Big]\cdot\frac{1}{r} \quad\Longrightarrow\quad A_H = \frac{M}{r} - \Big(\frac{\Theta}{r^2} + m\Big)\,\ddot{x} = \frac{3m/2 + m_0}{3m + m_0}\,\frac{M}{r}$$

$$\Big[(3)\cdot r + (4)\Big]\cdot\frac{1}{r} \quad\Longrightarrow\quad B_H = m\,\ddot{x} + \frac{1}{r^2}\Theta\,\ddot{x} = \frac{3m/2}{3m + m_0}\,\frac{M}{r}$$

Aufgabe 27.14:

Über eine reibungsfrei drehbare, außen rauhe Walze (Radius r, Massenträgheitsmoment Θ^S, Reibkoeffizient μ) ist ein masseloses Seil gelegt, an dessen Enden die Massen m_1 und m_2 befestigt sind. Da die beiden Massen unterschiedlich groß sind ($m_2 > m_1$), setzt sich der Mechanismus in Bewegung und das Seil rutscht auf der Walze.

a) Mit welcher Winkelbeschleunigung $\ddot{\varphi}$ dreht sich die Walze und mit welcher Beschleunigung $\ddot{x}$ bewegen sich die Massen?

b) Wie groß muß das Massenträgheitsmoment Θ^S der Walze mindestens sein, damit das Seil nie auf der Walze haftet?

Gegeben: r, m_1, m_2, Θ^S, μ, g

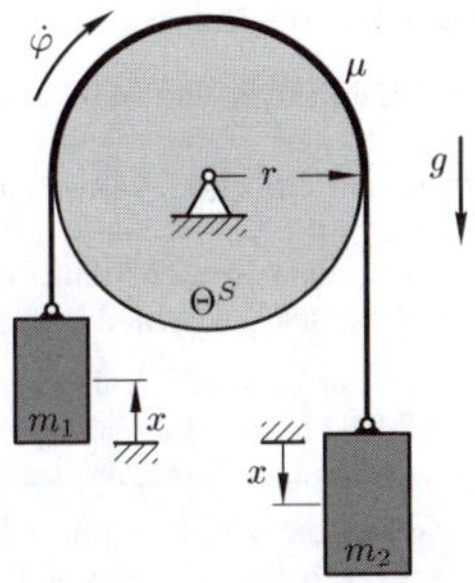

Bild A27.14: Rutschendes Seil auf drehbarer Walze

Lösung der Aufgabe 27.14:

a) Berechnung der Beschleunigungen:

Freikörperbilder:

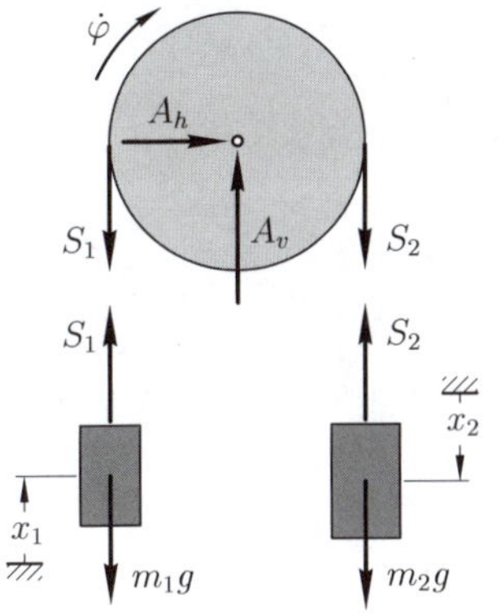

Kinetik:

$$\Theta^S \ddot{\varphi} = (S_2 - S_1)\, r$$

$$m_1 \ddot{x}_1 = S_1 - m_1 g$$

$$m_2 \ddot{x}_2 = m_2 g - S_2$$

Kinematik:

$$\dot{x}_2 = \dot{x}_1$$

Seilreibung:

$$S_2 = S_1\, e^{\mu\pi} \quad \text{für} \quad \dot{\varphi} r < \dot{x}_1$$

Beschleunigungen:

$$\ddot{x} = \frac{m_2 - m_1 e^{\mu\pi}}{m_2 + m_1 e^{\mu\pi}}\, g$$

$$\ddot{\varphi} = \frac{2 m_2 r^2}{\Theta^S} \, \frac{m_1 (e^{\mu\pi} - 1)}{m_2 + m_1 e^{\mu\pi}} \, \frac{g}{r}$$

b) Ständiges Rutschen für $\ddot{x} > r\,\ddot{\varphi}$:

$$\Theta^S > 2 r^2 m_2 \frac{m_1 (e^{\mu\pi} - 1)}{m_2 - m_1 e^{\mu\pi}} \qquad \text{mit} \qquad m_2 > m_1 e^{\mu\pi}$$

Aufgabe 27.15:

Ein Fliehkraftregler besteht aus den beiden homogenen Stangen (Masse jeweils m, Länge l) und den beiden Punktmassen (Masse jeweils M). Die Stangen sind an der Drehachse mit Scharnieren gelenkig gelagert. Bei geringer Drehzahl werden die Arme von einem masselosen Schleifring gestützt.

a) Bei einer gewissen Drehzahl Ω_{Grenz} hebt der Schleifring ab und öffnet den Kontakt. Berechnen Sie diese Grenzdrehzahl Ω_{Grenz}.

b) Geben Sie die Bewegungsgleichung für den Winkel $\alpha < \alpha_{Grenz}$ für den Fall an, daß die Drehzahl Ω größer als die Grenzdrehzahl Ω_{Grenz} ist.

Gegeben: m, $M=2m$, $\alpha=30°$, l, g

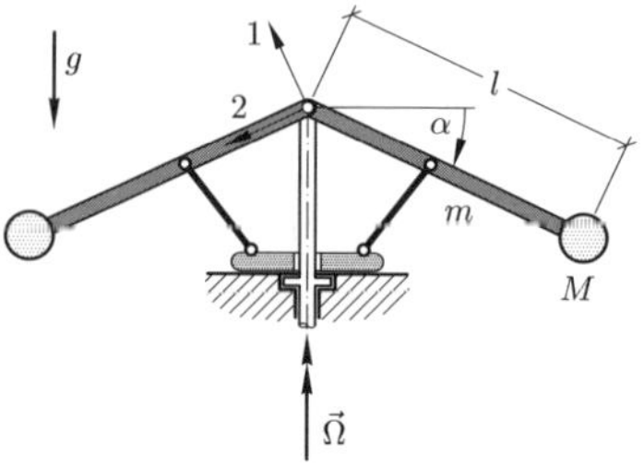

Bild A27.15: Fliehkraftregler

Lösung der Aufgabe 27.15:

Freikörperbild:

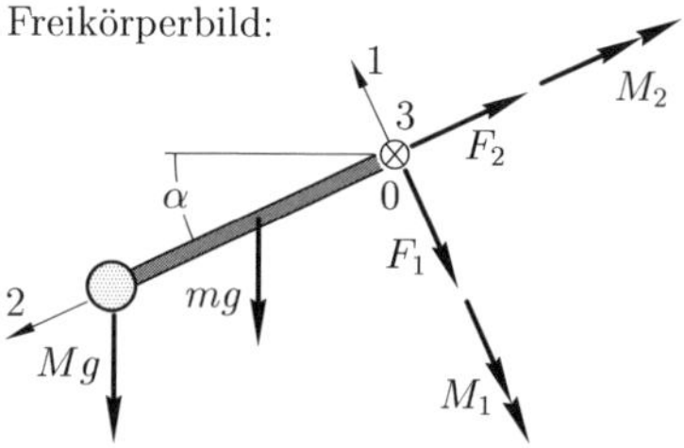

Winkelgeschwindigkeit:

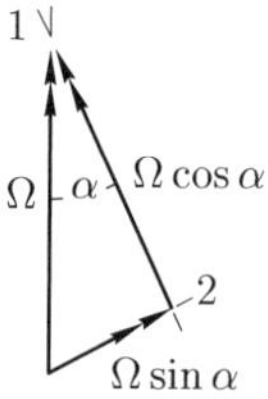

$\dot{\Omega}=0$

Äußere Momente:

$$\sum M_3 = (M+m/2)g\,l\cos\alpha$$

$$\vec{\Omega} = \Omega\,(\cos\alpha\;\vec{e}_1 - \sin\alpha\;\vec{e}_2)$$

Massengeometrie:

$$\Theta_1 = \Theta_3 = (M+m/3)\,l^2, \qquad \Theta_2 = 0$$

Eulersche Kreiselgleichungen:

$$\Theta_1\,\dot{\omega}_1 - \omega_2\omega_3\,(\Theta_2-\Theta_3) = \sum M_1 \quad\Longrightarrow\quad M_1 = 0$$

$$\Theta_2\,\dot{\omega}_2 - \omega_3\omega_1\,(\Theta_3-\Theta_1) = \sum M_2 \quad\Longrightarrow\quad M_2 = 0$$

$$\Theta_3\,\dot{\omega}_3 - \omega_1\omega_2\,(\Theta_1-\Theta_2) = \sum M_3 \quad\Longrightarrow$$

$$\Omega^2\cos\alpha\,\sin\alpha\,(M+m/3)\,l^2 = (M+m/2)\,g\,l\cos\alpha \quad\Longrightarrow$$

$$\Omega^2 = \frac{M+m/2}{\sin\alpha\,(M+m/3)}\,\frac{g}{l} = \frac{15}{7}\,\frac{g}{l}$$

b) Berechnung der Bewegungsgleichung für $\alpha < \alpha_{Grenz}$:

$$\Theta_3\dot{\omega}_3 - \omega_1\omega_2\,(\Theta_1-\Theta_2) = \sum M_3 \quad\Longrightarrow$$

$$\left(M+\frac{m}{3}\right)l^2\,\ddot{\alpha} + (\Omega\cos\alpha)(\Omega\sin\alpha)\left(M+\frac{m}{3}\right)l^2 = \left(M+\frac{m}{2}\right)g\,l\cos\alpha \quad\Longrightarrow$$

$$\ddot{\alpha} + \Omega^2\cos\alpha\,\sin\alpha = \frac{g}{l}\,\frac{M+m/2}{M+m/3}\,\cos\alpha$$

Aufgabe 27.16:

An einer reibungsfrei gelagerten vertikalen Stange ist unter dem Winkel α gegenüber der Horizontalen eine dünne homogene Kreisscheibe (Radius R, Masse m) reibungsfrei gelagert. Die vertikale Antriebsstange hat die konstante Winkelgeschwindigkeit Ω und die Kreisscheibe dreht sich relativ zur Antriebsstange mit der konstanten Relativwinkelgeschwindigkeit ω_{rel}.

a) Wie groß sind die Lagerkräfte in A und B?

b) Bei welcher Winkelgeschwindigkeit $\Omega = \Omega_A$ der masselosen Stange tritt im Lager A keine Lagerreaktion auf?

Gegeben: R, m, α, h_A, h_B, Ω, ω_{rel}

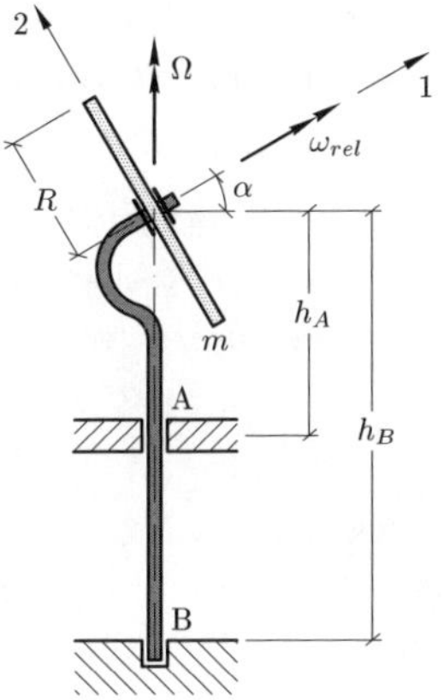

Bild A27.16: Rotierende Kreisscheibe

Lösung der Aufgabe 27.16:

Freikörperbild und Winkelgeschwindigkeit:

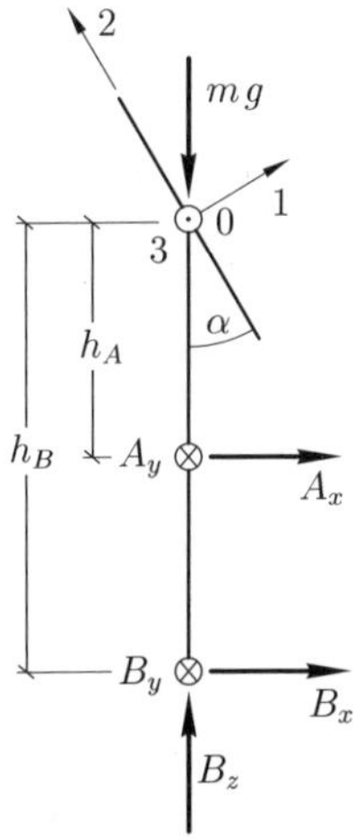

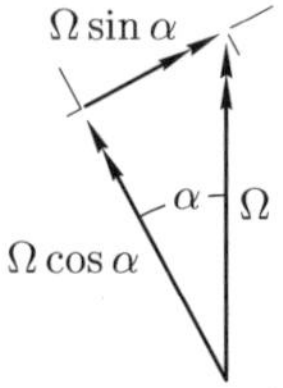

Zentrale Massenträgheitsmomente:

$$\Theta_1 = \frac{1}{2} m R^2, \qquad \Theta_2 = \Theta_3 = \frac{1}{4} m R^2$$

Führungswinkelgeschwindigkeit:

$$\vec{\Omega} = \Omega \sin\alpha\, \vec{e}_1 + \Omega \cos\alpha\, \vec{e}_2$$

Relativwinkelgeschwindigkeit:

$$\vec{\omega}_{rel} = \omega_{rel}\, \vec{e}_1$$

Absolute Winkelgeschwindigkeit:

$$\vec{\omega} = \vec{\Omega} + \vec{\omega}_{rel} = $$
$$= (\Omega \sin\alpha + \omega_{rel})\, \vec{e}_1 + \Omega \cos\alpha\, \vec{e}_2$$

Absolute Winkelbeschleunigung:

$$\dot{\vec{\omega}} = \vec{0}$$

Kräftesatz (keine Beschleunigung des Schwerpunktes):

$$x: \quad 0 = A_x + B_x \qquad (1)$$

$$y: \quad 0 = A_y + B_y \qquad (2)$$

$$z: \quad 0 = B_z - mg \qquad (3)$$

Drall um den Lagerpunkt der Scheibe:

$$\vec{L}^0 = \Theta_1 \omega_1\, \vec{e}_1 + \Theta_2 \omega_2\, \vec{e}_2$$

Ableitung des Dralls:

$$\frac{d_{rel}\vec{L}^0}{dt} = \Theta_1 \dot{\omega}_1\, \vec{e}_1 + \Theta_2 \dot{\omega}_2\, \vec{e}_2 = \vec{0}$$

$$\vec{\Omega} \times \vec{L}^0 = \Big[\Theta_2\, \Omega^2 \cos\alpha \sin\alpha - \Theta_1 (\Omega \sin\alpha + \omega_{rel})\, \Omega \cos\alpha\Big]\, \vec{e}_3$$

Summe der äußeren Momente um den Lagerpunkt:

$$\sum M_1^0 = \quad (A_y h_A + B_y h_B)\cos\alpha$$

$$\sum M_2^0 = -(A_y h_A + B_y h_B)\sin\alpha$$

$$\sum M_3^0 = \quad A_x h_A + B_x h_B$$

Momentensatz der Scheibe:

$$(A_y h_A + B_y h_B) \quad \cos\alpha = 0 \tag{4}$$

$$-(A_y h_A + B_y h_B) \quad \sin\alpha = 0 \tag{5}$$

$$A_x h_A + B_x h_B = \Omega^2 \sin\alpha\cos\alpha(\Theta_2 - \Theta_1) - \Theta_1 \Omega\cos\alpha\,\omega_{rel} \tag{6}$$

Auflösung:

aus (2), (4) und (5): $A_y = 0, \qquad B_y = 0$

aus (3): $B_z = mg$

aus (1) und (6):

$$A_x = -B_x = -\frac{\Omega\cos\alpha\left\{\Omega\sin\alpha\,(\Theta_2 - \Theta_1) - \Theta_1\,\omega_{rel}\right\}}{h_B - h_A} = \frac{\Omega\cos\alpha\,\dfrac{mr^2}{4}\left\{\Omega\sin\alpha + 2\omega_{rel}\right\}}{h_B - h_A}$$

Auflagerkraft in A verschwindet für

a) $\Omega = 0$ (trivial),

b) $\alpha = 90^\circ$ (trivial),

c) $\Omega = \dfrac{\Theta_1}{(\Theta_2 - \Theta_1)\sin\alpha}\,\omega_{rel} = -\dfrac{2}{\sin\alpha}\,\omega_{rel}$

Aufgabe 27.17:

Ein dünner homogener Stab (Masse m, Länge l) ist im Punkt A mit einem Scharnier reibungsfrei um seine Hauptachse 3 drehbar gelagert. Eine Feder (Steifigkeit k) unterstützt die Wirkung des Eigengewichtes mg, sie ist in der vertikalen Stellung $\alpha = 0$ mit der Kraft F_0 auf Zug vorgespannt und bleibt für $\alpha \neq 0$ stets vertikal. Der Stab wird von der vertikalen Antriebswelle in Rotation versetzt, die Winkelgeschwindigkeit Ω der Antriebswelle ist konstant.

a) Ermitteln Sie die Gleichung für die möglichen stationären Winkellagen α in Abhängigkeit von der Winkelgeschwindigkeit Ω.

b) In welchem Drehzahlbereich existieren nur die beiden trivialen stationären Zustände $\alpha = 0$ und $\alpha = \pi$ mit vertikaler Ausrichtung?

Gegeben: m, l, k, F_0, Ω, g

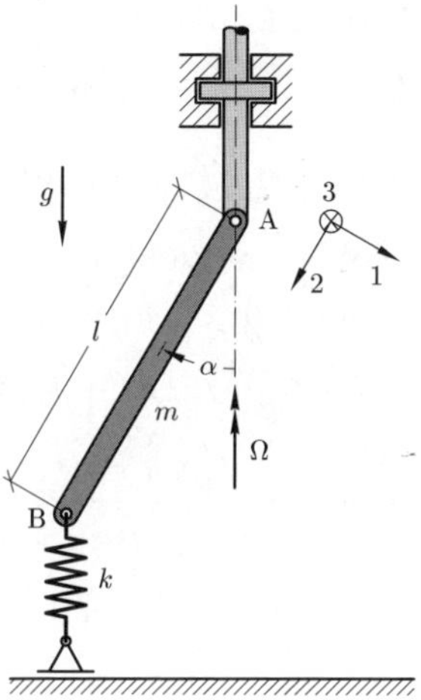

Bild A27.17: Dünner rotierender Stab

Lösung der Aufgabe 27.17:

a) Berechnung der stationären Winkellagen:

Freikörperbild:

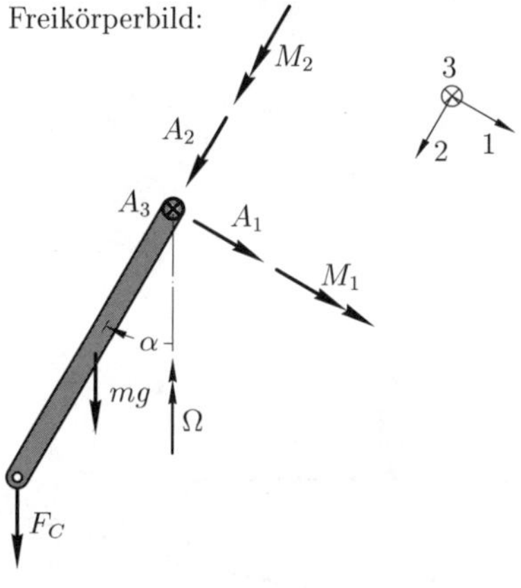

Winkelgeschwindigkeit des Körpers und des Koordinatensystems:

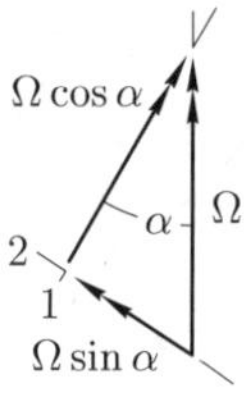

$$\Omega_1 = -\Omega \sin\alpha = \omega_1$$

$$\Omega_2 = -\Omega \cos\alpha = \omega_2$$

$$\Omega_3 = \dot\alpha = 0$$

Massengeometrie:

$$\Theta_1 = \frac{ml^2}{3}$$

Momente um A_3:

$$\sum M_3^A = -F_C\, l \sin\alpha - mg\,\frac{l}{2}\sin\alpha$$

Stoffgesetz:

$$F_C = F_0 + k\,l\,(1-\cos\alpha)$$

Dralländerung:

$$\dot L_3^A = \Theta_3\, \cancelto{0}{\dot\omega_3} - \omega_1\omega_2\,(\Theta_1 - \cancelto{0}{\Theta_2}) = -\Omega^2 \sin\alpha\,\cos\alpha\,\frac{ml^2}{3}$$

Momentensatz:

$$\dot{L}_3^A = \sum M_3^A: \qquad -\Omega^2 \sin\alpha\cos\alpha \frac{ml^2}{3} = F_0 l \sin\alpha - k l^2 (1-\cos\alpha)\sin\alpha - mg\frac{1}{2}\sin\alpha$$

$$\Longrightarrow \quad \left[F_0 l + k l^2 (1-\cos\alpha) + \frac{1}{2} mgl - \frac{1}{3} m l^2 \Omega^2 \cos\alpha\right] \sin\alpha = 0$$

b) Stationäre Zustände:

i) $\sin\alpha = 0: \qquad \alpha_1 = 0°; \qquad \alpha_2 = 180°$

ii) $F_0 l + \frac{1}{2} mgl + k l^2 = k l^2 \cos\alpha + \frac{1}{3} m l^2 \Omega^2 \cos\alpha$

$$\cos\alpha = \frac{F_0 + \frac{1}{2} mg + k l}{k l + \frac{1}{3} m l \Omega^2} \leq 1 \qquad \text{existiert nur für } \leq 1$$

Keine Lösung $\alpha \neq 0$ für

$$\frac{F_0 + \frac{1}{2} mg + k l}{k l + \frac{1}{3} m l^2 \Omega^2} > 1 \qquad \text{also für} \qquad \Omega^2 < 3 \frac{F_0 + \frac{1}{2} mg}{ml}$$

Aufgabe 27.18:

Eine dünne rotationssymmetrische Scheibe (Masse m, Radius r) ist mit ihrer masselosen Achse (Länge l) in A und B reibungsfrei in einem masselosen Bügel (Neigungswinkel α) gelagert. Der Bügel selbst rotiert um die vertikale Achse mit der Winkelgeschwindigkeit Ω und die Scheibe hat gegenüber dem Bügel die relative Winkelgeschwindigkeit ω_{rel} um ihre Hauptachse 1.

a) Berechnen Sie für den antriebslosen Betrieb bei konstanten Winkelgeschwindigkeiten die Lagerkräfte in den momentenfreien Lagerstellen A und B.

b) Welche Winkelbeschleunigungen $\dot{\Omega}$ und $\dot{\omega}$ erfahren Bügel und Scheibe, wenn auf dem Bügel ein vertikales Antriebsmoment M_A einwirkt?

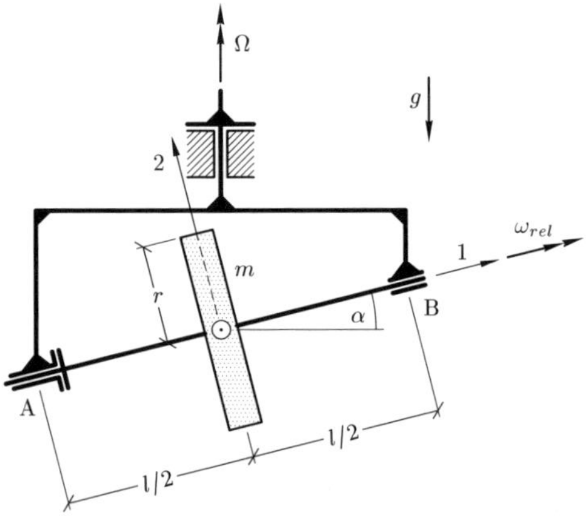

Bild A27.18: Rotor in schrägem Bügel

Gegeben: r, m, α, Ω, ω_{rel}, M_A

c) Welche Drehzahl $\dot{\varphi}$ stellt sich ein, wenn die Lager A und B plötzlich blockieren?

Lösung der Aufgabe 27.18:

Führungswinkelgeschwindigkeit:

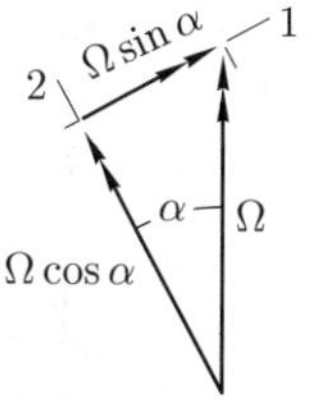

$\vec{\Omega}_F = \Omega \sin\alpha\, \vec{e}_1 + \Omega \cos\alpha\, \vec{e}_2$

$\Omega_{F1} = \Omega \sin\alpha, \qquad \Omega_{F2} = \Omega \cos\alpha, \qquad \Omega_{F3} = 0$

Relative Winkelgeschwindigkeit der Scheibe:

$\vec{\omega}_{rel} = \omega_{rel}\, \vec{e}_1$

Absolute Winkelgeschwindigkeit der Scheibe:

$\vec{\omega} = \vec{\Omega}_F + \vec{\omega}_{rel} = (\Omega \sin\alpha + \omega_{rel})\, \vec{e}_1 + \Omega \cos\alpha\, \vec{e}_2$

$\omega_1 = \Omega \sin\alpha + \omega_{rel}, \qquad \omega_2 = \Omega \cos\alpha, \qquad \omega_3 = 0; \qquad \dot{\omega}_3 = 0$

Freikörperbild:

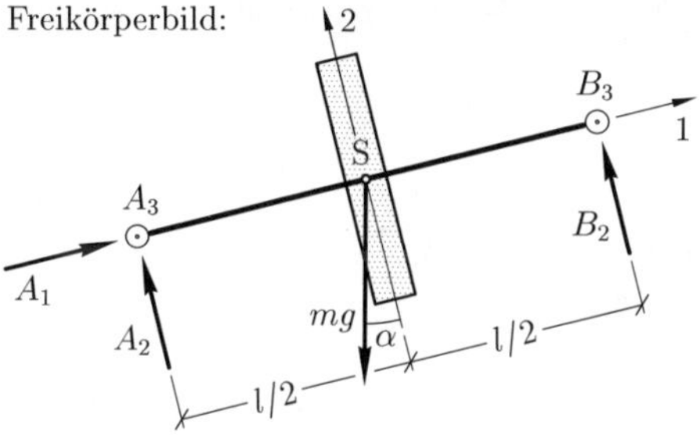

Massengeometrie:

$$\Theta_1^S = \frac{1}{2} m r^2$$

$$\Theta_2^S = \Theta_3^S = \frac{1}{4} m r^2$$

Äußere Momente:

$$M_1^S = 0$$

$$M_2^S = (A_3 - B_3)\, \frac{l}{2}$$

$$M_3^S = (B_2 - A_2)\, \frac{l}{2}$$

Kräftesatz (der Schwerpunkt bleibt in Ruhe):

$$A_1 - mg \sin\alpha = 0$$

$$A_2 + B_2 - mg \cos\alpha = 0$$

$$A_3 + B_3 = 0$$

a) Berechnung der Lagerkräfte im antriebslosen Betrieb:

Momentensatz bei Relativbewegung:

$$\Theta_1^S\, \dot{\omega}_1 - (\Theta_2^S\, \omega_2\, \Omega_{F3} - \Theta_3^S\, \omega_3\, \Omega_{F2}) = M_1^S \quad \Longrightarrow \quad \dot{\omega}_1 = 0$$

$$\Theta_2^S\, \dot{\omega}_2 - (\Theta_3^S\, \omega_3\, \Omega_{F1} - \Theta_1^S\, \omega_1\, \Omega_{F3}) = M_2^S \quad \Longrightarrow \quad 0 = (A_3 - B_3)\, \frac{l}{2}$$

$$\Theta_3^S\, \dot{\omega}_3 - (\Theta_1^S\, \omega_1\, \Omega_{F2} - \Theta_2^S\, \omega_2\, \Omega_{F1}) = M_3^S \quad \Longrightarrow$$

$$-\frac{1}{4} m r^2 (\Omega \sin\alpha + 2\omega_{rel})\, \Omega \cos\alpha = (B_2 - A_2)\, \frac{l}{2}$$

Ausrechnung der Lagerkräfte:

$A_1 = mg \sin\alpha; \qquad A_3 = B_3 = 0$

$$A_2 = \frac{1}{2} \left\{ mg + \frac{m r^2}{2l} \Big(\Omega \sin\alpha + 2\omega_{rel} \Big) \Omega \right\} \cos\alpha$$

$$B_2 = \frac{1}{2} \left\{ mg - \frac{m r^2}{2l} \Big(\Omega \sin\alpha + 2\omega_{rel} \Big) \Omega \right\} \cos\alpha$$

b) Beschleunigte Bewegung bei vertikalem Antriebsmoment M_A:

Das Antriebsmoment wird komplett auf den Bügel übertragen:

Freikörperbild:

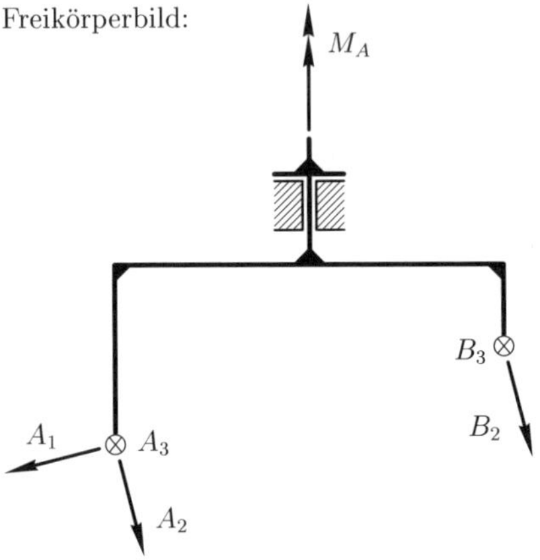

Momentengleichgewicht am Bügel (um die vertikale Achse):

$$M_A - (A_3 - B_3)\,\frac{l}{2}\cos\alpha = 0$$

Kräftesatz der Scheibe gilt weiterhin:

$$A_1 - mg\sin\alpha = 0$$

$$A_2 + B_2 - mg\cos\alpha = 0$$

$$A_3 + B_3 = 0$$

Horizontale Lagerkräfte:

$$A_3 = -B_3 = \frac{M_A}{l\cos\alpha}$$

Momentensatz des Rotors bei beschleunigter Relativbewegung:

$$\Theta_1^S\,\dot\omega_1 - (\Theta_2^S\,\omega_2\,\Omega_{F3} - \Theta_3^S\,\omega_3\,\Omega_{F2}) = M_1^S \quad\Longrightarrow\quad \dot\omega_1 = 0$$

$$\Theta_2^S\,\dot\omega_2 - (\Theta_3^S\,\omega_3\,\Omega_{F1} - \Theta_1^S\,\omega_1\,\Omega_{F3}) = M_2^S \quad\Longrightarrow\quad \frac{1}{4}mr^2\,\dot\omega_2 = (A_3 - B_3)\,\frac{l}{2} = \frac{M_A}{\cos\alpha}$$

$$\Theta_3^S\,\dot\omega_3 - (\Theta_1^S\,\omega_1\,\Omega_{F2} - \Theta_2^S\,\omega_2\,\Omega_{F1}) = M_3^S \quad\Longrightarrow$$

$$-\left\{\frac{1}{2}mr^2\,(\Omega\sin\alpha + \omega_{rel})\,\Omega - \frac{1}{4}mr^2\,\Omega^2\sin\alpha\right\}\cos\alpha = (B_2 - A_2)\,\frac{l}{2}$$

Ausrechnung der Auflagerkräfte:

$$A_1 = mg\sin\alpha; \qquad A_3 = -B_3 = \frac{M_A}{l\cos\alpha}$$

$$A_2 = \frac{1}{2}\left\{mg + \frac{mr^2}{2l}\,(\Omega\sin\alpha + 2\,\omega_{rel})\,\Omega\right\}\cos\alpha$$

$$B_2 = \frac{1}{2}\left\{mg - \frac{mr^2}{2l}\,(\Omega\sin\alpha + 2\,\omega_{rel})\,\Omega\right\}\cos\alpha$$

Ausrechnung der Winkelbeschleunigungen:

$$\dot\omega_1 = \dot\Omega\sin\alpha + \dot\omega_{rel} = 0$$

$$\dot\omega_2 = \dot\Omega\cos\alpha = \frac{4\,M_A}{mr^2\cos\alpha} \qquad\Longrightarrow$$

$$\dot\Omega = \frac{4\,M_A}{mr^2\cos^2\alpha}; \qquad \dot\omega_{rel} = -\frac{4\,M_A}{mr^2\cos^2\alpha}\sin\alpha$$

c) Blockade in den Lagern A und B:

Die Gesamtanordnung hat nach dem Blockieren die einheitliche, rein vertikal gerichtete Winkelgeschwindigkeit $\dot{\varphi}$:

$$\dot{\vec{\varphi}} = \dot{\varphi}\,(\sin\alpha\,\vec{e}_1 + \cos\alpha\,\vec{e}_2)$$

Drallvektor vor der Blockade:

$$\vec{L}^S = \Theta_1^S\,\omega_1\,\vec{e}_1 + \Theta_2^S\,\omega_2\,\vec{e}_2 = \frac{1}{2}m\,r^2\,(\Omega\sin\alpha+\omega_{rel})\,\vec{e}_1 + \frac{1}{4}m\,r^2\,\Omega\cos\alpha\,\vec{e}_2$$

Drallvektor nach der Blockade:

$$\overline{\vec{L}^S} = \Theta_1^S\,\dot{\varphi}\sin\alpha\,\vec{e}_1 + \Theta_2^S\,\dot{\varphi}\cos\alpha\,\vec{e}_2 = \tfrac{1}{2}m\,r^2\,\dot{\varphi}\sin\alpha\,\vec{e}_1 + \tfrac{1}{4}m\,r^2\,\dot{\varphi}\cos\alpha\,\vec{e}_2$$

Erhaltung der vertikalen Drallkomponente
(keine äußeren Momente um die vertikale Achse):

$$L_1^S\sin\alpha + L_2^S\cos\alpha = \overline{L}_1^S\sin\alpha + \overline{L}_2^S\cos\alpha$$

Einsetzen der Winkelgeschwindigkeiten und Massenträgheitsmomente:

$$\frac{1}{2}m\,r^2\,(\Omega\sin\alpha+\omega_{rel})\sin\alpha + \frac{1}{4}m\,r^2\,\Omega\cos^2\alpha = \frac{1}{2}m\,r^2\,\dot{\varphi}\sin^2\alpha + \frac{1}{4}m\,r^2\,\dot{\varphi}\cos^2\alpha$$

Winkelgeschwindigkeit:

$$\dot{\varphi} = \Omega + 2\,\omega_{rel}\,\frac{\sin\alpha}{1+\sin^2\alpha}$$

Sonderfall $\Omega_0 = 0$: $\Longrightarrow$ $\dot{\varphi} = \dfrac{\sin\alpha}{1+\sin^2\alpha}\,2\,\omega_{rel}$

Sonderfall $\omega_{rel} = 0$: $\Longrightarrow$ $\dot{\varphi} = \Omega$ (trivial)

Aufgabe 27.19:

Eine dünne homogene Scheibe von der Form eines rechtwinkligen, gleichschenkligen Dreiecks (Kathetenlängen a, Dicke d, Dichte ρ) ist in den vertikal übereinander liegenden Lagern A und B reibungsfrei gelagert. Die Dreiecksscheibe rotiert mit der Winkelgeschwindigkeit ω um eine ihrer Katheten.

Bei welcher Winkelgeschwindigkeit ω verschwindet die Auflagerkraft im Lager B?

Gegeben: a, d, ρ, g

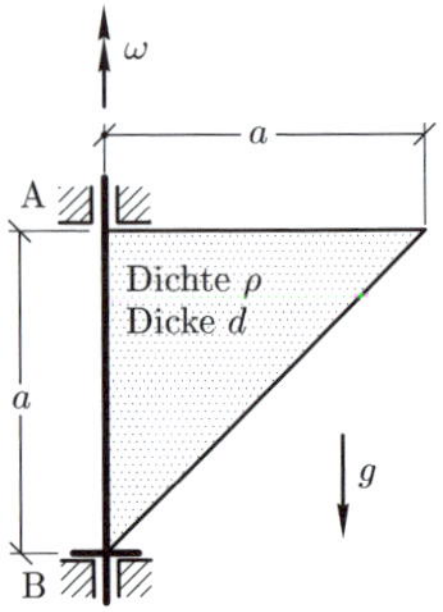

Bild A27.19: Rotierende Dreiecksscheibe

Lösung der Aufgabe 27.19:

Winkelgeschwindigkeit:

$\vec{\omega} = \omega\, \vec{e}_3$

Massenträgheitsmomente um B:

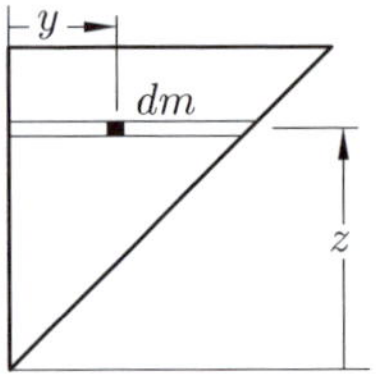

$y_R = z$

$dm = \rho\, d\, dy\, dz\,,$

$m = \dfrac{1}{2}\rho\, d\, a^2$

Freikörperbild:

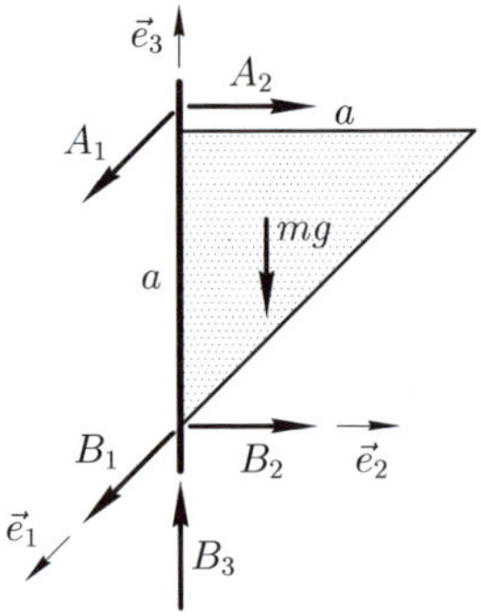

$$\Theta_z^B = \int\limits_{(m)} (x^2+y^2)\, dm = \int\limits_{z=0}^{a}\int\limits_{y=0}^{y_R(z)} y^2 \rho\, d\, dy\, dz = \rho d \int\limits_{z=0}^{a}\int\limits_{y=0}^{y_R(z)} y^2\, dy\, dz = \rho d \int\limits_{z=0}^{a} \frac{1}{3} z^3\, dz =$$

$$= \frac{\rho\, d\, a^4}{12} = \frac{1}{6} m\, a^2$$

$$\Theta_{zy}^B = -\int\limits_{(m)} z\, y\, dm = -\int\limits_{z=0}^{a}\int\limits_{y=0}^{y_R(z)} z\, y\, \rho\, d\, dy\, dz = -\rho d \int\limits_{z=0}^{a} z \int\limits_{y=0}^{y_R(z)} y\, dy\, dz = -\frac{\rho\, d\, a^4}{8} = -\frac{1}{4} m\, a^2$$

$$\Theta_{zx}^B = -\int\limits_{(m)} z\, x\, dm = 0$$

Drall um B:

$$\vec{L}^B = \mathbf{\Theta}^B \,\vec{\omega} = \omega\left(\Theta^B_{zx}\,\vec{e}_1 + \Theta^B_{zy}\,\vec{e}_2 + \Theta^B_{z}\,\vec{e}_3\right) = m a^2 \omega\left(-\frac{1}{4}\vec{e}_2 + \frac{1}{6}\vec{e}_3\right)$$

Dralländerung bei $\vec{\omega}=$const.:

$$\dot{\vec{L}}^B = \vec{\omega} \times \vec{L}^B = \frac{1}{4} m a^2 \omega^2 \,\vec{e}_1$$

Momente um B:

$$\vec{M}^B = -\left(A_2\, a + mg\,\frac{a}{3}\right)\vec{e}_1 + A_1\, a\,\vec{e}_2$$

Momentensatz um B:

$$\dot{\vec{L}}^B = \vec{M}^B$$

Komponenetenweise ausgeschrieben:

$$\vec{e}_1: \quad \frac{1}{4} m a^2 \omega^2 = -\left(A_2\, a + mg\,\frac{a}{3}\right)$$

$$\vec{e}_2: \quad 0 = A_1\, a$$

Kräftesatz:

$$\vec{e}_2: \quad m\omega^2\,\frac{a}{3} = -A_2 - B_2$$

$$\vec{e}_1: \quad 0 = A_1 + B_1$$

Ausrechnung der Kräfte:

$$B_1 = 0\,, \qquad A_1 = 0$$

$$B_2 = \frac{mg}{3} - \frac{1}{12} m a \omega^2, \qquad A_2 = -\frac{mg}{3} - \frac{1}{4} m a \omega^2$$

Horizontale Lagerkraft in B verschwindet für

$$\omega^2 = 4\,\frac{g}{a}\,.$$

Aufgabe 27.20:

Zwei dünne homogene Kreisscheiben (Massen m_A und m_B, Radien R und $2R$) sind durch eine masselose Achse (Länge $3\,R$) fest miteinander verbunden. Sie rollen ohne zu rutschen auf einer horizontalen Ebene und drehen sich dabei zwangsläufig um die Vertikale durch 0.

Wie groß darf die Winkelgeschwindigkeit Ω höchstens sein, damit der Radsatz nicht um den Fußpunkt B des großen Rades nach außen kippt?

Gegeben: $m_A = m$, $m_B = 4m$, R, g

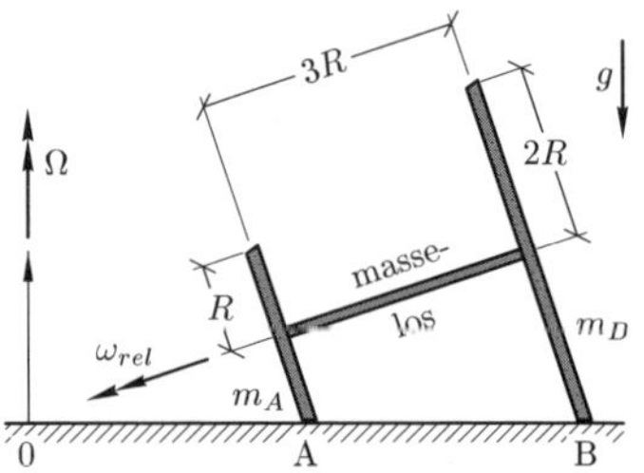

Bild A27.20: Schräger Radsatz

Lösung der Aufgabe 27.20:

Freikörperbild:

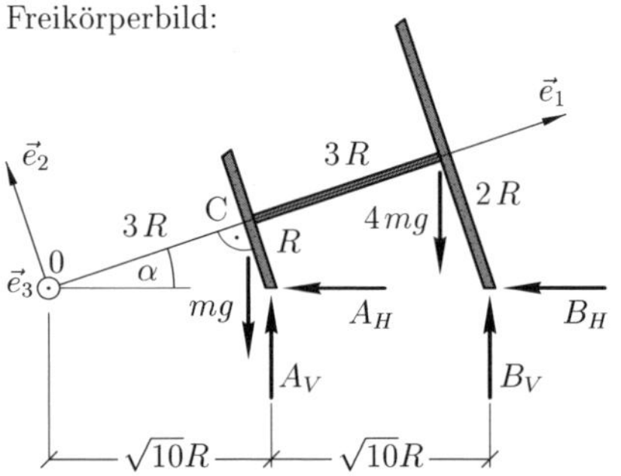

Führungswinkelgeschwindigkeit:

$\Omega_1 = \Omega \sin\alpha$

$\Omega_2 = \Omega \cos\alpha$

$\Omega_3 = 0$

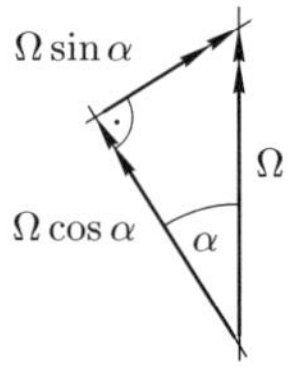

$$\sin\alpha = \frac{1}{\sqrt{10}}$$

$$\cos\alpha = \frac{3}{\sqrt{10}}$$

Kinematik:

Strahl 0C läuft mit $\vec{\Omega}$ (Führungssystem) um:

$$\vec{v}_C = \vec{v}_0 + \vec{\Omega} \times \vec{r}_{0C} = \begin{vmatrix} \vec{e}_1 & \vec{e}_2 & \vec{e}_3 \\ \Omega\sin\alpha & \Omega\cos\alpha & 0 \\ 3R & 0 & 0 \end{vmatrix} = 3\,R\,(-\Omega\cos\alpha\,\vec{e}_3)$$

Strahl AC läuft mit $\vec{\omega}$ (Körper) um:

$$\vec{v}_C = \vec{v}_A + \vec{\omega} \times \vec{r}_{AC} = \begin{vmatrix} \vec{e}_1 & \vec{e}_2 & \vec{e}_3 \\ \omega_1 & \omega_2 & \omega_3 \\ 0 & R & 0 \end{vmatrix} = R\,(\omega_1\,\vec{e}_3 - \omega_3\,\vec{e}_1)$$

Vergleich liefert:

$$\omega_1 = -3\,\Omega\cos\alpha = -\frac{9}{\sqrt{10}}\,\Omega\,, \qquad \omega_3 = 0\,.$$

Keine Relativbewegung des Körpers um die 2-Achse möglich:

$$\omega_2 = \Omega_2 = \Omega\cos\alpha = \frac{3}{\sqrt{10}}\,\Omega$$

Kräftesatz:

$$A_V + B_V - 5\,mg = 0$$

Trägheitsmomente um 0

$$\Theta_1^0 = \frac{1}{2} m R^2 + \frac{1}{2} (4m)(2R)^2 = \frac{17}{2} m R^2$$

$$\Theta_2^0 = \Theta_3^0 = \frac{1}{4} m R^2 + m(3R)^2 + \frac{1}{4}(4m)(2R)^2 + (4m)(6R)^2 = \frac{629}{4} m R^2$$

Drall um 0:

$$\vec{L}^0 = \Theta_1^0 \omega_1 \vec{e}_1 + \Theta_2^0 \omega_2 \vec{e}_2 = -\frac{9}{\sqrt{10}} \Omega \Theta_1^0 \vec{e}_1 + \frac{3}{\sqrt{10}} \Omega \Theta_2^0 \vec{e}_2$$

Dralländerung:

$$\dot{\vec{L}}^0 = \frac{d_{rel}\vec{L}^0}{dt} + \vec{\Omega} \times \vec{L}^0 = \begin{vmatrix} \vec{e}_1 & \vec{e}_2 & \vec{e}_3 \\ \Omega_1 & \Omega_2 & 0 \\ \Theta_1^0 \omega_1 & \Theta_2^0 \omega_2 & 0 \end{vmatrix} = (\Omega_1 \omega_2 \Theta_2^0 - \Omega_2 \omega_1 \Theta_1^0)\, \vec{e}_3 =$$

$$= \Omega^2 \Big(\frac{3}{10} \Theta_2^0 + \frac{27}{10} \Theta_1^0 \Big) \vec{e}_3$$

Momentensatz:

$$\Omega^2 \frac{3}{10} \left(\Theta_2^0 + 9\Theta_1^0 \right) = (A_V + 2B_V)\sqrt{10}R - mg3R(1+2\cdot 4)\frac{3}{\sqrt{10}}$$

Gleichungssystem:

$$A_V + B_V = 5mg$$

$$A_V + 2B_V = \frac{81}{10} mg + \frac{3}{10\sqrt{10}} \frac{\Omega^2}{R} \left(\Theta_2^0 + 9\Theta_1^0 \right)$$

Auflösung:

$$B_V = \frac{31}{10} mg + \frac{3}{10\sqrt{10}} \Omega^2 m R \frac{935}{4}$$

$$A_V = \frac{19}{10} mg - \frac{3}{10\sqrt{10}} \Omega^2 m R \frac{935}{4}$$

Kippen wird verhindert, wenn $A_V > 0$ bleibt:

$$\Omega^2 < \frac{76\sqrt{10}}{2805} \frac{g}{R} \qquad \Longrightarrow \qquad \Omega < 0.293\sqrt{\frac{g}{R}}$$

Aufgabe 27.21:

Eine dünne homogene Stange (Masse m, Länge l) ist mit einem reibungsfreien Scharnier in A an einer masselosen vertikalen Antriebswelle befestigt. Die Stange liegt mit ihrem freien Ende auf dem rauhen horizontalen Boden (Reibungskoeffizient μ) und hat die Schräglage α. Antriebswelle und Stange rotieren mit der Winkelgeschwindigkeit Ω.

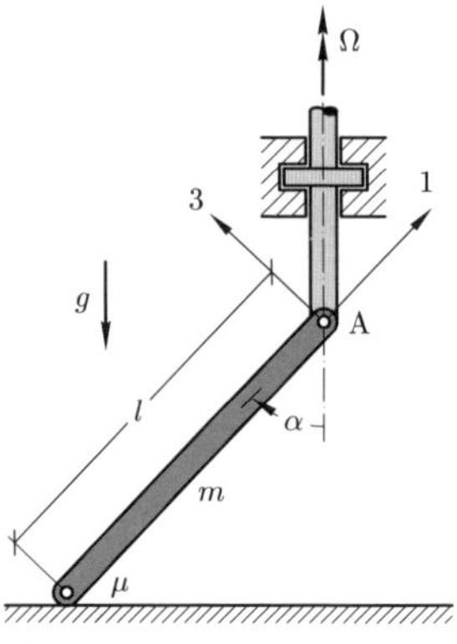

Bild A27.21: Rotierende Stange

a) Geben Sie den Winkelgeschwindigkeitsvektor $\vec{\Omega}(t)$, den Drallvektor $\vec{L}^A$ der Stange um A sowie den Vektor der Winkelbeschleunigung $\dot{\vec{\Omega}}(t)$ der Stange im Hauptachsensystem $\vec{e}_1$, $\vec{e}_2$ und $\vec{e}_3$ in Abhängigkeit vom Betrag der Winkelgeschwindigkeit $\Omega(t)$ an.

b) Berechnen Sie die Normalkraft N zwischen Stange und Boden in Abhängigkeit von der Winkelgeschwindigkeit $\Omega(t)$.

c) Berechnen Sie die Grenzwinkelgeschwindigkeit Ω_{grenz}, bei der das Stangenende vom Boden abhebt.

d) Berechnen Sie die Reibkraft R am Boden und das notwendige Antriebsmoment $M_{Antrieb}$ für konstante Drehzahl $\Omega_0 < \Omega_{grenz}$.

e) Welche Winkelbeschleunigung $\dot{\Omega}$ erfährt das System, wenn das Antriebsmoment $M_{Antrieb}$ abgeschaltet wird?

Gegeben: m, l, α, $\Omega(t)$, $\dot{\Omega}(t)$, Ω_0, μ, g

Lösung der Aufgabe 27.21:

a) Berechnung des Drallvektors und der Winkelbeschleunigung:

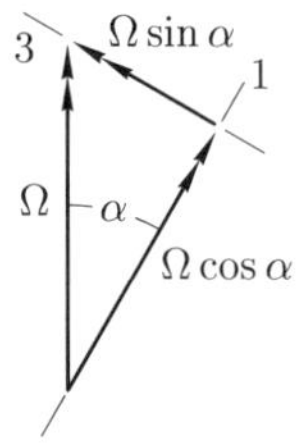

Winkelgeschwindigkeit des Koordinatensystems und des Körpers:

$$\vec{\Omega} = \Omega\cos\alpha\,\vec{e}_1 + \Omega\sin\alpha\,\vec{e}_3 = \vec{\omega} = \omega_1\,\vec{e}_1 + \omega_3\,\vec{e}_3$$

Massenträgheitsmomente:

$$\Theta_1^A = 0; \qquad \Theta_2^A = \Theta_3^A = \frac{1}{3}m l^2$$

Drall um A:

$$\vec{L}^A = \omega_1\,\Theta_1^A\,\vec{e}_1 + \omega_3\,\Theta_3^A\,\vec{e}_3 = \frac{1}{3}m l^2\,\Omega\sin\alpha\,\vec{e}_3$$

Winkelbeschleunigung:

$$\dot{\vec{\Omega}} = \frac{d_{rel}\vec{\Omega}}{dt} + \vec{\Omega}\times\vec{\Omega} = \dot{\Omega}\cos\alpha\,\vec{e}_1 + \dot{\Omega}\sin\alpha\,\vec{e}_3$$

b) Auflagekraft bei konstanter Drehzahl:

Freikörperbild:

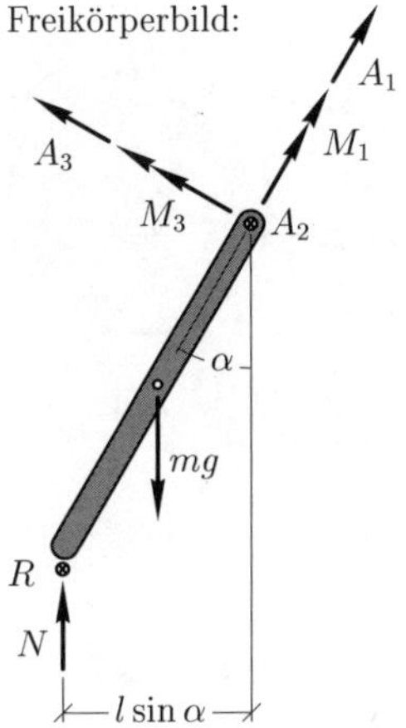

EULERsche Kreiselgleichung um die 2-Achse:

$$\Theta_2^A\,\dot\omega_2 - \omega_3\,\omega_1\,(\Theta_3^A - \Theta_1^A) = M_2^A$$

Äußeres Moment um A,
nur Komponente in 2-Richtung:

$$M_2^A = N\,l\sin\alpha - mg\,\frac{l}{2}\sin\alpha$$

Einsetzen und ausrechnen:

$$-\Omega^2\cos\alpha\,\sin\alpha\,\frac{1}{3}ml^2 = N\,l\sin\alpha - mg\,\frac{l}{2}\sin\alpha$$

$$\Longrightarrow \qquad N = \frac{mg}{2} - \frac{1}{3}m\,l\,\Omega^2\cos\alpha$$

c) Berechnung der Grenzwinkelgeschwindigkeit:

Abheben vom Boden erfolgt, wenn die Normalkraft $N=0$ ist:

$$N = 0 \qquad \Longrightarrow \qquad \Omega^2_{grenz} = \frac{3}{2}\,\frac{g}{l\cos\alpha}$$

d) Reibkraft und Antriebsmoment bei konstanter Drehzahl:

Reibkraft:

$$R = \mu N = \mu\left\{\frac{mg}{2} - \frac{1}{3}m\,l\,\Omega^2\cos\alpha\right\}$$

Moment um die vertikale Achse:

$$M_{Antrieb} = Rl\sin\alpha = \mu l\sin\alpha\left\{\frac{mg}{2} - \frac{1}{3}m\,l\,\Omega^2\cos\alpha\right\}$$

e) Bei $\vec M_{Antrieb} = \vec 0$ ist das verbleibende äußere Moment am oberen Balkenende rein horizontal in der Zeichenebene.

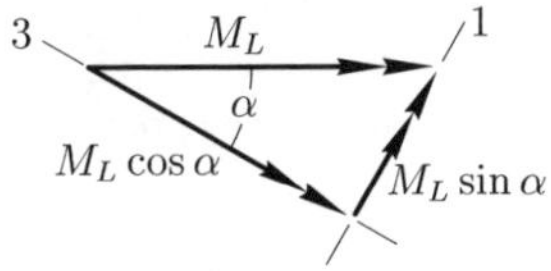

Zerlegung des Lagermomentes in Hauptachsen:

$$\vec M_L = M_L\sin\alpha\,\vec e_1 - M_L\cos\alpha\,\vec e_3$$

EULERsche Kreiselgleichung um die 1- und 3-Achse:

$$\Theta_1^A\,\dot\omega_1 - \omega_2\omega_3\,(\Theta_2^A - \Theta_3^A) = M_L\sin\alpha \qquad (1)$$

$$\Theta_3^A\,\dot\omega_3 - \omega_1\,\omega_2\,(\Theta_1^A - \Theta_2^A) = -M_L\cos\alpha - Rl \qquad (2)$$

Ausrechnung:

$(1)\cdot\cos\alpha + (2)\cdot\sin\alpha$:

$$\frac{1}{3}ml^2\,\dot\Omega\sin^2\alpha = -\mu\,l\,m\left(\frac{g}{2} - \frac{1}{3}l\,\Omega^2\cos\alpha\right)\sin\alpha$$

Bewegungsgleichung für die Winkelbeschleunigung:

$$\dot\Omega = -\frac{\mu}{\sin\alpha}\left(\frac{3\,g}{2\,l} - \Omega^2\cos\alpha\right)$$

Aufgabe 27.22:

Ein Klotz (Masse m) wird von einer Winde (Radius R, Massenträgheitsmoment Θ^S, Antriebsmoment M_A) eine glatte schiefe Ebene (Neigungswinkel α) hinaufgezogen. Das Seil ist dazu über eine masselose, reibungsfreie Umlenkrolle (Radius r) gelegt und am Ständer befestigt.

a) Geben Sie die Geschwindigkeit $\dot{x}$ des Klotzes und die Winkelgeschwindigkeit $\dot{\psi}$ der Umlenkrolle in Abhängigkeit von der Antriebswinkelgeschwindigkeit $\dot{\varphi}$ an.

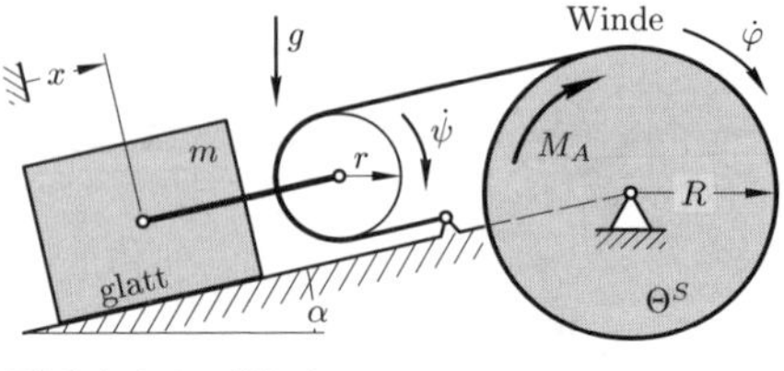

Bild A27.22: Windensystem

Gegeben: r, $R = 3r$, α, m, Θ^S, M_A, g

b) Berechnen Sie die Beschleunigung $\ddot{x}$ des Klotzes?

Lösung der Aufgabe 27.22:

a) Kinematik:

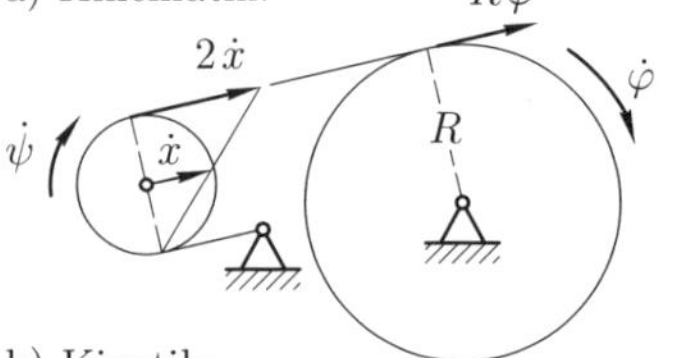

EULERsche Geschwindigkeitsformeln:

$\dot{x} = r\,\dot{\psi}$

$2\dot{x} = R\dot{\varphi}$

$$\dot{\psi} = \frac{\dot{x}}{r}, \qquad \dot{\varphi} = \frac{2}{R}\dot{x} = \frac{2}{3r}\dot{x} \tag{3}$$

b) Kinetik:

Freikörperbilder:

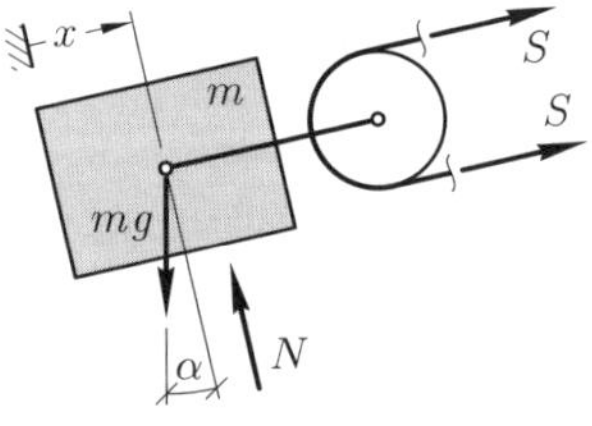

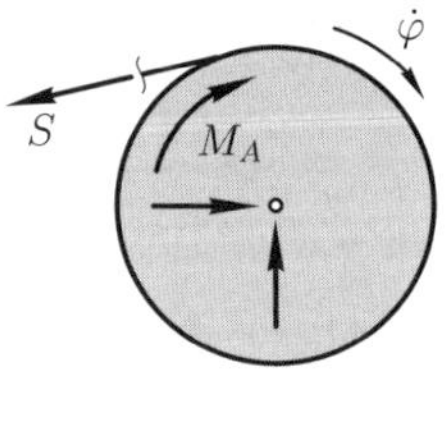

Reibungsfreie masselose Umlenkrolle:

$S_1 = S_2 = S$

Kräfte- und Momentensatz für Winde und Klotz:

$$m\,\ddot{x} = -mg\sin\alpha + 2S \tag{1}$$

$$\Theta^S\,\ddot{\varphi} = M_A - S\,R \tag{2}$$

Elimination der Seilkraft:

$(1)\cdot R - 2\cdot(2):\quad \Longrightarrow \quad R\,m\,\ddot{x} + 2\Theta^S\,\ddot{\varphi} = 2\,M_A - mg\,R\sin\alpha$

Elimination der Winkelbeschleunigung mit (3):

$(m\,R^2 + 4\Theta^S)\,\ddot{x} = 2\,R\,M_A - mg\,R^2\sin\alpha$

Ausrechnung der Beschleunigung:

$$\ddot{x} = \frac{2\,R\,M_A - mg\,R^2\sin\alpha}{m\,R^2 + 4\Theta^S} = \frac{6\,M_A\,r - 9\,mg\,r^2\sin\alpha}{9\,m\,r^2 + 4\Theta^S}$$

Aufgabe 27.23:

Die beiden Rotorblätter eines Hubschraubers sind in der Regel recht biegeweich am Rotorschaft befestigt. Erst durch die Rotation werden sie so steif, daß sie das Hubschraubergewicht G tragen können. Das einfachste Modell einer solchen Rotorblattkonstruktion ist ein starrer dünner Stab, der gelenkig am Rotor befestigt ist.

a) Berechnen Sie den Drallvektor $\vec{L}^0$ eines Rotorblattes um den Gelenkpunkt 0 und zeichnen Sie dessen Richtung ein.

b) Berechnen Sie den Neigungswinkel α des Rotorblattes bei konstanter Rotordrehzahl Ω.

Gegeben: m, G, l, Ω

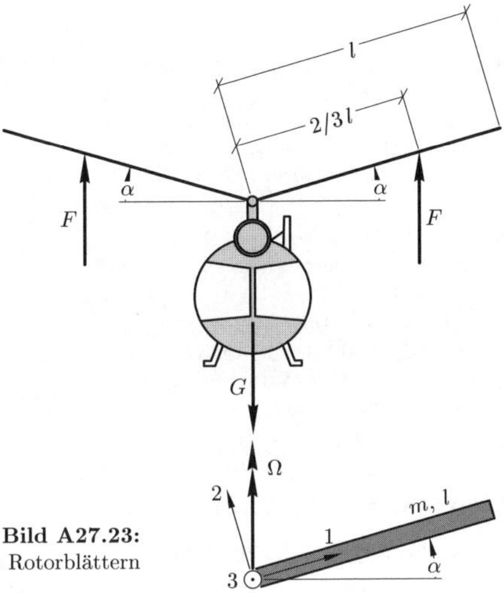

Bild A27.23:
Hubschrauber mit Rotorblättern

Lösung der Aufgabe 27.23:

a) Berechnung des Drallvektors um 0:

Massenträgheitsmomente um 0:

$$\Theta_1 = 0, \qquad \Theta_2 = \Theta_3 = \frac{m l^2}{3}$$

Drallvektor um 0:

$$\vec{L}^0 = \Theta_2\, \Omega_2\, \vec{e}_2 = \frac{m l^2}{3}\, \Omega \cos\alpha\, \vec{e}_2$$

Winkelgeschwindigkeit:

$$\vec{\Omega} = \Omega\,(\sin\alpha\, \vec{e}_1 + \cos\alpha\, \vec{e}_2)$$

Winkelgeschwindigkeit und Drall:

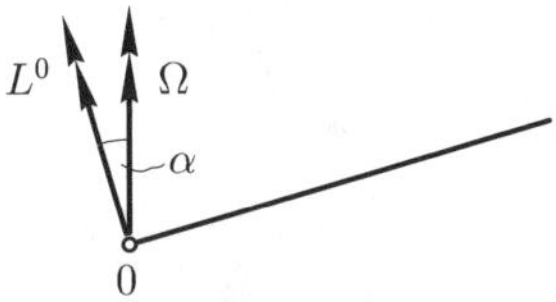

b) Berechnung des Neigungswinkels:

Freiköperbild eines Rotorblattes:

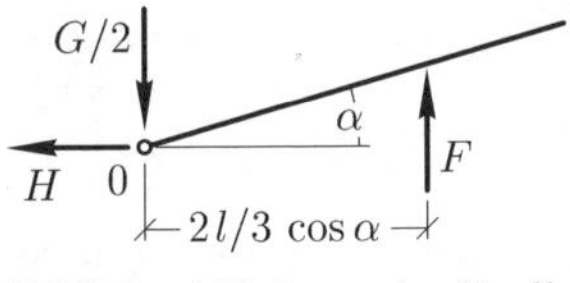

Gleichgewicht vertikal:

$$0 = F - \frac{G}{2}$$

Momente um 0:

$$\vec{M}^0 = F\, \frac{2}{3}\, l \cos\alpha\, \vec{e}_3$$

Zeitliche Ableitung des Dralls um 0:

$$\dot{\vec{L}}^0 = \frac{d_{rel}\vec{L}^0}{dt} + \vec{\Omega} \times \vec{L}^0 = \Omega^2\, \frac{m l^2}{3} \cos\alpha\, \sin\alpha\, \vec{e}_3$$

Momentensatz:

$$\dot{\vec{L}}^0 = \vec{M}^0$$

Einsetzen:

$$\Omega^2\, \frac{m l^2}{3} \cos\alpha\, \sin\alpha = \frac{G}{2} \cdot \frac{2}{3}\, l \cos\alpha$$

Ausrechnung liefert die Gleichung für den Neigungswinkel:

$$\sin\alpha = \frac{G}{m\,\Omega^2\, l}$$

Aufgabe 27.24:

Auf einer rauhen, schiefen Ebene (Neigungswinkel α, Reibungskoeffizient μ) rutscht ein Brett (Masse m_1) nach unten. Auf dem Brett rollt (Haften zwischen Brett und Walze) eine homogene Walze (Radius r, Masse m_2).

a) Geben Sie die Gleichungen (Kinematik, Kinetik, Stoffgesetze) zur Berechnung der Beschleunigungen $\ddot{x}_1$, $\ddot{x}_2$ und $\ddot{\varphi}_2$ an.

b) Unter welchen Bedingungen für μ haben Walze und Brett die selbe Beschleunigung, so daß die Walze keine Drehbeschleunigung erfährt?

Gegeben: m_1, m_2, r, α, μ, g

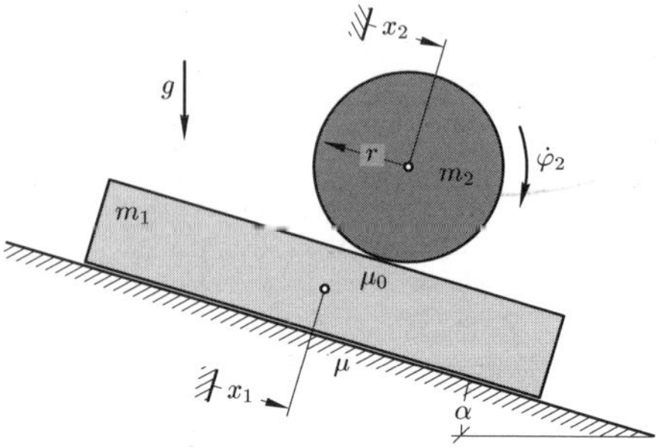

Bild A27.24: Brett und Walze auf schiefer Ebene

Lösung der Aufgabe 27.24:

a) Beschreibende Gleichungen:

Freiköperbilder:

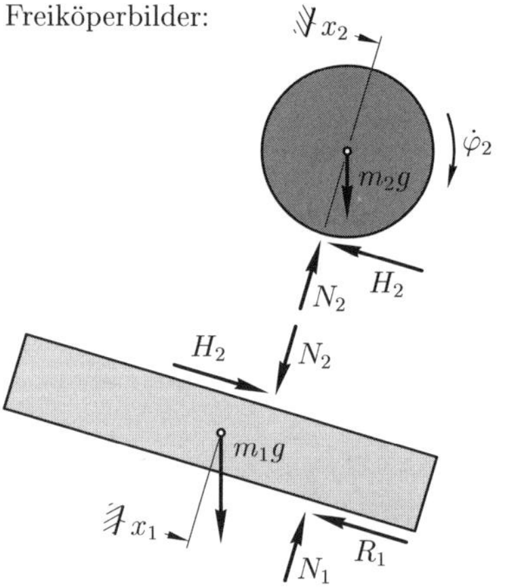

Kräfte- und Momentensätze:

$$m_1\,\ddot{x}_1 = m_1 g \sin\alpha + H_2 - R_1 \qquad (1)$$

$$m_2\,\ddot{x}_2 = m_2 g \sin\alpha - H_2 \qquad (2)$$

$$\Theta^S\,\ddot{\varphi}_2 = H_2\,r \qquad (3)$$

Kinematik:

$$\dot{x}_2 = \dot{x}_1 + r\,\dot{\varphi}_2 \qquad (4)$$

Gleichung für die Normalkraft:

$$N_1 - m_1 g \cos\alpha - m_2 g \cos\alpha = 0 \qquad (5)$$

Reibkraft:

$$R_1 = \mu\,N_1 = \mu(m_1+m_2)\,g\cos\alpha \qquad (6)$$

b) Bedingung für den Sonderfall $\ddot{\varphi}_2 = 0$:

Gl. (3) erzwingt $\quad H_2 = 0\,.$

Der Vergleich von (1) und (2) erzwingt mit $H_2 = 0$ und $\ddot{x}_1 = \ddot{x}_2$ das Verschwinden der Reibkraft $R_1 = 0\,.$

Gl. (6) erzwingt mit $R_1 = 0 \quad \Longrightarrow \quad \mu = 0\,.$

c) Berechnung der Beschleunigungen:

Zwischenrechnungen:

(1) + (2): $$m_1\,\ddot{x}_1 + m_2\,\ddot{x}_2 = (m_1+m_2)(\sin\alpha - \mu\cos\alpha)\,g \qquad (1')$$

(2)·r^2 + (3)·r mit (4): $$-\Theta^S\,\ddot{x}_1 + (m_2 r^2 + \Theta^S)\,\ddot{x}_2 = m_2 g\, r^2 \sin\alpha \qquad (2')$$

(1')·Θ^S + (2')·m_1:

$$(\Theta^S m_2 + m_1 m_2 r^2 + \Theta^S m_1)\,\ddot{x}_2 = \Big[\Theta^S (m_1+m_2)(\sin\alpha - \mu\cos\alpha) + m_1 m_2 r^2 \sin\alpha\Big]\,g$$

Beschleunigung:

$$\ddot{x}_2 = \frac{\Theta^S (m_1+m_2)(\sin\alpha - \mu\cos\alpha) + m_1 m_2 r^2 \sin\alpha}{\Theta^S (m_1+m_2) + m_1 m_2 r^2}\,g$$

Zwischenrechnungen:

(1')·$(\Theta^S + m_2 r^2)$ − (2')·m_2:

$$(\Theta^S m_1 + m_1 m_2 r^2 + \Theta^S m_2)\,\ddot{x}_1 = \Big[(\Theta^S + m_2 r^2)(m_1+m_2)(\sin\alpha - \mu\cos\alpha) - m_2^2 r^2 \sin\alpha\Big]\,g$$

$$\ddot{x}_1 = \frac{(\Theta^S + m_2 r^2)(m_1+m_2)(\sin\alpha - \mu\cos\alpha) - m_2^2 r^2 \sin\alpha}{\Theta^S (m_1+m_2) + m_1 m_2 r^2}\,g$$

(1')·$r\,m_2$ − (2')·(m_1+m_2) mit (4):

$$\Big[-m_1 m_2 r^2 - \Theta^S (m_1+m_2)\Big]\,\ddot{\varphi}_2 = -m_2 (m_1+m_2)\, r\,\mu\cos\alpha\, g$$

Drehbeschleunigung:

$$\ddot{\varphi}_2 = \frac{m_2 (m_1+m_2) r^2 \mu\cos\alpha}{\Theta^S (m_1+m_2) + m_1 m_2 r^2}\,\frac{g}{r}$$

Aufgabe 27.25:

Auf einer rauhen schiefen Ebene (Neigungswinkel α) rollt eine Walze (Radius r_1, Masse m_1, Trägheitsmoment Θ_1^S) nach unten und auf einer horizontalen Ebene rollt eine Stufenwalze auf ihrem Inneradius (Innenradius r_2, Außenradius r_3, Masse m_2, Trägheitsmoment Θ_2^S). Um die Walzen sind die beiden Enden eines Seiles gewickelt. Das Seil ist über eine masselose und reibungsfreie Umlenkrolle geführt.

Geben Sie alle Gleichungen zur Berechnung der Schwerpunktsbeschleunigungen $\ddot{x}_1$ und $\ddot{x}_2$ der beiden Walzen an.

Gegeben: α, r_1, r_2, r_3, m_1, m_2, Θ_1^S, Θ_2^S, g

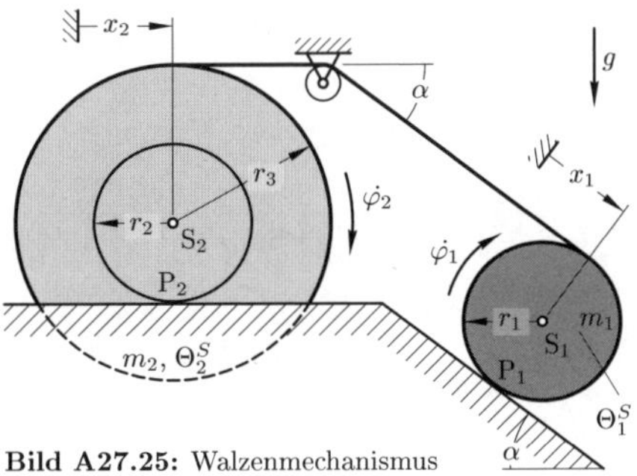

Bild A27.25: Walzenmechanismus

Lösung der Aufgabe 27.25:

Freikörperbilder:

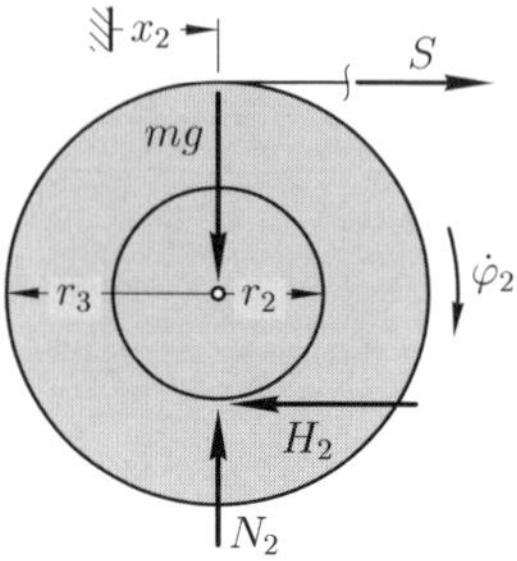

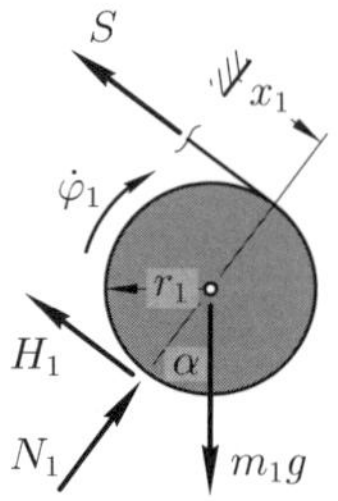

Kinetik der Walze 2:

$m_2\,\ddot x_2 = S - H_2$ (1)

$\Theta_2^S\,\ddot\varphi_2 = S\,r_3 + H_2\,r_2$ (2)

Kinematik der Walze 2:

$\dot x_2 = r_2\,\dot\varphi_2$

$(r_2{+}r_3)\,\dot\varphi_2 = 2\,r_1\,\dot\varphi_1$

Kinetik der Walze 1:

$m_1\,\ddot x_1 = m_1 g\sin\alpha - S - H_1$ (3)

$\Theta_1^S\,\ddot\varphi_1 = (H_1{-}S)\,r_1$ (4)

Kinematik der Walze 1:

$\dot x_1 = r_1\,\dot\varphi_1$

Elimination der Tangentialkräfte H_1 und H_2:

$[(1)\cdot r_2+(2)]\cdot 2r_1 + [(3)\cdot r_1+(4)]\cdot(r_2{+}r_3)$:

$$2m_2\,\ddot x_2\,r_2\,r_1 + 2\Theta_2^S\,\ddot\varphi_2\,r_1 + m_1\,\ddot x_1\,r_1\,(r_2{+}r_3) + \Theta_1^S\,\ddot\varphi_1\,(r_2{+}r_3) = m_1 g\,r_1\,(r_2{+}r_3)\sin\alpha$$

Kinematik einsetzen:

$$\left[4m_2\,r_2^2 r_1^2 + 4\Theta_2^S\,r_1^2 + m_1\,r_1^2\,(r_2{+}r_3)^2 + \Theta_1^S\,(r_2{+}r_3)^2\right]\ddot x_2 = m_1 g\,r_1^2 r_2\,(r_2{+}r_3)\sin\alpha$$

Beschleunigungen:

$$\ddot x_2 = \frac{m_1\,r_1^2\,r_2\,(r_2{+}r_3)}{4m_2\,r_2^2 r_1^2{+}4\Theta_2^S\,r_1^2{+}m_1\,r_1^2\,(r_2{+}r_3)^2{+}\Theta_1^S\,(r_2{+}r_3)^2}\sin\alpha\,g$$

$$\ddot x_1 = \ddot x_2\,\frac{r_2{+}r_3}{2r_2} = \frac{m_1\,r_1^2\,(r_2{+}r_3)^2/2}{4m_2\,r_2^2 r_1^2{+}4\Theta_2^S\,r_1^2{+}m_1\,r_1^2\,(r_2{+}r_3)^2{+}\Theta_1^S\,(r_2{+}r_3)^2}\sin\alpha\,g$$

Aufgabe 27.26:

Eine Spule (Jo-Jo) mit der Masse m und dem zentralen Massenträgheitsmoment Θ^S rollt sich an einem masselosen Faden auf, dessen oberes Ende die zeitveränderliche Verschiebung $u(t)$ erfährt. Der Faden ist stets vertikal und gespannt.

a) Ermitteln Sie die Bewegungsgleichung für die Koordinate $\varphi(t)$ der Spule.

b) Wie groß muß die Beschleunigung $\ddot{u}$ des Fadens mindestens sein, damit dieser stets gespannt bleibt?

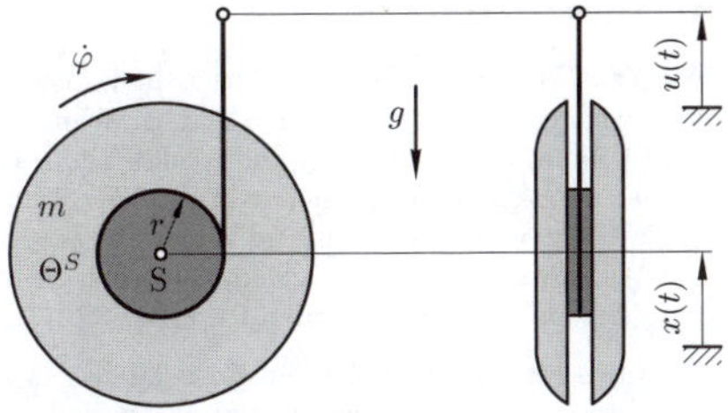

Bild A27.26: Jo-Jo

Gegeben: m, $\Theta^S = 5mr^2$, r, g, $u(t)$

Lösung der Aufgabe 27.26:

Freikörperbild:

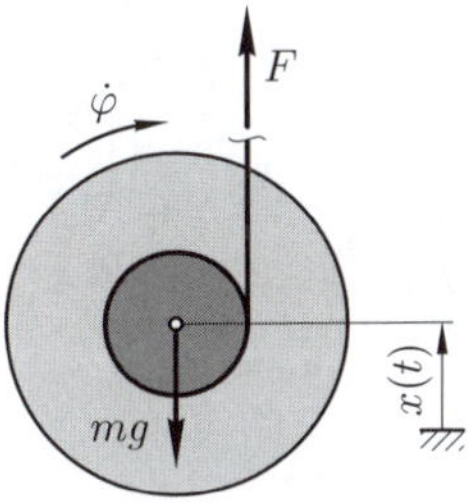

Kinematik:

$$\dot{u} = \dot{x} - r\dot{\varphi}$$

Kräfte- und Momentensatz:

$$m\ddot{x} = F - mg \tag{1}$$

$$\Theta^S \ddot{\varphi} = -F r \tag{2}$$

Elimination der Zugkraft:

$(1)\cdot R + (2)$: $\Longrightarrow$

$$\Theta^S \ddot{\varphi} + m r \ddot{x} = -m g r$$

Elimination der Schwerpunktsbeschleunigung und Ausrechnung:

$$\ddot{\varphi}(t) = -\frac{m r}{\Theta^S + m r^2}\left[g + \ddot{u}\right] = -\frac{1}{6r}\left[g + \ddot{u}(t)\right]$$

b) Mindestbeschleunigung $\ddot{u}(t)$:

Notwendige Zugkraft aus (2):

$$F = -\frac{\Theta^S}{r}\ddot{\varphi} = \frac{5}{6}m\left[g + \ddot{u}\right]$$

Das Seil muß stets gespannt bleiben:

$$F > 0 \qquad \Longrightarrow \qquad \ddot{u} > -g$$

Aufgabe 27.27:

Ein Keil (Masse m_2, Winkel α) rutscht infolge seines Eigengewichtes an einer vertikalen glatten Wand hinab und drückt dabei eine horizontal aufliegende homogene Walze (Masse m_1, zentrales Trägheitsmoment Θ_1, Radius r) zur Seite. Während bei A durch eine Verzahnung zwischen Keil und Walze reines Rollen stattfindet, rutscht die Walze reibungsfrei auf ihrer horizontalen Unterlage.

a) Geben Sie die kinematischen Beziehungen zwischen den Schwerpunktsgeschwindigkeiten $\dot{x}_{S1}$ und $\dot{y}_{S2}$ sowie der Winkelgeschwindigkeit $\dot{\varphi}_1$ der Walze an.

b) Berechnen Sie die Winkelbeschleunigung $\ddot{\varphi}_1$ der Walze.

Hinweis: Im Berührpunkt A haben beide Körper die gleiche, rein vertikal gerichtete Geschwindigkeit.

Gegeben: Θ_1, m_1, r, m_2, α, g

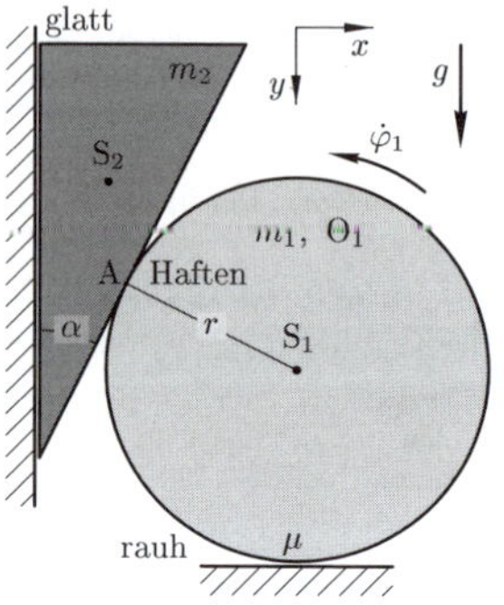

Bild A27.27: Keil mit Walze

Lösung der Aufgabe 27.27:

a) Kinematik:

$\dot{x}_{A1} = \dot{x}_{A2}$ $\qquad$ $\dot{x}_{A2} = \dot{x}_{S2} = 0$ $\qquad$ $\dot{x}_{A1} = \dot{x}_{S1} - r\,\dot{\varphi}_1 \sin\alpha$

$\dot{y}_{A1} = \dot{y}_{A2}$ $\qquad$ $\dot{y}_{A2} = \dot{y}_{S2}$ $\qquad$ $\dot{y}_{A1} = \dot{y}_{S1} + r\,\dot{\varphi}_1 \cos\alpha$

$\dot{x}_{S1} = r\,\dot{\varphi}_1 \sin\alpha$ $\qquad$ $\dot{y}_{S2} = r\,\dot{\varphi}_1 \cos\alpha$ $\qquad$ $\dot{y}_{S1} = 0$

b) Berechnung der Winkelbeschleunigung:

Freikörperbilder:

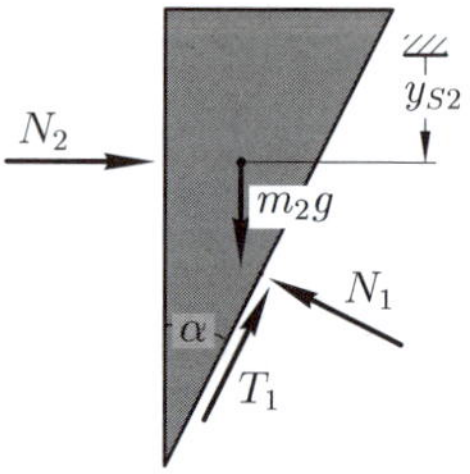

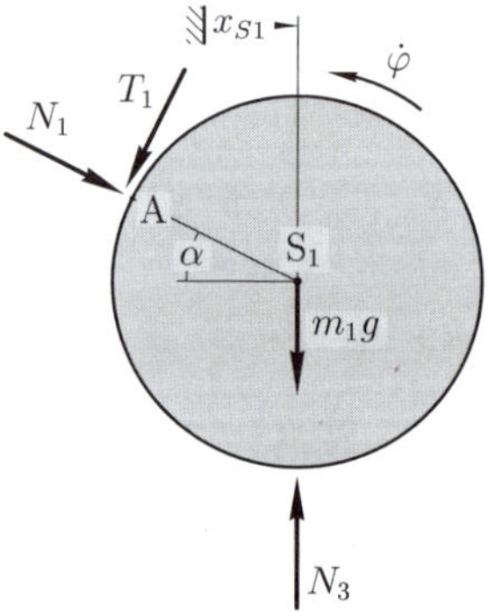

Kräfte- und Momentensatz:

$$m_2\,\ddot{y}_{S2} = m_2 g - T_1 \cos\alpha - N_1 \sin\alpha \qquad (1)$$

$$m_1\,\ddot{x}_{S1} = -T_1 \sin\alpha + N_1 \cos\alpha \qquad (2)$$

$$\Theta_1\,\ddot{\varphi}_1 = T_1\, r \qquad (3)$$

Elimination der Reaktionskräfte mit $(1)\cdot r\cos\alpha + (2)\cdot r\sin\alpha + (3)$:

$$m_2 r \cos\alpha\,\ddot{y}_{S2} + m_1 r \sin\alpha\,\ddot{x}_{S1} + \Theta_1\,\ddot{\varphi}_1 = m_2 g\, r \cos\alpha$$

Elimination der Translationsbeschleunigungen:

$$\ddot{\varphi}_1 = \frac{m_2 g\, r \cos\alpha}{m_2 r^2 \cos^2\alpha + m_1 r^2 \sin^2\alpha + \Theta_1}$$

Aufgabe 27.28:

Auf einem ebenen glatten Boden liegt ein Brett (Masse m_1) und darauf eine homogene Walze (Masse m_2, Radius r). Das Brett wird mit einer Kraft F horizontal gezogen. Die Oberfläche der Walze sei hinreichend rauh, so daß die Walze nicht auf dem Brett rutscht.

Berechnen Sie die Schwerpunktsbeschleunigungen $\ddot{x}_1$ und $\ddot{x}_2$ der beiden Körper und die Haftkraft H zwischen Walze und Brett.

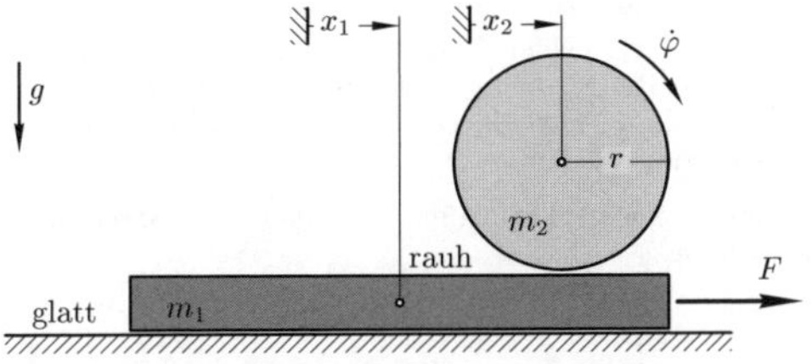

Bild A27.28: Walze auf beschleunigtem Brett

Gegeben: m_1, m_2, r, F, g

Lösung der Aufgabe 27.28:

Freikörperbilder:

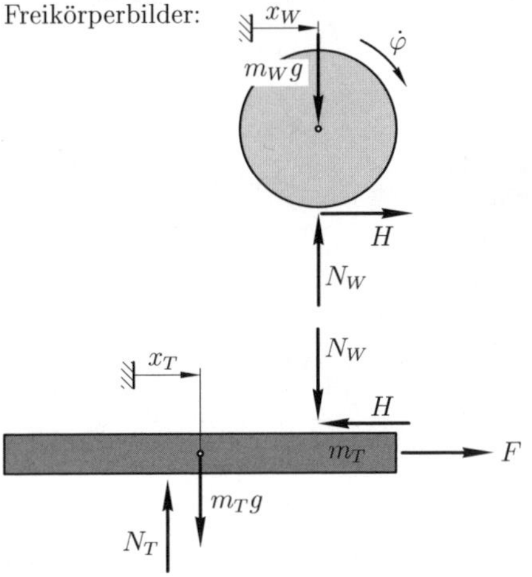

Kräfte- und Momentensätze:

$$m_W\,\ddot{x}_W = H \tag{1}$$

$$\Theta_W\,\ddot{\varphi} = -H\,r \tag{2}$$

$$m_T\,\ddot{x}_T = F - H \tag{3}$$

Kinematik:

$$\dot{x}_W = \dot{x}_T + r\,\dot{\varphi} \tag{4}$$

Massengeometrie:

$$\Theta_W = \frac{1}{2} m_W\,r^2$$

Ausrechnung:

aus (4): $$\ddot{x}_T + r\,\ddot{\varphi} = \ddot{x}_W \tag{4'}$$

(1), (2) und (3) in (4'): $$\frac{H}{m_T} + \frac{H\,r^2}{\Theta_W} + \frac{H}{m_W} = \frac{F}{m_T}$$

Haftkraft:

$$H = \frac{m_W\,\Theta_W}{\Theta_W\,m_W + m_T\,m_W\,r^2 + m_T\,\Theta_W}\,F = \frac{m_W}{m_W + 3\,m_T}\,F$$

Beschleunigungen:

$$\ddot{x}_T = \frac{H}{m_T} = \frac{\Theta_W + m_W\,r^2}{\Theta_W\,m_W + m_T\,m_W\,r^2 + m_T\,\Theta_W}\,F = \frac{3}{m_W + 3\,m_T}\,F$$

$$\ddot{x}_W = \frac{F - H}{m_W} = \frac{\Theta_W}{\Theta_W\,m_W + m_T\,m_W\,r^2 + m_T\,\Theta_W}\,F = \frac{1}{m_W + 3\,m_T}\,F$$

Aufgabe 27.29:

In einer homogenen Hohlwalze (Masse m_1, Aussenradius r_1, Innenradius r_2) befindet sich reibungsfrei drehbar ein homogener Zylinder (Masse m_2). Die Walze mit Zylinder rollt auf einer rauhen schiefen Ebene (Neigungswinkel α, Haftbeiwert μ_0) abwärts.

Welche Winkelbeschleunigungen $\ddot{\varphi}_1$ und $\ddot{\varphi}_2$ erfahren die beiden Körper?

Gegeben: r_1, r_2, m_1, m_2, α, μ_0, g

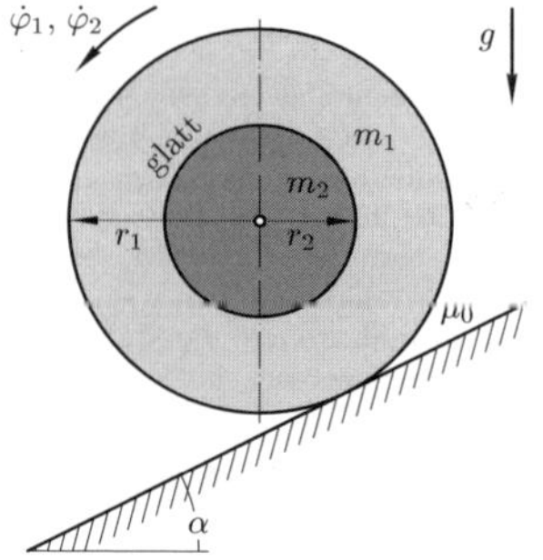

Bild A27.29: Rollende konzentrische Walzen

Lösung der Aufgabe 27.29:

Freikörperbilder des Rohrs und der inneren Walze:

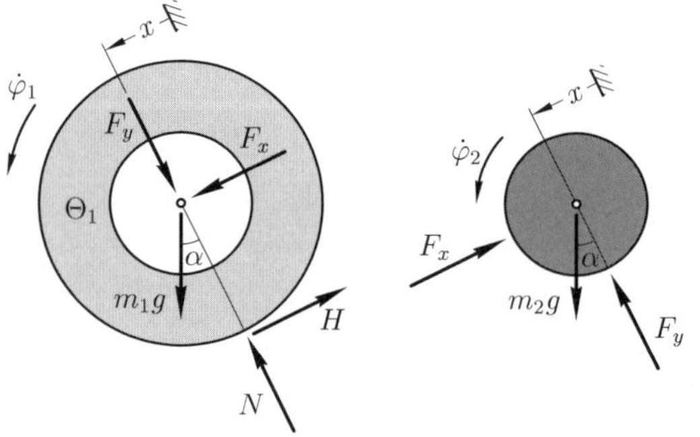

Massengeometrie:

$$\Theta_1 = \frac{1}{2} m_1 (r_1^2 + r_2^2)$$

$$\Theta_2 = \frac{1}{2} m_2 r_2^2$$

Kinematik:

$$\dot{x} = r_1 \dot{\varphi}_1$$

Kinetik des Rohres:

$$m_1 \ddot{x} = m_1 g \sin\alpha + F_x - H \qquad (1)$$

$$\Theta_1 \ddot{\varphi}_1 = r_1 H \qquad (3)$$

Kinetik der Innenwalze:

$$m_2 \ddot{x} = m_2 g \sin\alpha - F_x \qquad (2)$$

$$\Theta_2 \ddot{\varphi}_2 = 0 \qquad (4)$$

Ausrechnung:

$$[(1) + (2)] \cdot r_1 + (3): \qquad \left[\Theta_1 + (m_1 + m_2) r_1^2\right] \ddot{\varphi}_1 = (m_1 + m_2) g r_1 \sin\alpha$$

$$\ddot{\varphi}_1 = \frac{2 (m_1 + m_2) r_1^2}{2 (m_1 + m_2) r_1^2 + m_1 (r_1^2 + r_2^2)} \frac{g}{r_1} \sin\alpha, \qquad \ddot{\varphi}_2 = 0$$

Aufgabe 27.30:

Auf einer rauhen schiefen Ebene (Neigungswinkel α) rollen zwei gleiche homogene Walzen (Radius r, Masse m). Auf den beiden Walzen liegt ein langes Brett (Masse M), auf dem eine dritte, zu den ersten Walzen baugleiche Walze rollt. Durch Eigengewicht setzt sich die Anordnung in Bewegung, wobei es an keiner Stelle zum Rutschen kommt.

Berechnen Sie die Winkelbeschleunigungen $\ddot{\varphi}$ und $\ddot{\psi}$.

Gegeben: r, m, M, α, g

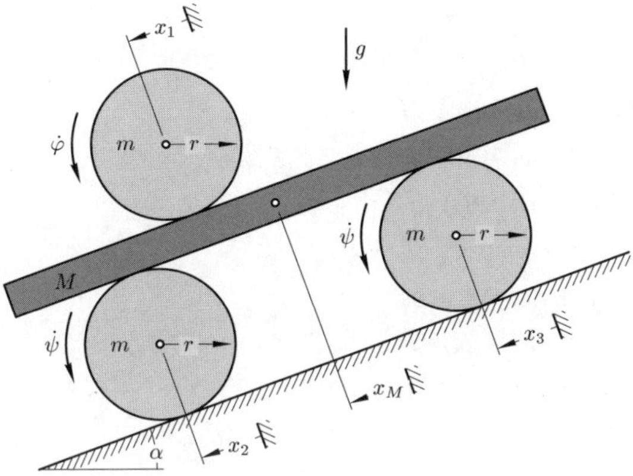

Bild A27.30: Drei Walzen mit Brett auf schiefer Ebene

Lösung der Aufgabe 27.30:

a) Kinematik und Kinetik zur Ermittlung der Bewegungsgleichungen:

Freikörperbilder:

Kinematik:

$\dot{x}_2 = r\,\dot{\psi}$

$\dot{x}_M = 2r\,\dot{\psi}$

$\dot{x}_1 = \dot{x}_M + r\,\dot{\varphi} = 2r\,\dot{\psi} + r\,\dot{\varphi} = r\,(2\dot{\psi}+\dot{\varphi})$

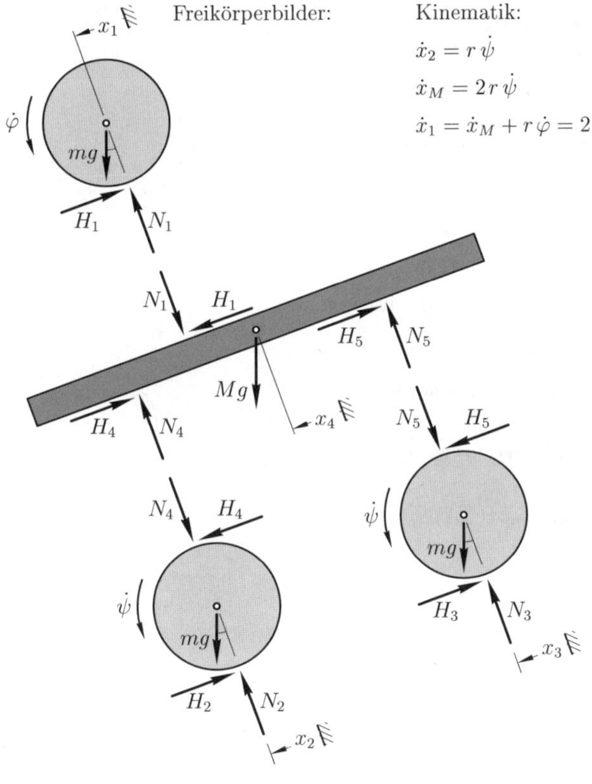

Kinetik der Walze 1:

$$\Theta^S\,\ddot{\varphi} = H_1\,r \tag{1}$$

$$m\,\ddot{x}_1 = mg\sin\alpha - H_1 \tag{2}$$

Kinetik der Walze 2:

$$\Theta^S\,\ddot{\psi} = (H_4 + H_2)\,r \tag{3}$$

$$m\,\ddot{x}_2 = mg\sin\alpha + H_4 - H_2 \tag{4}$$

Kinetik der Walze 3:

$$\Theta^S\,\ddot{\psi} = (H_5 + H_3)\,r \tag{5}$$

$$m\,\ddot{x}_3 = mg\sin\alpha + H_5 - H_3 \tag{6}$$

Kinetik des Brettes:

$$M\,\ddot{x}_M = Mg\sin\alpha + H_1 - H_4 - H_5 \tag{7}$$

Massengeometrie:

$$\Theta^S = \frac{1}{2}m\,r^2$$

b) Berechnung der Beschleunigungen:

Elimination der Reaktionskräfte:

$\Big[(3) + (4)\cdot r\Big] + \Big[(5) + (6)\cdot r\Big] + \Big[(7)\cdot 2r + (1)\cdot 2\Big]$:

$$2\Theta^S\,\ddot{\psi} + 2\Theta^S\,\ddot{\varphi} + 2r\,m\,\ddot{x}_2 + 2r\,M\,\ddot{x}_M = 2mgr\sin\alpha + 2\,Mgr\sin\alpha \tag{8}$$

$(1) + (2)\cdot r$:

$$\Theta^S\,\ddot{\varphi} + m\,r\,\ddot{x}_1 = mgr\sin\alpha \tag{9}$$

Einsetzen der kinematischen Beziehungen:

$$(\Theta^S + m\,r^2 + 2M\,r^2)\,\ddot{\psi} + \Theta^S\,\ddot{\varphi} = (m+M)g\,r\sin\alpha \tag{8'}$$

$$2m\,r^2\,\ddot{\psi} + (\Theta^S + m\,r^2)\,\ddot{\varphi} = mgr\sin\alpha \tag{9'}$$

Auflösen nach den Winkelbeschleunigungen:

$$\ddot{\psi} = \frac{\Theta^S M r^2 + m^2 r^2 + M m r^2}{(\Theta^S + m r^2 + 2M r^2)(\Theta^S + m r^2) - \Theta^S\,2m r^2}\,\frac{g}{r}\sin\alpha$$

$$\ddot{\varphi} = \frac{(\Theta^S + m r^2)\,m r^2}{(\Theta^S + m r^2 + 2M r^2)(\Theta^S + m r^2) - \Theta^S\,2m r^2}\,\frac{g}{r}\sin\alpha$$

Aufgabe 27.31:

Eine homogene Walze (Masse m, Radius r) rollt eine rauhe schiefe Ebene (Neigungswinkel α) hinab und schiebt dabei ein dünnwandiges Rohr (Masse m, Radius r) vor sich her. Das Rohr rollt ebenfalls auf der rauhen schiefen Ebene. Zwischen Rohr und Walze herrscht Reibung (Reibkoeffizient μ).

a) Welche Winkelbeschleunigungen $\ddot{\varphi}_1$ und $\ddot{\varphi}_2$ erfahren die beiden Körper?

b) Wie groß ist die Kontaktnormalkraft zwischen den beiden Körpern?

c) Ist gesichert, daß die Vollwalze m_2 das äußerlich gleiche Rohr m_1 stets schiebt?

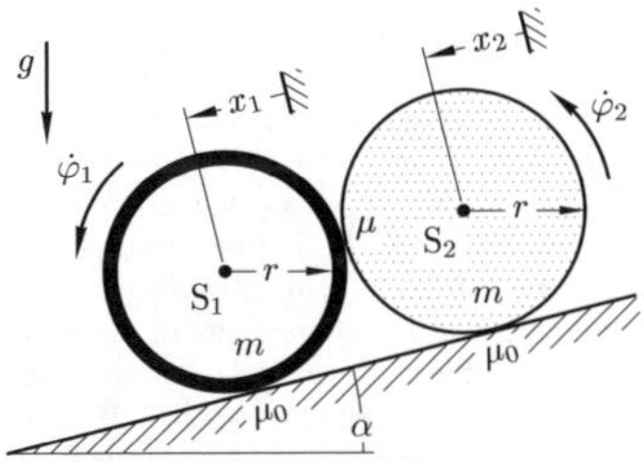

Bild A27.31: Rohr und Walze

Gegeben: m, r, μ, μ_0, α, g

Lösung der Aufgabe 27.31:

Freikörperbilder:

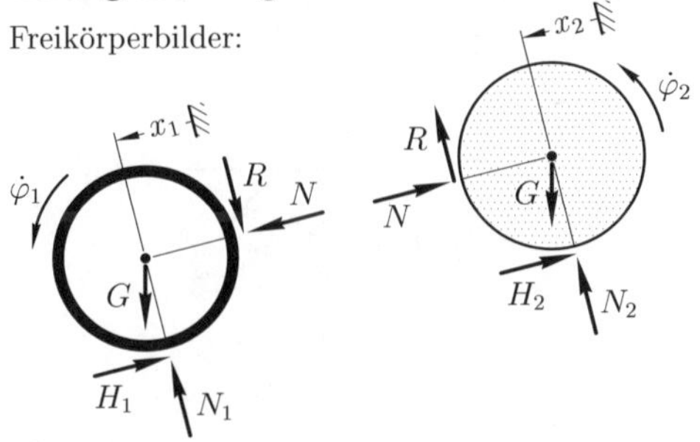

Massengeometrie:

$$\Theta_1 = m r^2$$

$$\Theta_2 = \frac{1}{2} m r^2$$

Kinematik:

$$\dot{x}_1 = \dot{x}_2 = r\,\dot{\varphi}_1 = r\,\dot{\varphi}_2$$

$$\Longrightarrow \qquad \dot{\varphi}_1 = \dot{\varphi}_2$$

Reibung:

$$R = \mu\, N$$

Kräfte- und Momentensätze:

$$m\,\ddot{x}_1 = N - H_1 + mg\sin\alpha \tag{1}$$

$$m\,\ddot{x}_2 = -N - H_2 + mg\sin\alpha \tag{2}$$

$$\Theta_1\,\ddot{\varphi}_1 = H_1 r - R r \tag{3}$$

$$\Theta_2\,\ddot{\varphi}_2 = H_2 r - R r \tag{4}$$

Berechnung der Beschleunigung:

$$(1)\cdot r + (3): \qquad 2mr^2\,\ddot{\varphi}_1 = mgr\sin\alpha + Nr\,(1-\mu) \tag{7}$$

$$(2)\cdot r + (4): \qquad \frac{3}{2}mr^2\,\ddot{\varphi}_2 = mgr\sin\alpha - Nr\,(1+\mu) \tag{8}$$

$$(7)\cdot(1+\mu) + (8)\cdot(1-\mu): \qquad \ddot{\varphi}_1 = \ddot{\varphi}_2 = \frac{4\sin\alpha}{7+\mu}\,\frac{g}{r}$$

b) Kontaktnormalkraft:

$$\text{aus (8)}: \qquad N r\,(1+\mu) = mgr\sin\alpha - \frac{3}{2}mr^2\,\ddot{\varphi}_2 = mgr\sin\alpha\,\frac{1+\mu}{7+\mu} > 0$$

c) Da stets $N > 0$ ist, herrscht Druck zwischen Rohr und Walze. Die Walze schiebt daher das Rohr immer vor sich her.

Aufgabe 27.32:

Auf einem reibungsfrei gelagerten Brett (Masse m_2) liegt eine homogene Walze (Radius r, Masse m_1). Auf die Walze ist ein masseloses Seil aufgewickelt, das über eine Umlenkrolle geführt ist und am anderen Ende mit einem dritten Körper (Masse m_3) verbunden ist. Die Umlenkrolle und die Lagerrollen für das Brett sind masselos und reibungsfrei. Das System wird sich selbst überlassen, dabei rollt die Walze auf dem Brett.

Berechnen Sie die Schwerpunktsbeschleunigung $\ddot{x}_1$ und die Winkelbeschleunigung $\ddot{\varphi}$ der Walze.

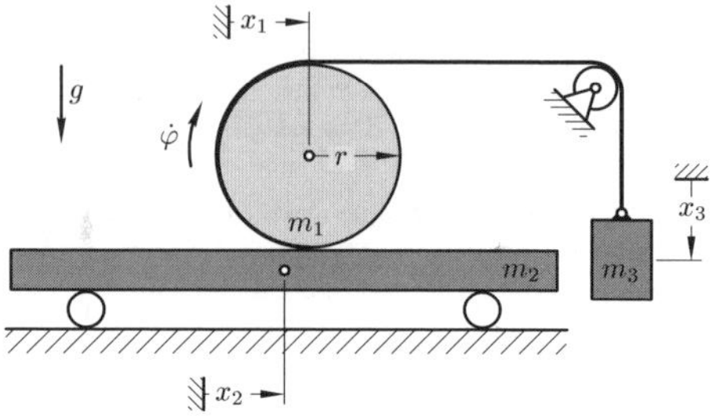

Bild A27.32: Walze auf Brett

Gegeben: $r,\ m_1 = m_2 = m_3 = m,\ \Theta^S = mr^2/2,\ g$

Lösung der Aufgabe 27.32:

Freikörperbilder:

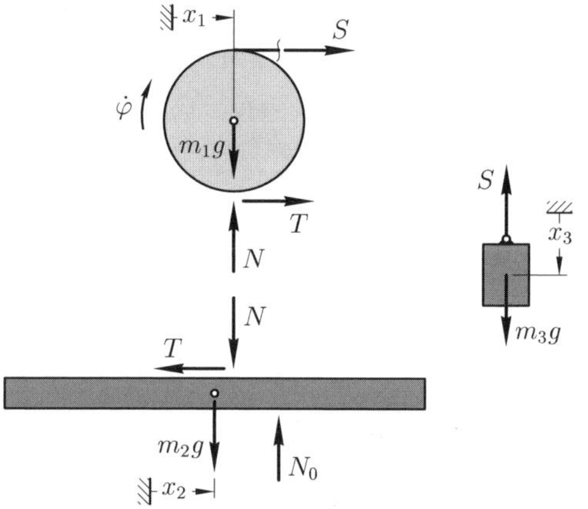

Kinematik:

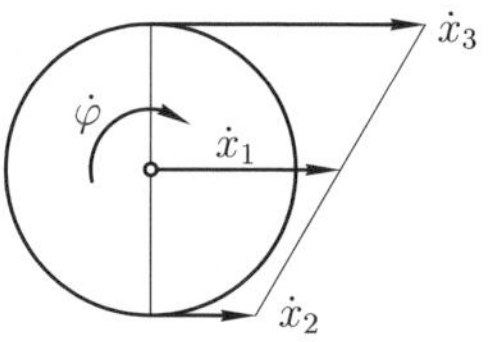

$$\dot{x}_3 = \dot{x}_1 + r\,\dot{\varphi}$$

$$\dot{x}_2 = \dot{x}_1 - r\,\dot{\varphi}$$

Kräfte- und Momentensätze:

$$m_1\,\ddot{x}_1 = S + T \qquad (1)$$

$$m_2\,\ddot{x}_2 = -T \qquad (2)$$

$$\Theta^S\,\ddot{\varphi} = (S - T)\,r \qquad (3)$$

$$m_3\,\ddot{x}_3 = m_3 g - S \qquad (4)$$

Elimination von S und T:

(4) + (2) + (1): $\quad m_1\,\ddot{x}_1 + m_2\,(\ddot{x}_1 - r\,\ddot{\varphi}) + m_3\,(\ddot{x}_1 + r\,\ddot{\varphi}) = m_3 g$

(4) − (2) + (3)/r: $\quad \frac{1}{2} m_2\, r\,\ddot{\varphi} + m_3\,(\ddot{x}_1 + r\,\ddot{\varphi}) - m_2\,(\ddot{x}_1 - r\,\ddot{\varphi}) = m_3 g$

Auflösen nach den Beschleunigungen:

$$\ddot{x}_1 = \frac{1}{3}\,g\,; \qquad \ddot{\varphi} = \frac{2}{5}\,\frac{g}{r}$$

Aufgabe 27.33:

An einer mit der konstanten Winkelgeschwindigkeit Ω rotierenden vertikalen Welle ist ein dünner Balken (Masse m, Länge l) gelenkig befestigt. Er wird von zwei stets horizontalen Federn (Steifigkeit jeweils k) in der Schräglage gehalten. Im Ruhezustand wird bei spannungsfreien Federn der Schrägstellungswinkel α_0 gemessen.

a) Ermittlen Sie mit den EULERschen Kreiselgleichungen die Bewegungsdifferentialgleichung für den Winkel α in der Form $\ddot{\alpha} = f(\alpha)$.

b) Berechnen Sie die stationären Lösungen $\alpha = \alpha_{stat}$ der Bewegungsgleichung.

c) Ab welcher Winkelgeschwindigkeit Ω^* steht der Balken horizontal?

Gegeben: m, k, l, Ω, $\alpha_0 = 30°$, g

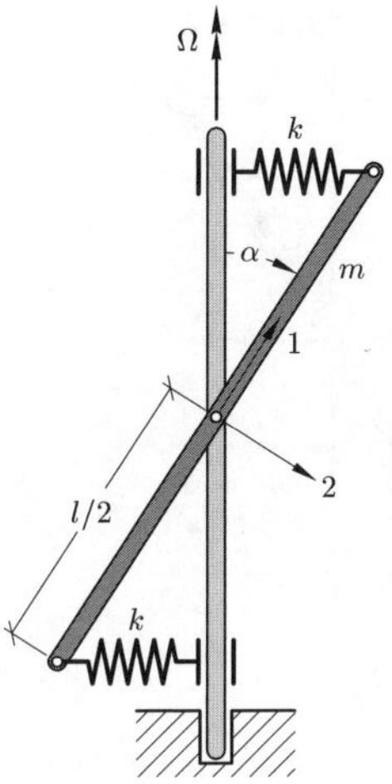

Bild A27.33: Rotierende Stange

Lösung der Aufgabe 27.33:

a) Ermittlung der Bewegungsdifferentialgleichung:

Aufteilung der Führungswinkelgeschwindigkeit Ω:

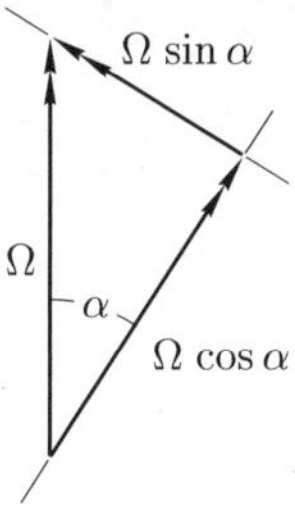

Winkelgeschwindigkeit des Balkens:

$$\omega_1 = \Omega \cos\alpha$$

$$\omega_2 = -\Omega \sin\alpha$$

$$\omega_3 = \dot{\alpha}$$

Massengeometrie:

$$\Theta_1^S = 0\,, \qquad \Theta_2^S = \Theta_3^S = \frac{1}{12}\,m\,l^2$$

Freikörperbild des Balkens:

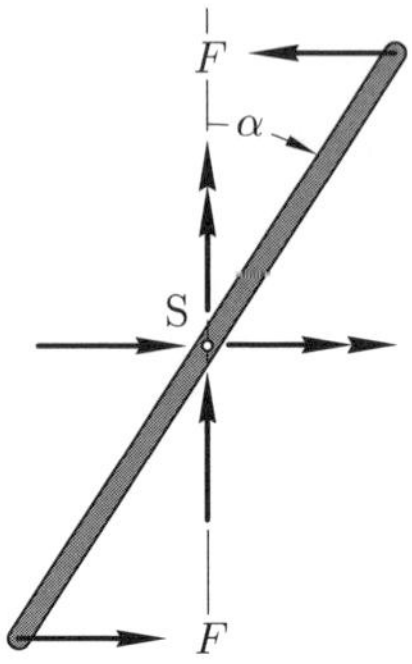

Federkräfte:

$$F = k\,\frac{l}{2}\,(\sin\alpha - \sin\alpha_0)$$

Momente um die 3-Achse:

$$M_3^S = -2\,F\,\frac{l}{2}\cos\alpha$$

Momentsatz um die 3-Achse (EULERsche Kreiselgleichung):

$$\Theta_3^S\,\dot{\omega}_3 - \omega_1\,\omega_2\,(\Theta_1^S - \Theta_2^S) = M_3^S$$

$$\frac{1}{12}\,m\,l^2\left\{\ddot{\alpha} - \sin\alpha\,\cos\alpha\,\Omega^2\right\} = -l\cos\alpha\,k\,\frac{l}{2}(\sin\alpha - \sin\alpha_0) \qquad \Longrightarrow$$

Bewegungsdifferentialgleichung:

$$\ddot{\alpha} = \left\{\Omega^2 - 6\,\frac{k}{m}\right\}\sin\alpha\,\cos\alpha + 6\,\frac{k}{m}\cos\alpha\,\sin\alpha_0$$

b) Dynamische Gleichgewichtslagen:

$$\ddot{\alpha}_{stat} \equiv 0 \qquad \Longrightarrow \qquad \cos\alpha_{stat}\left\{\left(\Omega^2 - 6\,\frac{k}{m}\right)\sin\alpha_{stat} + 6\,\frac{k}{m}\sin\alpha_0\right\} = 0$$

Dynamisches Gleichgewicht existiert

entweder für

$$\cos\alpha_{stat,1} = 0 \qquad \Longrightarrow \qquad \alpha_{stat,1} = \pm\frac{\pi}{2} \tag{1}$$

oder für

$$\sin\alpha_{stat,2} = \sin\alpha_0\,\frac{6\,\frac{k}{m}}{6\,\frac{k}{m} - \Omega^2} = \frac{1}{2}\,\frac{6\,\frac{k}{m}}{6\,\frac{k}{m} - \Omega^2} \tag{2}$$

Diese Gleichgewichtslage existiert nur für $0 < \Omega^2 < \Omega^{*2}$, also nur für

$$\frac{1}{2}\,\frac{6\,\frac{k}{m}}{6\,\frac{k}{m} - \Omega^2} \leq 1 = \sin\frac{\pi}{2}\,.$$

Grenzdrehzahl für schräge Gleichgewichtslagen:

$$6\,\frac{k}{m} - \Omega^2 = 3\,\frac{k}{m} \qquad \Longrightarrow \qquad \Omega^* = \sqrt{3\,\frac{k}{m}}$$

c) Winkelgeschwindigkeit für horizontale Balkenlage:

$$\alpha_{stat,2} = \frac{\pi}{2}; \qquad \sin\frac{\pi}{2} = \frac{1}{2}\,\frac{6\,\dfrac{k}{m}}{6\,\dfrac{k}{m} - \Omega^{*2}} \quad\Longrightarrow\quad 6\,\frac{k}{m} - \Omega^{*2} = 3\,\frac{k}{m} \quad\Longrightarrow\quad \Omega^{*2} = 3\,\frac{k}{m}$$

d) Ergänzung:

Bewegungsgleichung für $\alpha \neq$ const.:

Winkelbeschleunigung:

$\dot{\omega}_3 = -\ddot{\alpha}$

Bewegungsgleichung:

$$\ddot{\alpha} + \left[\left(\frac{k\,l}{\Theta} - \omega^2\right)\cos\alpha - \frac{m g\,l}{2\Theta}\right]\sin\alpha = 0$$

Dynamische Gleichgewichtslagen für $k\,l^2 > m g\,l/2$:

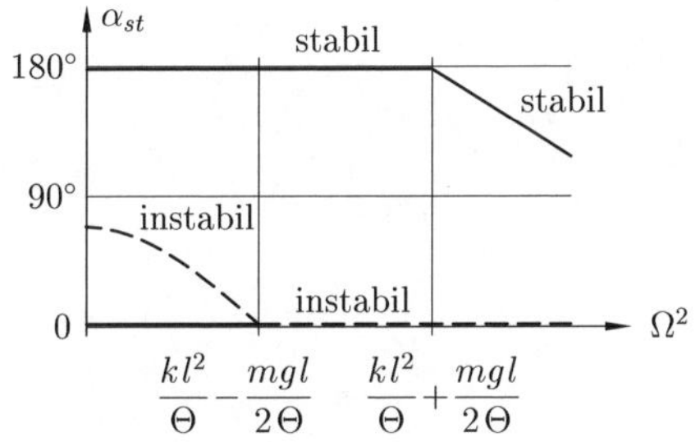

Dynamische Gleichgewichtslagen für $k\,l^2 < m g\,l/2$:

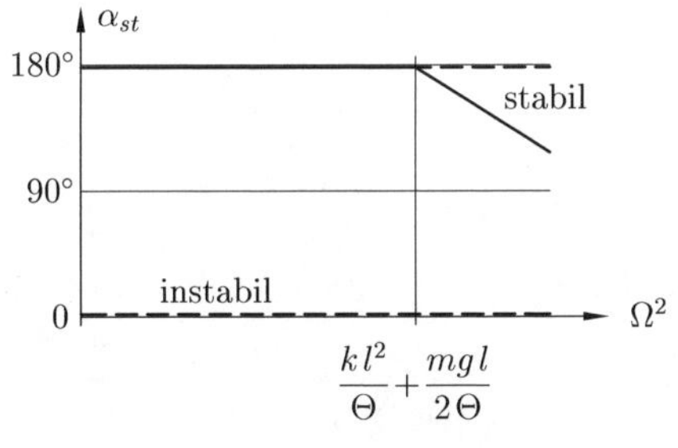

Kapitel 28

Energie und Arbeit

Aufgabe 28.1:

Ein Trampolinspringer (Gewicht G) springt aus der Höhe h auf ein Trampolin, das sich dadurch um d durchsenkt. Das Trampolin kann für die Rechnung durch eine lineare masselose Feder mit der Steifigkeit k ersetzt werden.

Wie groß ist die maximale Druckkraft F_{max} des Trampolins auf den Springer?

Gegeben: $d,\ h,\ G$

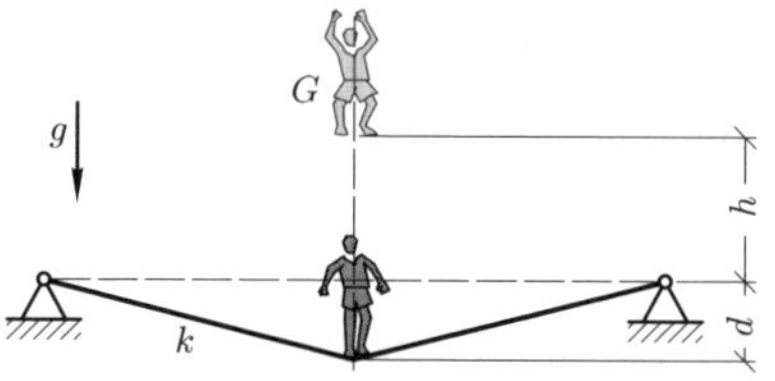

Bild A28.1: Trampolinspringer

Lösung der Aufgabe 28.1:

Energieerhaltungssatz: $T_A + U_A = T_B + U_B$

Ausgangslage: $T_A = 0$ $\qquad U_A = G\,h$

Tiefste Lage: $T_B = 0$ $\qquad U_B = G\,d + \frac{1}{2}k\,d^2$

Kraftgesetz: $F_{max} = k\,d$

Ausrechnung: $k = \dfrac{2G\,(h+d)}{d^2}$, $\qquad F_{max} = \dfrac{2G\,(h+d)}{d}$

Aufgabe 28.2:

Eine Masse m gleitet auf einer schiefen Ebene (Neigungswinkel α, Reibbeiwert μ) mit einer Anfangsgeschwindigkeit v_0 abwärts. Nachdem die Masse die Strecke l zurückgelegt hat, wird sie durch eine gewichtslose Platte aufgehalten, die über zwei parallele Federn (gleiche Federsteifigkeiten k) gegen eine starre Wand abgestützt wird.

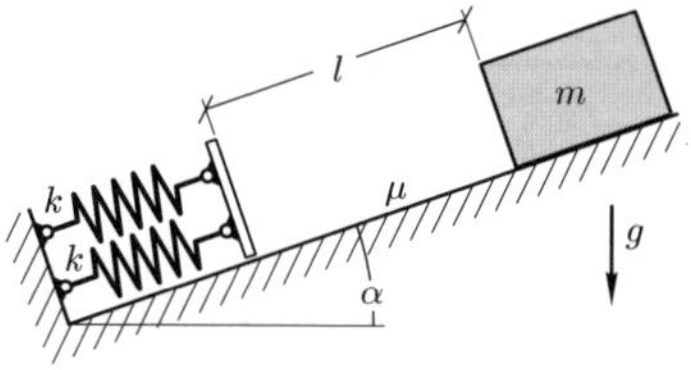

Bild A28.2: Masse auf schiefer Ebene

Gegeben: $\alpha,\ m,\ l,\ k,\ v_0,\ \mu,\ g$

Berechnen Sie die Aufprallgeschwindigkeit v

a) mit dem Arbeitssatz und

b) mit dem Kräftesatz.

c) Wie groß ist die maximale Federstauchung Δx?

d) Wie groß ist die Reibleistung im Augenblick des Aufpralls?

Lösung der Aufgabe 28.2:

a) Lösung mit dem Arbeitssatz:

Arbeitssatz: $T_A + U_A + W_{AB}{}^* = T_B + U_B$

Anfangsenergien bei A: $T_A = \frac{1}{2} m v_0^2, \qquad U_A = m g h = m g l \sin\alpha$

Reibarbeit: $W_{AB}^* = -R\,l = -\mu N l = -\mu m g \cos\alpha\, l$

Energien bei B: $T_B = \frac{1}{2} m v^2, \qquad U_B = 0$

Ausrechnung: $v = \sqrt{v_0^2 + 2 g l (\sin\alpha - \mu\cos\alpha)}$

Die Masse erreicht die Prallplatte nur, wenn der Radikand positiv ist. Im Folgenden soll dies vorausgesetzt werden.

b) Lösung mit dem Kräftesatz:

Freikörperbild:

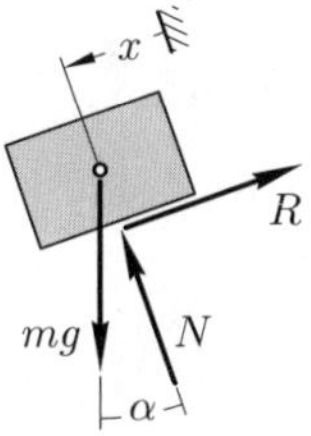

Kinetik:

$m\ddot{x} = m g \sin\alpha - R$

$0 \;\; = m g \cos\alpha - N$

Reibgesetz:

$R = \mu N = \mu m g \cos\alpha$

Bewegungsgesetz auf dem Weg l:

$\ddot{x} = g(\sin\alpha - \mu\cos\alpha)$

$\dot{x} = v_0 + g(\sin\alpha - \mu\cos\alpha)\,t$

$x = v_0 t + \frac{1}{2} g(\sin\alpha - \mu\cos\alpha)\,t^2$

Gleichung der Phasenkurve durch Elimination der Zeit t:

$$x(\dot{x}) = \frac{\dot{x}^2 - v_0^2}{2g(\sin\alpha - \mu\cos\alpha)}$$

Im Auftreffpunkt B ist $\dot{x} = v$ und $x(v) = l$:

$$l = \frac{v^2 - v_0^2}{2g(\sin\alpha - \mu\cos\alpha)} \qquad \Longrightarrow \qquad v = \sqrt{v_0^2 + 2 g l (\sin\alpha - \mu\cos\alpha)}$$

c) Federstauchung:

Anfangsenergien in A: $T_A = \frac{1}{2} m v_0^2, \qquad U_A = m g h = m g l \sin\alpha$

Reibarbeit: $W^*_{AC} = -\mu m g \cos\alpha \, (l + \Delta x)$

Energien bei C: $T_C = 0, \qquad U_C = -m g \, \Delta x \sin\alpha + \frac{1}{2} (2k) \, \Delta x^2$

Ausrechnung:

$$\Delta x^2 - 2 \frac{mg}{2k} (\sin\alpha - \mu\cos\alpha) \, \Delta x - \frac{m}{2k} \left[v_0^2 + 2 g l \, (\sin\alpha - \mu\cos\alpha) \right] = 0$$

$$\Delta x = \frac{mg}{2k} \left(\sin\alpha - \mu\cos\alpha \right) \left\{ 1 \pm \sqrt{1 + \frac{2k \left[v_0^2 + 2 g l \, (\sin\alpha - \mu\cos\alpha) \right]}{m g^2 (\sin\alpha - \mu\cos\alpha)^2}} \right\}$$

$+$ für $(\sin\alpha - \mu\cos\alpha) > 0$ und $-$ für $(\sin\alpha - \mu\cos\alpha) < 0$

Aufgabe 28.3:

An einem masselosen, reibungsfreien Gestänge hängen die beiden Massen M und m.

Berechnen Sie die Beschleunigung $\ddot{x}$ der Masse m.

Gegeben: M, m, g

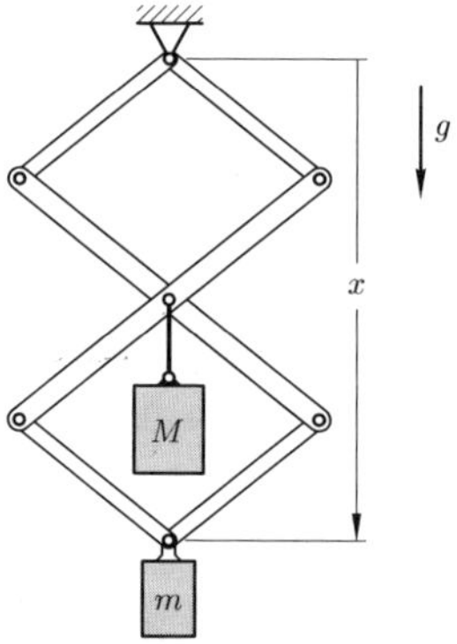

Bild A28.3: Gestänge mit Gewichten

Lösung der Aufgabe 28.3:

Energieerhaltung:

$T_A = 0, \qquad U_A = 0, \qquad W^*_{AB} = 0$

$$T_B = \frac{1}{2} m \dot{x}^2 + \frac{1}{2} M \left(\frac{\dot{x}}{2}\right)^2$$

$$U_B = -m g x - M g \frac{x}{2}$$

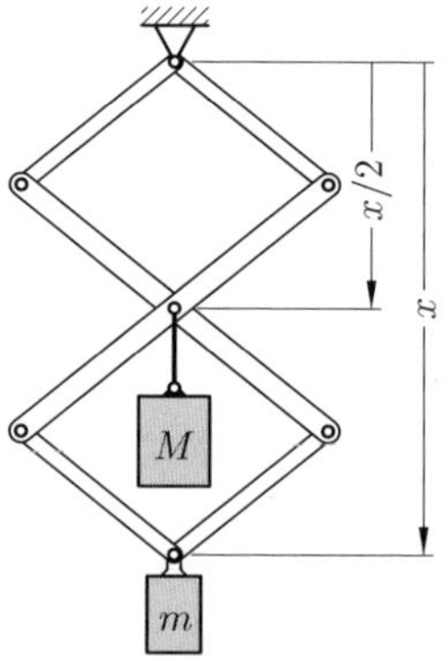

Ausrechnung:

$$0 = \frac{1}{2} m \dot{x}^2 + \frac{1}{2} M \left(\frac{\dot{x}}{2}\right)^2 - m g x - M g \frac{x}{2}$$

$$\dot{x}^2 = \frac{2m + M}{4m + M} 4 g x, \qquad 2 \dot{x} \ddot{x} = \frac{2m + M}{4m + M} 4 g \dot{x}$$

$$\ddot{x} = \frac{2m + M}{4m + M} 2 g$$

Aufgabe 28.4:

Ein Seil ist auf einem feststehenden vertikalen Pflock (Radius b) aufgewickelt. Am anderen Ende des Seils ist eine Punktmasse m befestigt, die sich reibungsfrei auf der horizontalen Ebene bewegen kann. Infolge der Anfangsgeschwindigkeit v_0 der Masse wickelt sich das Seil (Ausgangslänge l_0) auf.

a) Wie groß ist die Winkelgeschwindigkeit $\dot{\psi}(\psi)$ des gespannten geraden Seilstücks in Abhängigkeit vom Winkel ψ?

b) Wie groß ist die Seilkraft $S(\psi)$ in Abhängigkeit vom Winkel ψ?

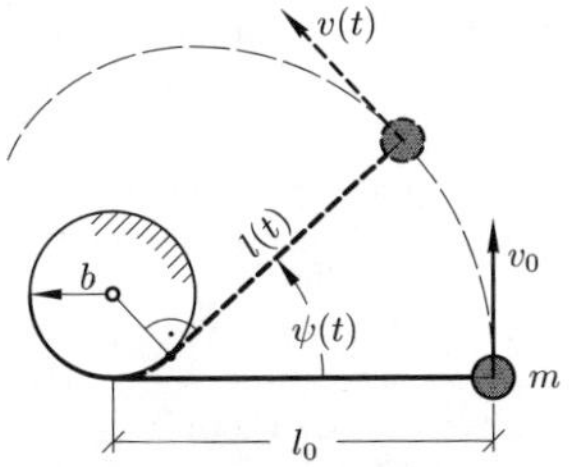

Bild A28.4: Seil mit Punktmasse

c) Mit welcher Geschwindigkeit $v(T)$ trifft die Punktmasse auf den Pflock?

d) Nach welcher Zeit T hat sich das Seil vollständig auf dem Stab aufgewickelt?

Gegeben: b, l_0, m, v_0

Lösung der Aufgabe 28.4:

a) Berechnung der Winkelgeschwindigkeit:

Freie Seillänge: $l(t) = l_0 - b\,\psi(t)$

Kinematik: $v = \dot{\psi}(t)\,l(t)$

Energieerhaltung: $v = v_0 = \text{const.} \qquad (v \perp S)$

Ausrechnung: $v = \dot{\psi}\,l = \dot{\psi}\,(l_0 - b\psi) = v_0 \implies \dot{\psi}(\psi) = \dfrac{v_0}{l_0 - b\,\psi}$

b) Berechnung der Seilkraft:

Freikörperbild:

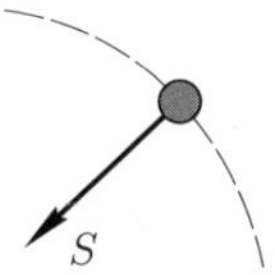

Kinetik:

$$m\,a_n = S$$

Ausrechnung:

$$S(\psi) = \frac{m\,{v_0}^2}{l_0 - b\,\psi}$$

Kinematik:

$$a_n = \frac{v^2}{l} = \frac{{v_0}^2}{l_0 - b\,\psi}$$

Berechnung der Aufwickelzeit durch Integration:

$$\int_0^{\psi_E} (l_0 - b\,\psi,)\,d\psi = \int_0^T v_0\,dt \qquad \implies \qquad l_0\,\psi_E - \frac{1}{2}\,b\,{\psi_E}^2 = v_0\,T$$

Aufgewickelte Seillänge: $l_0 = b\,\psi_E \implies \psi_E = \dfrac{l_0}{b}$

Aufwickelzeit: $T = \dfrac{{l_0}^2}{2\,b\,v_0}$

Aufgabe 28.5:

Eine dünne Stange (Masse m, Länge l), die sich bei B auf eine glatte horizontale Ebene stützt, fällt von der Schräglage mit dem anfänglichen Neigungswinkel φ_0 nach unten.

a) Wie lauten im raumfesten xy-Koordinatensystem die Gleichungen der Bahnkurven für den Schwerpunkt S und den Endpunkt C?

b) Wie groß ist die Winkelgeschwindigkeit $\dot{\varphi}$, wenn der Schwerpunkt S gerade um die Hälfte seiner Ausgangshöhe gefallen ist?

Gegeben: m, l, φ_0

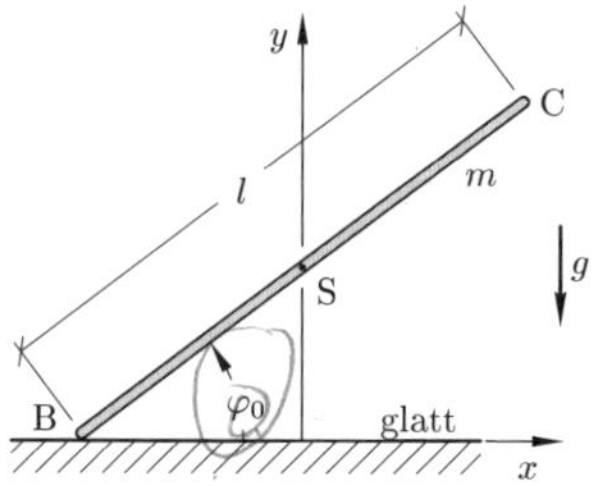

Bild A28.5: Rutschende Stange in der Ausgangslage

Lösung der Aufgabe 28.5:

a) Berechnung der Bahnkurven von S und C:

Freikörperbild:

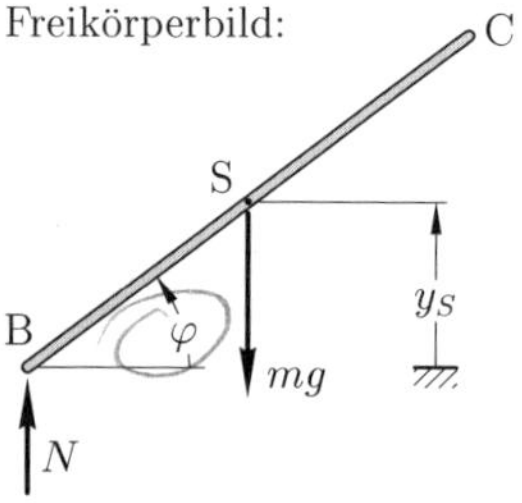

Kinetik: $m\,\ddot{x}_S = 0$

Anfangsbedingungen: $\dot{x}_S(0) = 0\,, \quad x_S(0) = 0$

Auflösung: $x_S \equiv 0$

Der Schwerpunkt bewegt sich auf einer vertikalen Geraden, $x_S \equiv 0$.

$$\left.\begin{aligned} x_C &= \frac{l}{2}\cos\varphi \\ y_C &= l\sin\varphi \end{aligned}\right\} \quad \Longrightarrow \quad (2x_C)^2 + y_C^2 = l^2$$

Der Punkt C bewegt sich auf einer Ellipse mit den Halbachsen $l/2$ und l.

b) Ermittlung der Winkelgeschwindigkeit bei $y_S = 1/2 \cdot l/2 \sin\varphi_0$:

Geschwindigkeitsplan:

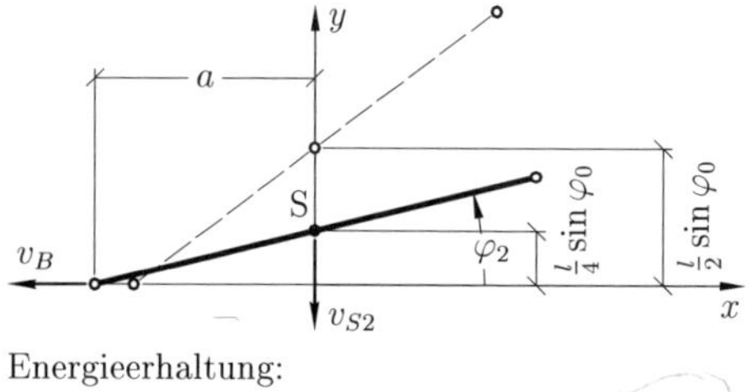

Voraussetzung:

$0 < N \perp v_B$

Kinematik:

$$a^2 + \left(\frac{l}{4}\sin\varphi_0\right)^2 = \left(\frac{l}{2}\right)^2$$

$$v_{S2} = -\,\dot{\varphi}_2\, a$$

Energieerhaltung:

$$mg\,\frac{l}{2}\sin\varphi_0 = mg\,\frac{l}{4}\sin\varphi_0 + \frac{1}{2}m\,v_{S2}^2 + \frac{1}{2}\Theta^S\,\dot{\varphi}_2^2, \qquad \Theta^S = \frac{1}{12}ml^2 \quad \Longrightarrow$$

$$\dot{\varphi}_2^2 = \frac{24\sin\varphi_0}{16 - 3\sin^2\varphi_0}\,\frac{g}{l}$$

Aufgabe 28.6:

Bei einer elektrischen Lokomotive (Gewicht G) sind alle Achsen starr gekoppelt. Der Antrieb kann eine Maximalleistung P_{max} abgeben. Die Lokomotive steht auf einem ebenen rauhen Gleis (Haftbeiwert μ_0). Nun soll die Lokomotive so schnell wie möglich aus dem Stand auf die Geschwindigkeit v_{max} gebracht werden, ohne daß die Räder durchdrehen. Die Drehträgheiten der Räder und Getriebeteile sollen dabei vernachlässigt werden.

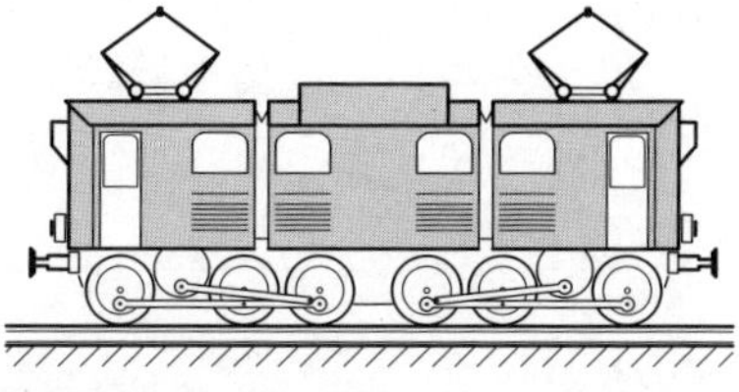

Bild A28.6: Elektrische Lokomotive

a) Welche Zeit T wird für das Beschleunigen vom Stillstand auf v_{max} benötigt?

b) Welche Antriebsleistung $P(t)$ wird dabei benötigt?

Gegeben: $G = 10^6\,\mathrm{N}$, $P_{max} = 2\,\mathrm{MW}$, $\mu_0 = 0.2$, $v_{max} = 50\,\mathrm{km/h}$, $g \approx 10\,\mathrm{m/s^2}$

Lösung der Aufgabe 28.6:

1. Niedrige Geschwindigkeit:

Bei niedriger Geschwindigkeit ist die Antriebsleistung gering und die Anfahrbeschleunigung wird durch die maximal mögliche Haftkraft $H_{max} = \mu_0 N = \mu_0 mg$ begrenzt:

Kräftesatz: $m\ddot{x} = H = H_{max} = \mu_0 mg$

$\Longrightarrow \quad \ddot{x} = \mu_0 g \quad \Longrightarrow \quad \dot{x} = \mu_0 g t$

Leistung: $P(t) = H\dot{x} = H_{max}\dot{x} = \mu_0 mg\dot{x} = m\mu_0^2 g^2 t$

Die Leistung nimmt mit der Geschwindigkeit zu, bis sie zum Zeitpunkt T_1 den Maximalwert $P(T_1) = P_{max}$ erreicht hat:

$$T_1 = \frac{P_{max}}{G\mu_0^2 g} = 5\,\mathrm{sec} \quad \Longrightarrow \quad \dot{x}(T_1) = \frac{P_{max}}{G\mu_0} = 10\,\frac{\mathrm{m}}{\mathrm{sec}}$$

2. Hohe Geschwindigkeit:

Bei hoher Geschwindigkeit $\dot{x}(t) > \dot{x}(T_1)$ wird die Beschleunigung durch die maximale Leistung begrenzt:

$P_{max} = H\dot{x} \qquad H < H_{max} \qquad t > T_1$

Kräftesatz: $m\ddot{x} = H = \dfrac{P_{max}}{\dot{x}} \quad \Longrightarrow$

$$\int_{T_1}^{t} 2\dot{x}\ddot{x}\,dt = \int_{T_1}^{t} \frac{2P_{max}}{m}\,dt \quad \Longrightarrow \quad \dot{x}^2(t) - \dot{x}^2(T_1) = \frac{2P_{max}}{m}(t - T_1) \quad \Longrightarrow$$

$$\dot{x}^2(t) = \frac{2P_{max}}{G}\,g t - \frac{P_{max}^2}{G^2\mu_0^2}$$

3. Endgeschwindigkeit:

$\dot{x}(T_2) = v_{max}$ wird erreicht nach der Zeit

$$T_2 = \frac{G v_{max}^2}{2g P_{max}} + \frac{P_{max}}{2G\mu_0^2 g} = 7.3\,\mathrm{sec}$$

4. Zeitdiagramme:

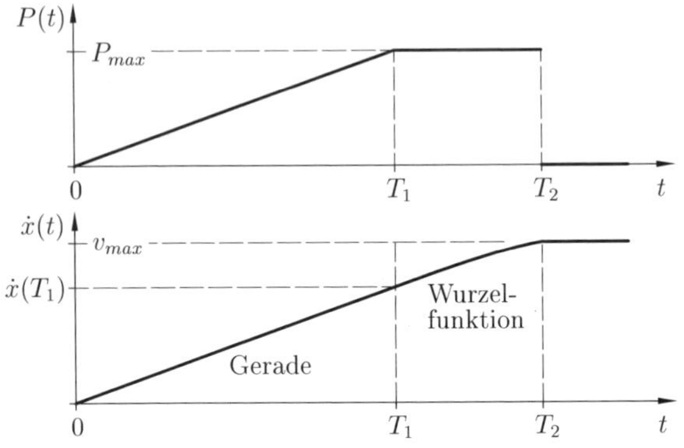

Aufgabe 28.7:

Eine homogene Walze (Radius r, Masse m, Massenträgheitsmoment Θ^S) rollt aus der Höhe h ohne Anfangsgeschwindigkeit eine schiefe Ebene (Neigungswinkel α) hinab und anschließend in eine Kreisbahn (Radius R) ein.

a) Welche Schwerpunktsgeschwindigkeit $v_S(\varphi)$ hat die Walze in der Kreisbahn in Abhängigkeit vom Winkel φ?

b) Welche Normalbeschleunigung $a_n(\varphi)$ erfährt der Schwerpunkt der Walze in der Kreisbahn in Abhängigkeit vom Winkel φ, und welche Normalkraft $N(\varphi)$ herrscht zwischen Walze und Kreisbahn?

c) Wie groß muß der Haftbeiwert μ_0 zwischen Walze und Kreisbahn mindestens sein, damit die Walze bei $\varphi = \pi/2$ noch rollt?

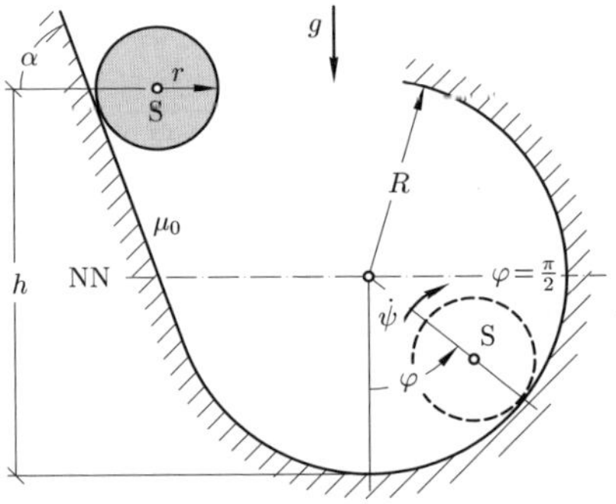

Bild A28.7: Walze in Kreisbahn

Gegeben: r, m, $\Theta^S = mr^2/2$, α, $h = 10r$, $R = 5r$

Lösung der Aufgabe 28.7:

a) Berechnung der Schwerpunktsgeschwindigkeit aus Energieerhaltung:

$$T_A + U_A = T_B + U_B$$

$$T_A = 0 \qquad U_A = (h-R)\,mg$$

$$T_B = \frac{1}{2}\,m\,{v_S}^2 + \frac{1}{2}\,\Theta^S\,\dot{\psi}^2 \qquad U_B = -\,mg\,(R-r)\cos\varphi$$

Kinematik: $\quad v_S = r\,\dot{\psi} \quad \Longrightarrow$

$$v_S = \sqrt{\frac{4}{3}\,g\,\{(h-R) + (R-r)\cos\varphi\}} = \sqrt{\frac{4}{3}\,g\,r(5+4\cos\varphi)}$$

b) Berechnung der Normalbeschleunigung und der Normalkraft:

Freikörperbild:

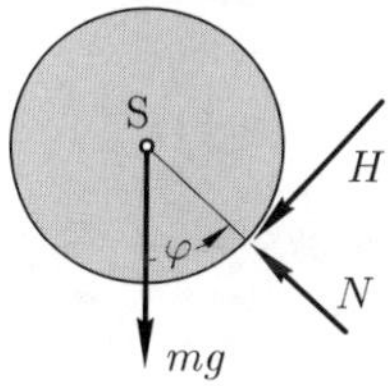

Kinematik:

$$a_n(\varphi) = \frac{{v_S}^2}{R-r} = \frac{1}{3}\,g\,(5 + 4\cos\varphi)$$

Kinetik:

$$m\,a_n(\varphi) = N - mg\cos\varphi \quad \Longrightarrow$$

$$N(\varphi) = \frac{mg}{3}\,(5 + 7\cos\varphi)$$

c) Berechnung der Tangentialbeschleunigung und der Tangentialkraft:

Kinematik:

$$v_S = (R-r)\,\dot{\varphi} \quad \Longrightarrow \quad \dot{\varphi} = \frac{v_S}{R-r}$$

$$(v_S^2)^{\cdot} = 2\,v_S\,\dot{v}_S = \frac{4}{3}\,g\,(R-r)\,(-\sin\varphi)\,\dot{\varphi} = -\,\frac{4}{3}\,g\sin\varphi\,v_S$$

$$a_t = \dot{v}_S = -\,\frac{2}{3}\,g\sin\varphi$$

Kinetik:

$$m\,a_t = -\,H - mg\sin\varphi \quad \Longrightarrow$$

$$H = -\,m\,(a_t + g\sin\varphi) = -\,mg\,\frac{1}{3}\sin\varphi$$

Kontaktkräfte:

$$H\Big(\frac{\pi}{2}\Big) = -\,\frac{1}{3}\,mg, \qquad N\Big(\frac{\pi}{2}\Big) = \frac{5}{3}\,mg$$

Haftbedingung:

$$|H| < \mu_0\,N \quad \Longrightarrow \quad \mu_0 > \frac{1}{5}$$

Aufgabe 28.8:

Zwei gleiche homogene Walzen (Masse jeweils m, Radius r) sind mit einer masselosen Stange (Länge l) verbunden und rollen ohne Anfangsgeschwindigkeit aus der Höhe h eine schiefe Ebene hinab und anschließend in eine Kreisbahn (Radius R) ein. Die Lager zwischen Stange und Walzen sind reibungsfrei.

a) Welche Winkelgeschwindigkeit $\dot{\varphi}(\varphi)$ hat die Stange beim Durchfahren der Kreisbahn?

b) Welche Winkelbeschleunigung $\ddot{\varphi}(\varphi)$ hat die Stange in Abhängigkeit vom Lagewinkel φ?

c) Welche Normalbeschleunigung a_n und welche Tangentialbeschleunigung a_t erfährt der Stangenmittelpunkt S in der tiefsten Lage $\varphi=0$?

Gegeben: r, $l=2\sqrt{2}r$, $R=3r$, $h=5r$, m, g

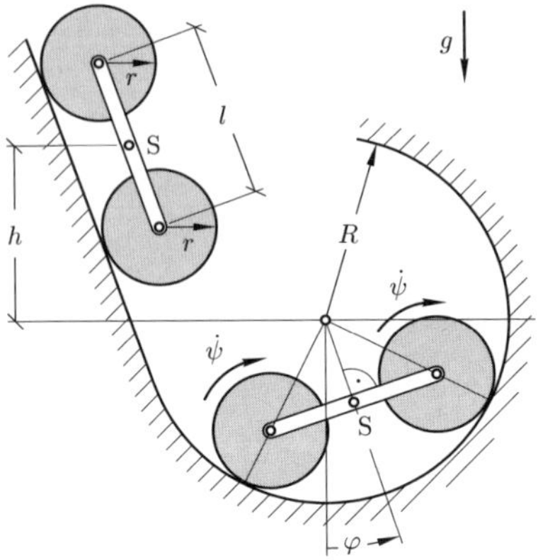

Bild A28.8: Wagen auf Kreisbahn

Lösung der Aufgabe 28.8:

a) Berechnung der Winkelgeschwindigkeit mit dem Energieerhaltungssatz:

Energien:

$$T_0 = 0 \qquad U_0 = 2mgh$$

$$T_\varphi = 2\left\{\frac{1}{2}mv_W^2 + \frac{1}{2}\Theta_W\dot{\psi}^2\right\}, \qquad U_\varphi = -2mgr_S\cos\varphi$$

Kinematik und Geometrie:

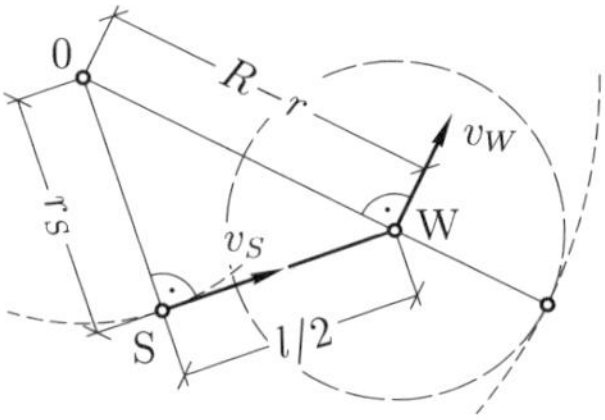

$$r_S = \sqrt{(R-r)^2 - \left(\frac{l}{2}\right)^2} = \sqrt{2}\,r$$

$$v_W = \dot{\psi}\,r = \dot{\varphi}\,(R-r)$$

$$v_S = \dot{\varphi}\,r_S = \dot{\varphi}\sqrt{2}\,r$$

Massenträgheitsmoment:

$$\Theta_W = \frac{1}{2}mr^2$$

Energieerhaltungssatz:

$$T_0 + U_0 = T_\varphi + U_\varphi \qquad \Longrightarrow \qquad \dot{\varphi}^2(\varphi) = \frac{g}{3r}\left\{5+\sqrt{2}\cos\varphi\right\}$$

b) Berechnung der Winkelbeschleunigung:

$$(\dot{\varphi}^2)^{\cdot} = 2\dot{\varphi}\ddot{\varphi} = -\frac{g\sqrt{2}}{3r}\sin\varphi\,\dot{\varphi} \qquad \Longrightarrow \qquad \ddot{\varphi}(\varphi) = -\frac{\sqrt{2}}{6}\frac{g}{r}\sin\varphi$$

c) Beschleunigung von S (S läuft auf einer Kreisbahn mit dem Radius $r_S=\sqrt{2}r$):

$$a_n(\varphi) = \frac{v_S^2}{r_S} = r_S\,\dot{\varphi}^2 = \frac{\sqrt{2}}{3}g\left\{5+\sqrt{2}\cos\varphi\right\} \qquad a_n(0) = g\,\frac{5\sqrt{2}+2}{3} \approx 3\,g \text{ (nach oben)}$$

$$a_t(\varphi) = \dot{v}_S = r_S\,\ddot{\varphi} = -\frac{1}{3}g\sin\varphi \qquad a_t(0) = 0 \quad (v_{S,max} \text{ im tiefsten Punkt})$$

Aufgabe 28.9:

Ein schweres Brett (Masse m_1) und eine große Walze (Masse m_2, Radius r_2, Massenträgheitsmoment $\Theta_2^S = m_2 r_2^2/2$) ruhen zunächst auf einer schiefen Ebene (Neigungswinkel α). Sie sind durch ein masseloses undehnbares Seil verbunden, das auf der Antriebstrommel (Antriebsmoment M, Radius r_3, Drehträgheit vernachlässigbar) aufgewickelt ist. Der Reibkoeffizient zwischen Brett und Ebene ist μ.

Gewichte und Antriebsmoment setzen das System in Bewegung, wobei die Walze auf dem Brett rollt.

Geben Sie die Winkelgeschwindigkeit $\dot{\varphi}_2 > 0$ der Walze in Abhängigkeit von der Winkelkoordinate φ_2 an.

Gegeben: m_1, m_2, r_2, r_3, μ, α, M, g

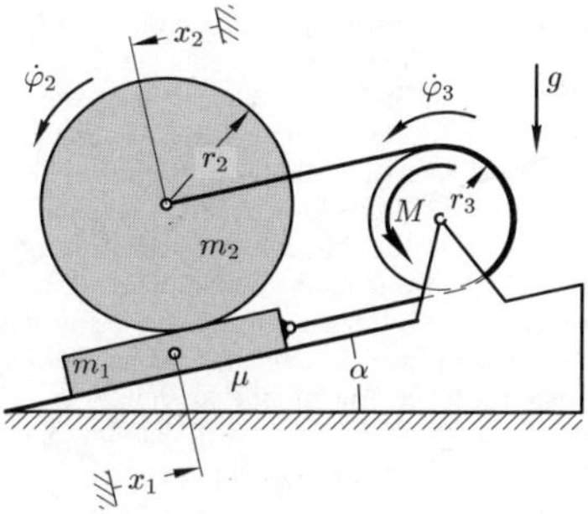

Bild A28.9: Walze auf Brett

Lösung der Aufgabe 28.9:

Kinematik:

$$\dot{x}_1 = \dot{x}_2 = \dot{\varphi}_3 \, r_3 \,, \qquad \dot{x}_2 = -\dot{x}_1 + \dot{\varphi}_2 \, r_2$$

Ausrechnung der Kinematik:

$$\dot{x}_1 = \dot{x}_2 = \frac{1}{2} r_2 \, \dot{\varphi}_2 \,, \qquad \dot{\varphi}_3 = \frac{\dot{x}_1}{r_3} = \frac{1}{2} \frac{r_2}{r_3} \dot{\varphi}_2$$

Energien und Arbeit:

$$T_A = 0 \,, \qquad U_A = 0 \,, \qquad W_{AB}^* = M \, \varphi_3 - \mu (m_1 + m_2) \, g \cos\alpha \, x_1$$

$$T_B = \frac{1}{2} m_1 \, \dot{x}_1^2 + \frac{1}{2} m_2 \, \dot{x}_2^2 + \frac{1}{2} \Theta_2^S \, \dot{\varphi}_2^2 \,, \qquad U_B = (m_1 - m_2) \, g \sin\alpha \, x_1$$

Arbeitssatz:

$$T_A + U_A + W_{AB}^* = T_B + U_B$$

Einsetzen und Ausrechnen der Winkelgeschwindigkeit:

$$\dot{\varphi}_2^2 = \frac{4 \left[M - (m_1 + m_2) \, g \, r_3 \, \mu \cos\alpha + (m_2 - m_1) \, g \, r_3 \sin\alpha \right]}{(3 m_2 + m_1) \, r_2 \, r_3} \, \varphi_2$$

Aufgabe 28.10:

Eine Kiste (Masse m_1) liegt auf einer rauhen horizontalen Unterlage (Reibkoeffizient μ) und ist mit einer Feder (Steifigkeit k) gefesselt. An der Kiste ist eine reibungsfrei gelagerte masselose Umlenkrolle befestigt, über die ein masseloses, undehnbares Seil geschlungen ist. Das Seil ist ohne zu rutschen über ein reibungsfrei gelagertes Rad (Masse m_2, Massenträgheitsmoment Θ_2^S, Radius r) geführt und trägt an seinem Ende eine frei hängende Kiste (Masse m_3). Das Gewicht der Kiste setzt die Anordnung in Bewegung. Zu Beginn der Bewegung ($x_1 = 0$) ist das System in Ruhe und die Feder spannungsfrei.

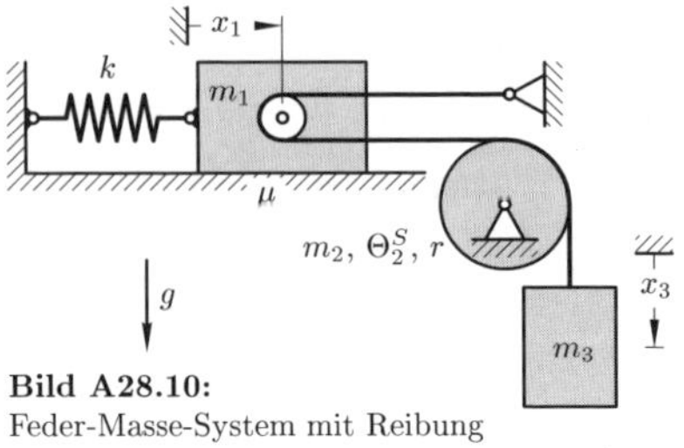

Bild A28.10:
Feder-Masse-System mit Reibung

a) Wie hängt die Geschwindigkeit $\dot{x}_1$ der Kiste von deren Auslenkung x_1 ab?

b) Welchen Wert darf die Steifigkeit k nicht übersteigen, damit die Kiste mindestens den Weg l zurücklegt?

Gegeben: $m_1 = m_2 = m_3 = m,\ r,\ \Theta_2^S = mr^2/2,\ \mu,\ k,\ l,\ g$

Lösung der Aufgabe 28.10:

a) Berechnung der Geschwindigkeit $\dot{x}_1(x_1)$:

Kinematik:

$\dot{x}_3 = 2\,\dot{x}_1 = r\,\dot{\varphi}_2$

Potentielle Energie:

$U_A = 0; \qquad U_B = \frac{1}{2}\,k\,x_1^2 - m_3 g\,x_3$

Kinetische Energie:

$T_A = 0; \qquad T_B = \frac{1}{2}\,m_1\,\dot{x}_1^2 + \frac{1}{2}\,m_3\,\dot{x}_3^2 + \frac{1}{2}\,\Theta_2^S\,\dot{\varphi}_2^2$

Reibarbeit:

$W_{AB}^* = -R\,x_1 = -\mu\,N\,x_1 = -\mu m_1 g\,x_1$

Arbeitssatz:

$T_A + U_A + W_{AB}^* = T_B + U_B$

Einsetzen und Ausrechnen:

$$-\mu m g\,x_1 = \frac{1}{2}\,m\,\dot{x}_1^2 + \frac{1}{2}\,m\,4\,\dot{x}_1^2 + \frac{1}{2}\,\frac{1}{2}\,m r^2\,\frac{4\,\dot{x}_1^2}{r^2} + \frac{1}{2}\,k\,x_1^2 - mg\,2\,x_1 \qquad \Longrightarrow$$

$$\dot{x}_1 = \sqrt{\frac{2}{7}\,(2-\mu)\,g\,x_1 - \frac{1}{7}\,\frac{k}{m}\,x_1^2}$$

b) Die Kiste kommt zur Ruhe für $\dot{x}_1 = 0$:

$$\Big[\frac{2}{7}\,(2-\mu)\,g - \frac{1}{7}\,\frac{k}{m}\,x_1\Big]\,x_1 = 0$$

$\alpha)$ $x_1 = 0$ (Startposition)

$\beta)$ $x_1 = 2\,(2-\mu)\,\frac{mg}{k} \geq l \qquad \Longrightarrow \qquad k \leq 2\,(2-\mu)\,\frac{mg}{l}$

Aufgabe 28.11:

Ein Klotz (Masse m) wird von einer Winde (Radius R, Massenträgheitsmoment Θ^S, konstantes Antriebsmoment M_A) aus der Ruhe heraus eine rauhe schiefe Ebene (Neigungswinkel α) hinaufgezogen. Das Seil ist dazu über eine masselose, reibungsfrei gelagerte Umlenkrolle (Radius r) gelegt und am Ständer befestigt.

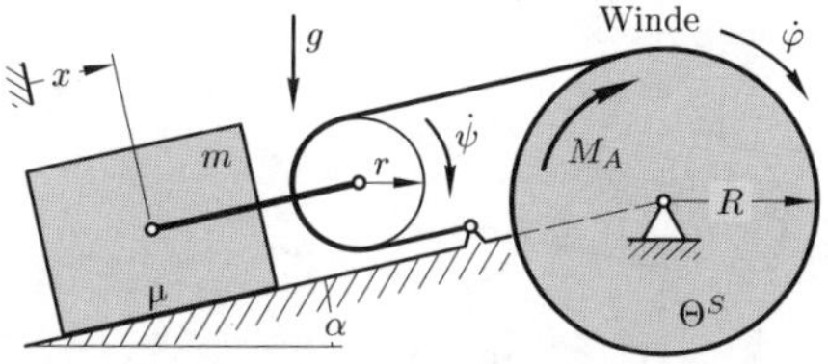

Bild A28.11: Winde mit Klotz auf schiefer Ebene

a) Geben Sie die Antriebswinkelgeschwindigkeit $\dot{\varphi}$ und die Winkelgeschwindigkeit $\dot{\psi}$ der Umlenkrolle in Abhängigkeit von der Geschwindigkeit $\dot{x}$ des Klotzes an (Kinematik).

b) Welche Geschwindigkeit $\dot{x}$ hat der Klotz in Abhängigkeit von seinem Weg x?

c) Wie groß muß das Antriebsmoment M_A mindestens sein?

d) Überprüfen Sie das Ergebnis mit Kräfte- und Momentensatz.

Gegeben: $r,\ R=3r,\ \alpha,\ m,\ \Theta^S,\ M_A,\ \mu,\ g$

Lösung der Aufgabe 28.11:

a) Kinematik:

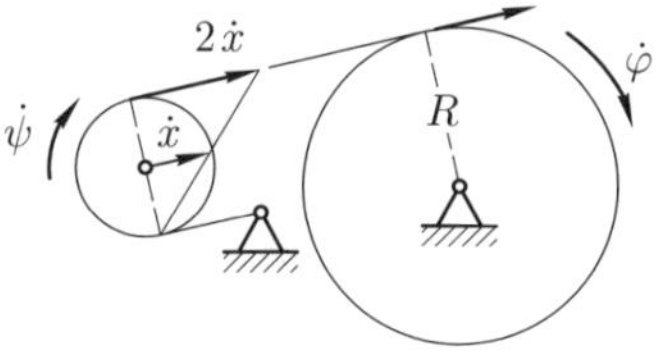

EULERsche Geschwindigkeitsformeln:

$$\dot{x} = r\,\dot{\psi}, \qquad 2\dot{x} = R\,\dot{\varphi}$$

Ergebnis der Kinematik:

$$\dot{\psi} = \frac{\dot{x}}{r}, \qquad \dot{\varphi} = \frac{2}{R}\dot{x} = \frac{2}{3r}\dot{x} \qquad (3)$$

$$\psi = \frac{x}{r}, \qquad \varphi = \frac{2}{R}x = \frac{2}{3r}x$$

b) Berechnung der Geschwindigkeit mit der Arbeitssatz:

Energien und Arbeit:

$$U_A = 0, \qquad T_A = 0$$

$$U_E = mg\,x\sin\alpha, \qquad T_E = \frac{1}{2}\Theta^S\dot{\varphi}^2 + \frac{1}{2}m\,\dot{x}^2$$

$$W^*_{AE} = -R_R\,x + M_A\,\varphi = -\mu\,N\,x + M_A\,\varphi = -\mu\,mg\cos\alpha\;x + M_A\,\varphi$$

Arbeitssatz:

$$T_A + U_A + W^*_{AE} = T_E + U_E$$

Geschwindigkeit:

$$\dot{x}^2(x) = 6\,\frac{2\,M_A\,r - 3mg\,(\sin\alpha + \mu\cos\alpha)\,r^2}{4\Theta^S + 9m\,r^2}\,x$$

c) Mindestantriebmoment:

$$\dot{x}^2 > 0 \quad \text{für alle} \quad x > 0: \qquad \Longrightarrow \qquad M_A > \frac{3}{2}mg\,r\,(\sin\alpha + \mu\cos\alpha)$$

d) Überprüfung des Ergebnisses mit den dynamischen Grundgleichungen:

Freikörperbilder:

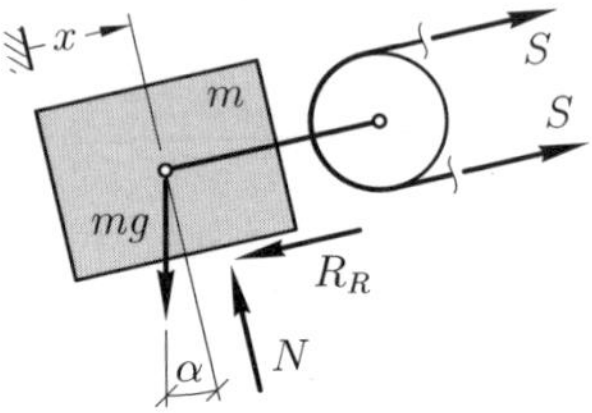

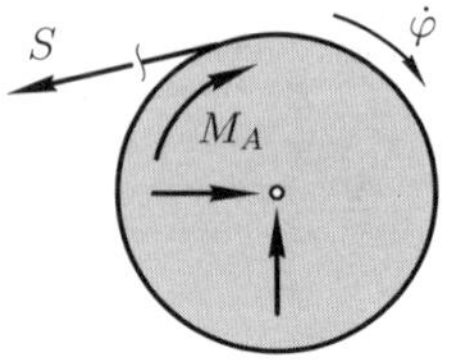

Reibungsfreie masselose Umlenkrolle:

$S_1 = S_2 = S$

Normalkraft und Reibkraft:

$N = mg\cos\alpha\,, \qquad R_R = \mu N = \mu mg\cos\alpha$

Kräfte- und Momentensatz für Winde und Klotz:

$$m\,\ddot{x} \;= -mg\sin\alpha + 2S - R_R \tag{1}$$

$$\Theta^S\,\ddot{\varphi} = M_A - S\,R \tag{2}$$

Elimination der Seilkraft:

$(1)\cdot R - 2\cdot(2): \quad \Longrightarrow \qquad Rm\,\ddot{x} + 2\Theta^S\,\ddot{\varphi} = 2\,M_A - mg\,R\sin\alpha - \mu mg\,R\cos\alpha$

Elimination der Winkelbeschleunigung mit (3):

$(m\,R^2 + 4\Theta^S)\,\ddot{x} = 2\,R\,M_A - mg\,R^2\,(\sin\alpha + \mu\cos\alpha)$

Ausrechnung der Beschleunigung:

$$\ddot{x} = \frac{2\,R\,M_A - mg\,R^2\,(\sin\alpha + \mu\cos\alpha)}{m\,R^2 + 4\Theta^S} = \frac{6\,M_A\,r - 9\,mg\,r^2\,(\sin\alpha + \mu\cos\alpha)}{4\Theta^S + 9\,m\,r^2}$$

Berechnung der Geschwindigkeit durch Integration:

$$2\,\dot{x}\,\ddot{x} = 2\,\frac{6\,M_A\,r - 9\,mg\,r^2\,(\sin\alpha + \mu\cos\alpha)}{4\Theta^S + 9\,m\,r^2}\,\dot{x}$$

$$\dot{x}^2 = 2\,\frac{6\,M_A\,r - 9\,mg\,r^2\,(\sin\alpha + \mu\cos\alpha)}{4\Theta^S + 9\,m\,r^2}\,x$$

Aufgabe 28.12:

Ein Traktor (Masse m_T, Drehträgheiten der Räder vernachlässigbar) fährt eine schiefe Ebene (Neigungswinkel α) hinab. Jedes der vier Räder (Radius r) wird mit einem Antriebsmoment M_0 angetrieben. Die Räder rutschen nicht durch. An einem masselosen Seil, das über eine masselose, reibungsfrei gelagerte Rolle umgelenkt wird, zieht der Traktor einen Container (Masse m_C) auf einer waagrechten Ebene mit linear zunehmendem Reibungskoeffizienten $\mu(x)$ aus der Ruhe heraus von der Position A in die Position B.

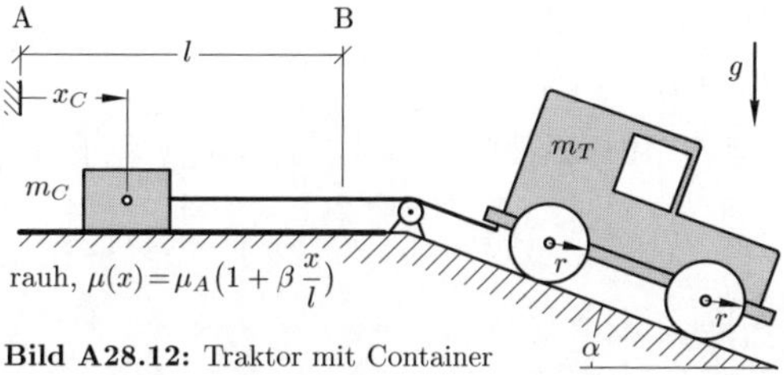

Bild A28.12: Traktor mit Container

a) Wie groß ist die Reibarbeit entlang der Strecke l von A nach B?

b) Wie groß ist die Antriebsarbeit der vier Räder entlang der Strecke l?

c) Welche Geschwindigkeit v_B erreicht der Container im Punkt B?

d) Unter welcher Bedingung wird der Traktor dem Punkt B nie erreichen?

Gegeben: m_T, r, M_0, m_C, l, α, g, $\mu(x) = \mu_A(1 + \beta \frac{x}{l})$, $\beta > 0$, μ_A

Lösung der Aufgabe 28.12:

a) Berechnung der Reibarbeit:

Freikörperbild:

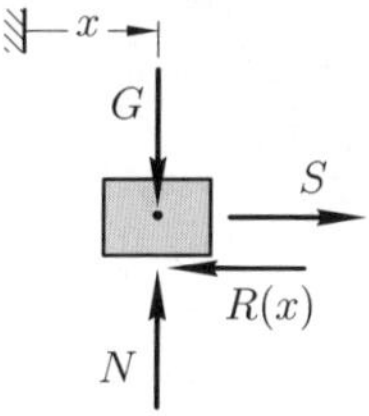

Normalkraft:

$$N = G = m_C g$$

Reibkraft:

$$R(x) = \mu(x)\, N = \mu_A \left(1 + \frac{x}{l}\beta\right) m_C g$$

Reibarbeit:

$$W^*_{AB,R} = -\int_0^l R(x)\, dx = -m_C g\, \mu_A\, l \left(1 + \frac{1}{2}\beta\right)$$

b) Berechnung der Antriebsarbeit:

Kinematik:

$$v = r\,\dot{\varphi}; \qquad l = r\,\varphi_B$$

Antriebsarbeit:

$$W^*_{AB,A} = 4 \int_0^{\varphi_B} M_0\, d\varphi = 4\,\frac{l}{r}\, M_0$$

c) Berechnung der Geschwindigkeit v_B:

Energien und Arbeit:

$$T_A = 0; \qquad U_A = 0$$

$$W^*_{AB} = W^*_{AB,R} + W^*_{AB,A} = 4\frac{l}{r}M_0 - m_C g\,\mu_A\, l\Big(1+\frac{1}{2}\beta\Big)$$

$$T_B = \frac{1}{2}m_C\,v_B^2 + \frac{1}{2}m_T\,v_B^2; \qquad U_B = -m_T g\, l\sin\alpha$$

Arbeitssatz:

$$T_A + U_A + W^*_{AB} = T_B + U_B \qquad \Longrightarrow$$

$$4\frac{l}{r}M_0 - m_C g\,\mu_A\, l\Big(1+\frac{1}{2}\beta\Big) = \frac{1}{2}v_B^2\Big[m_C + m_T\Big] - m_T g\, l\sin\alpha \qquad \Longrightarrow$$

$$v_B^2 = \frac{8\frac{l}{r}M_0 + 2gl\Big[m_T\sin\alpha - m_C\,\mu_A\Big(1+\frac{1}{2}\beta\Big)\Big]}{m_C+m_T}$$

Aufgabe 28.13:

Zwei homogene Balken (Massen m_1 und m_2, Längen a und $2a$) sind miteinander gelenkig verbunden und in den Punkten D und C gelagert. Alle Gelenke und Führungen sind reibungsfrei. Die Balken werden in die horizontale Lage gebracht und setzen sich durch ihr Gewicht in Bewegung.

Berechnen Sie die Winkelgeschwindigkeit $\dot\varphi_1$ und die Winkelbeschleunigung $\ddot\varphi_1$ in Abhängigkeit vom Winkel φ_1.

Gegeben: $m_1 = m$, $m_2 = 2m$, a, g

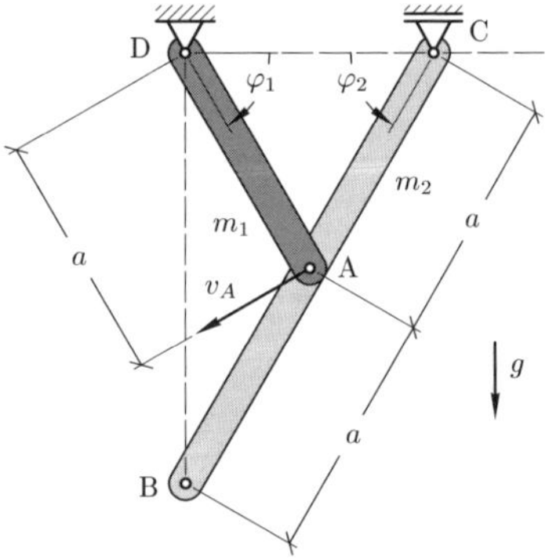

Bild A28.13: Hebelgetriebe

Lösung der Aufgabe 28.13:

Massengeometrie:

$$\Theta_1^S = \frac{1}{12}m\,a^2, \qquad \Theta_2^S = \frac{1}{12}(2m)(2a)^2 = \frac{8}{12}m\,a^2$$

Energien:

$$T_A = U_A = W^*_{AE} = 0$$

$$U_E = -g\sin\varphi_1\Big(m_1\frac{a}{2} + m_2\,a\Big) = -\frac{5}{2}mg\,a\sin\varphi_1$$

$$T_E = \frac{1}{2}m_1\,v_1^2 + \frac{1}{2}\Theta_1^S\,\dot\varphi_1^2 + \frac{1}{2}m_2\,v_2^2 + \frac{1}{2}\Theta_2^S\,\dot\varphi_2^2 = \frac{3}{2}m\,a^2\,\dot\varphi_1^2$$

Kinematik:

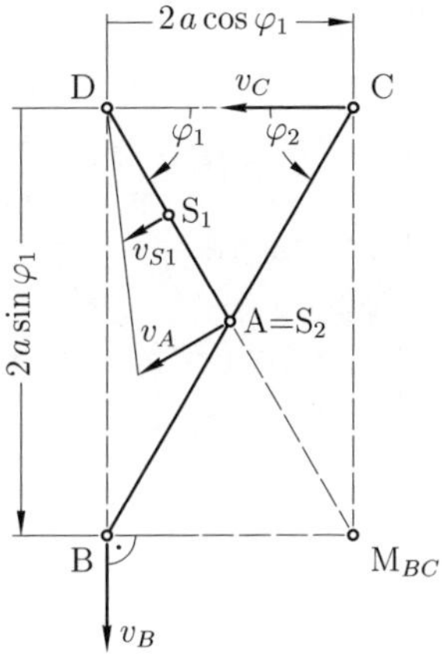

Geometrie:

$$\varphi_2 = \varphi_1$$

$$\dot{\varphi}_2 = \dot{\varphi}_1$$

Kartesische Koordinaten:

$$v_A = \dot{\varphi}_1 \, a$$

$$v_B = (2a\sin\varphi_1)^{\cdot} = \dot{\varphi}_1 \, 2a\cos\varphi_1$$

$$v_C = -(2a\cos\varphi_1)^{\cdot} = \dot{\varphi}_1 \, 2a\sin\varphi_1$$

EULERsche Geschwindigkeitsformeln:

$$v_A = \dot{\varphi}_2 \, a = \dot{\varphi}_1 \, a$$

$$v_B = \dot{\varphi}_2 \, 2a\cos\varphi_1 = \dot{\varphi}_1 \, 2a\cos\varphi_1$$

$$v_C = \dot{\varphi}_2 \, 2a\sin\varphi_1 = \dot{\varphi}_1 \, 2a\sin\varphi_1$$

Arbeitssatz:

$$T_A + U_A + W^*_{AE} = T_E + U_E \qquad \Longrightarrow \qquad \dot{\varphi}_1^2 = \frac{5\,g}{3\,a}\sin\varphi_1$$

Differentiation liefert die Winkelbeschleunigung:

$$2\,\dot{\varphi}_1\,\ddot{\varphi}_1 = \frac{5g}{3a}\cos\varphi_1\,\dot{\varphi}_1 \qquad \Longrightarrow \qquad \ddot{\varphi}_1 = \frac{5g}{6a}\cos\varphi_1$$

Aufgabe 28.14:

Eine homogene Stange (Masse m, Länge l) rutscht reibungsfrei aus der Höhe H ohne Anfangsgeschwindigkeit eine schiefe Ebene (Neigungwinkel α) hinunter, an die sich eine Kreisbahn (Radius r) anschließt.

a) Welche Schwerpunktsgeschwindigkeit $v_{S,max}$ erreicht die Stange in ihrer tiefsten Lage?

b) Wie groß sind in dieser Lage die Normalkräfte an den beiden Stangenenden?

Gegeben: $m,\ r,\ l=\sqrt{3}\,r,\ H=2r,\ \alpha,\ g$

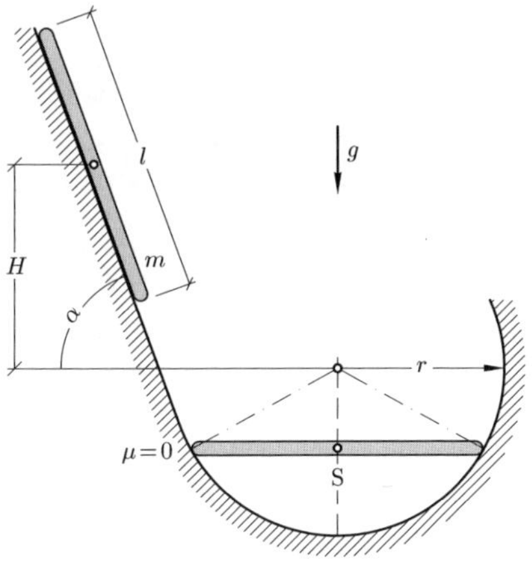

Bild A28.14: Stange in reibungsfreier Bahn

Lösung der Aufgabe 28.14:

a) Berechnung der Maximalgeschwindigkeit im tiefsten Punkt:

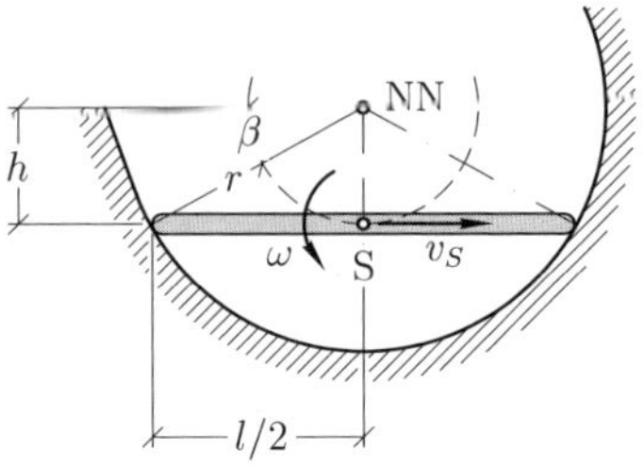

Geometrie:

$$h = \sqrt{r^2 - \left(\frac{l}{2}\right)^2} = \frac{r}{2}$$

$$\sin\beta = \frac{h}{r} = \frac{1}{2} \qquad \Longrightarrow \qquad \beta = 30^\circ$$

Kinematik:

$$v_S = \omega\, h = \omega\,\frac{r}{2} \qquad \Longrightarrow \qquad \omega = \frac{2\,v_S}{r}$$

Massengeometrie:

$$\Theta^S = \frac{1}{12}\,m\,l^2 = \frac{1}{4}\,m\,r^2$$

Energien:

$$U_A = mg\,H\,, \qquad T_A = 0\,, \qquad W^*_{AB} = 0\,, \qquad U_B = -mg\,h = -mg\,\frac{r}{2}$$

$$T_B = \frac{1}{2}\,m\,v_S^2 + \frac{1}{2}\,\Theta^S\,\omega^2 = \frac{1}{2}\,m\left(1 + \frac{1}{4}\cdot 4\right)v_S^2 = m\,v_S^2$$

Arbeitssatz:

$$T_A + U_A + W^*_{AB} = T_B + U_B$$

Einsetzen und Ausrechnen der Geschwindigkeit:

$$mg\,2r = m\,v_S^2 + mg\,\frac{r}{2} \qquad \Longrightarrow \qquad v_S^2 = \frac{5}{2}\,g\,r$$

b) Berechnung der Normalkräfte in der tiefsten Lage:

Der Schwerpunkt S bewegt sich auf einer Kreisbahn mit dem Radius h.

Freikörperbild:

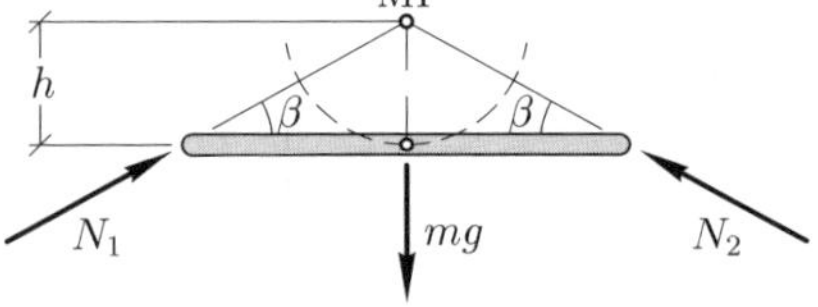

Kinetik:

$$m\,a_t = N_1 \cos\beta - N_2 \cos\beta \qquad (1)$$

$$m\,a_n = (N_1 + N_2)\sin\beta - mg \qquad (2)$$

Beschleunigungen in der tiefsten Stelle in natürlichen Koordinaten:

Die Schwerpunktsgeschwindigkeit v_S hat in diesem Tiefpunkt ihr Maximum:

$$a_t = \dot{v}_S = 0\,, \qquad a_n = \frac{v_S^2}{h} = \frac{2\,v_S^2}{r} = 5\,g$$

Ausrechnung:

aus (1): $N_1 = N_2$

aus (2): $N_1 = N_2 = 6\,mg$

Aufgabe 28.15:

Ein Satellit (Masse m) stürzt aus großer Höhe H senkrecht auf die Erde (Radius R) zu. Zur ersten überschlägigen Berechnung sollen der Luftwiderstand sowie die Anfangsgeschwindigkeit in der Höhe H vernachlässigt werden.

Bekanntlich nimmt die Erdanziehung mit der Annäherung an die Erde quadratisch zu, bei $h = R$ ist die Beschleunigung g bekannt.

a) Berechnen Sie die Geschwindigkeit v des Satelliten als Funktion seines Abstandes h vom Erdmittelpunkt.

b) Wie groß ist die Beschleunigung a des Satelliten in Abhängigkeit von der Höhe h?

c) Wie groß ist die maximale Geschwindigkeit v_{max}, die der Satellit erreichen kann ($H \to \infty$)?

Gegeben: R, m, g, H

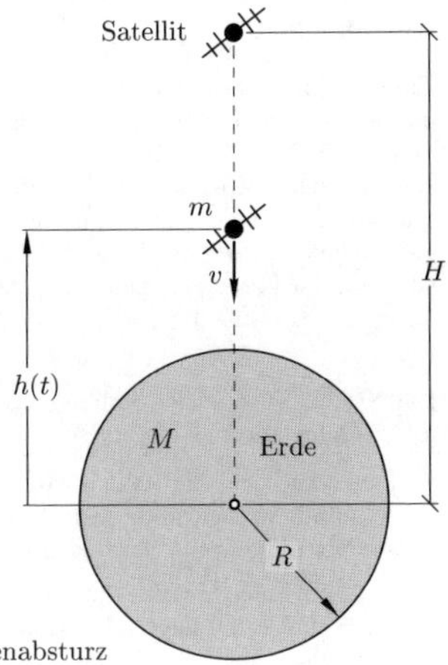

Bild A28.15: Satellitenabsturz

Lösung der Aufgabe 28.15:

a) Berechnung der Geschwindigkeit aus Energieerhaltung:

$$T_H = 0, \qquad U_H = -\Gamma \frac{m\,M}{H} \qquad T_h = \frac{1}{2} m\,v^2, U_h = -\Gamma \frac{m\,M}{h}$$

$$T_H + U_H = T_h + U_h \qquad \Longrightarrow \qquad \frac{1}{2} m\,v^2 = \Gamma \frac{m\,M}{h} - \Gamma \frac{m\,M}{H}$$

Gravitationskraft:

$$mg = G = \Gamma \frac{m\,M}{R^2} \qquad \Longrightarrow \qquad \Gamma M = g\,R^2$$

Ausrechnung der Geschwindigkeit:

$$v = \sqrt{2g R^2 \left(\frac{1}{h} - \frac{1}{H}\right)}$$

b) Berechnung der Beschleunigung:

$$m\,a = \Gamma \frac{m\,M}{h^2} \qquad \Longrightarrow \qquad a = \frac{1}{h^2}\,g\,R^2 = \frac{R^2}{h^2}\,g$$

c) Maximalgeschwindigkeit:

v_{max} bei $h \to R$ und $H \to \infty$ $\quad \Longrightarrow \quad$ $v_{max} = \sqrt{2gR}$ (Fluchtgeschwindigkeit)

Aufgabe 28.16:

Ein einseitig gelenkig gelagerter homogener dünner Balken (Länge $2a$, Masse M) und ein homogenes Zahnrad (Radius r, Masse m) sind durch eine masselose Koppelstange (Länge $\sqrt{2}\,a$) reibungsfrei verbunden. Das Zahnrad ist durch zwei gleiche Federn (Steifigkeit k) abgestützt und rollt stets auf der festen vertikalen Zahnstange. In der Ausgangslage A ist die vertikale Feder spannungsfrei.

Das System wird in der Anfangslage A ohne Anfangsgeschwindigkeit losgelassen.

a) Ermitteln Sie die fehlenden geometrischen Abstände in den Stellungen S und E und tragen Sie diese in die Skizzen ein.

b) Kennzeichnen Sie für die speziellen Stellungen S und E die Lagen des Momentanpols der Koppelstange.

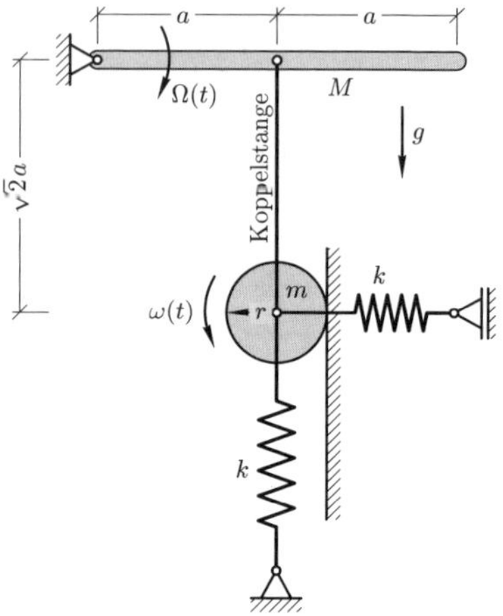

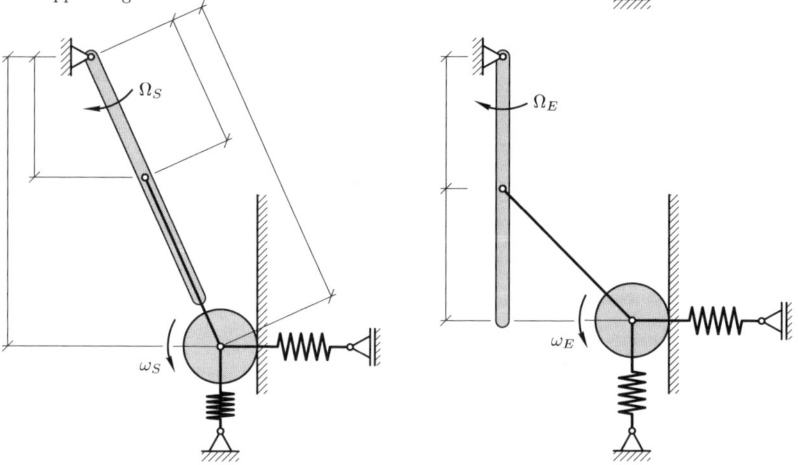

Bild A28.16: Balken mit gefederter Walze in der Ausgangslage A (oben), in der gestreckten Lage S (links) und in der Endposition E (unten rechts)

c) Berechnen Sie die Winkelgeschwindigkeit Ω_E des Stabes beim Durchlaufen der Stellung E.

d) Wie groß darf die Steifigkeit k der Feder maximal sein, wenn Balken und Koppelstange die gestreckte Lage S erreichen sollen?

Gegeben: $m,\ M,\ a,\ r,\ k$

Lösung der Aufgabe 28.16:

a) Geometrische Abstände und Momentanpole:

Stellung S: Stellung E:

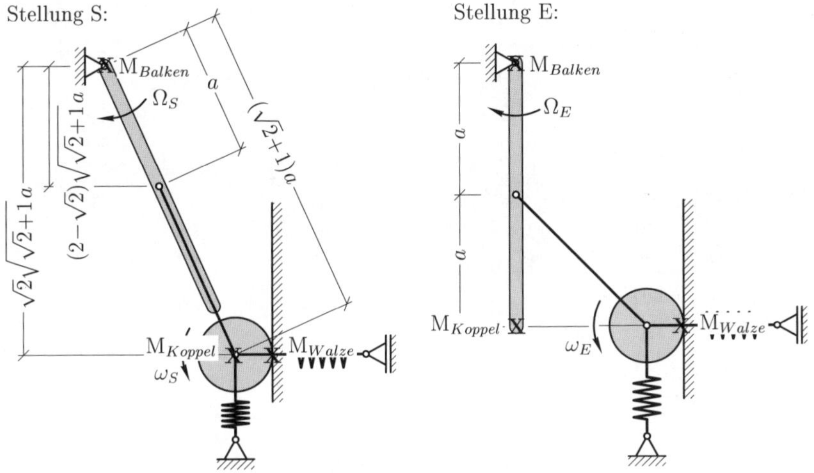

$h_{mA} = -\sqrt{2}a$

$h_{mS} = -\sqrt{2}\sqrt{\sqrt{2}+1}\;a$ $\qquad h_{mE} = -2a$

$h_{MS} = -\sqrt{\dfrac{2}{\sqrt{2}+1}}\;a = -\sqrt{2}\sqrt{\sqrt{2}-1}\;a$ $\qquad h_{ME} = -a$

$\Delta l_{FS} = h_{mS} - h_{mA} = -\sqrt{2}\left[\sqrt{\sqrt{2}+1} - 1\right]a$ $\qquad \Delta l_{FE} = h_{mE} - h_{mA} = -(2\sqrt{2})\,a$

c) Berechnung der Winkelgeschwindigkeit des Stabes in der Lage E:

Massengeometrie:

$\Theta_M^S = \dfrac{1}{12}M(2a)^2 = \dfrac{1}{3}M\,a^2;$ $\qquad \Theta_m^S = \dfrac{1}{2}mr^2$

Kinematik:

$v_{ME} = \Omega_E\,a; \qquad v_{mE} = \Omega_E\,a; \qquad \Omega_E\,a = -\omega_E\,r \qquad \Longrightarrow \qquad \omega_E = -\dfrac{a}{r}\,\Omega_E$

Arbeitssatz:

$T_A + U_A + W_{AE}^* = T_E + U_E$ mit

$T_A = 0; \qquad U_A = mg(-\sqrt{2}a); \qquad W_{AE}^* = 0$

$U_E = Mg\,(-a) + mg\,(-2\,a) + \dfrac{1}{2}k\,\Delta l_{FE}^2 = -Mg\,a - 2\,mg\,a + k\,(3-2\sqrt{2})\,a^2$

$T_E = \dfrac{1}{2}\,\Theta_M^S\,\Omega_E^2 + \dfrac{1}{2}M\,v_{ME}^2 + \dfrac{1}{2}m\,v_{mE}^2 + \dfrac{1}{2}\,\Theta_m^S\,\omega_E^2 = \left[\dfrac{2}{3}M + \dfrac{3}{4}m\right]a^2\,\Omega_E^2$

Ausrechnung der Winkelgeschwindigkeit:

$$\Omega_E^2 = \frac{[M + (2-\sqrt{2})\,m]\,g\,a - (3-2\sqrt{2})\,k\,a^2}{\left[\frac{2}{3}M + \frac{3}{4}m\right]a^2}$$

d) Maximalsteifigkeit k der Feder für Durchlaufen der Stellung S:

Energien:

$$T_S \geq 0; \qquad W_{AS}^* = 0$$

$$U_S = M g\, h_{MS} + m g\, h_{mS} + \frac{1}{2} k\, \Delta l_{FS}^2 =$$

$$= -M g\, a\sqrt{2}\sqrt{\sqrt{2}-1} - m g\, a\sqrt{2}\sqrt{\sqrt{2}+1} + k\, a^2\left[2+\sqrt{2} - 2\sqrt{\sqrt{2}+1}\right]$$

Energieerhaltungssatz:

$$T_A + U_A + W_{AS}^* = T_S + U_S \qquad \Longrightarrow$$

$$T_S = U_A - U_S \geq 0 \qquad \Longrightarrow$$

$$k \leq \frac{M\sqrt{\sqrt{2}-1} + m\left(\sqrt{\sqrt{2}+1} - 1\right)}{a\left[\sqrt{2}+1 - \sqrt{2}\sqrt{\sqrt{2}+1}\right]}\, g$$

Aufgabe 28.17:

Eine homogene Walze (Masse m_W, Radius r) ist gelenkig mit einer homogenen Stange (Masse m_S, Länge l) verbunden und kann am rauhen Boden rollen. Das obere Stangenende bewegt sich reibungsfrei parallel zur Vertikalwand. Das System wird aus der Anfangslage φ_0 ohne Anfangsgeschwindigkeit losgelassen.

Berechnen Sie die Winkelgeschwindigkeit $\dot{\varphi}$ als Funktion des Winkels φ.

Gegeben: l, r, $\sin\varphi_0 = r/l$, $\cos\varphi_0 = h/l$, m_W, m_S, g, h

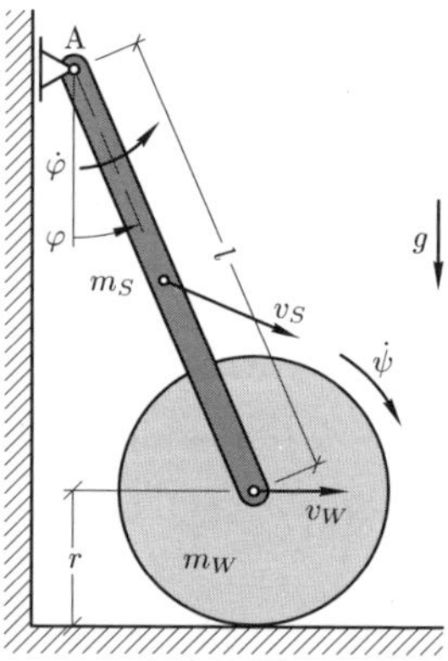

Bild A28.17: Walze mit abrutschender Stange

Lösung der Aufgabe 28.17:

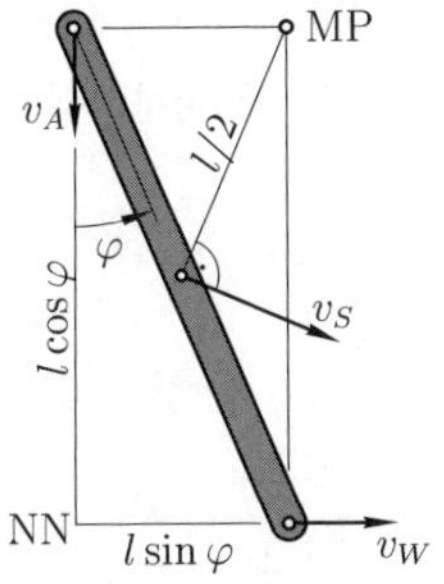

Kinematik und Geometrie:

$$v_S = \frac{l}{2}\dot\varphi, \qquad v_W = l\cos\varphi\,\dot\varphi$$

$$v_W = r\dot\psi \qquad \Longrightarrow \qquad \dot\psi = \frac{l}{r}\cos\varphi\,\dot\varphi$$

Massengeometrie:

$$\Theta_W = \frac{1}{2}m_W r^2, \qquad \Theta_S = \frac{1}{12}m_S l^2$$

Energien:

$$T_A = 0, \qquad U_A = m_S g h_{SA} = mg\frac{l}{2}\cos\varphi_0, \qquad W^*_{AB} = 0$$

$$T = \frac{1}{2}m_W v_W^2 + \frac{1}{2}\Theta_W\dot\psi^2 + \frac{1}{2}m_S v_S^2 + \frac{1}{2}\Theta_S\dot\varphi^2, \qquad U = m_S g h_S = mg\frac{l}{2}\cos\varphi$$

Arbeitssatz:

$$T_A + U_A + W^*_{AB} = T + U$$

Einsetzen und ausrechnen:

$$m_S g\frac{l}{2}\cos\varphi_0 =$$
$$= \frac{1}{2}\Big[m_W\big(l\cos^2\varphi\big)^2 + \frac{1}{2}m_W r^2\Big(\frac{l}{r}\Big)^2\cos^2\varphi + m_S\Big(\frac{l}{2}\Big)^2 + \frac{1}{12}m_S l^2\Big]\dot\varphi^2 + m_S g\frac{l}{2}\cos\varphi$$

Winkelgeschwindigkeit:

$$\dot\varphi^2 = \frac{6\,m_S\,(\cos\varphi_0 - \cos\varphi)}{9\,m_W\cos^2\varphi + 2\,m_S}\,\frac{g}{l}$$

Aufgabe 28.18:

Ein homogenes Planetenrad (Masse m_1, Radius r, Trägheitsmoment Θ_1) ist über eine masselose Verbindungsstange (Länge $R+r$) mit dem Mittelpunkt des Planetengetriebes verbunden. Infolge seiner Schwerkraft rollt es ohne Anfangsgeschwindigkeit aus der Lage NN ($\alpha = 0$) in einem feststehenden Innenzahnkranz (Radius $R+2r$) herab. Dabei treibt es das Sonnenrad (Radius R, Trägheitsmoment Θ_2) an, welches durch das konstante Reibmoment M_R in seiner Lagerung gebremst wird.

a) Berechnen Sie die Winkelgeschwindigkeit $\dot\varphi$ des Sonnenrades in Abhängigkeit vom Lagewinkel α der Verbindungsstange.

b) Wie groß ist die Winkelbeschleunigung $\ddot\alpha$ der Verbindungsstange in Abhängigkeit von ihrem Lagewinkel α?

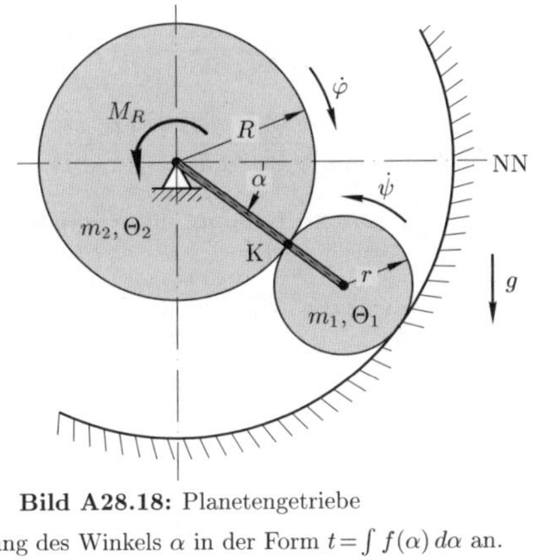

Bild A28.18: Planetengetriebe

c) Geben Sie die Integralgleichung zur Berechnung des Winkels α in der Form $t = \int f(\alpha)\,d\alpha$ an.

Gegeben: Θ_1, m_1, r, Θ_2, R, M_R, g

Lösung der Aufgabe 28.18:

a) Berechnung der Winkelgeschwindigkeit:

Kinematik:

$$\left.\begin{array}{l} v_{S1} = r\,\dot{\psi} = (R+r)\,\dot{\alpha} \\ \\ v_K = 2\,r\,\dot{\psi} = R\dot{\varphi} \end{array}\right\} \longrightarrow \quad \begin{array}{l} \dot{\psi} = \dfrac{R}{2\,r}\,\dot{\varphi}, \qquad \dot{\alpha} = \dfrac{R}{2\,(R+r)}\,\dot{\varphi} \\ v_{S1} = \dfrac{R}{2}\,\dot{\varphi} \end{array}$$

Energien und Arbeit:

$$T_A = U_A = 0, \qquad W^*_{AB} = -M_R\,\varphi = -M_R\frac{2(R+r)}{R}\,\alpha$$

$$T_B = \frac{1}{2}\,m_1 v_{S1}^2 + \frac{1}{2}\,\Theta_1\,\dot{\psi}^2 + \frac{1}{2}\,\Theta_2\,\dot{\varphi}^2 = \frac{1}{2}\Big[m_1\Big(\frac{R}{2}\Big)^2 + \Theta_1\Big(\frac{R}{2\,r}\Big)^2 + \Theta_2\Big]\dot{\varphi}^2$$

$$U_B = -m_1 g\,(R+r)\sin\alpha$$

Arbeitssatz:

$$T_A + U_A + W^*_{AB} = T_B + U_B$$

$$-M_R\frac{2\,(R+r)}{R}\,\alpha = \frac{1}{2}\Big[m_1\Big(\frac{R}{2}\Big)^2 + \Theta_1\Big(\frac{R}{2\,r}\Big)^2 + \Theta_2\Big]\dot{\varphi}^2 - m_1 g\,(R+r)\sin\alpha$$

Ausrechnung:

$$\dot{\varphi}^2 = \frac{2\big[m_1 g\,(R+r)\sin\alpha - M_R\,2\,(R+r)/R\,\alpha\big]}{m_1\Big(\dfrac{R}{2}\Big)^2 + \Theta_1\Big(\dfrac{R}{2r}\Big)^2 + \Theta_2} = \frac{8(R+r)(m_1 g\,R\sin\alpha - 2\,M_R\,\alpha)\,r^2}{(m_1 R^2\,r^2 + \Theta_1 R^2 + 4\,\Theta_2\,r^2)\,R}$$

$$\dot{\alpha}^2 = \Big[\frac{R}{2\,(R+r)}\Big]^2\,\dot{\varphi}^2 = 2\,\frac{R^2\,r^2\,m_1 g\,\sin\alpha - 2R\,r^2 M_R\,\alpha}{(R+r)(m_1 R^2\,r^2 + \Theta_1 R^2 + 4\,\Theta_2\,r^2)}$$

Differentation zur Berechnung der Beschleunigung:

$$2\,\dot{\alpha}\,\ddot{\alpha} = 2\,\frac{R^2\,r^2\,m_1 g\,\cos\alpha - 2R\,r^2 M_R}{(R+r)(m_1 R^2\,r^2 + \Theta_1 R^2 + 4\,\Theta_2\,r^2)}\,\dot{\alpha} \qquad \Longrightarrow$$

$$\ddot{\alpha} = \frac{R^2\,r^2\,m_1 g\,\cos\alpha - 2R\,r^2 M_R}{(R+r)(m_1 R^2\,r^2 + \Theta_1 R^2 + 4\,\Theta_2\,r^2)}$$

Integration durch Trennung der Veränderlichen:

$$\frac{d\alpha}{dt} = \dot{\alpha} = \sqrt{2\,\frac{R^2\,r^2\,m_1 g\,\sin\alpha - 2R\,r^2 M_R\,\alpha}{(R+r)(m_1 R^2\,r^2 + \Theta_1 R^2 + 4\,\Theta_2\,r^2)}}$$

$$t = \int_0^t dt = \int_0^{\alpha(t)} \sqrt{\frac{(R+r)(m_1 R^2\,r^2 + \Theta_1 R^2 + 4\,\Theta_2\,r^2)}{2\,(R^2\,r^2 m_1 g\,\sin\alpha - 2R\,r^2 M_R\,\alpha)}}\,d\alpha$$

Aufgabe 28.19:

Ein starrer Körper besteht aus einem dünnwandigen Hohlzylinder (Radius r, Masse m), an dem außen eine dünne homogene Rechteckplatte (Länge $2r$, Masse m) angeschweißt ist. Der Körper wird in die instabile Gleichgewichtslage 1 gebracht und kippt dann infolge einer vernachlässigbar kleinen Störung um. Bei dieser Bewegung rollt der Hohlzylinder auf der rauhen horizontalen Ebene.

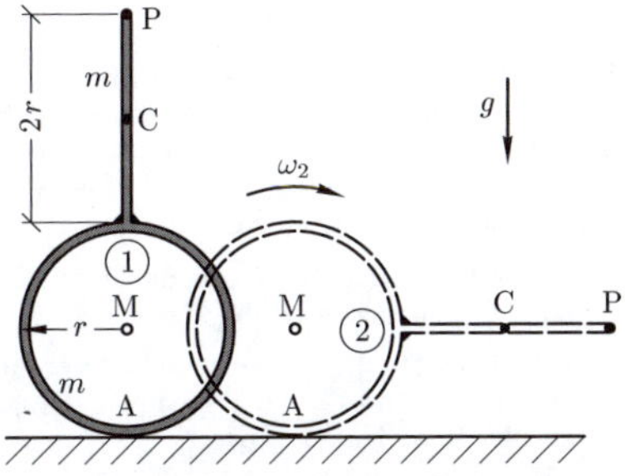

Bild A28.19: Rollender unwuchtiger Körper

a) Wie groß ist die Winkelgeschwindigkeit ω_2 des Körpers in dem Augenblick, in dem die dünne Platte die horizontale Lage 2 durchläuft?

b) Wie groß ist in diesem Augenblick der Betrag der Geschwindigkeit $\vec{v}_P$ des Punktes P?

Gegeben: m, r, g

Lösung der Aufgabe 28.19:

a) Berechnung der Winkelgeschwindigkeit ω_2:

Massenträgheitsmomente:

$$\Theta^M_{Ring} = m\,r^2, \qquad \Theta^C_{Platte} = \frac{1}{12}\,m\,(2r)^2 = \frac{1}{3}\,m\,r^2$$

Kinematik; A ist der Momentanpol des rollenden unwuchtigen Körpers:

$$v_{M2} = \omega_2\,r, \qquad v_{C2} = \sqrt{(2r)^2 + r^2}\,\omega_2 = \sqrt{5}\,r\,\omega_2$$

Potentielle und kinetische Energie in der Stellung 1:

$$U_1 = m\,g\,2\,r, \qquad T_1 = 0$$

Potentielle und kinetische Energie in der Stellung 2:

$$U_2 = 0, \qquad T_2 = \frac{1}{2}\,m\,v_{M2}^2 + \frac{1}{2}\,\Theta^M_{Ring}\,\omega_2^2 + \frac{1}{2}\,m\,v_{C2}^2 + \frac{1}{2}\,\Theta^C_{Platte}\,\omega_2^2$$

Energieerhaltungssatz zwischen den Lagen 1 und 2:

$$U_1 + T_1 = U_2 + T_2$$

Einsetzen und Ausrechnen der Winkelgeschwindigkeit:

$$m\,g\,2\,r = \frac{1}{2}\,m\left[r^2 + r^2 + (\sqrt{5}\,r)^2 + \frac{1}{3}\,r^2\right]\omega_2^2 = \frac{1}{2}\,m\,r^2\,\frac{22}{3}\,\omega_2^2$$

Winkelgeschwindigkeit:

$$\omega_2^2 = \frac{6}{11}\,\frac{g}{r}$$

b) Berechnung der Geschwindigkeit des Plattenendpunktes P:

EULERsche Geschwindigkeitsformel von A nach P:

$$v_{P2} = \sqrt{r^2 + (3r)^2}\,\omega_2 = \sqrt{10}\,r\,\omega_2 = \sqrt{\frac{60}{11}\,g\,r}$$

Aufgabe 28.20:

Ein Hubsystem besteht aus dem Antrieb (Außenradius $3\,r$, Innenradius r, Massenträgheitsmoment Θ_1, Antriebsmoment M_A), einer Gegenlaufrolle (Radius r, Massenträgheitsmoment Θ_2) und einer Hubrolle (Masse m_3, Radius $2\,r$, Massenträgheitsmoment Θ_3).

a) Geben Sie die Ausdrücke für die kinetische und die potentielle Energie des Hubsystems an.

b) Berechnen Sie die Geschwindigkeit $\dot{x}(x)$ der Walze m_3 als Funktion ihres Hubes x, wenn die Bewegung bei $x=0$ aus der Ruhe heraus startet.

Gegeben: r, Θ_1, Θ_2, Θ_3, m_3, M_A, g

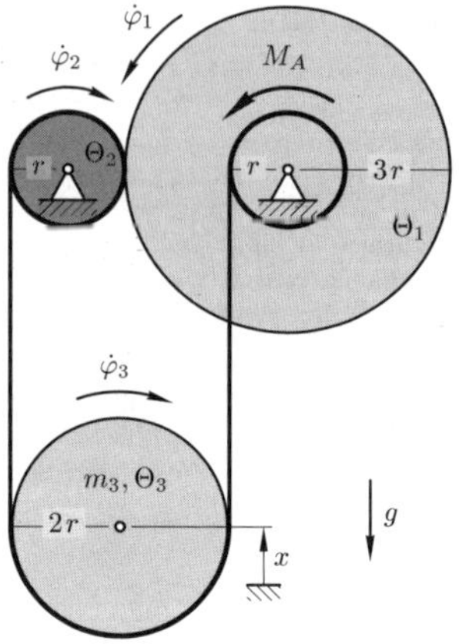

Bild A28.20: Hubsystem mit Rollen

Lösung der Aufgabe 28.20:

Kinematik:

$$\left.\begin{aligned} \dot{x} &= -\dot{\varphi}_1 r + \dot{\varphi}_3 2r \\ \dot{x} &= \dot{\varphi}_2 r - \dot{\varphi}_3 2r \\ \dot{\varphi}_2 r &= \dot{\varphi}_1 3r \end{aligned}\right\} \quad \Longrightarrow \quad \left\{\begin{aligned} \dot{\varphi}_1 &= \frac{\dot{x}}{r} \\ \dot{\varphi}_2 &= 3\dot{\varphi}_1 = 3\frac{\dot{x}}{r} \\ \dot{\varphi}_3 &= \dot{\varphi}_1 = \frac{\dot{x}}{r} \end{aligned}\right.$$

Energien:

$$U_A = 0, \qquad T_A = 0, \qquad W^*_{AB} = M_A \varphi_1 = M_A \frac{x}{r}, \qquad U_B = m_3 g x$$

$$T_B = \frac{1}{2}\Theta_1 \dot{\varphi}_1^2 + \frac{1}{2}\Theta_2 \dot{\varphi}_2^2 + \frac{1}{2}\Theta_3 \dot{\varphi}_3^2 + \frac{1}{2} m_3 \dot{x}^2 = \frac{1}{2}\left\{\Theta_1 + 9\,\Theta_2 + \Theta_3 + m_3 r^2\right\}\left(\frac{\dot{x}}{r}\right)^2$$

Arbeitssatz:

$$T_A + U_A + W^*_{AB} = T_B + U_B \qquad \Longrightarrow$$

$$M_A \frac{x}{r} = \frac{1}{2}\left\{\Theta_1 + 9\,\Theta_2 + \Theta_3 + m_3 r^2\right\}\left(\frac{\dot{x}}{r}\right)^2 + m_3 g x$$

Geschwindigkeit:

$$\dot{x}(x) = \sqrt{\frac{2\,(M_A r - m_3 g r^2)}{\Theta_1 + 9\,\Theta_2 + \Theta_3 + m_3 r^2}\, x}$$

Beschleunigung:

$$\ddot{x} = \frac{M_A r - m_3 g r^2}{\Theta_1 + 9\,\Theta_2 + \Theta_3 + m_3 r^2}$$

Kapitel 29

Einfache lineare Schwinger

Aufgabe 29.1:

Ein Maschinenfundament besteht aus vier eingespannten Blattfedern (Länge h, Biegesteifigkeit EI) und einem starren Tisch (Masse m).

Man gebe die Kennkreisfrequenz ω_0 des Fundamentes für kleine Querschwingungen an.

Gegeben: h, m, EI

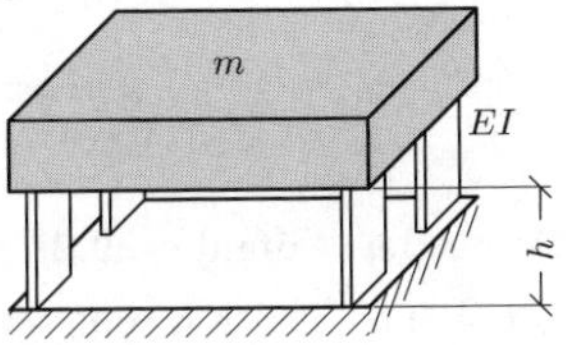

Bild A29.1: Maschinenfundament

Lösung der Aufgabe 29.1:

Verformungsfigur:

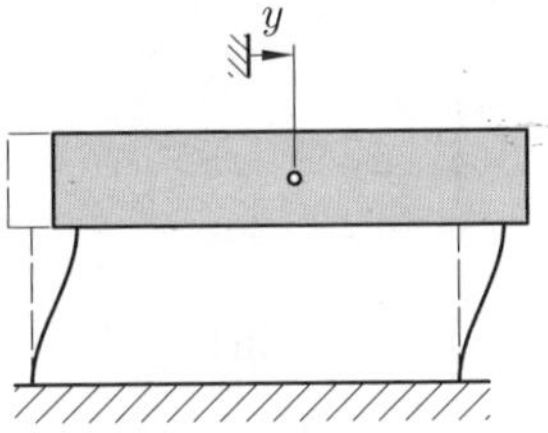

Freikörperbild:

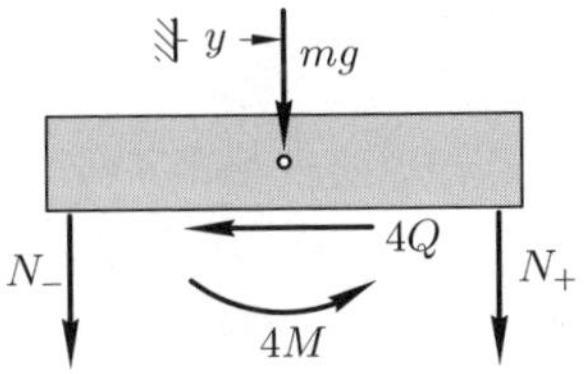

Elastomechanik der Blattfeder:

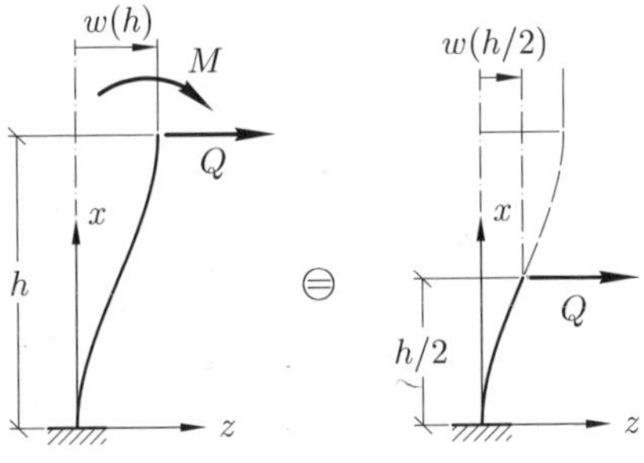

$$w(h) = 2\,w(h/2) = 2\,\frac{Q(h/2)^3}{3EI} = \frac{Q\,h^3}{12\,EI}$$

Kinetik:

$$m\,\ddot{y} = -4Q$$

Bewegungsdifferentialgleichung:

$$m\,\ddot{y} + 4\,\frac{12\,EI}{h^3}\,y = 0$$

Kinematik:

$$y = w(h)$$

Kennkreisfrequenz:

$$\omega_0 = \sqrt{\frac{48\,EI}{m\,h^3}}$$

Aufgabe 29.2:

Ein Pendel (Fadenlänge l, Gewicht mg) schlägt bei A mit dem Faden an einen festen Bolzen an.

a) Stellen Sie für die beiden Bewegungsformen der Pendelschwingung die nichtlinearen Bewegungsdifferentialgleichungen auf.

b) Wie groß ist bei kleinen Pendelausschlägen die Schwingungsdauer?

Gegeben: a, l, m, g

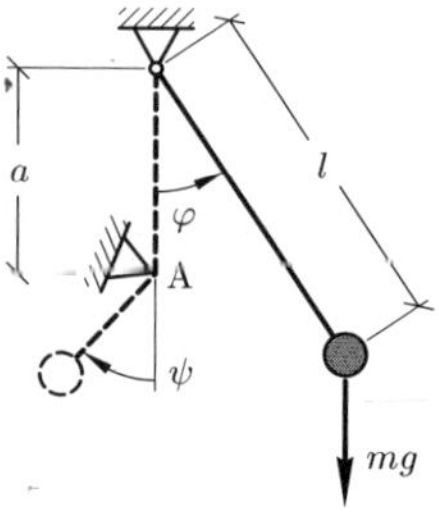

Bild A29.2: Fadenpendel mit Anschlag

Lösung der Aufgabe 29.2:

a) Ermittlung der Bewegungsgleichungen:

Freikörperbilder:

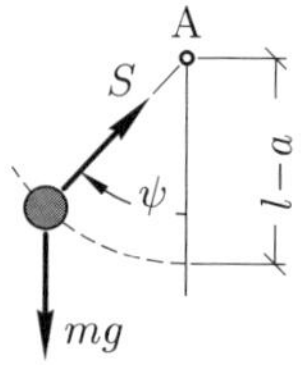

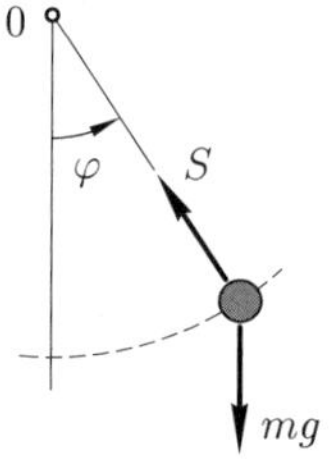

Kinetik:

$$m\,a_t = m\,(l-a)\,\ddot{\psi} = -mg\sin\psi \qquad\qquad m\,a_t = m\,l\,\ddot{\varphi} = -mg\sin\varphi$$

$$\Longrightarrow \quad \ddot{\psi} + \frac{g}{l-a}\sin\psi = 0 \qquad\qquad \Longrightarrow \quad \ddot{\varphi} + \frac{g}{l}\sin\varphi = 0$$

Linearisierung ($\psi \ll 1$, $\varphi \ll 1$):

$$\Longrightarrow \quad \ddot{\psi} + \frac{g}{l-a}\,\psi = 0 \qquad\qquad \Longrightarrow \quad \ddot{\varphi} + \frac{g}{l}\,\varphi = 0$$

b) Berechnung der Schwingungsdauer:

Kennkreisfrequenzen:

$$\omega_\psi^2 = \frac{g}{l-a} \;\Longrightarrow\; T_\psi = \frac{2\pi}{\omega_\psi} = 2\pi\sqrt{\frac{l-a}{g}}; \qquad \omega_\varphi^2 = \frac{g}{l} \;\Longrightarrow\; T_\varphi = \frac{2\pi}{\omega_\varphi} = 2\pi\sqrt{\frac{l}{g}}$$

Periodendauer der gesamten Bewegung:

$$T = \frac{1}{2}\left(T_\psi + T_\varphi\right) = \pi\left\{\sqrt{\frac{l-a}{g}} + \sqrt{\frac{l}{g}}\right\} \approx 2\pi\sqrt{\frac{l}{g}}\left(1 - \frac{a}{4l}\right) \qquad \text{für} \qquad a \ll l$$

Aufgabe 29.3:

Ein mathematisches Pendel aus einem masselosen Stab der Länge l und der Punktmasse m steht auf dem Kopf und wird von einer Feder mit der Steifigkeit k gehalten.

a) Wie lautet die Bewegungsdifferentialgleichung für kleine Schwingungen um die gezeichnete Gleichgewichtslage?

b) Wie groß muß die Steifigkeit k mindestens sein, damit nach einer anfänglichen kleinen Störung das Pendel um die obere Gleichgewichtslage oszilliert?

Gegeben: l, m, k, g

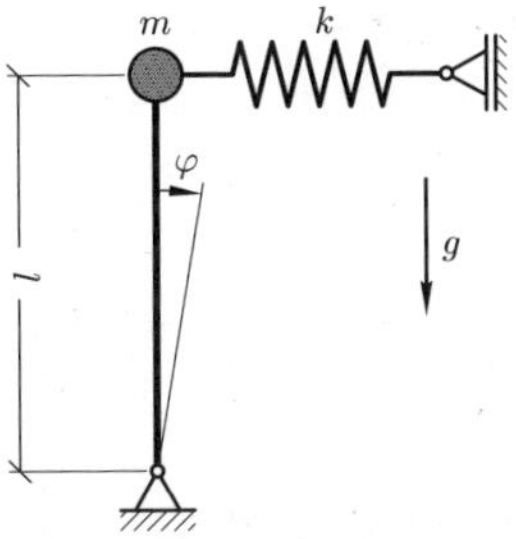

Bild A29.3: Mathematisches Pendel mit Haltefeder

Lösung der Aufgabe 29.3:

Wegen Punktmasse ($\Theta_S = 0$) zeigt S in Stablängsrichtung:

Freikörperbild:

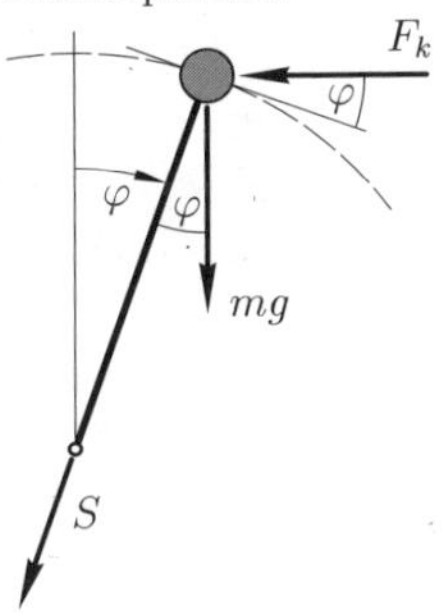

Kinetik:

$$m\,a_t = m\,l\,\ddot{\varphi} = mg\sin\varphi - F_k\cos\varphi$$

Federgesetz:

$$F_k = k\,l\sin\varphi$$

Nichtlineare Bewegungsgleichung:

$$\ddot{\varphi} + \Big(\frac{k}{m}\cos\varphi - \frac{g}{l}\Big)\sin\varphi = 0$$

Linearisierung ($\varphi \ll 1$):

$$\ddot{\varphi} + \Big(\frac{k}{m} - \frac{g}{l}\Big)\varphi = 0$$

Stabile harmonische Bewegung um die obere Gleichgewichtslage nur möglich für

$$\omega_0^2 = \frac{k}{m} - \frac{g}{l} > 0 \quad \Longrightarrow \quad k > \frac{mg}{l}$$

Aufgabe 29.4:

Die vier Schwingungssysteme bestehen aus Punktmassen m, die von masselosen Schrauben- und Biegefedern in verschiedenen Anordnungen gehalten werden.

Ermitteln Sie die Kennkreisfrequenzen ω_0 der vier Schwingungssysteme.

Gegeben: m, k, k_1, k_2, l, EI

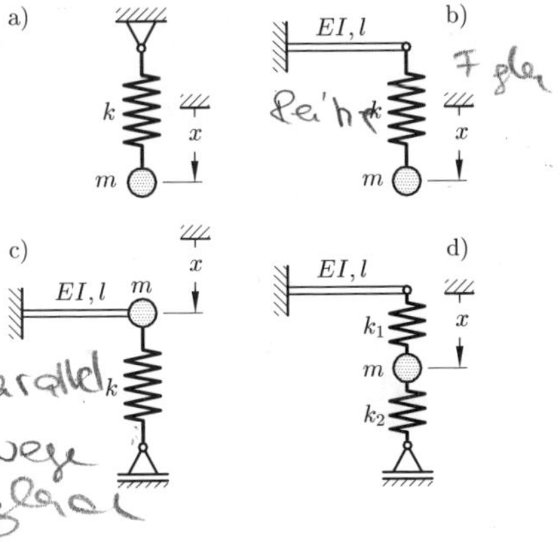

Bild A29.4: Vier Schwingungssysteme

Lösung der Aufgabe 29.4:

Freikörperbilder (statische Vorspannkräfte und Gewichtskräfte heben sich gegenseitig auf):

a) b) c) d)

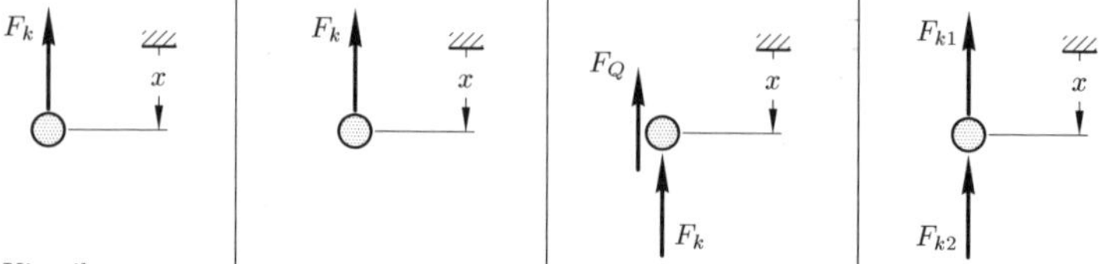

Kinetik:

a)	b)	c)	d)
$m\,\ddot{x} = -F_k$	$m\,\ddot{x} = -F_k$	$m\,\ddot{x} = -F_Q - F_k$	$m\,\ddot{x} = -F_{k1} - F_{k2}$

Federgesetze:

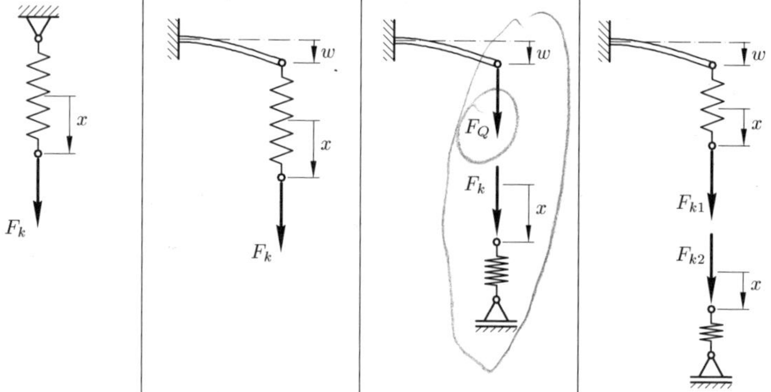

a)	b)	c)	d)
$F_k = k\,x$	$F_k = k\,(x - w)$	$F_k = k\,x$	$F_{k1} = k_1(x - w)$
	$w = \dfrac{F_k l^3}{3EI}$	$w = \dfrac{F_Q l^3}{3EI}$	$w = \dfrac{F_{k1} l^3}{3EI}$
			$F_{k2} = k_2 x$

Bewegungsgleichungen:

a)	b)	c)	d)
$m\,\ddot{x} + k\,x = 0$	$m\,\ddot{x} + \dfrac{1}{\left(\dfrac{1}{k} + \dfrac{l^3}{3EI}\right)}\,x = 0$	$m\,\ddot{x} + \left(k + \dfrac{3EI}{l^3}\right)x = 0$	$m\,\ddot{x} + \left(k_2 + \dfrac{1}{\dfrac{1}{k_1} + \dfrac{l^3}{3EI}}\right)x = 0$

Kennkreisfrequenzen:

a)	b)	c)	d)
$\omega_0 = \sqrt{\dfrac{k}{m}}$	$\omega_0 = \sqrt{\dfrac{1}{m\left(\dfrac{1}{k} + \dfrac{l^3}{3EI}\right)}}$	$\omega_0 = \sqrt{\dfrac{k + \dfrac{3EI}{l^3}}{m}}$	$\omega_0 = \sqrt{\dfrac{k_2 + \dfrac{1}{\dfrac{1}{k_1} + \dfrac{l^3}{3EI}}}{m}}$

Aufgabe 29.5:

Eine Masse m_1 hängt an einer losen Umlenkrolle, die von einer Seilschlaufe gehalten wird. Das Seil ist über eine zweite Umlenkrolle geführt und trägt an seinem Ende die Masse m_2. Diese Masse ist durch eine Feder k abgestützt; die Feder ist für $x_2 = 0$ spannungsfrei. Die Reibung, die Trägheit der Umlenkrollen und die Seilmasse können vernachlässigt werden.

a) Stellen Sie die Bewegungsdifferentialgleichung für die Schwingbewegung $x_2(t)$ der Masse m_2 auf.

b) Wie groß ist die statische Verschiebung $x_{2\,stat}$ der Masse m_2 im Gleichgewichtszustand?

c) Welche Kennkreisfrequenz ω_0 hat das Schwingungssystem?

Gegeben: m_1, m_2, k, g

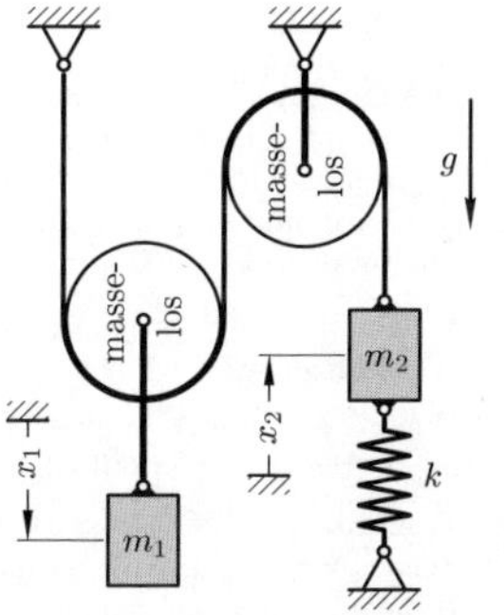

Bild A29.5: Feder-Masse-System

Lösung der Aufgabe 29.5:

Freikörperbilder:

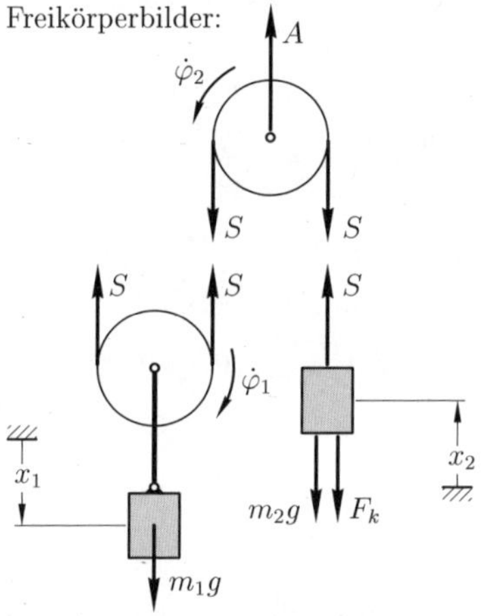

Kinetik:

Da die Umlenkrollen masselos und reibungsfrei sind, sind alle Seilkräfte gleich.

$$m_1\,\ddot{x}_1 = m_1 g - 2\,S \qquad (1)$$

$$m_2\,\ddot{x}_2 = -m_2 g + S - F_k \qquad (2)$$

Federgesetz:

$$F_k = k\,x_2$$

Kinematik:

$$\dot{x}_1 = r_1\,\dot{\varphi}_1, \qquad \dot{x}_2 = r_2\,\dot{\varphi}_2, \qquad 2\,r_1\,\dot{\varphi}_1 = r_2\,\dot{\varphi}_2$$

$$\Longrightarrow \quad \ddot{x}_1 = \frac{1}{2}\,\ddot{x}_2$$

a) Bewegungsdifferentialgleichung:

$$2\cdot(1) + 4\cdot(2): \quad \Longrightarrow \quad \ddot{x}_2 + \frac{4\,k}{m_1+4\,m_2}\,x_2 = \frac{2\,(m_1-2\,m_2)}{m_1+4\,m_2}\,g$$

b) Statische Verschiebung x_{2stat} aus $\ddot{x}_2 = 0$:

$$\frac{4\,k}{m_1+4\,m_2}\,x_{2stat} = \frac{2\,(m_1-2\,m_2)}{m_1+4\,m_2}\,g \quad \Longrightarrow \quad x_{2stat} = \frac{(m_1-2\,m_2)\,g}{2\,k}$$

c) Kennkreisfrequenz:

$$\omega_0 = \sqrt{\frac{4\,k}{m_1+4\,m_2}}$$

Aufgabe 29.6:

Ein senkrechter Zeiger (Masse m, Massenträgheitsmoment Θ^A) ist in A drehbar gelagert und wird von einer Spiralfeder (Drehsteifigkeit k_φ) gehalten. Die elektrische und mechanische Dämpfung des Zeigers wird durch einen im Zeigerschwerpunkt gedachten, geschwindigkeitsproportionalen Dämpfer (Dämpferkonstante b) idealisiert.

a) Stellen Sie die Bewegungsdifferentialgleichung für kleine Zeigerausschläge auf.

b) Wie groß muß die Drehfedersteifigkeit k_φ mindestens sein, damit die vertikale Lage stabil ist?

c) Wie groß muß die Dämpferkonstante b mindestens sein, wenn der Zeiger nach einer Anfangsauslenkung kriechend in die vertikale Ruhelage zurückkehren soll?

Gegeben: m, Θ^A, s, b, k_φ

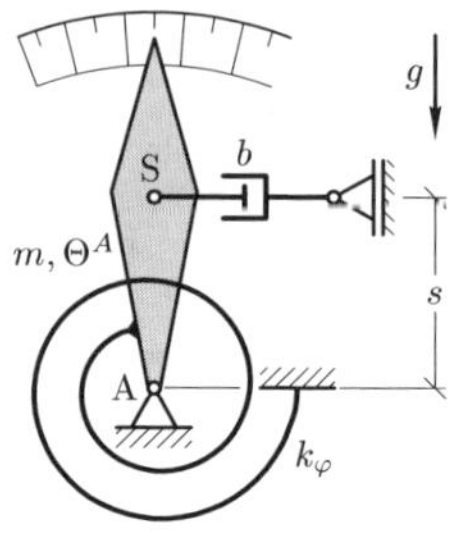

Bild A29.6: Zeiger eines Meßinstrumentes

Lösung der Aufgabe 29.6:

Freikörperbild:

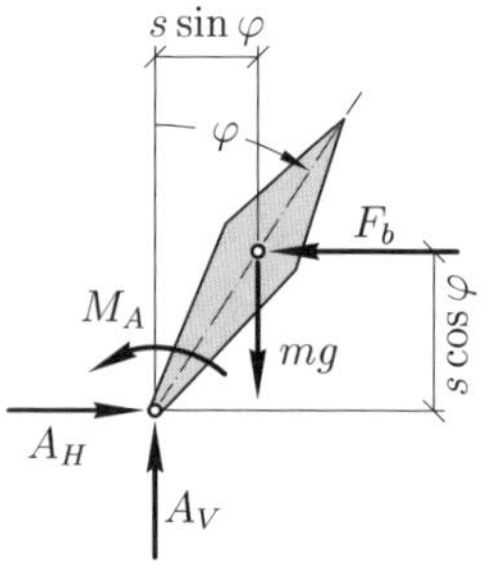

Kinetik:

$$\Theta_A\,\ddot\varphi = -M_A + mg\,s\sin\varphi - F_b\,s\cos\varphi$$

Stoffgesetze:

$$M_A = k_\varphi\,\varphi$$

$$F_b = b\,(s\sin\varphi)^{\cdot}$$

Nichtlineare Bewegungsgleichung:

$$\Theta_A\,\ddot\varphi + b\,s^2\cos^2\varphi\,\dot\varphi + k_\varphi\,\varphi - mg\,s\sin\varphi = 0$$

a) Linearisierte Bewegungsgleichung:

$$\Theta_A\,\ddot\varphi + b\,s^2\,\dot\varphi + (k_\varphi - mg\,s)\,\varphi = 0$$

b) Stabile Bewegung um die vertikale Gleichgewichtslage nur für

$$\omega_0^2 = \frac{k_\varphi - mg\,s}{\Theta_A} > 0 \quad\Longrightarrow\quad k_\varphi > mg\,s$$

c) Kriechfall nur für $D \geq 1$:

$$2D\omega_0 = \frac{b\,s^2}{\Theta_A} \quad\Longrightarrow\quad D = \frac{b\,s^2}{2\sqrt{\Theta_A\,(k_\varphi - mg\,s)}} \quad\Longrightarrow\quad b \geq \frac{2\sqrt{\Theta_A\,(k_\varphi - mg\,s)}}{s^2}$$

Aufgabe 29.7:

Eine Masse m, eine Feder k und ein Dämpfer b werden in unterschiedlicher Weise zu schwingungsfähigen Systemen zusammengefügt. Das System I wird durch eine äußere Kraft, die Systeme II und III durch die Fußpunktbewegung der Feder bzw. des Dämpfers harmonisch erregt.

Stellen Sie die Bewegungdifferentialgleichungen der Systeme auf und geben Sie die Amplituden der harmonischen Bewegungen im eingeschwungenen Zustand an.

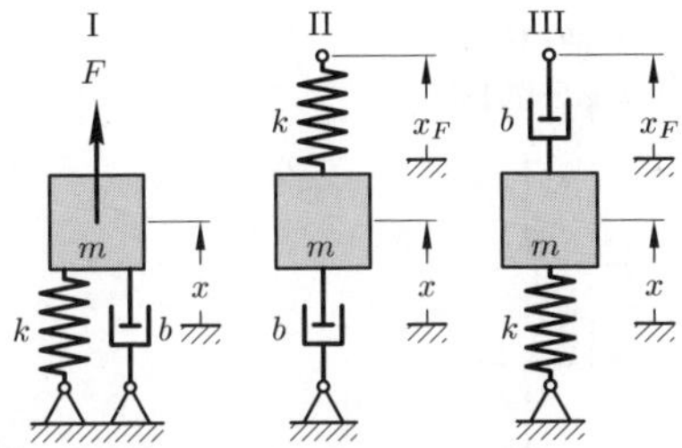

Bild A29.7: Drei einfache Schwinger

Gegeben: m, b, k, $\widehat{x}_F$, $\widehat{F}$, Ω, $x_F = \widehat{x}_F \cos\Omega t$, $F = \widehat{F}\cos\Omega t$

Lösung der Aufgabe 29.7:

System I:

Freikörperbild:

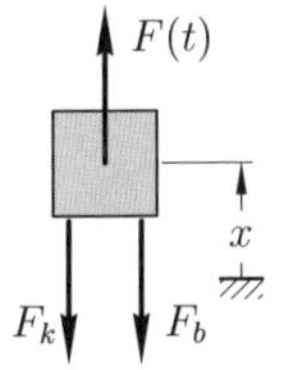

Kinetik:

$$m\ddot{x} = F(t) - F_k - F_b$$

Feder- und Dämpfergesetze:

$$F_k = k\,x$$

$$F_b = b\,\dot{x}$$

Bewegungsgleichung:

$$\ddot{x} + \frac{b}{m}\dot{x} + \frac{k}{m}x = \frac{\widehat{F}}{m}\cos\Omega t$$

Kenngrößen:

$$\frac{k}{m} = \omega_0^2, \qquad \frac{b}{m} = 2D\omega_0$$

$$\frac{\widehat{F}}{m} = \omega_0^2\,\widehat{u}, \qquad \eta = \frac{\Omega}{\omega_0}$$

Eingeschwungener Zustand:

$$x_p(t) = \widehat{x}_p\cos(\Omega t - \psi)$$

$$V = \frac{1}{\sqrt{(1-\eta^2)^2 + (2D\eta)^2}}$$

$$\widehat{x}_p = V(\eta,D)\,\widehat{u} = V(\eta,D)\,\frac{\widehat{F}}{k}$$

System II:

Freikörperbild:

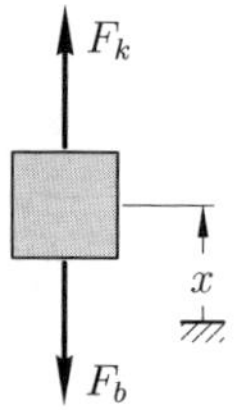

Kinetik:

$m\,\ddot{x} = F_k - F_b$

Feder- und Dämpfergesetze:

$F_k = k\,(x_F - x)$

$F_b = b\,\dot{x}$

Bewegungsgleichung:

$$\ddot{x} + \frac{b}{m}\,\dot{x} + \frac{k}{m}\,x = \frac{k}{m}\,\widehat{x}_F\,\cos\Omega t$$

Kenngrößen:

$$\frac{k}{m} = \omega_0^2, \qquad \frac{b}{m} = 2D\omega_0$$

$$\frac{k}{m}\,\widehat{x}_F = \omega_0^2\,\widehat{u}, \qquad \eta = \frac{\Omega}{\omega_0}$$

Eingeschwungener Zustand:

$x_p(t) = \widehat{x}_p\,\cos(\Omega t - \psi)$

$$V = \frac{1}{\sqrt{(1-\eta^2)^2 + (2D\eta)^2}}$$

$\widehat{x}_p = V(\eta,D)\,\widehat{u} = V(\eta,D)\,\widehat{x}_F$

System III:

Freikörperbild:

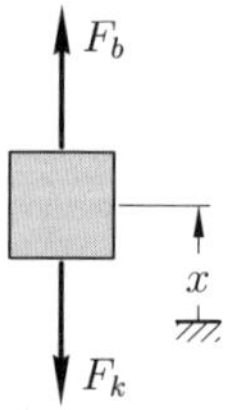

Kinetik:

$m\,\ddot{x} = F_b - F_k$

Feder- und Dämpfergesetze:

$F_k = k\,x$

$F_b = b\,(\dot{x}_F - \dot{x})$

Bewegungsgleichung:

$$\ddot{x} + \frac{b}{m}\,\dot{x} + \frac{k}{m}\,x = -\frac{b}{m}\,\Omega\,\widehat{x}_F\,\sin\Omega t$$

Kenngrößen:

$$\frac{k}{m} = \omega_0^2, \qquad \frac{b}{m} = 2D\omega_0, \qquad \eta = \frac{\Omega}{\omega_0}$$

$$-\frac{b}{m}\,\Omega\,\widehat{x}_F = \omega_0^2\,\widehat{u}$$

$$\Longrightarrow \quad \widehat{u} = -\frac{b}{m\omega_0}\,\frac{\Omega}{\omega_0}\,\widehat{x}_F = -2D\eta\,\widehat{x}_F$$

Eingeschwungener Zustand:

$x_p(t) = \widehat{x}_p\,\sin(\Omega t - \psi)$

$$V = \frac{1}{\sqrt{(1-\eta^2)^2 + (2D\eta)^2}}$$

$\widehat{x}_p = -2D\eta\,\widehat{x}_F\,V(\eta,D)$

Aufgabe 29.8:

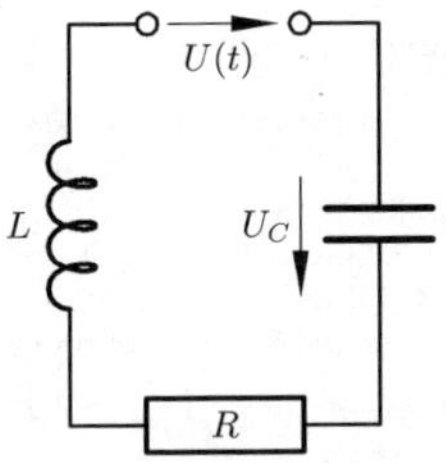

Bild A29.8: Elektrischer Schwingkreis

Ein elektrischer Schwingkreis wird durch die Spannung $U(t) = \widehat{U}\cos\Omega t$ harmonisch erregt.

a) Wie groß sind die Kennkreisfrequenz ω_0 und das Dämpfungsmaß D des Schwingkreises?

b) Geben Sie die Zeitverläufe des Stromes $I(t)$, des Spannungsabfalls $U_C(t)$ am Kondensator und der Leistung $P(t)$ der Spannungsquelle an.

Gegeben: L, C, R, $U(t) = \widehat{U}\cos\Omega t$

Lösung der Aufgabe 29.8:

Spannungsgleichgewicht:

$$U(t) + U_C + U_R + U_L = 0$$

Spannungsgesetze:

$$\begin{aligned} \text{Widerstand}: \quad U_R &= RI &&= R\dot{Q} \\ \text{Induktivitat}: \quad U_L &= L\frac{dI}{dt} &&= L\ddot{Q} \\ \text{Kondensator}: \quad U_C &= \frac{1}{C}\int I\,dt &&= \frac{1}{C}Q \end{aligned}$$

Bewegungsgleichung:

$$\ddot{Q} + \frac{R}{L}\dot{Q} + \frac{1}{LC}Q = -\frac{\widehat{U}}{L}\cos\Omega t$$

Kenngrößen:

$$\omega_0{}^2 = \frac{1}{LC} \qquad 2D\omega_0 = \frac{R}{L} \qquad \omega_0{}^2\widehat{u} = -\frac{\widehat{U}}{L} \qquad \eta = \frac{\Omega}{\omega_0}$$

Eingeschwungener Zustand:

$$Q(t) = V(\eta, D)\,\widehat{u}\cos(\Omega t - \psi) = -\widehat{U}\,C\,V(\eta, D)\cos(\Omega t - \psi)$$

$$I(t) = \dot{Q}(t) = \widehat{U}\,C\,\Omega\,V(\eta, D)\sin(\Omega t - \psi)$$

$$U_C(t) = -\widehat{U}\,V(\eta, D)\cos(\Omega t - \psi)$$

$$V = \frac{1}{\sqrt{(1-\eta^2)^2 + (2D\eta)^2}}, \qquad \psi = \arctan\frac{2D\eta}{1-\eta^2}$$

Leistung:

$$\begin{aligned} P(t) = U(t)\,I(t) &= \widehat{U}^2 C\,\Omega\,V(\eta, D)\sin(\Omega t - \psi)\cos\Omega t = \\ &= \widehat{U}^2 C\,\Omega\,V(\eta, D)\,\frac{1}{2}\left[\sin(2\Omega t - \psi) - \sin\psi\right] \end{aligned}$$

Aufgabe 29.9:

Ein Triebwagen fährt aus dem Stand mit der konstanten Beschleunigung a an. Der Anhänger (Masse m) ist durch die Feder k und den Dämpfer b an den Triebwagen gekoppelt. Der Rollwiderstand und die Trägheit aller rotierenden Teile bleiben unberücksichtigt.

Welchem Bewegungsgesetz $x(t)$ folgt der Anhänger?

Gegeben: m, b, k, a

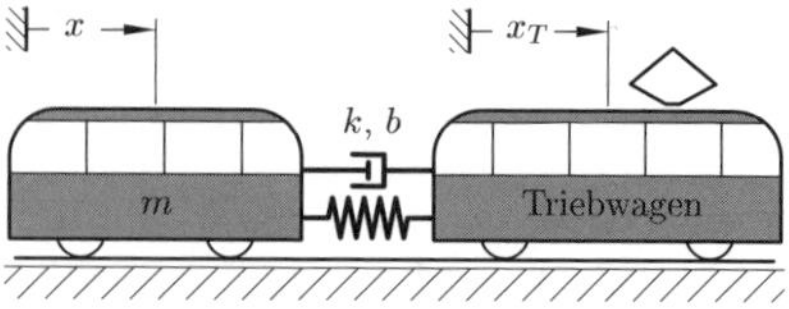

Bild A29.9: Triebwagen mit Anhänger

Lösung der Aufgabe 29.9:

Kinematik:

$$\ddot{x}_T = a \qquad \text{und} \qquad \dot{x}_T(0) = x_T(0) = 0 \qquad \Longrightarrow \qquad \dot{x}_T = a\,t, \qquad x_T = \frac{1}{2}a\,t^2$$

Freikörperbilder:

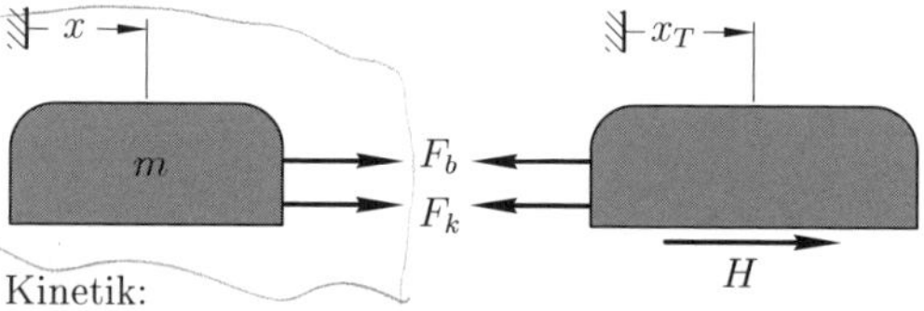

Kinetik:

$$m\,\ddot{x} = F_b + F_k$$

Federkraft: $\quad F_k = k\,(x_T - x)$

Dämpferkraft: $\quad F_b = b\,(\dot{x}_T - \dot{x})$

Bewegungsgleichung:

$$m\,\ddot{x} + b\,\dot{x} + k\,x = b\,a\,t + \frac{1}{2}\,k\,a\,t^2$$

Lösung der homogenen Differentialgleichung:

$$x_h = e^{-\omega_0 D t}\,(C_1 \cos\omega_d t + C_2 \sin\omega_d t) \qquad \text{mit}$$

$$D = \frac{b}{2\sqrt{m\,k}}, \qquad \omega_0 = \sqrt{\frac{k}{m}}, \qquad \omega_d = \omega_0\sqrt{1-D^2}$$

Partikularintegral der inhomogenen Differentialgleichung:

Ansatz von der Form der rechten Seite

$$x_p = A_0 + A_1\,t + A_2\,t^2$$

$$\dot{x}_P = A_1 + 2\,A_2\,t$$

$$\ddot{x}_P = 2\,A_2$$

Koeffizientenvergleich:

$$(A_0 k + A_1 b + 2 A_2 m) + (A_1 k + 2 A_2 b)\, t + A_2 k t^2 = b a t + \frac{1}{2} k a t^2$$

$$[\,t^2\,]: \quad A_2 k = \frac{1}{2} k a \quad \Longrightarrow \quad A_2 = \frac{1}{2} a$$

$$[\,t\,]: \quad A_1 k + 2 A_2 b = b a \quad \Longrightarrow \quad A_1 = 0$$

$$[\,t^0\,]: \quad A_0 k + A_1 b + 2 A_2 m = 0 \quad \Longrightarrow \quad A_0 = -\frac{a m}{k}$$

Vollständige Lösung:

$$x(t) = x_h + x_p = e^{-\omega_0 D t}\,(C_1 \cos \omega_d t + C_2 \sin \omega_d t) - \frac{m a}{k} + \frac{1}{2} a t^2$$

$$\dot{x}(t) = e^{-\omega_0 D t}\left[(-\omega_0 D)(C_1 \cos \omega_d t + C_2 \sin \omega_d t) + \omega_d(-C_1 \sin \omega_d t + C_2 \cos \omega_d t)\right] + a t$$

Integrationskonstanten aus den Anfangsbedingungen:

$$x(0) = 0 \quad \Longrightarrow \quad C_1 = \frac{m a}{k}$$

$$\dot{x}(0) = 0 \quad \Longrightarrow \quad C_2 = \frac{D}{\sqrt{1-D^2}}\,\frac{m a}{k}$$

Gesamtbewegung:

$$x(t) = \underbrace{\frac{m a}{k}\, e^{-\omega_0 D t}\Big(\cos \omega_d t + \frac{D}{\sqrt{1-D^2}} \sin \omega_d t\Big)}_{\text{abklingende Schwingung}} - \underbrace{\frac{m a}{k}}_{\text{Feder-dehnung}} + \underbrace{\frac{1}{2} a t^2}_{\text{Triebwagen-weg}}$$

Aufgabe 29.10:

Als einfaches Modell zur Untersuchung des Schwingungsverhaltens einer LKW-Hinterachse dient das skizzierte Ersatzsystem. Infolge seiner großen Masse darf bei höheren Frequenzen der LKW-Aufbau als ruhend angenommen werden.

Gesucht sind

a) die Differentialgleichung für die Bewegung $z(t)$ der Hinterachse bei einer harmonischen Erregung $u(t) = \hat{u} \cos \Omega t$ durch Bodenwellen,

b) die Kennkreisfrequenz ω_0 und die relative Dämpfung D und

c) die erzwungene Bewegung $z_p(t)$ der Hinterachse im eingeschwungenen Zustand.

Gegeben: k_F, k_R, m, b, $\hat{u}$, Ω

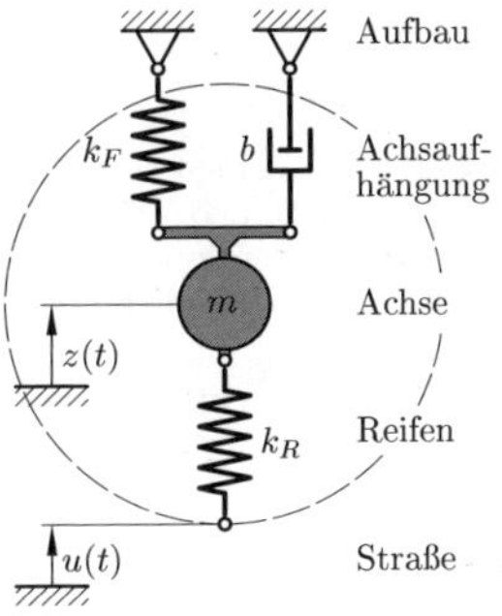

Bild A29.10: Ersatzsystem für eine LKW-Hinterachse

Lösung der Aufgabe 29.10:

Gewicht und statische Federvorspannkräfte heben sich in der Gleichgewichtslage auf.

Freikörperbild:

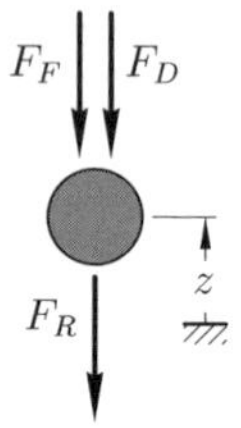

Kinetik:

$$m\ddot{z} = -F_R - F_D - F_F$$

Stoffgesetze:

$$F_R = k_R\,(z-u)$$

$$F_F = k_F\,z$$

$$F_D = b\,\dot{z}$$

a) Bewegungsdifferentialgleichung:

$$m\,\ddot{z} + b\,\dot{z} + (k_F+k_R)\,z = k_R\,\widehat{u}\cos\Omega t$$

b) Kenngrößen:

Kennkreisfrequenz $\qquad \omega_0 = \sqrt{\dfrac{k_F+k_R}{m}}$

Dämpfungsmaß $\qquad 2D\omega_0 = \dfrac{b}{m} \quad\Longrightarrow\quad D = \dfrac{b}{2\sqrt{m\,(k_F+k_R)}}$

Erregeramplitude $\qquad \omega_0^2\,\widehat{y} = \dfrac{k_R\,\widehat{u}}{m} \quad\Longrightarrow\quad \widehat{y} = \dfrac{k_R}{k_R+k_F}\,\widehat{u}$

Erregerfrequenzverhältnis $\qquad \dfrac{\Omega}{\omega_0} = \eta$

c) Erzwungene Bewegung:

$$\ddot{z} + 2D\omega_0\,\dot{z} + \omega_0^2\,z = \omega_0^2\,\widehat{y}\cos\Omega t$$

Vergrößerungsfunktion:

$$V(\eta,D) = \frac{1}{\sqrt{(1-\eta^2)^2 + (2D\eta)^2}}$$

Dauerschwingung:

$$z_p(t) = \widehat{y}\,V(\eta,D)\cos[\Omega t - \psi(\eta,D)]$$

Phasenfunkion:

$$\psi(\eta,D) = \arctan\frac{2D\eta}{1-\eta^2}$$

Aufgabe 29.11:

Zwei Körper sind auf einer horizontalen Ebene reibungsfrei gelagert. Die Massen sind durch Feder und Dämpfer miteinander verbunden. Die Feder ist spannungsfrei, wenn sich die Körper in der Nullage befinden.

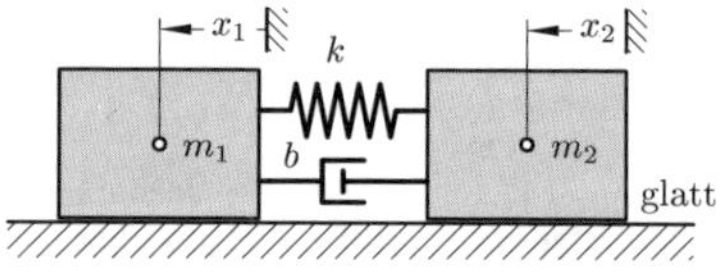

Bild A29.11: Zwei-Massen-Schwinger

a) Berechnen Sie die Eigenwerte, die Kennkreisfrequenzen, die modalen Dämpfungsmaße und die Eigenformen des Systems.

b) Berechnen Sie die freie Bewegung des Systems für die Anfangsbedingungen $x_1(0)=x_{10}$, $x_2(0)=x_{20}$, $\dot{x}_1(0)=v_1$ und $\dot{x}_2(0)=v_2$.

Gegeben: k, b, m_1, m_2

Lösung der Aufgabe 29.11:

Freikörperbilder:

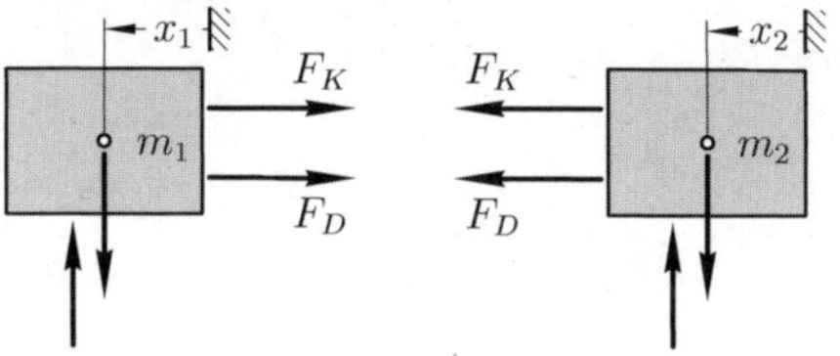

Kräftesätze:

$$m_1\,\ddot{x}_1 = -F_K - F_D$$

$$m_2\,\ddot{x}_2 = F_K + F_D$$

Stoffgesetze:

$$F_K = k\,(x_1 - x_2)$$

$$F_D = b\,(\dot{x}_1 - \dot{x}_2)$$

Bewegungsgleichungen:

$$m_1\,\ddot{x}_1 + b\,\dot{x}_1 - b\,\dot{x}_2 + k\,x_1 - k\,x_2 = 0$$

$$m_2\,\ddot{x}_2 + b\,\dot{x}_2 - b\,\dot{x}_1 + k\,x_2 - k\,x_1 = 0$$

Matrizenschreibweise:

$$\begin{bmatrix} m_1 & 0 \\ 0 & m_2 \end{bmatrix} \begin{bmatrix} x_1 \\ x_2 \end{bmatrix}^{\cdot\cdot} + \begin{bmatrix} b & -b \\ -b & b \end{bmatrix} \begin{bmatrix} x_1 \\ x_2 \end{bmatrix}^{\cdot} + \begin{bmatrix} k & -k \\ -k & k \end{bmatrix} \begin{bmatrix} x_1 \\ x_2 \end{bmatrix} = \begin{bmatrix} 0 \\ 0 \end{bmatrix}$$

Freie Schwingungen, Exponentialansatz:

$$x_1 = \widehat{x}_1\, e^{\lambda t}; \qquad x_2 = \widehat{x}_2\, e^{\lambda t}$$

Lineares homogenes Gleichungssystem für die Amplituden:

$$\begin{bmatrix} m_1\,\lambda^2 + b\,\lambda + k & -b\,\lambda - k \\ -b\,\lambda - k & m_2\,\lambda^2 + b\,\lambda + k \end{bmatrix} \begin{bmatrix} \widehat{x}_1 \\ \widehat{x}_2 \end{bmatrix} = \begin{bmatrix} 0 \\ 0 \end{bmatrix}$$

Nichttriviale Lösungen nur, wenn die Koeffizientendeterminante verschwindet:

$$\lambda^2 \Big[m_1\,m_2\,\lambda^2 + (m_1 + m_2)\,b\,\lambda + (m_1 + m_2)\,k \Big] = 0$$

Eigenwerte:

$$\lambda_1 = -\frac{b}{2}\,\frac{m_1+m_2}{m_1\,m_2} + i\sqrt{\frac{m_1+m_2}{m_1\,m_2}\,k - \left(\frac{b}{2}\,\frac{m_1+m_2}{m_1\,m_2}\right)^2}; \qquad \lambda_2 = 0$$

$$\lambda_1 = \left\{ -\frac{b}{2m_1} + i\sqrt{\frac{k}{(1+\mu)\,m_1} - \left(\frac{b}{2m_1}\right)^2} \right\} (1+\mu)$$

$$\lambda_3 = -\frac{b}{2}\,\frac{m_1+m_2}{m_1\,m_2} - i\sqrt{\frac{m_1+m_2}{m_1\,m_2}\,k - \left(\frac{b}{2}\,\frac{m_1+m_2}{m_1\,m_2}\right)^2}; \qquad \lambda_4 = 0$$

$$\lambda_3 = \left\{ -\frac{b}{2m_1} - i\sqrt{\frac{k}{(1+\mu)\,m_1} - \left(\frac{b}{2m_1}\right)^2} \right\} (1+\mu)$$

Abkürzungen und Kenngrößen:

$$\mu = \frac{m_1}{m_2}; \qquad \omega_1^d = \omega_1\,\sqrt{1 - D_1^2}$$

$$\omega_1 = \sqrt{\frac{m_1+m_2}{m_1\,m_2}\,k} = \sqrt{\frac{k}{m_1}\,(1+\mu)}; \qquad D_1 = \frac{b}{2}\sqrt{\frac{m_1+m_2}{m_1\,m_2\,k}} = \frac{b}{2\sqrt{k\,m_1\,(1+\mu)}};$$

Eigenwerte mit den Abkürzungen:

$$\lambda_1 = -D_1\,\omega_1 + i\,\omega_1\sqrt{1-D_1^2} = -D_1\,\omega_1 + i\,\omega_1^d\,; \qquad \lambda_2 = 0;$$

$$\lambda_3 = -D_1\,\omega_1 - i\,\omega_1\sqrt{1-D_1^2} = -D_1\,\omega_1 - i\,\omega_1^d\,; \qquad \lambda_4 = 0$$

Ermittlung der Eigenvektoren:

$$(m_1\,\lambda^2 + b\,\lambda + k)\,\widehat{x}_1 = (b\,\lambda + k)\,\widehat{x}_2$$

$$\frac{\widehat{x}_2}{\widehat{x}_1} = \frac{m_1\,\lambda^2 + b\,\lambda + k}{b\lambda + k} = 1 + \frac{m_1\,\lambda^2}{b\lambda + k}$$

$$\lambda_1,\ \lambda_3: \qquad \frac{\widehat{x}_2}{\widehat{x}_1} = -\frac{m_1}{m_2} = -\mu \qquad \Longrightarrow \qquad \widehat{\boldsymbol{q}}_1 = \begin{bmatrix} 1 \\ -\mu \end{bmatrix}$$

$$\lambda_2 = \lambda_4 = 0: \qquad \frac{\widehat{x}_2}{\widehat{x}_1} = 1 \qquad \Longrightarrow \qquad \widehat{\boldsymbol{q}}_2 = \begin{bmatrix} 1 \\ 1 \end{bmatrix}$$

Allgemeine Lösung (freie Schwingungen):

$$x_1 = \quad e^{-D_1\omega_1 t}\left(A_1\cos\omega_1^d t + B_1\sin\omega_1^d t\right) + A_2 + B_2\,t$$

$$x_2 = -\mu\, e^{-D_1\omega_1 t}\left(A_1\cos\omega_1^d t + B_1\sin\omega_1^d t\right) + A_2 + B_2\,t$$

$$\boldsymbol{q} = \begin{bmatrix} 1 \\ -\mu \end{bmatrix} e^{-D_1\omega_1 t}\left(A_1\cos\omega_1^d t + B_1\sin\omega_1^d t\right) + \begin{bmatrix} 1 \\ 1 \end{bmatrix}\left(A_2 + B_2\,t\right)$$

$$\dot{\boldsymbol{q}} = \begin{bmatrix} 1 \\ -\mu \end{bmatrix} e^{-D_1\omega_1 t}\Big[\left(\omega_1^d B_1 - D_1\omega_1 A_1\right)\cos\omega_1^d t - \left(\omega_1^d A_1 + D_1\omega_1 B_1\right)\sin\omega_1^d t\Big] + \begin{bmatrix} 1 \\ 1 \end{bmatrix} B_2$$

Anpassen an die Anfangsbedingungen:

$$\boldsymbol{q}(0) = \begin{bmatrix} x_{10} \\ x_{20} \end{bmatrix} = \begin{bmatrix} 1 & 1 \\ -\mu & 1 \end{bmatrix}\begin{bmatrix} A_1 \\ A_2 \end{bmatrix} \qquad \Longrightarrow \qquad \begin{bmatrix} A_1 \\ A_2 \end{bmatrix} = \frac{1}{1+\mu}\begin{bmatrix} x_{10} - x_{20} \\ \mu x_{10} + x_{20} \end{bmatrix}$$

$$\dot{\boldsymbol{q}}(0) = \begin{bmatrix} v_1 \\ v_2 \end{bmatrix} = \begin{bmatrix} 1 \\ -\mu \end{bmatrix}\left(\omega_1^d B_1 - D_1\omega_1 A_1\right) + \begin{bmatrix} 1 \\ 1 \end{bmatrix} B_2 =$$

$$= \begin{bmatrix} \omega_1^d & 1 \\ -\mu\,\omega_1^d & 1 \end{bmatrix}\begin{bmatrix} B_1 \\ B_2 \end{bmatrix} + \begin{bmatrix} -D_1\,\omega_1 \\ \mu D_1\omega_1 \end{bmatrix} A_1$$

Ausrechnung:

$$\begin{bmatrix} v_1 \\ v_2 \end{bmatrix} + \begin{bmatrix} D_1\,\omega_1 \\ -\mu\,D_1\,\omega_1 \end{bmatrix} A_1 = \begin{bmatrix} \omega_1^d & 1 \\ -\mu\omega_1^d & 1 \end{bmatrix}\begin{bmatrix} B_1 \\ B_2 \end{bmatrix} \qquad \Longrightarrow$$

$$\begin{bmatrix} B_1 \\ B_2 \end{bmatrix} = \frac{1}{\omega_1^d(1+\mu)}\begin{bmatrix} (v_1 - v_2) + D_1\omega_1\,(x_{10} - x_{20}) \\ \omega_1^d\,(\mu v_1 + v_2) \end{bmatrix}$$

Angepaßte Lösung:

$$\begin{bmatrix} x_1 \\ x_2 \end{bmatrix} = \begin{bmatrix} 1 \\ -\mu \end{bmatrix} e^{-D_1\omega_1 t}\left\{\frac{x_{10} - x_{20}}{1+\mu}\cos\omega_1^d t + \frac{(v_1 - v_2) + D_1\omega_1(x_{10} - x_{20})}{\omega_1^d(1+\mu)}\sin\omega_1^d t\right\} +$$

$$+ \begin{bmatrix} 1 \\ 1 \end{bmatrix}\left\{\frac{\mu x_{10} + x_{20}}{1+\mu} + \frac{\mu v_1 + v_2}{1+\mu}\,t\right\}$$

Aufgabe 29.12:

Ein homogener starrer Balken (Länge $2a$, Masse m, zentrales Trägheitsmoment Θ) ist an seinen Enden und in der Mitte durch masselose Federn (Steifigkeiten k_1, k_2, k_3) aufgehängt. Der Balken führt kleine Schwingungen aus, wobei sich sein Schwerpunkt nur vertikal bewegt.

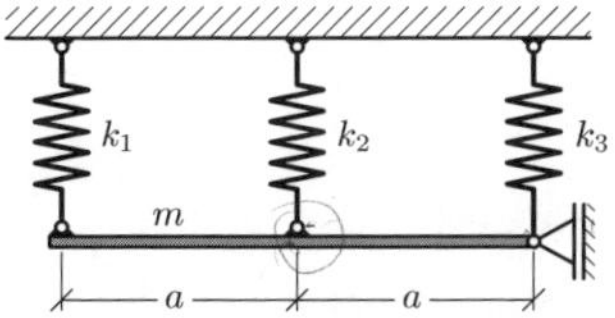

Bild A29.12: Elastisch gelagerter Balken

Gegeben: m, a, $k_1 = 2k$, $k_2 = k$, $k_3 = k/4$

a) Unter welcher Bedingung kann der Balken voneinander unabhängige freie Translations- und Drehschwingungen um seinen Schwerpunkt ausführen und welche Eigenfrequenzen haben diese?

b) Geben Sie die Lösung der Bewegungsgleichungen für die nicht entkoppelten Schwingungen an.

Lösung der Aufgabe 29.12:

a) Ermittlung der Bewegungsgleichung:

Freikörperbild:

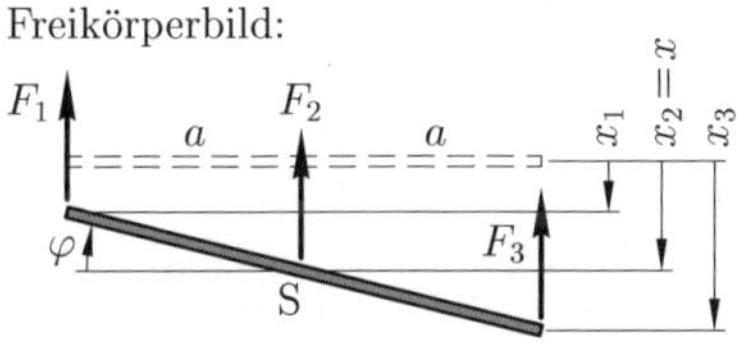

Stoffgesetze:

$F_1 = k_1 x_1$

$F_2 = k_2 x_2$

$F_3 = k_3 x_3$

Kinematik:

$\dot{x}_2 = \dot{x}$

$\dot{x}_1 = \dot{x} - a\dot{\varphi}$

$\dot{x}_3 = \dot{x} + a\dot{\varphi}$

Massengeometrie:

$$\Theta^S = \frac{1}{12} m (2a)^2 = \frac{1}{3} m a^2$$

Kinetik:

$$m\ddot{x} = -F_1 - F_2 - F_3$$

$$\Theta^S \ddot{\varphi} = F_1 a - F_3 a$$

Einsetzen:

$$m\ddot{x} = -k_1 (x - a\varphi) - k_2 x - k_3 (x + a\varphi)$$

$$\Theta^S \ddot{\varphi} = k_1 a (x - a\varphi) - k_3 a (x + a\varphi)$$

Bewegungsgleichungen in Matrizenschreibweise:

$$\begin{bmatrix} m & 0 \\ 0 & \Theta^S \end{bmatrix} \begin{bmatrix} \ddot{x} \\ \ddot{\varphi} \end{bmatrix} + \begin{bmatrix} k_1 + k_2 + k_3 & a(k_3 - k_1) \\ a(k_3 - k_1) & a^2(k_1 + k_3) \end{bmatrix} \begin{bmatrix} x \\ \varphi \end{bmatrix} = \begin{bmatrix} 0 \\ 0 \end{bmatrix}$$

Die Bewegungsgleichungen für $x(t)$ und $\varphi(t)$ sind entkoppelt bei $k_1 = k_3$.

b) Berechnung der freien Schwingungen:

Ansatz:

$$\begin{bmatrix} x \\ \varphi \end{bmatrix} = \begin{bmatrix} \widehat{x} \\ \widehat{\varphi} \end{bmatrix} e^{\lambda t}$$

Eigenwertgleichung:

$$\begin{bmatrix} m\,\lambda^2+k_1+k_2+k_3 & a\,(k_3-k_1) \\ a\,(k_3-k_1) & \Theta^S\lambda^2+a^2(k_1+k_3) \end{bmatrix} \begin{bmatrix} \widehat{x} \\ \widehat{\varphi} \end{bmatrix} = \begin{bmatrix} 0 \\ 0 \end{bmatrix}$$

Koeffizientendeterminante:

$$\det = \begin{vmatrix} m\,\lambda^2+k_1+k_2+k_3 & a\,(k_3-k_1) \\ a\,(k_3-k_1) & \Theta^S\lambda^2+a^2(k_1+k_3) \end{vmatrix} =$$

$$= m\,\Theta^S\,\lambda^4 + \Big[(k_1+k_2+k_3)\,\Theta^S + (k_1+k_3)\,m\,a^2\Big]\,\lambda^2 + (k_1+k_2+k_3)\,(k_1-k_3)\,a^2 - (k_3-k_1)^2\,a^2$$

Charakteristisches Polynom und Einsetzen der speziellen Werte:

$$\det = \frac{1}{3}m^2\,a^2\,\lambda^4 + \frac{10}{3}k\,m\,a^2\,\lambda^2 + \frac{17}{4}a^2\,k^2 = 0$$

Wurzeln des charakteristischen Polynoms, Eigenwerte:

$$\lambda_1^2 = -\frac{3}{2}\frac{k}{m} \quad\Longrightarrow\quad \lambda_1 = i\sqrt{\frac{3\,k}{2m}}; \quad \lambda_3 = -i\sqrt{\frac{3\,k}{2m}}; \quad \omega_1 = \sqrt{\frac{3\,k}{2m}}$$

$$\lambda_2^2 = -\frac{17}{2}\frac{k}{m} \quad\Longrightarrow\quad \lambda_2 = i\sqrt{\frac{17\,k}{2m}}; \quad \lambda_4 = -i\sqrt{\frac{17\,k}{2m}}; \quad \omega_2 = \sqrt{\frac{17\,k}{2m}}$$

Eigenvektoren:

$$(m\,\lambda^2+k_1+k_2+k_3)\,\widehat{x} + a\,(k_3-k_1)\,\widehat{\varphi} = 0 \quad\Longrightarrow\quad \frac{\widehat{\varphi}}{\widehat{x}} = -\frac{m\,\lambda^2+k_1+k_2+k_3}{a\,(k_3-k_1)}$$

Eigenvektor zu λ_1:

$$\frac{\widehat{\varphi}}{\widehat{x}} = -\frac{m\,\lambda_1^2+k_1+k^2+k_3}{a\,(k_3-k_1)} = \frac{1}{a}$$

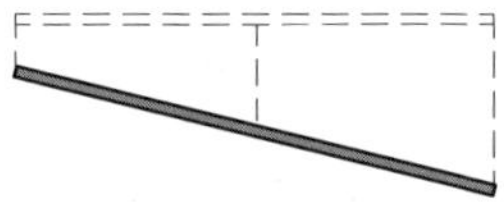

Eigenvektor zu λ_2:

$$\frac{\widehat{\varphi}}{\widehat{x}} = -\frac{m\,\lambda_2^2+k_1+k^2+k_3}{a\,(k_3-k_1)} = -\frac{3}{a}$$

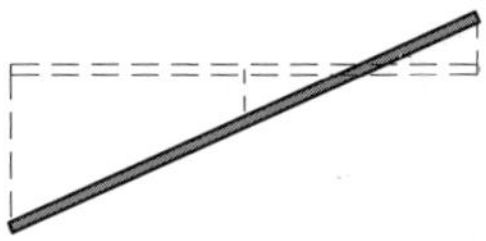

Aufgabe 29.13:

Ein dünner Kreisring (Masse m, Radius r) ist an drei masselosen vertikalen Fäden (Länge l) so aufgehängt, daß die Ringebene horizontal bleibt.

a) Stellen Sie die nichtlineare Bewegungsgleichung für Drehschwingungen um die vertikale Achse durch die Ringmitte auf.

b) Berechnen Sie die Eigenkreisfrequenz für kleine Schwingungen.

Gegeben: m, r, l

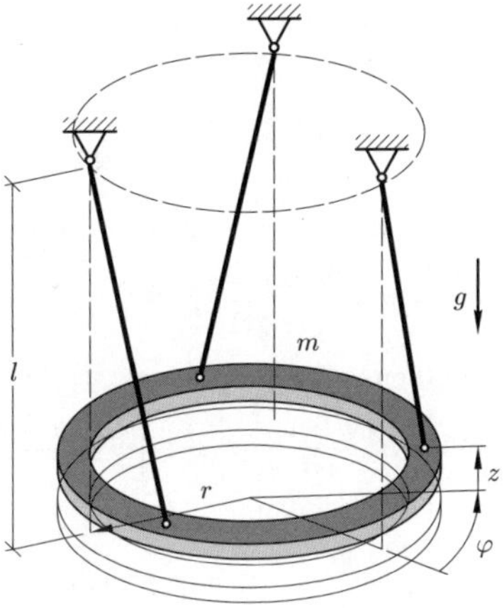

Bild A29.13: Kreisringpendel

Lösung der Aufgabe 29.13:

a) Ermittlung der nichtlinearen Bewegungsgleichung:

Geometrie in ausgelenkter Lage:

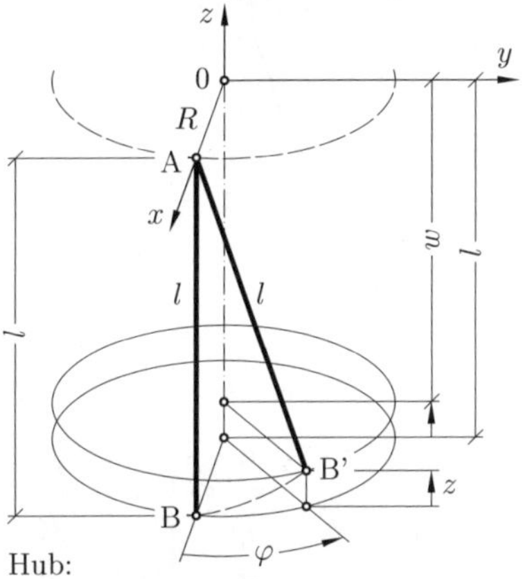

Kinematik:

$$\vec{r}_A = R\,\vec{e}_x$$

$$\vec{r}_B = R\,\vec{e}_x - l\,\vec{e}_z$$

$$\vec{r}_{B'} = R\,(\cos\varphi\,\vec{e}_x + \sin\varphi\,\vec{e}_y) + (z-l)\,\vec{e}_z$$

$$|\vec{r}_A - \vec{r}_B| = |l\,\vec{e}_z| = l$$

$$|\vec{r}_A - \vec{r}_{B'}| =$$

$$= \left|R\,(1-\cos\varphi)\,\vec{e}_x - R\sin\varphi\,\vec{e}_y - (z-l)\,\vec{e}_z\right| = l$$

$$R^2\,(1-\cos\varphi)^2 + R^2\sin^2\!\varphi + (z-l)^2 = l^2$$

Abkürzung für die Wurzelfunktion:

$$w(\varphi) = \sqrt{l^2 - 2\,R^2 + 2\,R^2\cos\varphi}\,,$$

$$w'(\varphi) = -\frac{R^2\sin\varphi}{w(\varphi)}$$

Hub:

$$z = l - \sqrt{l^2 - 2\,R^2 + 2\,R^2\cos\varphi} = l - w(\varphi)$$

Vertikalgeschwindigkeit als Funktion des Verdrehwinkels:

$$\dot{z} = -\frac{dz}{d\varphi}\,\dot{\varphi} = z'\,\dot{\varphi}, \qquad z' = -w'(\varphi) = -\frac{dw}{d\varphi} = R\,\frac{R\sin\varphi}{w(\varphi)}$$

Kinetische und potentielle Energie in der ausgelenkten Stellung:

$$U(\varphi) = mg\,z = mg\left[l - w(\varphi)\right]$$

$$T(\dot{\varphi},\varphi) = \frac{1}{2}\Theta\,\dot{\varphi}^2 + \frac{1}{2}m\,\dot{z}^2 = \frac{1}{2}\left[\Theta + m\,z'^2\right]\dot{\varphi}^2 = \frac{1}{2}\left[\Theta + m\,R^2\,\frac{(R\sin\varphi)^2}{w^2(\varphi)}\right]\dot{\varphi}^2$$

Arbeitssatz (Energieerhaltungssatz):

$$T + U = T_0 + U_0 = U(\varphi_{max})$$

$$\frac{1}{2}\left[\Theta + m R^2 \frac{(R\sin\varphi)^2}{w^2(\varphi)}\right]\dot\varphi^2 + mg\left[l - w(\varphi)\right] = mg\left[l - w(\varphi_{max})\right]$$

Bewegungsgleichung für die Geschwindigkeit:

$$\frac{1}{2}\left[\Theta + m R^2 \frac{(R\sin\varphi)^2}{w^2(\varphi)}\right]\dot\varphi^2 - mg\,w(\varphi) = -mg\,w(\varphi_{max})$$

Berechnung der Beschleunigung durch Differentiation:

$$\left[\Theta + m R^2 \frac{(R\sin\varphi)^2}{w^2(\varphi)}\right]\ddot\varphi + \left[m R^2 \frac{R^2\sin\varphi\cos\varphi\, w^2(\varphi) - R^2\sin^2\varphi\, w(\varphi)\, w'(\varphi)}{w^4(\varphi)}\right]\dot\varphi^2 - mg\,w'(\varphi) = 0$$

Nichtlineare Bewegungsgleichung:

$$\left[\Theta + m R^2 \frac{(R\sin\varphi)^2}{l^2 - 2R^2 + 2R^2\cos\varphi}\right]\ddot\varphi + m R^2 \sin\varphi\left\{\frac{R^2\cos\varphi}{l^2 - 2R^2 + 2R^2\cos\varphi} + \frac{R^4\sin^2\varphi}{[l^2 - 2R^2 + 2R^2\cos\varphi]^2}\right\}\dot\varphi^2 + mgR\frac{R\sin\varphi}{\sqrt{l^2 - 2R^2 + 2R^2\cos\varphi}} = 0$$

b) Berechnung der Eigenkreisfrequenz:

Linearisierung für kleine Winkel nach der TAYLOR-Vorschrift:

$$w(\varphi) \approx w(0) + w'(0)\,\varphi = l$$

Linearisierte Bewegungsgleichung Kennkreisfrequenz:

$$\Theta\ddot\varphi + mgR\frac{R}{l}\varphi = 0, \qquad \omega_0^2 = \frac{mR^2}{\Theta}\frac{g}{l}$$

Aufgabe 29.14:

Die Pendelachse eines Fahrzeuges wird auf einem Prüfstand getestet. Das Modell besteht aus der masselosen Pendelachse, dem Federbein aus Feder (Steifigkeit k_1) und Dämpfer (Dämpferkonstante b) sowie dem Rad (Masse m_3, zentrale Hauptträgheitsmomente Θ_1, Θ_2, Θ_3). Die Nachgiebigkeit des Reifens wird durch eine weitere Feder (Steifigkeit k_2) berücksichtigt.

a) Ermitteln Sie die Bewegungsdifferentialgleichung für kleine Schwingungen um die gezeichnete Gleichgewichtslage.

b) Geben Sie die Kennkreisfrequenz ω_0 und den Dämpfungsgrad D des Systems an.

c) Wie verändert sich der Dämpfungsgrad D, wenn durch Erhöhung des Reifendruckes die Reifensteifigkeit k_2 vergrößert wird?

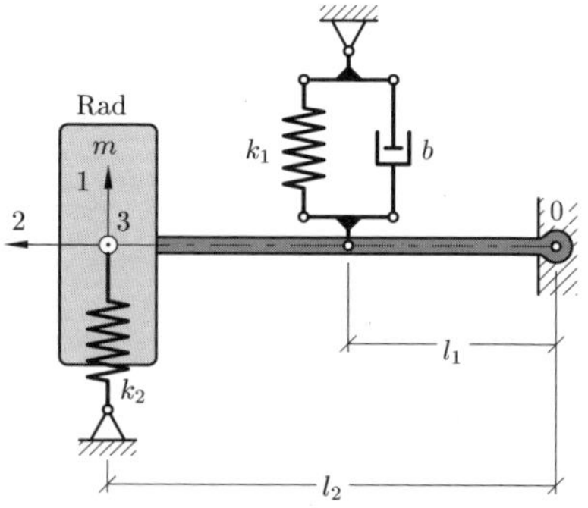

Bild A29.14: Pendelachse im Prüfstand

Gegeben: l_1, l_2, k_1, k_2, b, m, Θ_1, Θ_2, Θ_3

Lösung der Aufgabe 29.14:

a) Bewegungsdifferentialgleichung für kleine Schwingungen:

Freiköperbild:

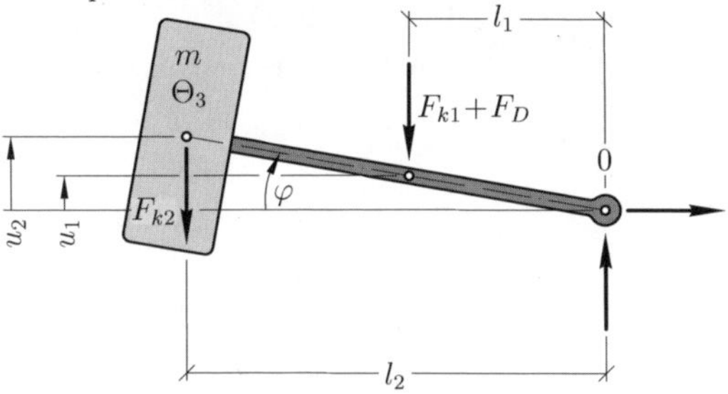

Feder- und Dämpferkräfte:

$F_{k1} = k_1 u_1$

$F_{k2} = k_2 u_2$

$F_D = b\dot{u}_1$

Massengeometrie:

$\Theta^0_{ges} = \Theta_3 + m l_2^2$

Kinematik:

$\dot{u}_1 = l_1 \dot{\varphi}$

$\dot{u}_2 = l_2 \dot{\varphi}$

Kinetik, Momentensatz um 0:

$$(\Theta_3 + m l_2^2)\,\ddot{\varphi} = -(F_{k1}+F_D)\,l_1 - F_{k2}\,l_2$$

Bewegungsgleichung:

$$\ddot{\varphi} + \frac{b l_1^2}{\Theta_3 + m l_2^2}\,\dot{\varphi} + \frac{k_1 l_1^2 + k_2 l_2^2}{\Theta_3 + m l_2^2}\,\varphi = 0$$

b) Charakteristische Größen:

Kennkreisfrequenz ω_0:

$$\omega_0 = \sqrt{\frac{k_1 l_1^2 + k_2 l_2^2}{\Theta_3 + m l_2^2}}$$

Dämpfungsgrad:

$$2D\omega_0 = \frac{b l_1^2}{\Theta_3 + m l_2^2} \qquad \Longrightarrow \qquad D = \frac{b l_1^2}{2\sqrt{(\Theta_3 + m l_2^2)(k_1 l_1^2 + k_2 l_2^2)}}$$

c) Abhängigkeit des Dämpfungsgrades D vom Reifendruck:

Mit steigendem Reifendruck nimmt die Reifensteifigkeit k_2 zu und damit sinkt das Dämpfungsmaß D.

Aufgabe 29.15:

Ein prismatischer Stahlstab (Querschnitt A, Elastizitätsmodul E, Länge L, Dichte ϱ) ist beidseitig fest eingespannt.

Berechnen Sie die Eigenfrequenzen und Eigenformen der Longitudinalschwingungen.

Gegeben: A, E, ϱ, L

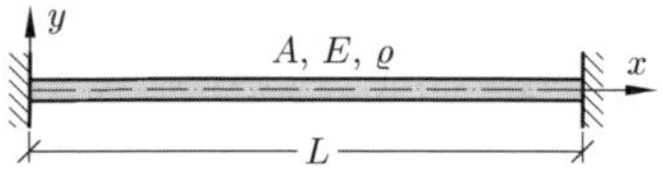

Bild A29.15: Eingespannter Stab

Lösung der Aufgabe 29.15:

Bewegungsgleichung:

Freikörperbild:

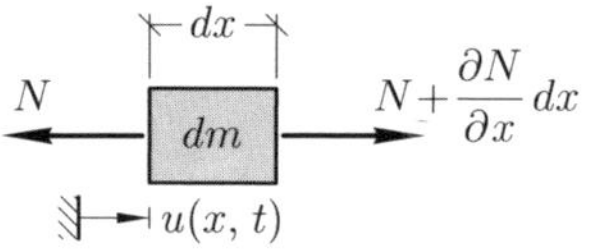

Kräftesatz:

$$dm\,\ddot{u}(x,t) = \frac{\partial N}{\partial x}\,dx$$

Massenelement:

$$dm = \varrho A\,dx$$

Elastomechanik:

$$N(x,t) = EA\,\frac{\partial u}{\partial x}$$

Partielle Differentialgleichung (Wellengleichung):

$$\varrho A\,\ddot{u} = EA\,u'' \qquad \Longrightarrow \qquad \ddot{u} = c^2\,u''$$

Wellenfortpflanzungsgeschwindigkeit:

$$c = \sqrt{E/\varrho}$$

BERNOULIscher Trennungsansatz:

$$u(x,t) = X(x)\,T(t) \qquad \Longrightarrow \qquad N(x,t) = EA\,X'(x)\,T(t)$$

$$\Longrightarrow \qquad \dot{u}(x,t) = X(x)\,\dot{T}(t)$$

$$X(x)\ddot{T}(t) = c^2\,X''(x)\,T(t) \qquad \frac{\ddot{T}}{T} = c^2\,\frac{X''}{X} =: -\omega^2$$

Zeitfunktionen:

$$\ddot{T} + \omega^2\,T = 0 \qquad \Longrightarrow \qquad T(t) = A\sin\omega t + B\cos\omega t$$

Ortsfunktionen:

$$X'' + \left(\frac{\omega}{c}\right)^2 X = 0 \qquad \Longrightarrow \qquad X(x) = C\sin\left(\frac{\omega}{c}x\right) + D\cos\left(\frac{\omega}{c}x\right)$$

Randbedingungen für die Ortsfunktionen:

$$u(0,t) = 0 \quad \Longrightarrow \quad X(0) = 0 \quad \Longrightarrow \quad D = 0$$

$$u(l,t) = 0 \quad \Longrightarrow \quad X(l) = 0 \quad \Longrightarrow \quad C\sin\left(\frac{\omega}{c}l\right) = 0$$

Nichttriviale Lösungen existieren nur für

$$\frac{\omega_n}{c}\,l = n\pi\,.$$

Eigenfrequenzen:

$$\omega_n = n\pi \frac{c}{l} \qquad \text{für} \qquad n = 1, 2, ...$$

Eigenformen (beliebige Integrationskonstante C wurde 1 gesetzt):

$$X_n(x) = \sin\left(\frac{\omega_n}{c} x\right)$$

Zahlenwerte als Beispiele:

$$A = 1\,\text{cm}^2, \qquad L = 1\,\text{m}, \qquad \rho = 7.85\,\frac{\text{g}}{\text{cm}^2} = 7.85 \cdot 10^{-6}\,\frac{\text{kg}}{\text{mm}^2}, \qquad E = 2.1 \cdot 10^5\,\frac{\text{N}}{\text{mm}^2}$$

Wellenfortpflanzungsgeschwindigkeit:

$$c^2 = \frac{E}{\rho} = 2.67 \cdot 10^{13}\,\frac{\text{mm}^2}{\text{s}^2} \qquad \Longrightarrow \qquad c = 5.17 \cdot 10^3\,\frac{\text{m}}{\text{s}} = 18\,620\,\frac{\text{km}}{\text{h}}$$

Erste Eigenfrequenz:

$$\omega_1 = 1.62 \cdot 10^4\,\frac{1}{\text{s}}, \qquad f_1 = 2.6\,\text{kHz}$$

Aufgabe 29.16:

Auf einer mit der konstanten Winkelgeschwindigkeit Ω drehenden horizontalen Welle ist über ein Gleitlager ein Pendel befestigt. Zwischen Pendel und Welle herrscht Trockenreibung, wobei die Reibkennlinie mit zunehmender Relativgeschwindigkeit $(\Omega - \dot{\varphi})$ zwischen Welle und Pendel linear abfällt. Die fallende Reibkennlinie führt zu selbsterregten Schwingungen.

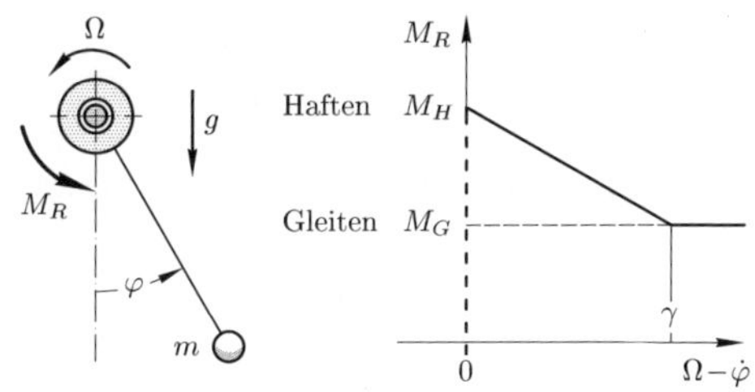

Bild A29.16: Pendel auf rauher rotierender Achse und fallende Reibkennlinie

Ermitteln Sie die Gleichgewichtslage φ_S, die Kennkreisfrequenz ω_0 der kleinen Schwingungen um die Gleichgewichtslage und die instabile Bewegung. Geben Sie auch an, in welchen Schwingungsgrenzen die Bewegung aufklingt.

Gegeben: m, l, M_H, M_G

Lösung der Aufgabe 29.16:

Massenträgheitsmoment um den Aufhängepunkt:

$\Theta = m\,l^2$

Momentensatz für das Pendel um den ruhenden Aufhängepunkt:

$\Theta\,\ddot{\varphi} - M_R(\dot{\varphi}) + m g\,l \sin\varphi = 0$

Reibkennlinie im abgegrenzten Bereich $0 < (\Omega - \dot{\varphi}) < \gamma$:

$$M_R = M_H - \frac{M_H - M_G}{\gamma}(\Omega - \dot{\varphi}) = M_H - \frac{\Delta M}{\gamma}(\Omega - \dot{\varphi})$$

Nichtlineare Bewegungsgleichung für $0 < (\Omega - \dot{\varphi}) < \gamma$:

$$\ddot{\varphi} - \frac{\Delta M}{m\,l^2\,\gamma}\,\dot{\varphi} + \frac{g}{l}\sin\varphi = \frac{1}{m\,l^2}\left[M_H - \Delta M\,\frac{\Omega}{\gamma}\right] \qquad \text{für} \qquad \Omega - \gamma < \dot{\varphi} < \Omega$$

Ansatz für die dynamische Gleichgewichtslage:

$\varphi_S = \text{const.} \qquad \Longrightarrow \qquad \dot{\varphi}_S = 0\,, \qquad \ddot{\varphi}_S = 0$

Dynamische Gleichgewichtslage:

$$\sin\varphi_S = \frac{1}{m g\,l}\left[M_H - \Delta M\,\frac{\Omega}{\gamma}\right]$$

Schwingungen um die Gleichgewichtslage:

$\psi = \varphi - \varphi_S$

Nichtlineare Bewegungsgleichung für Schwingungen um die Gleichgewichtslage:

$$\ddot{\psi} - \frac{\Delta M}{m\,l^2\,\gamma}\,\dot{\psi} + \frac{g}{l}\sin(\psi + \varphi_S) = \frac{1}{m\,l^2}\left[M_H - \Delta M\,\frac{\Omega}{\gamma}\right]$$

Linearisierung der Rückstellfunktion um die Gleichgewichtslage:

$$\frac{g}{l}\sin(\psi + \varphi_S) \approx \frac{g}{l}\sin\varphi_S + \frac{g}{l}\cos\varphi_S\,\psi$$

Linearisierte Bewegungsgleichung für kleine Pendelschwingungen um die Gleichgewichtslage:

$$\ddot{\psi} - \frac{\Delta M}{m\,l^2\,\gamma}\,\dot{\psi} + \left(\frac{g}{l}\cos\varphi_S\right)\psi = 0$$

Kennkreisfrequenz, Anfachungsmaß und Quasi-Eigenkreisfrequenz:

$$\omega_0^2 = \frac{g}{l}\cos\varphi_S\,, \qquad 2D^*\omega_0 = \frac{\Delta M}{m\,l^2\,\gamma}\,, \qquad \omega_d^* = \omega_0\sqrt{1 - D^{*2}}$$

Instabile Bewegung:

$$\psi = e^{D^*\omega_0 t}\left[A_c \cos\omega_d^* t + A_s \sin\omega_d^* t\right]$$

Im Gültigkeitsbereich der Bewegungsgleichung nehmen die Maximalausschläge $\widehat{\psi}$ exponentiell zu, die Gleichgewichtslage φ_S ist also instabil. Die Pendelschwingungen wachsen an, bis die Winkelgeschwindigkeit $\dot{\psi}$ eine der Grenzen des Gültigkeitsbereichs $\Omega - \gamma < \dot{\varphi} < \Omega$ überschreitet. Dann gilt der Ansatz für das Reibmoment M_R nicht mehr, und deshalb auch nicht mehr die berechnete Lösung.

Aufgabe 29.17:

Ein Wagen (Masse m) kann sich reibungsfrei horizontal bewegen. Er ist durch eine Feder (Steifigkeit k) und einen Dämpfer (Dämpfungskonstante b) gefesselt. Auf dem Wagen rollt eine homogene Walze (Radius r, Masse m), die mit einer zweiten Feder (Steifigkeit k) gefesselt ist.

a) Stellen Sie die Bewegungsgleichungen des Systems mit zwei Freiheitsgraden auf.

b) Berechnen Sie die Eigenfrequenzen und zugehörigen Eigenvektoren für das ungedämpfte System ($b=0$).

Gegeben: m, r, k, b

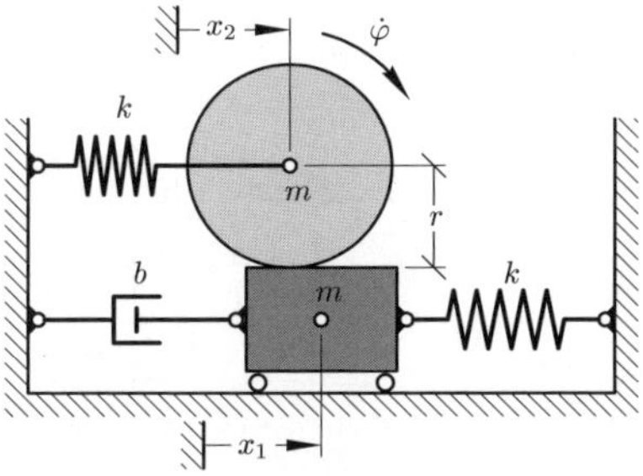

Bild A29.17: Schwinger mit zwei Freiheitsgraden

Lösung der Aufgabe 29.17:

Freikörperbilder:

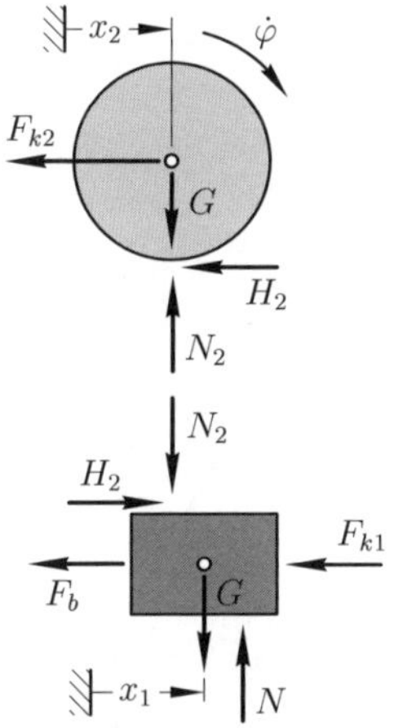

Kinematik:

$$\dot{x}_2 = \dot{x}_1 + \dot{\varphi}\, r$$

Stoffgesetze:

$$F_{k1} = k\, x_1$$

$$F_{k2} = k\, x_2$$

$$F_b = b\, \dot{x}_1$$

Massengeometrie:

$$\Theta_2^S = \frac{1}{2} m\, r^2$$

Kräfte- und Momentensätze:

$$m\, \ddot{x}_1 = -F_b - F_{k1} + H_2 \qquad (1)$$

$$m\, \ddot{x}_2 = -F_{k2} - H_2 \qquad (2)$$

$$\Theta_2^S\, \ddot{\varphi}_1 = +H_2\, r \qquad (3)$$

Auflösung $(1)\cdot r^2 - (3)\cdot r$:

$$m r^2\, \ddot{x}_1 - \Theta_2^S\, r\, \ddot{\varphi} + b\, r^2\, \dot{x}_1 + k\, r^2\, x_1 = 0 \qquad \Longrightarrow$$

$$(m r^2 + \Theta_2^S)\, \ddot{x}_1 - \Theta_2^S\, \ddot{x}_2 + b\, r^2\, \dot{x}_1 + k\, r^2\, x_1 = 0$$

Auflösung $(2)\cdot r^2 + (3)\cdot r$:

$$m r^2\, \ddot{x}_2 + \Theta_2^S\, r\, \ddot{\varphi} + k\, r^2\, x_2 = 0 \qquad \Longrightarrow$$

$$-\Theta_2^S\, \ddot{x}_1 + (m r^2 + \Theta_2^S)\, \ddot{x}_2 + k\, x_2 = 0$$

Bewegungsgleichungen:

$$\begin{bmatrix} \frac{3}{2} m & -\frac{1}{2} m \\ -\frac{1}{2} m & \frac{3}{2} m \end{bmatrix} \begin{bmatrix} \ddot{x}_1 \\ \ddot{x}_2 \end{bmatrix} + \begin{bmatrix} b & 0 \\ 0 & 0 \end{bmatrix} \begin{bmatrix} \dot{x}_1 \\ \dot{x}_2 \end{bmatrix} + \begin{bmatrix} k & 0 \\ 0 & k \end{bmatrix} \begin{bmatrix} x_1 \\ x_2 \end{bmatrix} = \begin{bmatrix} 0 \\ 0 \end{bmatrix}$$

Ansatz für freie Schwingungen:

$$x_1 = \hat{x}_1\, e^{\lambda t} \quad \text{oder} \quad x_1 = \hat{x}_1\, e^{i\omega t} \quad \text{oder} \quad x_1 = \hat{x}_1 \cos\omega t$$

$$x_2 = \hat{x}_2\, e^{\lambda t} \quad \text{oder} \quad x_2 = \hat{x}_2\, e^{i\omega t} \quad \text{oder} \quad x_2 = \hat{x}_2 \cos\omega t$$

Lineares Gleichungssystem für die Amplituden ($b=0$):

$$\begin{bmatrix} \frac{3}{2} m\,\lambda^2 + k & -\frac{1}{2} m\,\lambda^2 \\ -\frac{1}{2} m\,\lambda^2 & \frac{3}{2} m\,\lambda^2 + k \end{bmatrix} \begin{bmatrix} \hat{x}_1 \\ \hat{x}_2 \end{bmatrix} = \begin{bmatrix} 0 \\ 0 \end{bmatrix}$$

Nichttriviale Lösungen existieren nur für:

$$\begin{vmatrix} \frac{3}{2} m\,\lambda^2 + k & -\frac{1}{2} m\,\lambda^2 \\ -\frac{1}{2} m\,\lambda^2 & \frac{3}{2} m\,\lambda^2 + k \end{vmatrix} = 0 \quad \Longrightarrow \quad \left(\frac{3}{2} m\,\lambda^2 + k\right)^2 - \left(\frac{1}{2} m\,\lambda^2\right)^2 = 0$$

Eigenwerte und Eigenfrequenzen:

$$\lambda_1^2 = -\frac{k}{2m} \quad \Longrightarrow \quad \lambda_{1/3} = \pm i\sqrt{\frac{k}{2m}} \quad \Longrightarrow \quad \omega_1 = \sqrt{\frac{k}{2m}}$$

$$\lambda_2^2 = -\frac{k}{m} \quad \Longrightarrow \quad \lambda_{2/4} = \pm i\sqrt{\frac{k}{m}} \quad \Longrightarrow \quad \omega_2 = \sqrt{\frac{k}{m}}$$

Eigenvektoren:

zu ω_1: $\hat{\boldsymbol{x}}_1^T = [1,\ -1]$

zu ω_2: $\hat{\boldsymbol{x}}_2^T = [1,\ \ 1]$

Aufgabe 29.18:

Eine Walze (Masse m_1, Radius r) rollt in einem auf einer Seite fest und auf der anderen Seite elastisch mit einer Feder (Steifigkeit k_1) aufgehängten undehnbaren Seil. Im Walzenmittelpunkt ist ein Dämpfer (Dämpferkonstante b) sowie eine Feder (Steifigkeit k_2) befestigt, an der eine Masse m_2 hängt.

a) Stellen Sie die Bewegungsgleichungen des gedämpften Schwingungssystems auf. Benutzen Sie als Zustandsgrößen die beiden Auslenkungen x_1 und x_2 aus der statischen Ruhelage.

b) Vernachlässigen Sie dann die Dämpfung und ermitteln Sie die beiden Eigenfrequenzen und Eigenvektoren des ungedämpften Systems.

Falls Sie die Frage a) nicht beantwortet haben, oder Ihnen Ihr Ergebnis zu lang erscheint, beantworten Sie die Aufgabe b) für die Bewegungsgleichungen

$$\begin{bmatrix} 6m & 0 \\ 0 & 6m \end{bmatrix} \begin{bmatrix} x_1 \\ x_2 \end{bmatrix}^{\cdot\cdot} + \begin{bmatrix} 11k & -3k \\ -3k & 3k \end{bmatrix} \begin{bmatrix} x_1 \\ x_2 \end{bmatrix} = \begin{bmatrix} 0 \\ 0 \end{bmatrix}.$$

Gegeben: $m_1=4m$, $m_2=6m$, $k_1=2k$, $k_2=3k$, b, r

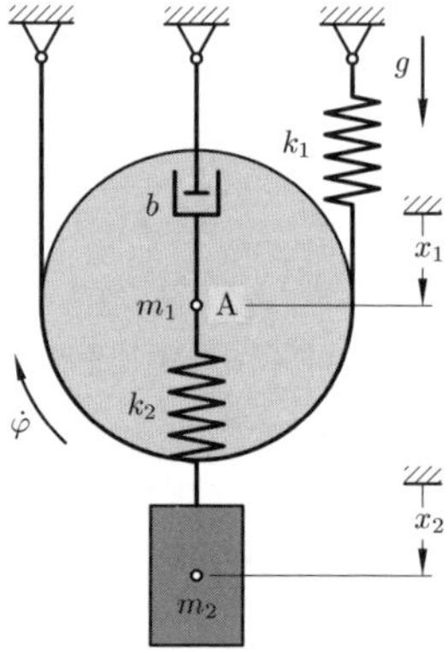

Bild A29.18: Schwinger mit zwei Freiheitsgraden

Lösung der Aufgabe 29.18:

a) Bewegungsgleichung des gedämpften Systems:

Freikörperbilder:

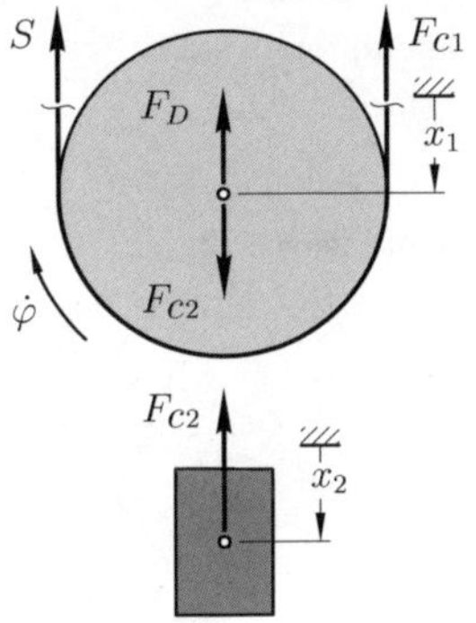

Kinetik:

$$m_1\,\ddot{x}_1 = F_{C2} - S - F_D - F_{C1} \tag{1}$$

$$\Theta^A\,\ddot{\varphi} = (S - F_{C1})\,r \tag{2}$$

$$m_2\,\ddot{x}_2 = -F_{C2} \tag{3}$$

Kinematik:

$$\dot{x}_1 = r\,\dot{\varphi}$$

$$\dot{x}_B = 2\,\dot{x}_1$$

Massenträgheitsmoment:

$$\Theta^A = \frac{1}{2}\,m_1\,r^2 = 2\,m\,r^2$$

Stoffgesetze:

$$F_{C1} = k_1\,x_B = 2\,k_1\,x_1 = 4\,k\,x_1$$

$$F_{C2} = k_2\,(x_2 - x_1) = 3\,k\,(x_2 - x_1)$$

$$F_D = b\,\dot{x}_1$$

Elimination der Stabkraft S:

(2) + (1)·r: $$m_1\,r\,\ddot{x}_1 + \Theta^A\,\ddot{\varphi} = (F_{C2} - F_D - 2\,F_{C1})\,r \tag{4}$$

Bewegungsgleichungen:

aus (1): $6\,m\,\ddot{x}_1 - 3\,k\,(x_2 - x_1) + 8\,k\,x_1 + b\,\dot{x}_1 = 0$

aus (2): $6\,m\,\ddot{x}_2 + 3\,k\,(x_2 - x_1) = 0$

Matrizenschreibweise:

$$\begin{bmatrix} 6m & 0 \\ 0 & 6m \end{bmatrix} \begin{bmatrix} x_1 \\ x_2 \end{bmatrix}^{\cdot\cdot} + \begin{bmatrix} b & 0 \\ 0 & 0 \end{bmatrix} \begin{bmatrix} x_1 \\ x_2 \end{bmatrix}^{\cdot} + \begin{bmatrix} 11k & -3k \\ -3k & 3k \end{bmatrix} \begin{bmatrix} x_1 \\ x_2 \end{bmatrix} = \begin{bmatrix} 0 \\ 0 \end{bmatrix}$$

b) Freie Schwingungen des ungedämpften Systems:

Ansatz:

$$\boldsymbol{x} = \widehat{\boldsymbol{x}}\, e^{\lambda t}$$

Homogenes Gleichungssystem für die Amplituden des ungedämpften Systems:

$$\begin{bmatrix} 6m\lambda^2 + 11k & -3k \\ -3k & 6m\lambda^2 + 3k \end{bmatrix} \begin{bmatrix} \widehat{x}_1 \\ \widehat{x}_2 \end{bmatrix} = \begin{bmatrix} 0 \\ 0 \end{bmatrix}$$

Nichttriviale Lösungen nur, wenn die Koeffizientendeterminante verschwindet:

$$\det A = (6m\lambda^2 + 11k)(6m\lambda^2 + 3k) - 9k^2 = 3m^2\lambda^4 + 7mk\lambda^2 + 2k^2 = 0$$

Eigenwerte und Eigenfrequenzen des ungedämpften Systems:

$$\lambda_{1/2}^2 = -\frac{7k}{6m} \pm \sqrt{\frac{49k^2}{36m^2} - \frac{2k^2}{3m^2}}$$

$$\lambda_1^2 = -\frac{1}{3}\frac{k}{m} \qquad \lambda_2^2 = -2\frac{k}{m}$$

$$\omega_1 = \sqrt{\frac{k}{3m}} \qquad \omega_2 = \sqrt{\frac{2k}{m}}$$

Berechnung der Eigenformen:

$$\text{zu } \lambda_1^2 = -\frac{1}{3}\frac{k}{m}: \quad \begin{bmatrix} 9k & -3k \\ -3k & k \end{bmatrix} \begin{bmatrix} \widehat{x}_1 \\ \widehat{x}_2 \end{bmatrix} = \begin{bmatrix} 0 \\ 0 \end{bmatrix} \quad \Longrightarrow \quad \begin{bmatrix} \widehat{x}_1 \\ \widehat{x}_2 \end{bmatrix} = \begin{bmatrix} 1 \\ 3 \end{bmatrix}$$

$$\text{zu } \lambda_2^2 = -2\frac{k}{m}: \quad \begin{bmatrix} -k & -3k \\ -3k & -9k \end{bmatrix} \begin{bmatrix} \widehat{x}_1 \\ \widehat{x}_2 \end{bmatrix} = \begin{bmatrix} 0 \\ 0 \end{bmatrix} \quad \Longrightarrow \quad \begin{bmatrix} \widehat{x}_1 \\ \widehat{x}_2 \end{bmatrix} = \begin{bmatrix} 3 \\ -1 \end{bmatrix}$$

Aufgabe 29.19:

Ein dünner, überkopfstehender homogener Balken (Masse m, Länge $2a$) wird durch eine reibungsfrei gelagerte Koppelstange (Länge l) zu Kippschwingungen φ angeregt. Zwischen der Koppelstange und dem Balken ist eine Drehfeder (Drehfedersteifigkeit k) angebracht, die bei vertikalem Balken spannungsfrei ist. Das andere Ende der Koppelstange wird über einen Dämpfer (Dämpfungskonstante b) harmonisch zu horizontalen Schwingungen angeregt. Es sollen kleine Pendelbewegungen ($|\varphi| \ll 1$) des Balkens betrachtet werden.

a) Stellen Sie die Bewegungsdifferentialgleichung für die kleinen Kippschwingungen $\varphi(t)$ der Stange auf.

b) Wie groß muß die Steifigkeit k der Drehfeder mindestens sein, damit die vertikale Stellung des Balkens eine stabile Gleichgewichtslage ist?

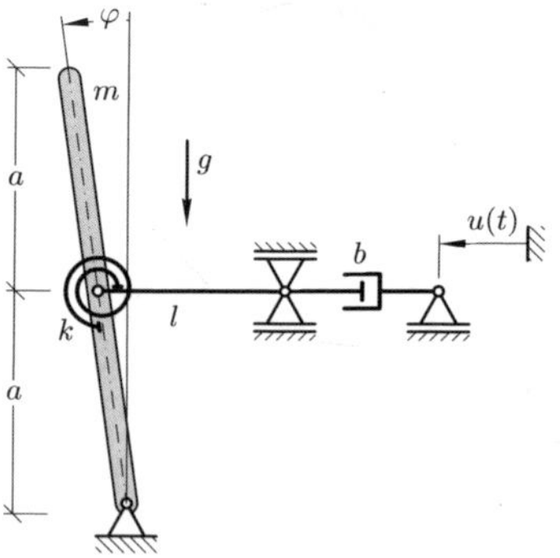

Bild A29.19: Überkopfstehendes Pendel unter Dämpfungserregung

c) Wie groß sind die Amplituden $\widehat{\varphi}$ der erzwungenen Kippschwingungen $\varphi(t)$ des Balkens im eingeschwungenen Resonanzbetrieb ($\Omega = \omega_0$), wenn das Dämpfungsmaß $D = 10\%$ beträgt?

Gegeben: a, l, m, k, b, g, Ω, $u(t) = \widehat{u}\cos\Omega t$, D

Lösung der Aufgabe 29.19:

a) Bewegungsgleichung:

Freikörperbilder:

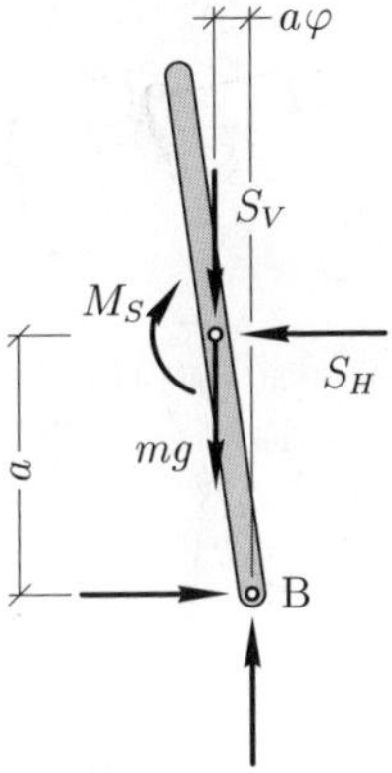

Massengeometrie:

$$\Theta^B = \frac{1}{3} m (2a)^2 = \frac{4}{3} m a^2$$

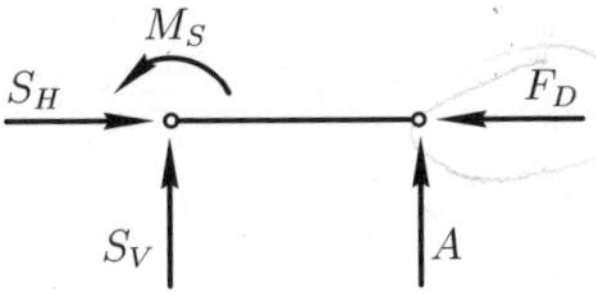

Gleichgewicht des Hebels:

$$S_H - F_D = 0$$

$$S_V\, l - M_S = 0$$

Stoffgesetze:

$$M_S = k\,\varphi$$

$$F_D = b\,(\dot{u} - a\,\dot{\varphi})$$

Momentensatz:

$$\Theta^B\,\ddot{\varphi} = -M_S + S_H\,a + (S_V + mg)\,a\,\varphi$$

Ausrechnung liefert linearisierte Bewegungsgleichung:

$$\ddot{\varphi} + \frac{b a^2}{\Theta^B}\,\dot{\varphi} + \frac{k - mg\,a}{\Theta^B}\,\varphi = \frac{b a}{\Theta^B}\,\dot{u} = -\frac{b a \Omega}{\Theta^B}\,\hat{u}$$ [redacted] $$\sin \Omega t$$

b) Stabilität der vertikalen Gleichgewichtslage nur für:

$$\omega_0^2 = \frac{k - mg\,a}{\Theta^B} > 0 \qquad \Longrightarrow \qquad k > mg\,a$$

c) Erzwungene Schwingungen:

Kennkreisfrequenz und Dämpfungsmaß:

$$\omega_0^2 = \frac{k - mg\,a}{\Theta^B}; \qquad 2D\omega_0 = \frac{b a^2}{\Theta^B} \qquad \Longrightarrow \qquad D = \frac{b a^2}{2\,\omega_0\,\Theta^B}$$

Wirksame Erregeramplitude:

$$\frac{b a \Omega}{\Theta^B}\,\hat{u} =: \omega_0^2\,\hat{\varphi}_e \qquad \Longrightarrow \qquad \hat{\varphi}_e = \frac{b a \Omega}{k - mg\,a}\,\hat{u} = 2\,D\,\frac{\Omega}{\omega_0}\,\frac{\hat{u}}{a}$$

Vergrößerungsfunktion und Phasenlage:

$$V(\eta, D) = \frac{1}{\sqrt{(1-\eta^2)^2 + (2D\eta)^2}}; \qquad \psi(\eta, D) = \arctan \frac{2D\eta}{1-\eta^2}$$

Schwingungsantwort:

$$\varphi(t) = -\hat{\varphi}_e\,V(\eta, D)\,\sin\left[\Omega t - \psi\right]$$

Spezialfall $\Omega = \omega_0$:

$$V(1, D) = \frac{1}{2D}; \qquad \psi(1, D) = \frac{\pi}{2}; \qquad \hat{\varphi}_e = 2D\frac{\hat{u}}{a} \qquad \Longrightarrow \qquad \hat{\varphi} = \hat{\varphi}_e\,V = \frac{\hat{u}}{a}$$

Die Größe der Dämpfung spielt keine Rolle!

Aufgabe 29.20:

Der Tonarm eines Plattenspielers (Masse m, Massenträgheitsmoment Θ^S) ist im Abstand s von seinem Schwerpunkt gelenkig gelagert. Die Nadel des Tonabnehmersystems ist im Abstand l vom Lagerpunkt A elastisch (Steifigkeit k) so am Tonarm befestigt, daß der Tonarm bei $u=0$ in horizontaler Lage im Gleichgewicht ist. Die Dämpfung kann vernachlässigt werden. Durch die Welligkeit in den Plattenrillen wird die Nadel mit der Funktion $u(t)$ bewegt und der Tonarm zu kleinen erzwungenen Schwingungen $\varphi(t)$ angeregt.

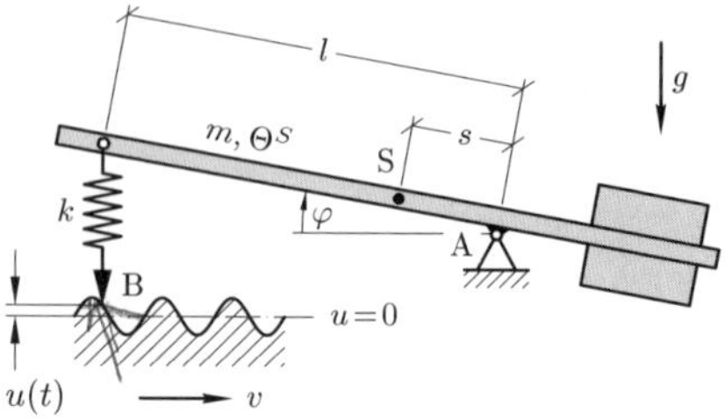

Bild A29.20: Tonarm eines Plattenspielers

a) Ermitteln Sie die linearisierte Bewegungsdifferentialgleichung für die kleinen Nickwinkel $\varphi(t)$ des Tonarmes.

b) Wie groß ist die Auflagekraft F_0 der Nadel bei $u=0$ in der Gleichgewichtslage $\varphi_0=0$?

c) Für einen harmonischen Ton $u(t)=\hat{u}\sin\Omega t$ gebe man die erzwungenen Schwingungen $\varphi(t)$ des Tonarms an.

d) In welchem Frequenzbereich $\Omega_{min}<\Omega<\Omega_{max}$ hebt die Nadel bei harmonischer Erregung ab?

Gegeben: m, Θ^S, l, s, k, g, $u(t)=\hat{u}\sin\Omega t$ Zahlenwert nur für d): $F_0/k\hat{u}=3$

Lösung der Aufgabe 29.20:

a) Ermittlung der Bewegungsgleichung:

Freikörperbild:

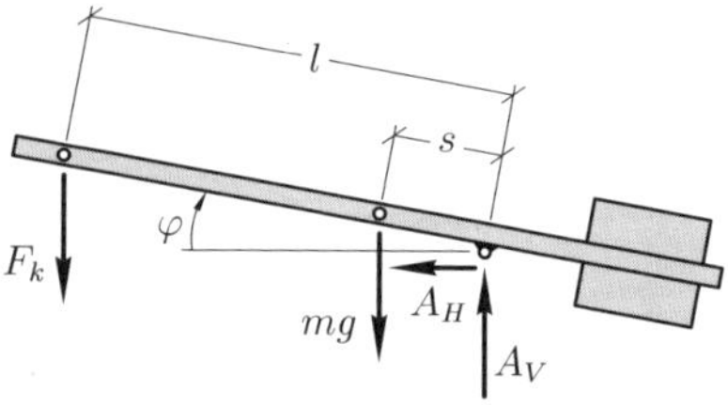

Massengeometrie:

$$\Theta^A = \Theta^S + m\,s^2$$

Federgesetz:

$$F_k = k\{l\,\varphi - u(t)\} - F_0$$

Momentensatz um A:

$$\Theta^A\,\ddot{\varphi} = -F_k\,l - mg\,s$$

Bewegungsdifferentialgleichung:

$$\ddot{\varphi} + \frac{k\,l^2}{\Theta^A}\,\varphi = \frac{k\,l^2}{\Theta^A}\frac{\hat{u}}{l}\sin\Omega t + \frac{F_0\,l - mg\,s}{\Theta^A}$$

Charakteristische Parameter:

$$\omega_0^2 = \frac{k\,l^2}{\Theta^A}; \quad \hat{\varphi}_e = \frac{\hat{u}}{l}; \quad D = 0$$

b) Gleichgewichtszustand und statische Auflagekraft:

$\varphi=\varphi_0=0$ ist statische Ruhelage bei $u=0$:

$$F_0\,l - mg\,s = 0 \quad \Longrightarrow \quad F_0 = \frac{mg\,s}{l}$$

c) Erzwungene Schwingungen:

$$\varphi_p(t) = \widehat{\varphi}_e V(\eta,D)\,\sin\left[\Omega t - \psi(\eta,D)\right] = \frac{\widehat{u}}{l}\,\frac{1}{1-\eta^2}\,\sin\Omega t \qquad \text{mit} \qquad \eta = \frac{\Omega}{\omega_0}$$

d) Untersuchung des Kontaktes:

Kontaktkraft:

$$F_k(t) = k\left[l\,\varphi_p(t) - u(t)\right] - F_0 = k\,\widehat{u}\sin\Omega t\left[\frac{1}{1-\eta^2} - 1\right] - F_0$$

Kontakt bleibt bestehen, solange $F_k(t) \leq 0$ bleibt:

$$\Longrightarrow \qquad \left|\frac{1}{1-\eta^2} - 1\right| = \frac{\eta^2}{|1-\eta^2|} \leq \frac{F_0}{k\,\widehat{u}} = 3$$

Bedingung für Kontakt im unterkritischen Betrieb ($\eta < 1$):

$$\eta < 1: \qquad 3\,(1-\eta^2) \geq \eta^2 \qquad \Longrightarrow \qquad \Omega^2 \leq \frac{3}{4}\omega_0^2$$

Bedingung für Kontakt im überkritischen Betrieb ($\eta > 1$):

$$\eta > 1: \qquad 3\,(\eta^2-1) \geq \eta^2 \qquad \Longrightarrow \qquad \Omega^2 \geq \frac{3}{2}\omega_0^2$$

Abheben erfolgt also im Bereich:

$$\sqrt{\frac{3}{4}}\,\omega_0 \leq \Omega \leq \sqrt{\frac{3}{2}}\,\omega_0$$

Aufgabe 29.21:

Die Skizze zeigt das mechanische Ersatzsystem für eine elektrische Klingel. Es besteht aus einem starren Balken (Masse $2\,m$), der durch eine elektromagnetische Kraft $F(t)$ harmonisch erregt wird, einem Klöppel (Punktmasse m) und einer Feder (Steifigkeit k). In der Ruhelage hat der Klöppel den Abstand $h = 0.1\,a$ von der Glocke.

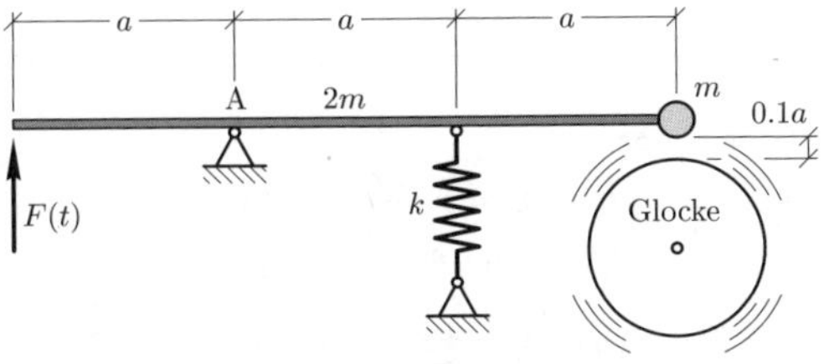

Bild A29.21: Elektrisch angetriebene Klingel

a) Ermitteln Sie die Bewegungsdifferentialgleichung für die kleinen erzwungenen Kippschwingungen $\varphi(t)$ des Klöppelhebels sowie die Kennkreisfrequenz ω_0.

b) Berechnen Sie die Bewegung $\varphi(t)$ des Klöppels für den eingeschwungenen Zustand.

c) In welchem Erregerfrequenzbereich $\Omega_1 < \Omega < \Omega_2$ berührt im eingeschwungenen Zustand der Klöppel die Glocke?

d) Die durch die Luft und die Reibung verursachte Dämpfung wird global durch das Dämpfungsmaß D erfaßt. Ab welchem Dämpfungsmaß D wird die Klingel stumm bleiben?

Gegeben: a, $h = 0.1\,a$, m, k, $F(t) = \widehat{F}\cos\Omega t$

Lösung der Aufgabe 29.21:

a) Bewegungsgleichung und Parameter:

Freikörperbild:

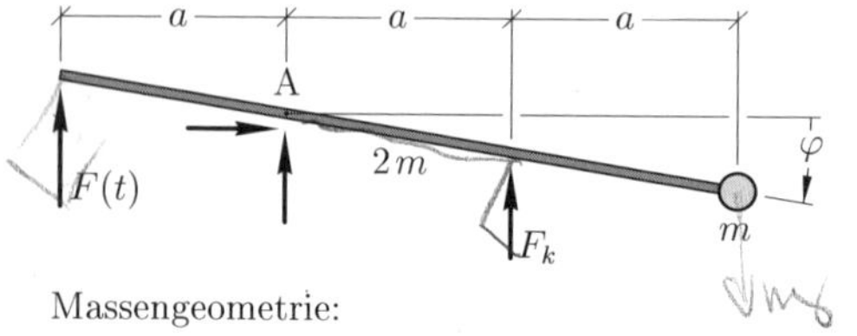

Federkraft:

$F_F = k\,x_F$

Kinematik:

$\dot{x}_F = a\,\dot{\varphi}$

Momentensatz um A:

$\Theta^A\,\ddot{\varphi} = -F_F\,a + F(t)\,a$

Massengeometrie:

$$\Theta^A = 2m\,\frac{(3a)^2}{12} + 2m\Big(\frac{a}{2}\Big)^2 + m\,(2a)^2 = 6\,m\,a^2$$

Bewegungsdifferentialgleichung:

$$\Theta^A\,\ddot{\varphi} + k\,a^2\,\varphi = \widehat{F}\,a\cos\Omega t, \qquad \ddot{\varphi} + \omega_0^2\,\varphi = \omega_0^2\,\widehat{\psi}\cos\Omega t$$

Parameter:

$$\omega_0^2 = \frac{k\,a^2}{\Theta^A} = \frac{k}{6m}; \qquad \widehat{\psi} = \frac{\widehat{F}\,a}{\Theta^A\,\omega_0^2} = \frac{\widehat{F}}{a\,k}$$

b) Bewegung des Klöppels im eingeschwungenen Zustand:

$$\varphi(t) = \widehat{\psi}\,V(\eta)\cos\Omega t = \frac{\widehat{F}}{a\,k}\,\frac{1}{1-\eta^2}\cos\Omega t \qquad \text{mit} \qquad \eta = \frac{\Omega}{\omega_0} \qquad \text{und} \qquad V = \frac{1}{1-\eta^2}$$

c) Frequenzbereich für das Funktionieren der Klingel:

Der Klöppel schlägt an für

$$\widehat{x}_{Klöppel} = 2\,a\,\widehat{\varphi} = 2\,a\,\widehat{\psi}\,V(\eta) \geq 0.1\,a \quad \Longrightarrow \quad \left|\frac{1}{V}\right| = \left|1-\Big(\frac{\Omega}{\omega_0}\Big)^2\right| \leq \frac{2}{0.1}\,\widehat{\psi} \quad \Longrightarrow$$

$$\omega_0^2\,(1-20\,\widehat{\psi}) \leq \Omega^2 \leq \omega_0^2(1+20\,\widehat{\psi}) \quad \Longrightarrow \quad \frac{k}{6m}\Big(1-20\,\frac{\widehat{F}}{a\,k}\Big) \leq \Omega^2 \leq \frac{k}{6m}\Big(1+20\,\frac{\widehat{F}}{a\,k}\Big)$$

d) Stumme Glocke:

Läuten tritt bei keiner Frequenz auf, wenn der Klöppelausschlag zu klein bleibt:

$$\widehat{x}_{Klöppel} < 0.1\,a \quad \text{für alle Frequenzen} \quad \Omega \quad \Longrightarrow \quad 2\,a\,\widehat{\psi}\,\max\Big\{V(\eta,D)\Big\} < 0.1\,a$$

Vergrößerungsfunktion und maximaler Wert:

$$V(\eta,D) = \frac{1}{\sqrt{(1-\eta^2)^2 + (2\,D\eta)^2}}; \qquad \max\Big\{V(\eta,D)\Big\} \approx \frac{1}{2D}$$

Bedingung für stumme Klingel:

$$2\,a\,\widehat{\psi}\,\frac{1}{2D} < 0.1\,a \quad \Longrightarrow$$

Für Dämpfungen $D > 10\,\dfrac{\widehat{F}}{k\,a}$ bleibt die Klingel stumm.

Aufgabe 29.22:

Ein vertikal reibungsfrei beweglicher Rütteltisch (Masse M) ist elastisch aufgestellt (Steifigkeit k) und wird durch einen geregelten Elektromagneten harmonisch so erregt, daß er für alle Frequenzen Ω stets mit der gleichen Amplitude $\widehat{x}$ um die statische Gleichgewichtslage schwingt, $x(t) = \widehat{x} \sin \Omega t$. Auf dem Rütteltisch liegt lose ein Körper (Masse m).

a) Berechnen sie die Kraft $N(t)$ zwischen dem Körper m und dem Rütteltisch M für Bewegungen, in denen der Körper dauerhaft Kontakt mit dem Rütteltisch hat.

b) Ab welcher Erregerfrequenz Ω_{grenz} hebt der Körper m zeitweise ab?

c) Berechnen Sie die elektromagnetische Erregerkraft $F(t)$, die für die Erzeugung einer harmonischen Bewegung mit $\Omega < \Omega_{grenz}$ und vorgegebener Amplitude $\widehat{x}$ notwendig ist.

d) Skizzieren Sie die Kraftamplitude $\widehat{F}(\Omega)$ über dem Quadrat der Erregerfrequenz Ω.

Gegeben: M, k, m, $\widehat{x}$, Ω, g

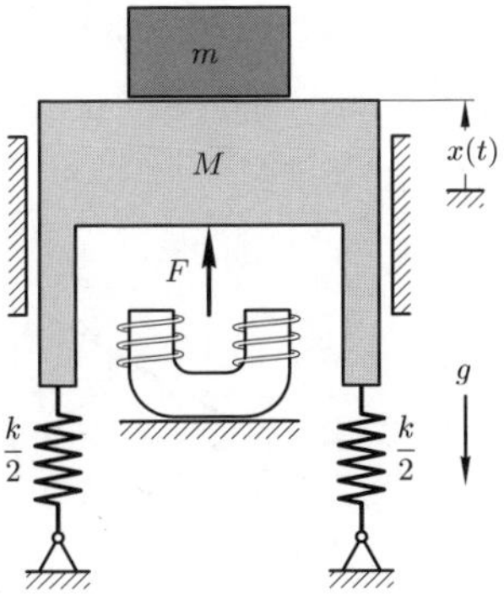

Bild A29.22: Rütteltisch mit loser Masse

Lösung der Aufgabe 29.22:

a) Berechnung der Kontaktkraft:

Freikörperbilder:

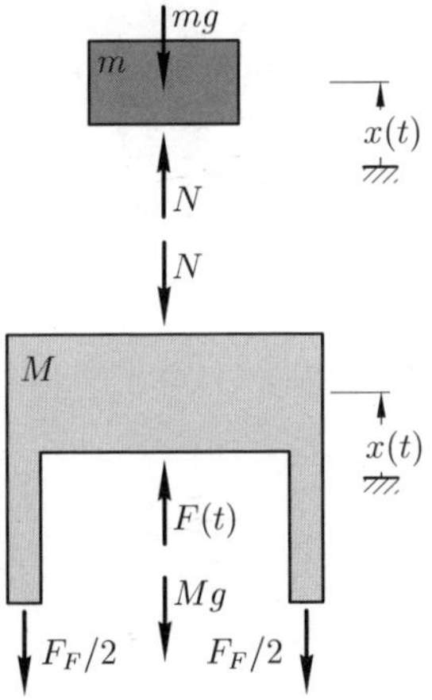

Kinematik:

$$x = \widehat{x} \sin \Omega t, \qquad \ddot{x} = -\Omega^2 \widehat{x} \sin \Omega t$$

Kräftesatz der Einzelmasse:

$$m\ddot{x} = N(t) - mg$$

Kontaktkraft:

$$N(t) = m\,(g - \Omega^2 \widehat{x} \sin \Omega t)$$

b) Abheben:

Die Kontaktkraft N wird zeitweise null oder gar negativ für

$$\Omega^2 \widehat{x} \geq g \qquad \Longrightarrow \qquad \Omega_{grenz} = \sqrt{\frac{g}{\widehat{x}}}$$

Federkraft F_F:

$$F_F = k\,(x - x_{stat})$$

c) Berechnung der Erregerkraft:

Kräftesatz des Gesamtsystems:

$$(M+m)\,\ddot{x} = -F_F - (M+m)g + F(t) = -k\,x + k\,x_{stat} - (M+m)g + F(t) = -k\,x + F(t)$$

Dynamische Erregerkraft:

$$F(t) = k\,x + (M+m)\,\ddot{x} = \left[k - \Omega^2 (M+m)\right] \widehat{x} \sin \Omega t$$

Notwendige Kraftamplitude:

$\widehat{F}(\Omega) = |k - \Omega^2(M+m)|\,\widehat{x}$

d) Kraftamplitude als Funktion des Quadrates der Erregerfrequenz:

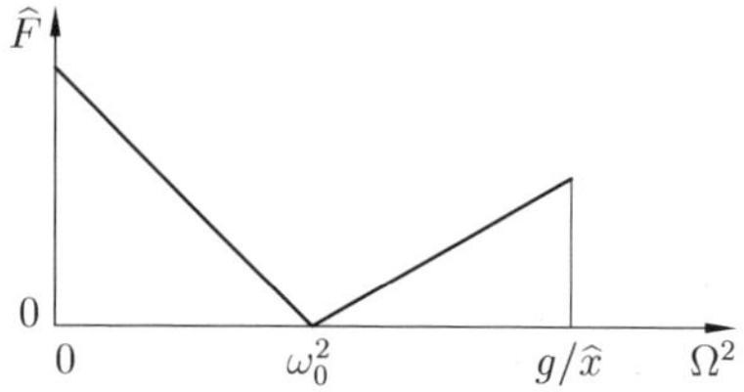

Aufgabe 29.23:

Eine homogene Scheibe (Masse m, Radius r) rollt ohne zu rutschen in einer Seilschlaufe, ihr Schwerpunkt bewegt sich nur vertikal. Das eine Seilende ist festgehalten, das andere elastisch aufgehängt (Steifigkeit k). Für $x = 0$ ist die Feder kräftefrei. In der Scheibenmitte ist ein Dämpfer (Dämpferkonstante b) befestigt, dessen zweites Ende mit $w_D(t)$ harmonisch auf und ab bewegt wird.

a) Stellen Sie die Bewegungsdifferentialgleichung für die erzwungene Schwingung $x(t)$ des Scheibenschwerpunktes auf.

b) Geben Sie die charakteristischen Größen ω_0, D, ω_d, δ und $\widehat{u}$ an.

c) Berechnen Sie den statischen Gewichtsdurchhang x_{stat}.

d) Geben Sie die erzwungene Bewegung $x(t)$ im eingeschwungenen Zustand an.

Gegeben: m, b, k, r, g, $\widehat{w}$, Ω, $w_D = \widehat{w}\cos\Omega t$

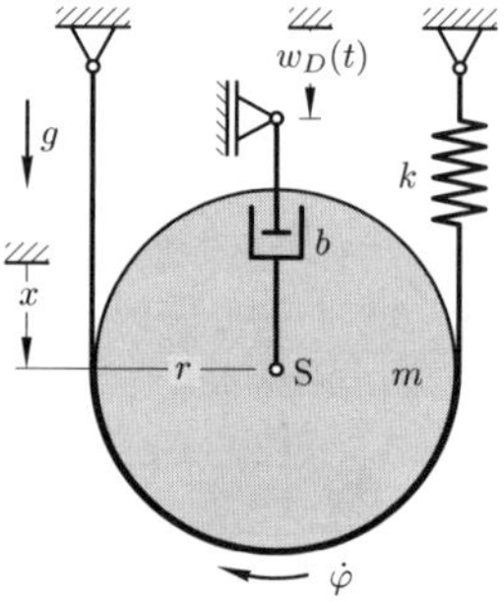

Bild A29.23:
Dämpfererregte Scheibe

Lösung der Aufgabe 29.23:

a) Bewegungsgleichung des gedämpften Systems:

Freikörperbild:

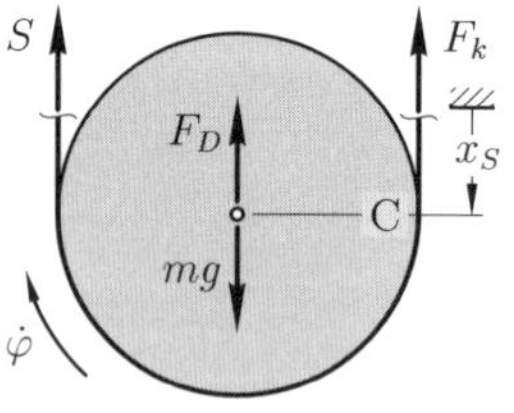

Kinetik:

$$m\,\ddot{x}_S = mg - S - F_D - F_k \tag{1}$$

$$\Theta^S\,\ddot{\varphi} = (S - F_k)\,r \tag{2}$$

Kinematik:

$$\dot{x}_S = r\,\dot{\varphi}$$

$$\dot{x}_C = 2\,\dot{x}_S$$

$$\Delta l_D = x_S - w_D(t)$$

Massenträgheitsmoment:

$$\Theta^S = \frac{1}{2}m\,r^2$$

Stoffgesetze:

$$F_k = k\,x_C = 2\,k\,x_S$$

$$F_D = b\,\Delta\dot{l}_D = b\left[\dot{x}_S - \dot{w}_D(t)\right]$$

Elimination der Seilkraft S:

$$(2)+(1)\,r: \qquad m\,r\,\ddot{x}_S+\Theta^S\,\ddot{\varphi} = (mg-F_D-2\,F_k)\,r = \big[mg-b\,(\dot{x}_S-\dot{w}_D)-4\,k\,x_S\big]\,r \qquad (4)$$

Elimination der Winkelbeschleunigung:

$$(m\,r^2+\Theta^S)\,\ddot{x}_S + b\,r^2\,\dot{x}_S + 4\,k\,r^2\,x_S = m\,g\,r^2 + b\,r^2\,\dot{w}_D(t)$$

Normalform der Bewegungsdifferentialgleichung:

$$\ddot{x}_S + 2D\omega_0\,\dot{x}_S + \omega_0^2\,x_S = \frac{m\,r^2}{m\,r^2+\Theta^S}\,g - \frac{b\,r^2}{m\,r^2+\Theta^S}\,\Omega\,\widehat{w}\,\sin\Omega t$$

b) Charakteristische Größen des Schwingungssystems:

Kennkreisfrequenz:

$$\omega_0^2 = \frac{4\,k\,r^2}{m\,r^2+\Theta^S} = \frac{8}{3}\,\frac{k}{m}$$

Dämpfungsmaß:

$$2D\omega_0 = \frac{b\,r^2}{m\,r^2+\Theta^S} = \frac{2}{3}\,\frac{b}{m} \qquad \Longrightarrow \qquad D = \frac{b}{\sqrt{24\,k\,m}}$$

Quasi-Eigenkreisfrequenz:

$$\omega_d = \omega_0\,\sqrt{1-D^2} = \frac{\sqrt{24\,k\,m-b^2}}{3m}$$

Abklingkoeffizient:

$$\delta = \omega_0\,D = \frac{b}{3m}$$

Wirksame Erregeramplitude:

$$\omega_0^2\,\widehat{u} = -\frac{b\,r^2}{m\,r^2+\Theta^S}\,\Omega\,\widehat{w} = -\frac{2\,b}{3m}\,\Omega\,\widehat{w} \qquad \Longrightarrow \qquad \widehat{u} = -\frac{b\Omega}{4k}\,\widehat{w}$$

c) Gewichtsdurchhang:

Gleichgewichtslage bei $\ddot{x} = 0$, $\dot{x} = 0$ und $w(t) = 0$:

$$\omega_0^2\,x_{S,\,stat} = \frac{m\,g\,r^2}{m\,r^2+\Theta^S} \qquad \Longrightarrow \qquad x_{S,\,stat} = \frac{mg}{4k}$$

d) Erzwungene Bewegung:

$$x(t) = \widehat{u}\,V(\eta,D)\,\sin[\Omega t-\psi(\eta,D)] \qquad \text{wobei} \qquad \eta = \frac{\Omega}{\omega_0}$$

Amplitudengang:

$$V(\eta,D) = \frac{1}{\sqrt{(1-\eta^2)^2+(2D\eta)^2}}$$

Phasengang:

$$\psi(\eta,D) = \arctan\frac{2D\eta}{1-\eta^2}$$

Aufgabe 29.24:

Eine Pendelachse ist im Punkt 0 auf einem Prüfstand reibungsfrei gelagert und im Punkt A durch das Federbein (Steifigkeit k_1, Dämpfungskonstante b) am festen Aufbau fixiert. Die elastischen Eigenschaften des Reifens werden durch die masselose Feder (Steifigkeit k_2) berücksichtigt. Das Rad (Masse m, Massenträgheitsmoment Θ^M) kann als homogen angesehen, die Masse der Achse kann vernachlässigt werden.

Der Radaufstandspunkt wird durch die Prüfanrichtung mit der vorgegebenen Funktion $w(t) = \widehat{w} \cos \Omega t$ harmonisch bewegt.

a) Stellen Sie die Bewegungsgleichung für kleine Winkelausschläge φ der Achse auf.

b) Geben Sie den Dämpfungsgrad D und die Kennkreisfrequenz ω_0 an.

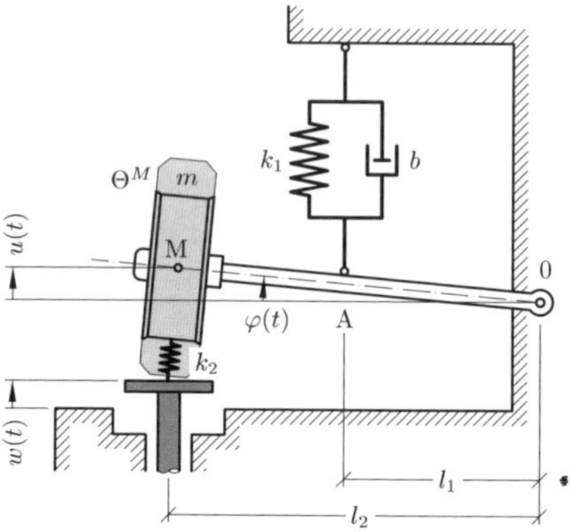

Bild A29.24: Pendelachse im Prüfstand

c) Berechnen Sie die Amplituden $\widehat{u}$ der erzwungenen Vertikalschwingungen $u(t)$ des Radmittelpunktes M. Welche Werte nehmen die Amplituden für die beiden Erregerfrequenzen $\Omega = 0.5\,\omega_0$ (unterkritisch) und $\Omega = 2\omega_0$ (überkritisch) im dämpfungsfreien Fall an?

Gegeben: l_1, l_2, b, k_1, k_2, Θ^M, m, $\widehat{w}$, Ω

Lösung der Aufgabe 29.24:

a) Ermittlung der Bewegungsgleichung:

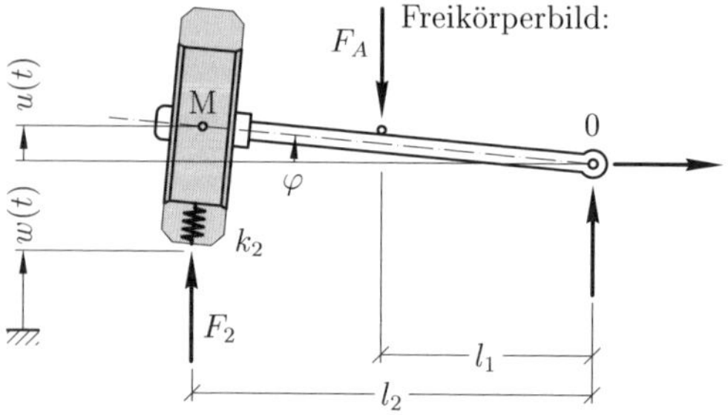

Kinematik:

$u(t) = l_2 \varphi$

$u_A = l_1 \varphi$

$\Delta l_2 = u - w$

Feder- und Dämpfungskräfte:

$F_A = k_1 u_A + b \dot{u}_A$

$F_2 = -k_2 \Delta l_2 = -k_2 (u - w)$

Massengeometrie:

$\Theta^0 = \Theta^M + m l_2^2$

Momentensatz um 0:

$\Theta^0 \ddot{\varphi} = -F_A l_1 + F_2 l_2$

Bewegungsdifferentialgleichung:

$$\Theta^0 \ddot{\varphi} + b l_1^2 \dot{\varphi} + (k_1 l_1^2 + k_2 l_2^2)\, \varphi = k_2 l_2\, w(t)$$

b) Charakteristische Parameter:

Kennkreisfrequenz und wirksame Erregeramplitude:

$$\omega_0^2 = \frac{k_1 l_1^2 + k_2 l_2^2}{\Theta^0} = \frac{k_1 l_1^2 + k_2 l_2^2}{\Theta^M + m l_2^2}, \qquad \widehat{\delta} = \frac{k_2 l_2}{\Theta^0 \omega_0^2}\, \widehat{w} = \frac{k_2 l_2^2}{k_1 l_1^2 + k_2 l_2^2}\, \frac{\widehat{w}}{l_2}$$

Dämpfungsmaß:

$$2D\omega_0 = \frac{b l_1^2}{\Theta^0} \qquad \Longrightarrow \qquad D = \frac{b l_1^2}{2\sqrt{(k_1 l_1^2 + k_2 l_2^2)(\Theta^M + m l_2^2)}}$$

c) Berechnung der erzwungenen Bewegung:

Bewegungsgleichung:

$\ddot{\varphi} + 2D\omega_0\,\dot{\varphi} + \omega_0^2\,\varphi = \omega_0^2\,\widehat{\delta}\cos\Omega t$

Dauerschwingung:

$$\varphi(t) = \widehat{\delta}\,|V(\eta,D)|\cos[\Omega t - \psi(\eta,D)] = \frac{k_2\,l_2^2}{k_1\,l_1^2 + k_2\,l_2^2}\,\frac{\widehat{w}}{l_2}\,|V(\eta,D)|\cos[\Omega t - \psi(\eta,D)]$$

Vergrößerungs- und Phasenfunktion:

$$|V(\eta,D)| = \frac{1}{\sqrt{(1-\eta^2)^2 + (2D\eta)^2}}\,, qquad \psi(\eta,D) = \arctan\frac{2D\eta}{1-\eta^2}$$

Amplitude $\widehat{u}$ des Radmittelpunktes:

$$\widehat{u} = \widehat{\varphi}\,l_2 = \widehat{\delta}\,l_2\,|V(\eta,D)| = \frac{k_2\,l_2^2}{k_1\,l_1^2 + k_2\,l_2^2}\,|V(\eta,D)|\,\widehat{w}$$

Unterkritischer Betrieb mit $\Omega = 0.5\,\omega_0$ im dämpfungsfreien Fall:

$$\widehat{u}\Big|_{\eta=0.5} = \frac{k_2\,l_2^2}{k_1\,l_1^2 + k_2\,l_2^2}\,\frac{4}{3}\,\widehat{w}$$

Überkritischer Betrieb $\Omega = 2\,\omega_0$ im dämpfungsfreien Fall:

$$\widehat{u}\Big|_{\eta=2} = \frac{k_2\,l_2^2}{k_1\,l_1^2 + k_2\,l_2^2}\,\frac{1}{3}\,\widehat{w}$$

Aufgabe 29.25:

Eine starre Schwingrinne (Masse m) wird von zwei Blattfedern (Steifigkeit jeweils k) gehalten und mit einem Dämpfer (Dämpferkonstante b) geschwindigkeitsproportional bedämpft. Bei kleinen Bewegungen wird sich die Schwingrinne nur horizontal bewegen, Nichtlinearitäten und das Eigengewicht spielen dann keine Rolle. Die Schwingrinne wird über einen Kurbeltrieb (Kurbelradius ε, Pleuelstangenlänge l) angetrieben. Das Verhältnis von Pleuelstangenlänge und Kurbelradius ist so groß, daß sich die Rinne bei konstanter Winkelgeschwindigkeit Ω des Antriebs harmonisch mit $u(t)$ bewegt.

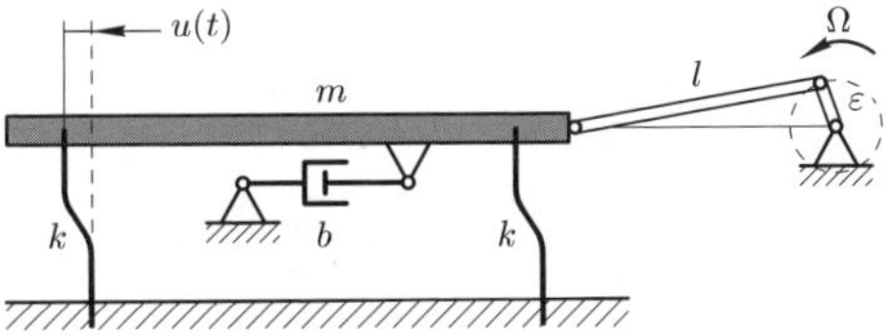

Bild A29.25: Schwingrinne mit Kurbeltrieb

a) Berechnen Sie die Horizontalkraft, die die Pleuelstange auf die Rinne ausübt.

b) Skizzieren Sie den Amplitudenverlauf dieser Horizontalkraft in Abhängigkeit von der Drehzahl Ω des Antriebes.

c) Bei welcher Winkelgeschwindigkeit Ω^* wird die Amplitude der erregenden Horizontalkraft minimal?

Gegeben: m, b, k, ε, Ω, $u(t) = \varepsilon\cos\Omega t$

Lösung der Aufgabe 29.25:

a) Berechnung der Horizontalkraft:

Freikörperbild:

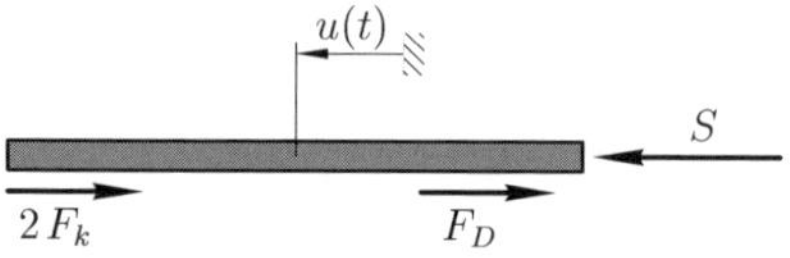

Stoffgesetze:

$F_D = b\,\dot{u}$

$F_k = k\,u$

Kräftesatz:

$m\ddot{u} = -F_D - 2F_k + S$

Kinematik:

$u = \varepsilon\cos\Omega t\,, \qquad \dot{u} = -\Omega\varepsilon\sin\Omega t \qquad \text{und} \qquad \ddot{u} = -\Omega^2\varepsilon\cos\Omega t$

Notwendige Horizontalkraft:

$S = m\ddot{u} + b\dot{u} + 2ku = \varepsilon\left[2k - m\Omega^2\right]\cos\Omega t - \varepsilon b\Omega\sin\Omega t$

Kennkreisfrequenz und Dämpfungsmaß:

$$\omega_0 = \sqrt{\frac{2k}{m}}, \qquad D = \frac{b}{2\sqrt{2km}}$$

b) Kraftamplitude:

$$\widehat{S} = \varepsilon\sqrt{(2k - m\Omega^2)^2 + (b\Omega)^2}$$

Das Minimum der Kontaktkraftamplitude ist charakterisiert durch

$$\frac{d(\widehat{S}^2)}{d(\Omega^2)} = \varepsilon^2\left\{2(2k - m\Omega^2)(-m) + b^2\right\} = 0.$$

Es tritt auf bei der Erregerfrequenz

$$\Omega^* = \sqrt{\frac{4km - b^2}{2m^2}} = \omega_0\sqrt{1 - 2D^2}$$

und hat den Wert

$$\widehat{S}_{min} = 2k\varepsilon\frac{b}{4k}\sqrt{8\frac{k}{m} - \left(\frac{b}{m}\right)^2}.$$

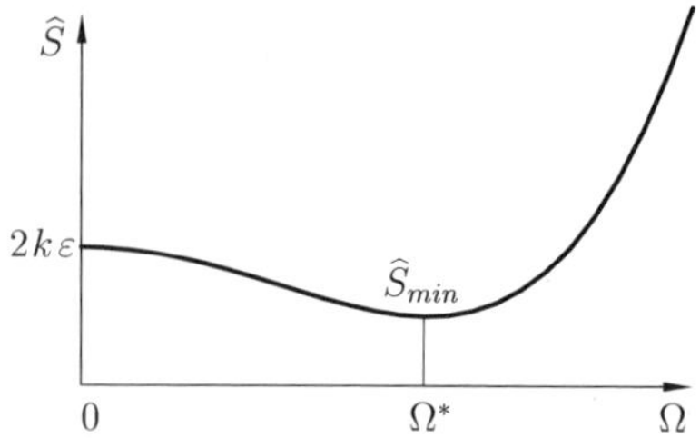

Aufgabe 29.26:

Ein vertikal reibungsfrei beweglicher Körper (Masse m) hängt an einem idealen Seil und einer Feder (Steifigkeit k). Das Seil ist über eine masselose, reibungsfrei gelagerte Umlenkrolle (Radius r) geführt und mit der Feder verbunden. Das Seil haftet auf der Umlenkrolle. An der Umlenkrolle wirkt ein harmonisches Moment $M(t) = \widehat{M} \cos \Omega t$. Nach Abklingen der Eigenschwingungen führt der Körper stationäre Vertikalschwingungen mit der Amplitude $\widehat{x}$ aus.

In welchem Verhältnis stehen die erzwungenen Schwingungsamplituden $\widehat{x}$ zum statischen Durchhang x_{stat} infolge des Eigengewichtes?

Gegeben: $m,\ k,\ r,\ g,\ \widehat{M}=7/8\,mgr,\ \Omega=3/4\,\omega_0$

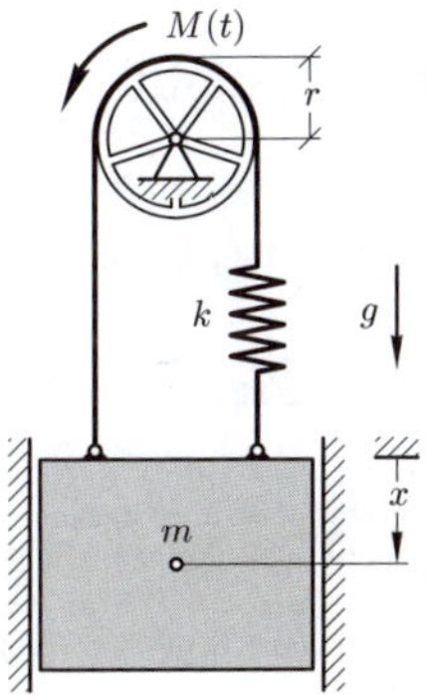

Bild A29.26: Elastisch aufgehängter Körper an angetriebener Umlenkrolle

Lösung der Aufgabe 29.26:

Freikörperbilder:

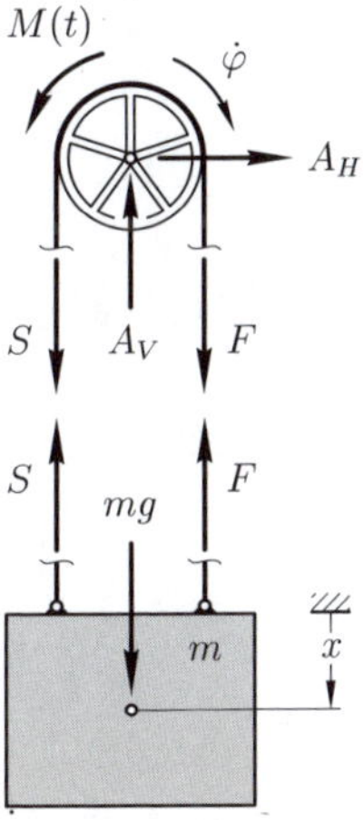

Kräftesatz:

$$m\,\ddot{x} = -S - F + mg$$

Federkraft:

$$F = k\,\Delta l = k\,2x$$

Gleichgewicht der Umlenkrolle:

$$S\,r - F\,r - M(t) = 0$$

Bewegungsgleichung:

$$m\,\ddot{x} + 4k\,x = mg + \frac{\widehat{M}}{4} \cos \Omega t$$

Eigenkreisfrequenz:

$$\omega_0 = \sqrt{\frac{4k}{m}}$$

Statische Auslenkung:

$$x_{stat} = \frac{mg}{4k}$$

Harmonische Schwingungsantwort:

$$x_p(t) = \frac{\widehat{M}}{4kr} \frac{\omega_0^2}{\omega_0^2 - \Omega^2} \cos \Omega t \qquad \text{mit} \qquad \widehat{x} = \frac{\widehat{M}}{4kr} \frac{\omega_0^2}{\omega_0^2 - \Omega^2} = \frac{16}{7} \frac{\widehat{M}}{4kr}$$

Vergrößerungsfunktion:

$$V = \frac{\omega_0^2}{|\omega_0^2 - \Omega^2|}$$

Verhältnis der dynamischen Amplitude zum statischen Durchhang:

$$\alpha = \frac{\widehat{x}}{x_{stat}} = \frac{16}{7} \frac{\widehat{M}}{mg\,r} = 2$$

Kapitel 30

Impuls- und Drallsatz

Aufgabe 30.1:

Zwei Körper (Massen m und $2m$), die durch eine Feder (Steifigkeit k) miteinander verbunden sind, liegen auf einer glatten Ebene. Zur Zeit $t=0$ trifft eine Kugel (Masse $m/2$) mit der Geschwindigkeit v_0 auf den ersten Körper und bleibt nach dem Stoß daran haften.

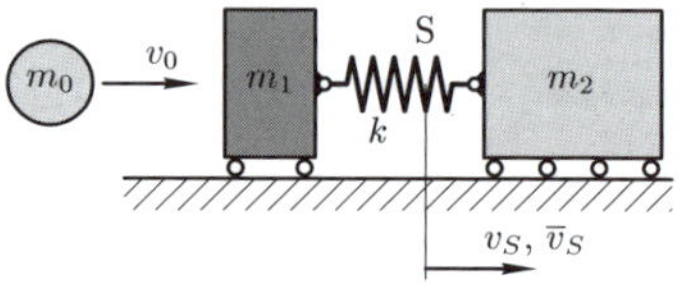

Bild A30.1: Stoß einer Punktmasse auf ein schwingfähiges System

a) Mit welcher Geschwindigkeit $\overline{v}_S$ bewegt sich der Schwerpunkt S des Gesamtsystems nach dem Stoß?

b) Mit welcher Kennkreisfrequenz ω_0 schwingen die beiden Massen gegeneinander?

Gegeben: k, v_0, $m_0=m/2$, $m_1=m$, $m_2=2m$

Lösung der Aufgabe 30.1:

a) Stoß:

Impulserhaltung des Gesamtsystems:

$$\overline{p} - p = 0$$

$$(m_0+m_1+m_2)\,\overline{v}_S - m_0\,v_0 = 0$$

Geschwindigkeit des Gesamtschwerpunktes:

$$\overline{v}_S = \frac{m_0}{m_0+m_1+m_2}\,v_0 = \frac{v_0}{7}$$

b) Schwingungen:

Freikörperbilder:

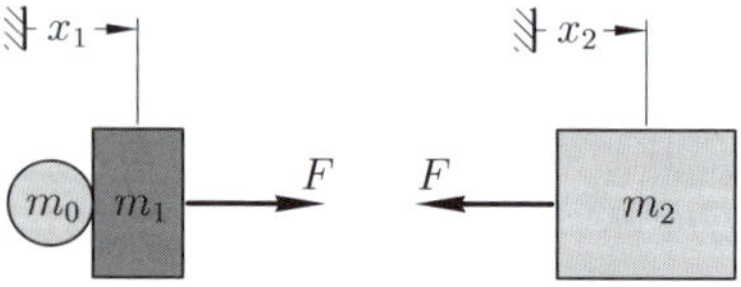

Kinetik der Teilsysteme:

$$(m_0+m_1)\,\ddot{x}_1 = F$$

$$m_2\,\ddot{x}_2 = -F$$

Federgesetz:

$$F = k\,(x_2-x_1)$$

Transformation auf $\Delta x = x_2-x_1$:

$$(m_0+m_1)\,\ddot{x}_1 + k\,x_1 - k\,x_2 = 0 \quad | \cdot m_2$$

$$m_2\,\ddot{x}_2 - k\,x_1 + k\,x_2 = 0 \quad | \cdot (m_0+m_1)$$

$$(m_0+m_1)\,m_2\,\Delta\ddot{x} + k\,(m_0+m_1+m_2)\,\Delta x = 0$$

Bewegungsgleichung:

$$\Delta\ddot{x} + k\,\frac{m_0+m_1+m_2}{(m_0+m_1)\,m_2}\,\Delta x = 0$$

Kennkreisfrequenz:

$$\omega_0^2 = k\,\frac{m_0+m_1+m_2}{(m_0+m_1)\,m_2} = \frac{7}{6}\,\frac{k}{m}$$

Aufgabe 30.2:

Ein Speichenrad (Masse m, Massenträgheitsmoment Θ^S) hängt an einer masselosen Stange (Länge l) und rotiert reibungsfrei mit der Winkelgeschwindigkeit ω um seine Achse durch den Schwerpunkt S. Zur Zeit $t = 0$ wird bei C ein Stift zwischen die Speichen gesteckt, der das Rad plötzlich gegen die Stange arretiert.

Welche Winkelgeschwindigkeit $\overline{\omega}$ hat unmittelbar danach das Gesamtsystem?

Gegeben: l, m, Θ^S, ω

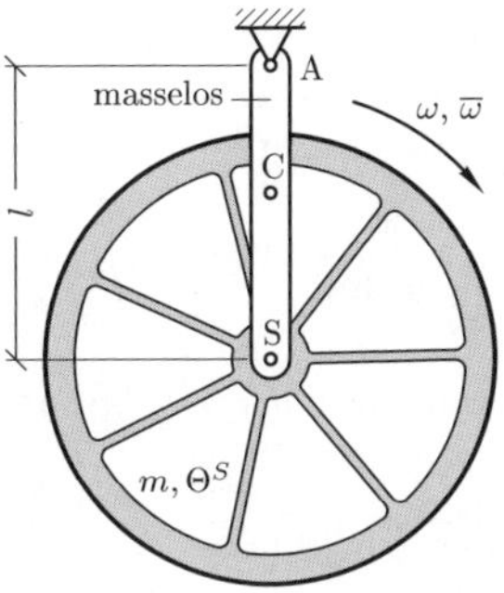

Bild A30.2: Speichenrad mit Arretierung

Lösung der Aufgabe 30.2:

Freikörperbild:

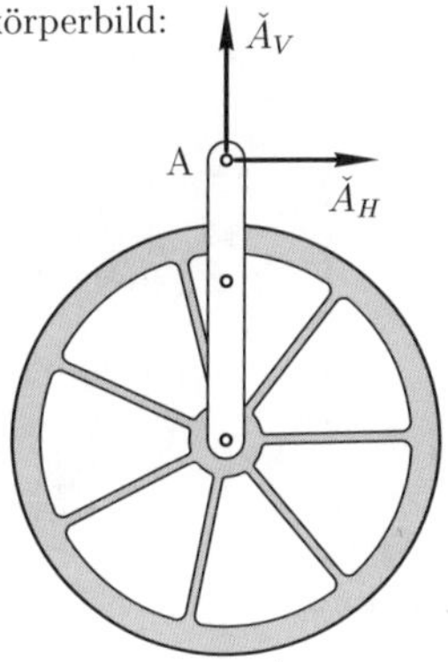

Kinetik:

Das Lager A ist reibungsfrei und überträgt keine Momente. Alle äußeren Stoßkräfte ($\breve{A}_V$ und $\breve{A}_H$) haben kein Moment um A. Daher bleibt der Drall um A erhalten:

$$\overline{L}^A - L^A = 0 \qquad \Longrightarrow$$

$$\Big[(\Theta^S + m\,l^2)\,\overline{\omega}\Big] - \Big[\Theta^S\omega + m\,v_S\,l\Big] = 0$$

Auflösung:

$$\overline{\omega} = \frac{\Theta^S}{\Theta^S + m\,l^2}\,\omega$$

Aufgabe 30.3:

Ein aus zwei gleichen, homogenen Balken (jeweils Masse m, Länge $3\,a$) geschweißter starrer Körper liegt auf einer glatten, horizontalen Ebene. Er wird durch den Kraftstoß $\breve{K}$ in Bewegung versetzt.

a) Berechnen Sie die Lage des Schwerpunktes S vor dem Stoß sowie das Massenträgheitsmoment Θ^S des Körpers.

b) Berechnen Sie die Geschwindigkeitskomponenten $\overline{v}_{Sx}$ und $\overline{v}_{Sy}$ des Schwerpunktes nach dem Stoß.

c) Mit welcher Winkelgeschwindigkeit $\overline{\omega}$ dreht sich der Körper nach dem Stoß?

Gegeben: a, m, $\breve{K}$

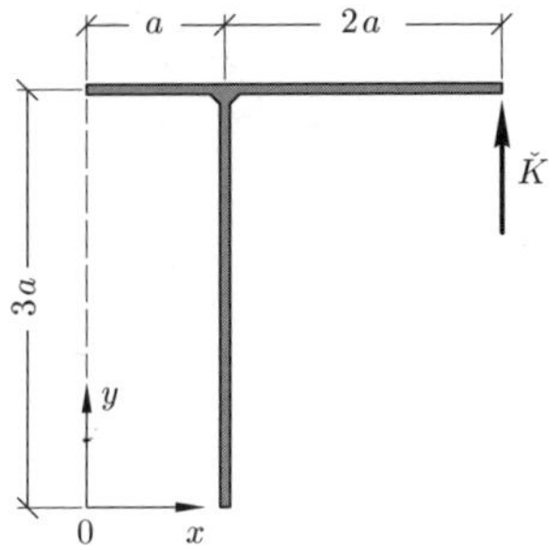

Bild A30.3: Kraftstoß auf einen verschweißten Rahmen

Lösung der Aufgabe 30.3:

a) Massengeometrie:

$$x_S = \frac{am + 3am/2}{2m} = \frac{5}{4}a, \qquad y_S = \frac{3am/2 + 3am}{2m} = \frac{9}{4}a$$

$$\Theta^S = \frac{1}{12}m(3a)^2 + m\left\{[x_{S2}-x_S]^2 + [y_{S2}-y_S]^2\right\} + \frac{1}{12}m(3a)^2 + $$
$$+ m\left\{[x_{S1}-x_S]^2 + [y_{S1}-y_S]^2\right\} = \frac{11}{4}ma^2$$

b) Stoß (Impuls- und Drallsatz):

$$2m\overline{v}_{Sx} - 0 = 0, \qquad 2m\overline{v}_{Sy} - 0 = \check{K}, \qquad \Theta^S\overline{\omega} - 0 = \check{K}(3a - x_S)$$

c) Geschwindigkeiten:

$$\overline{v}_{Sx} = 0, \qquad \overline{v}_{Sy} = \frac{\check{K}}{2m}, \qquad \overline{\omega} = \frac{7\check{K}}{11ma}$$

Aufgabe 30.4:

Eine Rolle mit dem Trägheitsmoment Θ^A ist in A reibungsfrei drehbar gelagert. Über die Radien R und r sind Seile gewickelt, an denen zwei Turner hängen. Zunächst sind die beiden Turner in Ruhe auf gleicher Höhe und es herrscht Gleichgewicht.

Der erste Turner klettert nun mit der konstanten Absolutgeschwindigkeit v_1 das Seil hoch, während sich der zweite Turner nur am Seil festklammert.

a) Mit welcher Geschwindigkeit v_2 bewegt sich dabei der zweite Turner nach oben?

b) Welche Leistung P_1 bringt der erste Turner auf, wenn seine Absolutgeschwindigkeit v_1 konstant ist?

Gegeben: r, R, m_1, Θ^A, v_1, g

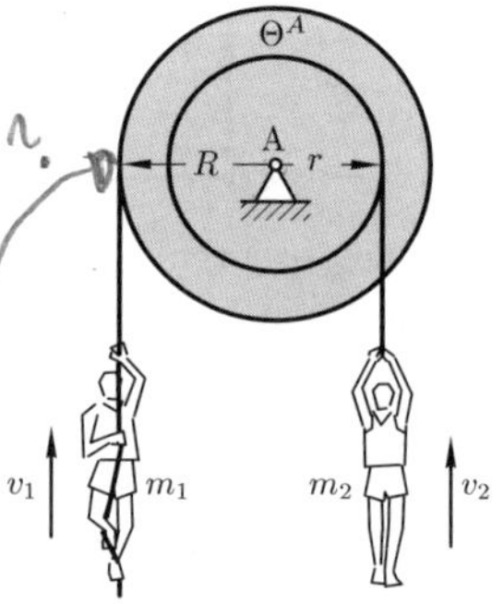

Bild A30.4: Turner an Seilen

Lösung der Aufgabe 30.4:

Freikörperbild (Gesamtsystem):

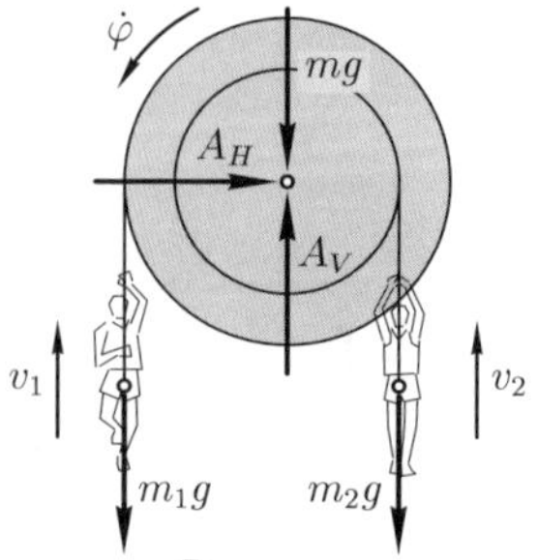

Kinematik:

$$v_2 = r\dot{\varphi}, \qquad v_{rel1} = v_1 + R\dot{\varphi} = v_1 + \frac{R}{r}v_2$$

Gleichgewicht während des Kletterns:

$$M^A = m_1 g R - m_2 g r = 0$$

Drallsatz um A:

$$L_N^A - L_V^A = \int_{t_V}^{t_N} M^A \, dt$$

$$(\Theta^A\dot{\varphi} - m_1 R v_1 + m_2 r v_2) - 0 = 0$$

Ausrechnung:

$$m_2 = \frac{R}{r}m_1, \qquad v_2 = \frac{m_1 R r}{m_1 R r + \Theta^A}v_1, \qquad v_{rel1} = \frac{m_1 R(r+R) + \Theta^A}{m_1 R r + \Theta^A}v_1$$

Da die Geschwindigkeit v_1 konstant ist, ist die Seilkraft $S = m_1 g$ (Gleichgewicht).

Leistung des ersten Turners:

$$P_1 = S\,v_{rel} = m_1 g\,\frac{m_1 R(r+R) + \Theta^A}{m_1 R r + \Theta^A}v_1$$

Aufgabe 30.5:

Eine homogene Billardkugel (Radius r, Masse m) auf dem glatten Billardtisch hat die Schwerpunktsgeschwindigkeit v_0 und die Winkelgeschwindigkeit ω_0 um die vertikale Achse. Sie stößt unter dem Winkel α_0 gegen die rauhe Bande. Nach dem Stoß (Stoßzahl e) ist infolge der Wandrauhigkeit die Geschwindigkeitskomponente der Kugel parallel zur Bande im Berührpunkt K null.

a) Welchen Bewegungszustand hat die Kugel nach dem Stoß (Geschwindigkeitskomponenten $\overline{v}_{Sx}$ und $\overline{v}_{Sy}$, Winkelgeschwindigkeit $\overline{\omega}$)?

b) Welcher Teil ΔT der kinetischen Energie wird beim Stoß abgebaut?

Gegeben: r, m, ω_0, v_0, α_0, e, rauher Stoß

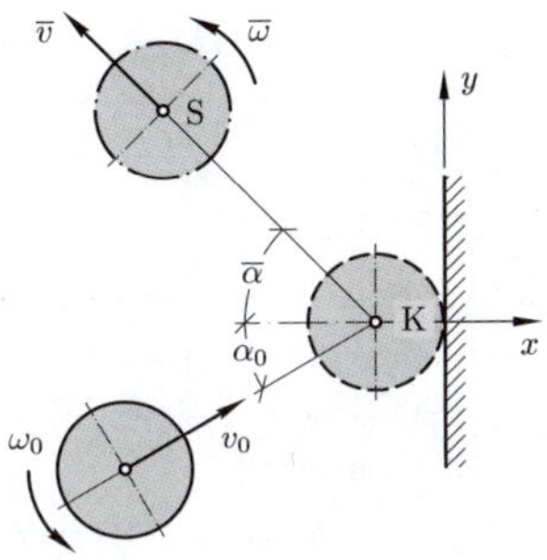

Bild A30.5: Billardkugel vor und nach dem Stoß

Lösung der Aufgabe 30.5:

Freikörperbild während des Stoßes:

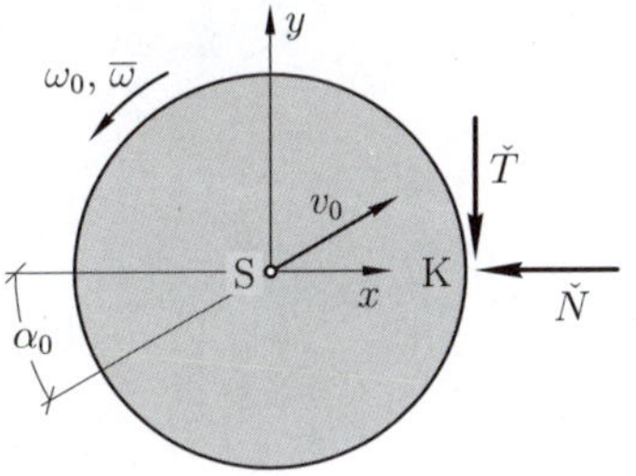

Stoßhypothese:

$$e = -\frac{\overline{v}_{Kx}}{v_{Kx}} = -\frac{\overline{v}_{Sx}}{v_{Sx}} \tag{3}$$

Rauher Stoß:

$$\overline{v}_{Ky} = 0 \tag{5}$$

Massengeometrie:

$$\Theta^S = \frac{2}{5} m r^2$$

Impuls und Drallsatz:

$$m(\overline{v}_{Sy} - v_{Sy}) = -\check{T} \tag{1}$$

$$\Theta^S(\overline{\omega} - \omega_0) = -r\check{T} \tag{2}$$

Kinematik:

$v_{Sx} = v_0 \cos\alpha_0$, $\quad v_{Sy} = v_0 \sin\alpha_0$

$\overline{v}_{Sx} = -\overline{v}\cos\overline{\alpha}$, $\quad \overline{v}_{Sy} = \overline{v}\sin\overline{\alpha}$

$v_{Kx} = v_{Sx}$, $\quad \overline{v}_{Kx} = \overline{v}_{Sx}$

$$\overline{v}_{Ky} = \overline{v}_{Sy} + \overline{\omega} r \tag{4}$$

Berechnung der Geschwindigkeiten nach dem Stoß:

aus (3): $\quad \overline{v}_{Sx} = -e\, v_0 \cos\alpha_0$

(1)·r − (2): $\quad m r\, \overline{v}_{Sy} - \Theta^S \overline{\omega} = m r\, v_0 \sin\alpha_0 - \Theta^S \omega_0$

(5) mit (4): $\quad \overline{v}_{Sy} + r\overline{\omega} = 0$

Auflösen nach den Geschwindigkeitskomponenten:

$$\overline{\omega} = -\frac{m r \sin\alpha_0\, v_0 - \Theta^S \omega_0}{\Theta^S + m r^2} = -\frac{1}{7r}(5\sin\alpha_0\, v_0 - 2\omega_0 r)$$

$$\overline{v}_{Sy} = \frac{m r^2 \sin\alpha_0\, v_0 - \Theta^S \omega_0 r}{\Theta^S + m r^2} = \frac{1}{7}(5\sin\alpha_0\, v_0 - 2\omega_0 r)$$

$$\overline{v}_{Sx} = -e\, v_0 \cos\alpha_0$$

Ausfallwinkel:

$$\tan\overline{\alpha} = \frac{\overline{v}_{Sy}}{\overline{v}_{Sx}} = -\frac{m r^2 \sin\alpha_0\, v_0 - \Theta^S \omega_0 r}{(\Theta^S + m r^2)\, e\, v_0 \cos\alpha_0} = -\frac{1}{7}\,\frac{5\sin\alpha_0\, v_0 - 2\omega_0 r}{e\, v_0 \cos\alpha_0}$$

Aufgabe 30.6:

Eine Punktmasse m ist an einem gespannten Seil befestigt und bewegt sich reibungsfrei in einer horizontalen Ebene. Im Punkt 0 wird das Seil mit konstanter Geschwindigkeit v_0 eingeholt. Zur Zeit $t=0$ befindet sich die Masse auf der x-Achse ($\varphi(0)=0$) im Abstand $r(0)=r_0$ vom Koordinatenursprung 0 und der Faden hat die Winkelgeschwindigkeit $\dot\varphi(0)=\omega_0$.

Berechnen Sie

a) die erforderliche Seilkraft $S(t)$ und

b) die Bahnkurve $r(\varphi)$.

Gegeben: m, r_0, ω_0, v_0

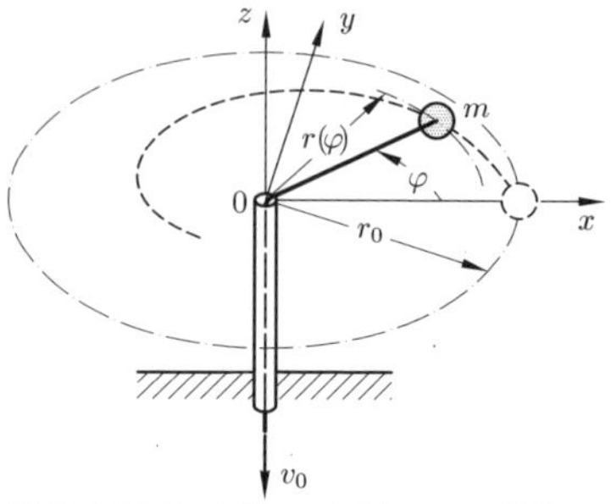

Bild A30.6: Rotierende Masse am Seil

Lösung der Aufgabe 30.6:

Kinematik:

$$\dot r = -v_0 \quad\Longrightarrow\quad \ddot r = 0, \qquad r = r_0 - v_0\,t$$

$$\vec a = (\ddot r - r\,\dot\varphi^2)\,\vec e_r + (2\,\dot r\,\dot\varphi + r\,\ddot\varphi)\,\vec e_\varphi \quad\Longrightarrow\quad a_r = -r\,\dot\varphi^2, \qquad a_\varphi = 2\,\dot r\,\dot\varphi + r\,\ddot\varphi$$

1. Lösung mit Kräftesatz:

Freikörperbild:

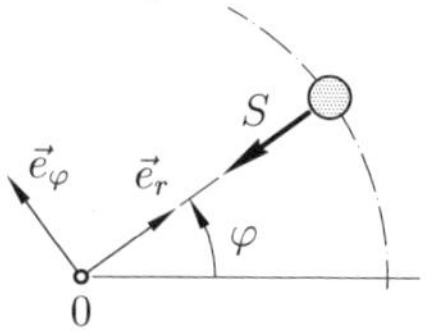

Kinetik:

$$m\,a_r = -S$$

$$m\,a_\varphi = 0$$

Auflösung:

$$a_\varphi = 0 \quad\Longrightarrow$$

$$2\,\dot r\,\dot\varphi + r\,\ddot\varphi = 0 \quad\Longrightarrow\quad \frac{\ddot\varphi}{\dot\varphi} = -\frac{2\,\dot r}{r} \quad\Longrightarrow\quad \ln\frac{\dot\varphi}{\omega_0} = -2\,\ln\frac{r}{r_0}$$

$$\dot\varphi(t) = \omega_0\Big(\frac{r_0}{r}\Big)^2 = \omega_0\,\frac{r_0^2}{(r_0-v_0\,t)^2}$$

$$\varphi(t) = \omega_0\int_0^t \frac{r_0^2}{(r_0-v_0\,t^*)^2}\,dt^* = \left.\frac{\omega_0\,r_0^2}{v_0\,(r_0-v_0t^*)}\right|_0^t = \frac{\omega_0\,r_0^2}{v_0}\left[\frac{1}{r(t)} - \frac{1}{r_0}\right]$$

$$r(\varphi) = \frac{\omega_0\,r_0^2}{\omega_0\,r_0 + v_0\,\varphi}$$

$$S = -m\,a_r = m\,r\,\dot\varphi^2 = m\,(r_0 - v_0\,t)\,\omega_0^2\,\frac{r_0^4}{(r_0-v_0\,t)^4} = m\,\omega_0^2\,r_0\,\frac{r_0^3}{(r_0-v_0\,t)^3}$$

2. Lösung mit Momentensatz:

Kinematik:

$$\vec r = r\,\vec e_r, \qquad \vec v = \dot r\,\vec e_r + r\,\dot\varphi\,\vec e_\varphi$$

Momentensatz:

$$\dot{\vec L}^0 = \vec M^0 = \vec 0 \quad\Longrightarrow\quad 2\,\dot r\,\dot\varphi + r\,\ddot\varphi = 0$$

Drall und Ableitung des Dralls:

$$\vec L^0 = m\,\vec r\times\vec v = m\,r\,\vec e_r\times(\dot r\,\vec e_r + r\,\dot\varphi\,\vec e_\varphi) = m\,r^2\,\dot\varphi\,\vec e_z$$

$$\dot{\vec L}^0 = m\,r\,[2\,\dot r\,\dot\varphi + r\,\ddot\varphi]\,\vec e_z$$

Aufgabe 30.7:

Auf einer reibungsfrei gelagerten homogenen Drehscheibe (Masse m_S, Radius a) ist von der vertikalen Drehachse schräg zum Rand der Scheibe eine masselose Führungsschiene befestigt, auf der eine Punktmasse m_P reibungsfrei gleiten kann. Zum Zeitpunkt $t=0$ hat die Scheibe die Winkelgeschwindigkeit $\omega(0)=\omega_0$; die Punktmasse hat relativ zur Schiene die Geschwindigkeit $v_{rel}(0)=0$ und befindet sich in der Position $r(0)=r_0$. Infolge des Eigengewichtes sowie der Rotation der Scheibe rutscht die Punktmasse beschleunigt nach unten.

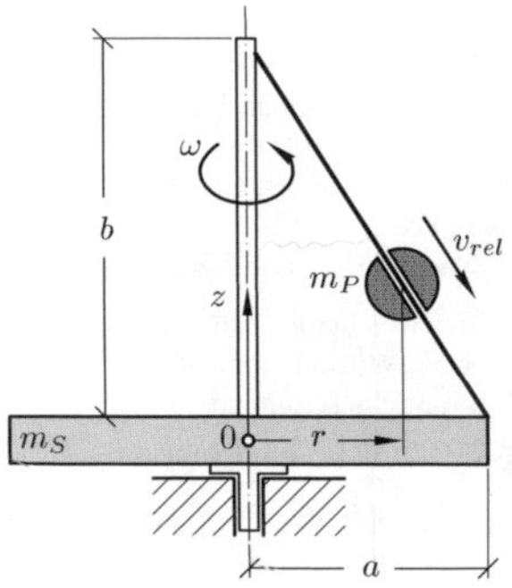

Bild A30.7: Drehscheibe mit rutschender Punktmasse

a) Berechnen Sie die z-Komponente des Dralls von Scheibe und Punktmasse bezüglich des Koordinatenursprungs 0 in Abhängigkeit von r und ω.

b) Berechnen Sie die Winkelgeschwindigkeit $\omega(r)$ der Scheibe in Abhängigkeit von der Lagekoordinate r der Punktmasse.

c) Mit welcher Relativgeschwindigkeit zur Führungsschiene $v_{rel,max}$ kommt die Punktmasse am unteren Ende der Schiene an?

Gegeben: a, b, $r_0=a/2$, m_S, $m_P=m_S/2$, ω_0

Lösung der Aufgabe 30.7:

a) Drallkomponente in z-Richtung:

$$L_z^0 = \frac{1}{2}m_S a^2\omega + r\,r\omega m_P = \Big(\frac{1}{2}m_S a^2 + m_P r^2\Big)\,\omega$$

b) Drallkomponente in z-Richtung bleibt erhalten wegen $M_z^0=0$:

$$\Big(\frac{1}{2}m_S a^2 + m_P r_0^2\Big)\,\omega_0 = \Big(\frac{1}{2}m_S a^2 + m_P r^2\Big)\,\omega \quad\Longrightarrow\quad \omega = \frac{5a^2}{4\,(a^2+r^2)}\,\omega_0$$

c) Energieerhaltungssatz:

$$T_0 = \frac{1}{2}\Big(\frac{1}{2}m_S a^2\Big)\omega_0^2 + \frac{1}{2}m_P r_0^2\omega_0^2, \qquad U_0 = m_P\,g\,\frac{b}{2}, \qquad U_E = 0$$

$$T_E = \frac{1}{2}\Big(\frac{1}{2}m_S a^2\Big)\omega_E^2 + \frac{1}{2}m_P\,\big[(a\omega_E)^2 + v_{rel,max}^2\big] \qquad \text{mit} \qquad \omega_E = \frac{5}{8}\omega_0$$

$$T_0 + U_0 = T_E + U_E \quad\Longrightarrow\quad v_{rel,max} = \sqrt{g\,b + \frac{15}{32}\,a^2\omega_0^2}$$

d) Ergänzung zum Drall der Punktmasse:

$$\vec{v} = \vec{\omega}\times\vec{r} + \vec{v}_{rel} = \omega\,\vec{e}_z\times(r\,\vec{e}_r + z\,\vec{e}_z) + v_{rel}\,\frac{a\,\vec{e}_r - b\,\vec{e}_z}{\sqrt{a^2+b^2}} = \omega\,r\,\vec{e}_\varphi + v_{rel}\,\frac{a\,\vec{e}_r - b\,\vec{e}_z}{\sqrt{a^2+b^2}}$$

$$\vec{L}_P^0 = \vec{r}\times\vec{v}\,m_P = (r\,\vec{e}_r + z\,\vec{e}_z)\times\Big(\omega\,r\,\vec{e}_\varphi + v_{rel}\,\frac{a\,\vec{e}_r - b\,\vec{e}_z}{\sqrt{a^2+b^2}}\Big)\,m_P =$$

$$= \Big\{-\,z\,r\,\omega\,\vec{e}_r + v_{rel}\,\frac{r\,b + z\,a}{\sqrt{a^2+b^2}}\,\vec{e}_\varphi + \omega\,r^2\,\vec{e}_z\Big\}\,m_P$$

$$z = \frac{b}{a}\,(a-r) \quad\Longrightarrow\quad \vec{L}_P^0 = \Big\{-\,\frac{b}{a}\,(a-r)\,r\omega\,\vec{e}_r + \frac{b\,a}{\sqrt{a^2+b^2}}\,v_{rel}\,\vec{e}_\varphi + \omega\,r^2\,\vec{e}_z\Big\}\,m_P$$

Aufgabe 30.8:

Zwei gleiche Fahrzeuge (jeweils Punktmasse m) stoßen an einer Straßenkreuzung unter einem Winkel α zusammen und rutschen nach dem vollplastischen Zusammenstoß ($e = 0$) gemeinsam mit blockierten Rädern eine Strecke s, bis sie zum Stillstand kommen. Der Reibkoeffizient zwischen der Straße und den Fahrzeugen sei μ.

a) Mit welcher Geschwindigkeit $\bar{v}$ und unter welchem Winkel β rutschen die Fahrzeuge unmittelbar nach dem Stoß?

b) Wie lang ist die Rutschstrecke s?

Gegeben: m, α, μ, $e=0$, $v_1=v_2$, g

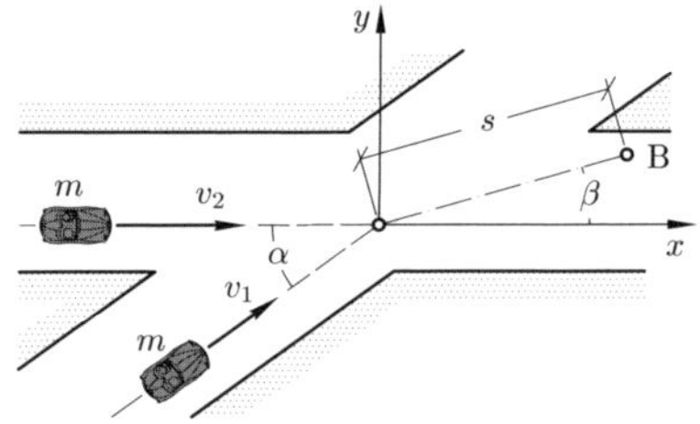

Bild A30.8: Zusammenstoß von zwei Fahrzeugen

Lösung der Aufgabe 30.8:

a) Stoß:

Impulserhaltung für das Gesamtsystem während des Stoßes:

$$x: \quad m_2 v_2 + m_1 v_1 \cos\alpha = (m_1+m_2)\,\bar{v}\cos\beta$$

$$y: \quad m_1 v_1 \sin\alpha = (m_1+m_2)\,\bar{v}\sin\beta$$

Auflösung:

$$\tan\beta = \frac{m_1 v_1 \sin\alpha}{m_1 v_1 \cos\alpha + m_2 v_2} = \frac{\sin\alpha}{1+\cos\alpha} = \tan\frac{\alpha}{2} \quad \Longrightarrow \quad \beta = \frac{\alpha}{2} \quad \Longrightarrow$$

$$\bar{v}^2 = \frac{(m_1 v_1 \cos\alpha + m_2 v_2)^2 + (m_1 v_1 \sin\alpha)^2}{(m_1+m_2)^2} = \frac{2\,(1+\cos\alpha)}{4}\,v^2$$

b) Rutschphase:

Reibarbeit:

$$W^*_{AB} = -R\,s = -\mu N\,s = -\mu\,(m_1+m_2)\,g\,s$$

Arbeitssatz:

$$\frac{1}{2}(m_1+m_2)\,\bar{v}^2 - \mu\,(m_1+m_2)\,g\,s = 0$$

Rutschstrecke:

$$s = \frac{\bar{v}^2}{2\mu g} = \frac{(1+\cos\alpha)\,v^2}{4\mu g}$$

Aufgabe 30.9:

Ein Stoßspielzeug besteht aus drei an Fäden gleicher Länge aufgehängte Kugeln (Punktmassen m_1, m_2 und m_3). Die Masse m_1 stößt mit der Geschwindigkeit v_1 auf die Masse m_2 und diese daraufhin auf die Masse m_3. Die beiden Stöße seien elastisch ($e=1$).

Bei welchem Wert der Masse m_2 hat die dritte Masse nach den Stößen die größte Geschwindigkeit?

Gegeben: m_1, m_3

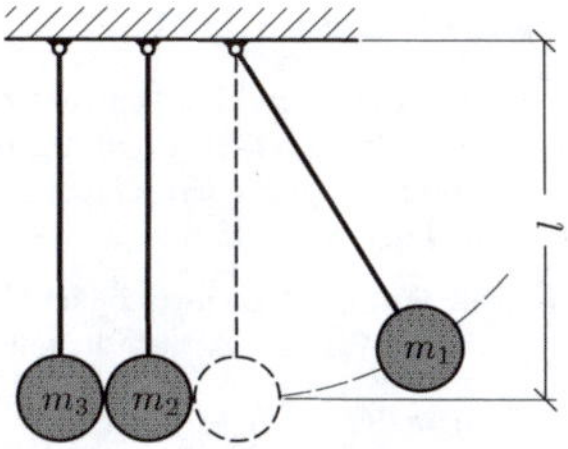

Bild A30.9: Stoßspielzeug

Lösung der Aufgabe 30.9:

a) Stoß zwischen Punktmassen m_1 und m_2:

Impulserhaltung:

$$m_1 \bar{v}_{1a} + m_2 \bar{v}_{2a} - m_1 v_1 = 0$$

Stoßhypothese:

$$e = -\frac{\bar{v}_{1a} - \bar{v}_{2a}}{v_1} = 1 \qquad \Longrightarrow$$

$$\bar{v}_{1a} = \frac{m_1 - m_2}{m_1 + m_2} v_1; \qquad \bar{v}_{2a} = \frac{2 m_1}{m_1 + m_2} v_1$$

b) Stoß zwischen Punktmassen m_2 und m_3:

Anfangsgeschwindigkeit:

$$v_{2b} = \bar{v}_{2a}$$

Impulserhaltung:

$$m_2 \bar{v}_{2b} + m_3 \bar{v}_{3b} - m_2 v_{2b} = 0$$

Stoßhypothese:

$$e = -\frac{\bar{v}_{2b} - \bar{v}_{3b}}{v_{2b}} = 1 \qquad \Longrightarrow$$

$$\bar{v}_{2b} = \frac{2 m_1 (m_2 - m_3)}{(m_1 + m_2)(m_2 + m_3)} v_1; \qquad \bar{v}_{3b} = \frac{4 m_1 m_2}{(m_1 + m_2)(m_2 + m_3)} v_1$$

c) Geschwindigkeit $\bar{v}_{3b}$ von m_3 wird maximal für:

$$\frac{d\bar{v}_{3b}}{dm_2} = \frac{4 m_1 (m_1 + m_2)(m_2 + m_3) - 4 m_1 m_2 (2 m_2 + m_1 + m_3)}{(m_1 + m_2)^2 (m_2 + m_3)^2} v_1 = 0 \qquad \Longrightarrow$$

$$m_2 = \sqrt{m_1 m_3} \quad \text{(geometrisches Mittel)}$$

Aufgabe 30.10:

Ein PKW (Masse m, Massenträgheitsmoment Θ) schleudert (Geschwindigkeit v, Richtung α, Winkelgeschwindigkeit ω) und stößt gegen eine glatte Mauer (Stoßzahl e). Die Stoßstelle liegt bei $x=b$ und $y=a$.

Wie groß sind die Geschwindigkeitskomponenten $\overline{v}_{Sx}$ und $\overline{v}_{Sy}$ sowie die Winkelgeschwindigkeit $\overline{\omega}$ nach dem Stoß?

Gegeben: m, Θ, a, b, e, v, α, ω

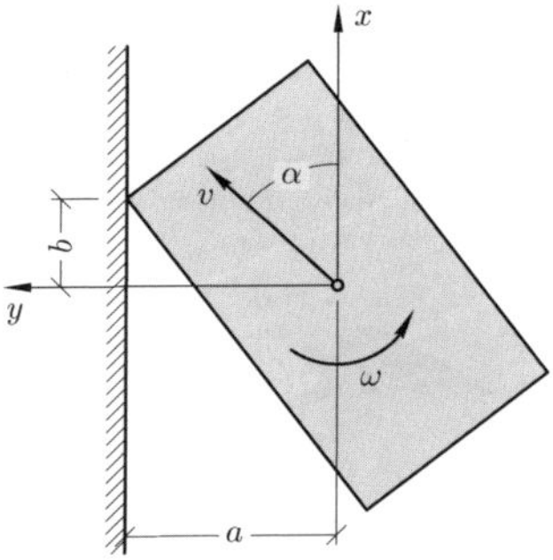

Bild A30.10: Stoß eines Fahrzeugs gegen eine Mauer

Lösung der Aufgabe 30.10:

Freikörperbild:

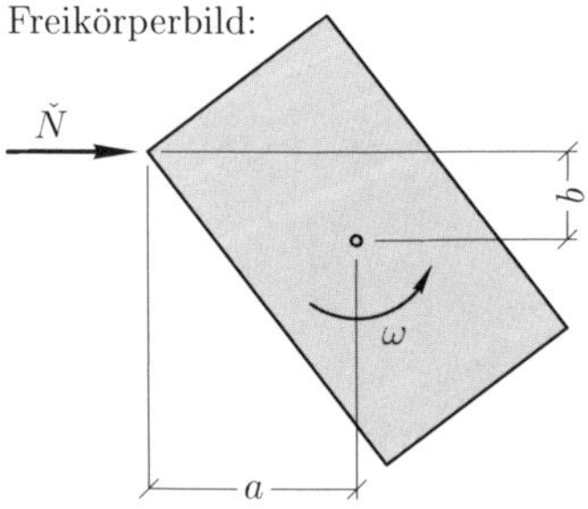

Stoßhypothese:

$$e = -\frac{\overline{v}_{Ny}}{v_{Ny}} \qquad (4)$$

Kinematik:

$$v_{Sx} = v\cos\alpha$$

$$v_{Sy} = v\sin\alpha$$

$$v_{Ny} = v\sin\alpha + \omega b$$

$$\overline{v}_{Ny} = \overline{v}_{Sy} + \overline{\omega} b$$

Impuls- und Drallsatz:

$$m\,(\overline{v}_{Sx} - v_{Sx}) = 0 \qquad (1)$$

$$m\,(\overline{v}_{Sy} - v_{Sy}) = -\check{N} \qquad (2)$$

$$\Theta\,(\overline{\omega} - \omega) = -b\check{N} \qquad (3)$$

Ausrechnung aus (1):

$$\overline{v}_{Sx} = v_{Sx} = v\cos\alpha$$

Ausrechnung aus (2) und (3):

$$\overline{\omega} = \frac{(\Theta - e\,m\,b^2)\,\omega - m\,b\sin\alpha\,(1+e)\,v}{\Theta + m\,b^2}, \qquad \overline{v}_{Sy} = \frac{(m\,b^2 - e\,\Theta)\,v\sin\alpha - \Theta\,b\,(1+e)\,\omega}{\Theta + m\,b^2}$$

Aufgabe 30.11:

Eine Walze (Radius r, Masse m, Massenträgheitsmoment Θ^S) rollt eine schiefe Ebene (Neigungswinkel α) hinab und stößt teilplastisch (Stoßzahl e) gegen eine zur schiefen Ebene senkrechte rauhe Wand. Die Schwerpunktsgeschwindigkeit vor dem Stoß ist v_S. Nach dem Stoß hat die Walze an der rauhen Kontaktstelle die Tangentialgeschwindigkeit 0.

a) Wie groß ist der Betrag der Schwerpunktsgeschwindigkeit $\overline{v}_S$ nach dem Stoß?

b) Welchen Anteil $\overline{T}/T$ der ursprünglichen kinetischen Energie hat die Walze noch nach dem Stoß?

c) Welche Energieanteile gehen der Bewegung beim vollplastischen Stoß ($e=0$) und

d) welche beim vollelastischen ($e=1$) Stoß infolge der Reibung verloren?

Gegeben: r, m, Θ^S, e, v_S, α

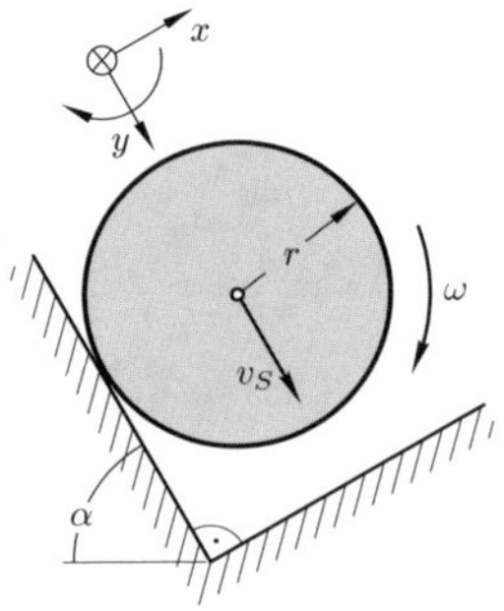

Bild A30.11: Rollende Walze vor dem Stoß

Lösung der Aufgabe 30.11:

Freikörperbild:

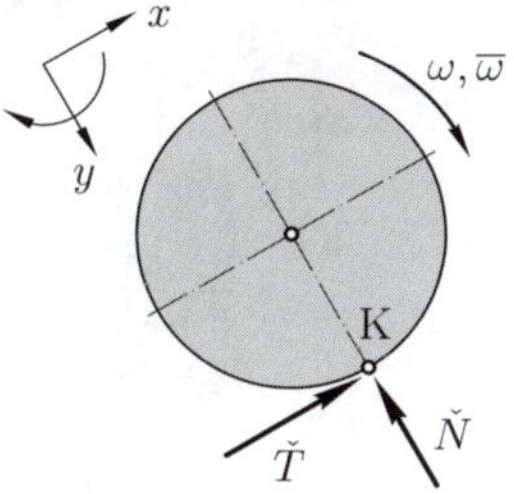

Kinetik (Impuls- und Drallsatz):

$$m\,(\overline{v}_{Sx} - 0) = \quad \check{T}$$

$$\Theta^S\,(\overline{\omega} - \omega) = -r\,\check{T}$$

Stoßhypothese:

$$e = -\frac{\overline{v}_{Ky}}{v_{Ky}}$$

Rauher Stoß:

$$\overline{v}_{Kx} = 0$$

Kinematik:

$$v_{Ky} = v_{Sy} = v_S = \omega\, r\,, \qquad \overline{v}_{Ky} = \overline{v}_{Sy}\,, \qquad \overline{v}_{Kx} = \overline{v}_{Sx} - \overline{\omega}\, r$$

a) Ausrechnung der Geschwindigkeiten:

$$\overline{v}_{Sy} = -e\, v_S\,, \qquad \overline{v}_{Sx} = \frac{\Theta^S}{m\,r^2 + \Theta^S}\, v_S\,, \qquad \overline{\omega} = \frac{\Theta^S}{m\,r^2 + \Theta^S}\,\frac{v_S}{r}$$

b) Kinetische Energie:

$$T = \frac{1}{2}\, m\, v_S^2 + \frac{1}{2}\,\Theta^S\,\omega^2 = \frac{1}{2}\left(m\,r^2 + \Theta^S\right)\left(\frac{v_S}{r}\right)^2$$

$$\overline{T} = \frac{1}{2}\, m\left(\overline{v}_{Sx}^2 + \overline{v}_{Sy}^2\right) + \frac{1}{2}\,\Theta^S\,\overline{\omega}^2$$

$$\frac{\overline{T}}{T} = \frac{\Theta^{S2} + e^2 m\,r^2 (m\,r^2 + \Theta^S)}{(m\,r^2 + \Theta^S)^2}$$

c) Energieverlust beim vollplastischen Stoß ($e=0$):

$$\frac{\Delta T}{T} = 1 - \frac{\overline{T}}{T} = \frac{m\,r^2 (m\,r^2 + 2\,\Theta^S)}{(m\,r^2 + \Theta^S)^2}$$

für homogene Vollwalze $\Delta T/T = 8/9$

d) Energieverlust beim vollelastischen Stoß ($e=1$) infolge Reibung:

$$\frac{\Delta T}{T} = 1 - \frac{\overline{T}}{T} = \frac{m\,r^2\,\Theta^S}{(m\,r^2 + \Theta^S)^2}$$

für homogene Vollwalze $\Delta T/T = 2/9$, also keine Energieerhaltung.

Aufgabe 30.12:

Zwei gleiche Fahrzeuge (Masse jeweils m, Massenträgheitsmoment jeweils Θ^S) fahren auf glatter Straße mit gleich großen, aber entgegengesetzten Geschwindigkeiten v aufeinander zu. Die beiden Fahrzeuge geraten zu weit nach links und prallen mit den vorderen linken Ecken zusammen (Stoßzahl e). Die Stoßstellen sind glatt.

a) Welche Geschwindigkeiten ($\overline{v}_{S1}$ und $\overline{v}_{S2}$) und Winkelgeschwindigkeiten ($\overline{\omega}_1$ und $\overline{\omega}_2$) haben die Fahrzeuge nach dem Stoß?

b) Wie groß ist im Mittel die Stoßkraft, wenn die Stoßdauer T bekannt ist?

Gegeben: $b=\sqrt{2}\,\mathrm{m}$, $l=5\,\mathrm{m}$, $m=1000\,\mathrm{kg}$, $\Theta^S=1000\,\mathrm{kgm}^2$,
$e=0.5$, $v_1=v_2=v=20\,\mathrm{m/s}$, $\omega_1=\omega_2=0$, $T=0.1\,\mathrm{s}$

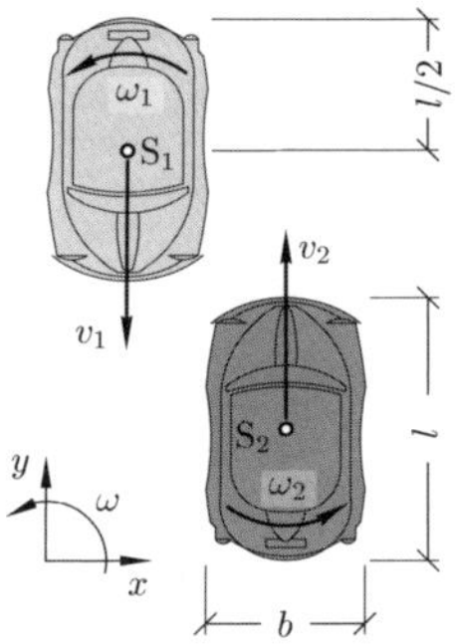

Bild A30.12: Zusammenstoß von zwei Fahrzeugen

Lösung der Aufgabe 30.12:

Freikörperbild:

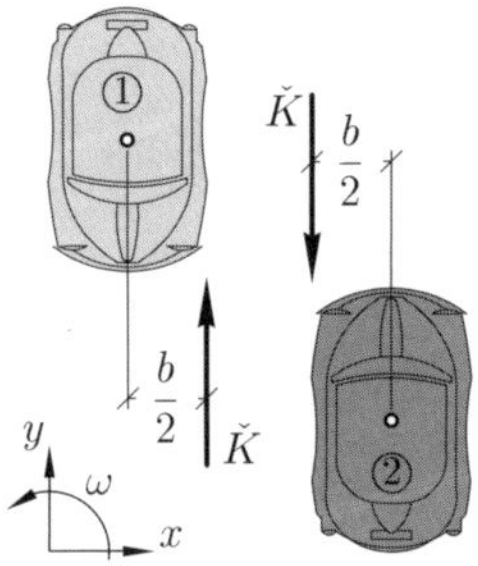

Kinetik (Impuls- und Drallsätze):

$$m\,(\overline{v}_{S1y}-(-v)) = \check{K}$$

$$\Theta^S(\overline{\omega}_1 - 0) = \frac{b}{2}\check{K}$$

$$m\,(\overline{v}_{S2y}- v) = -\check{K}$$

$$\Theta^S(\overline{\omega}_2 - 0) = \frac{b}{2}\check{K}$$

Stoßhypothese:

$$e = -\frac{\overline{v}_{K1y}-\overline{v}_{K2y}}{v_{K1y}-v_{K2y}}$$

Kinematik:

$$\overline{v}_{K1y} = \overline{v}_{S1y} + \overline{\omega}_1\frac{b}{2}; \qquad v_{K1y} = -v; \qquad \overline{v}_{K2y} = \overline{v}_{S2y} - \overline{\omega}_2\frac{b}{2}; \qquad v_{K2y} = v$$

Zeitmittelung:

$$K_{mittel}\,T = \int K\,dt = \check{K}$$

Zustand nach dem Stoß und Kraftstoß:

$$\overline{v}_{S1y} = -\overline{v}_{S2y} = \frac{4\Theta_S\,(1+e)}{4\Theta_S + m b^2}\,v - v$$

$$\overline{\omega}_1 = \overline{\omega}_2 = \frac{2mb^2\,(1+e)}{4\Theta_S + m b^2}\,\frac{v}{b}$$

$$\check{K} = \frac{4\Theta_S\,m\,(1+e)}{4\Theta_S + m b^2}\,v = 2\cdot 10^4\,\frac{\mathrm{kg\,m}}{\mathrm{s}}$$

$$K_{mittel} = \frac{\check{K}}{T} = 2\cdot 10^5\,\mathrm{N}$$

Aufgabe 30.13:

Eine quadratische Scheibe trifft mit der horizontalen Schwerpunktsgeschwindigkeit v_{S1} translatorisch auf eine ruhende Walze. Die Walze ist in ihrem Schwerpunkt so gelagert, daß senkrecht zur Stoßnormalen keine Kräfte übertragen werden können (Loslager). Der Stoß habe die Stoßziffer e und sei ideal rauh, d. h. die Tangentialgeschwindigkeiten beider Körper an der Stoßstelle K sind nach dem Stoß gleich.

Berechnen Sie den Geschwindigkeitszustand ($\bar{v}_{S1x}$, $\bar{v}_{S1y}$ und $\bar{\omega}_1$) der Quadratscheibe nach dem Stoß.

Gegeben: b, r, $\alpha = 45°$, m_1, m_2, Θ_1, Θ_2, e, v_{S1}, $v_{S2} = 0$, $\omega_1 = \omega_2 = 0$

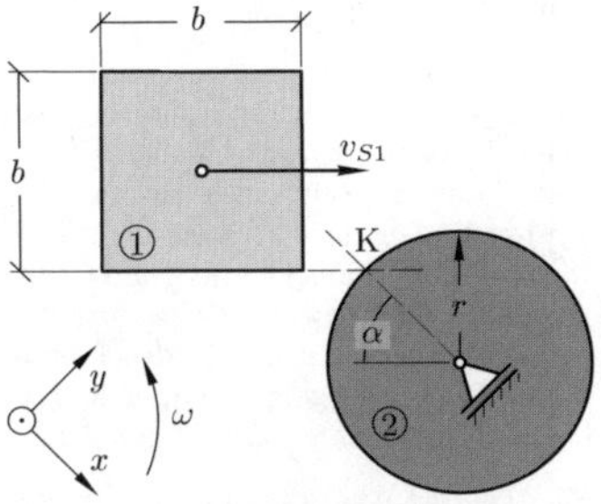

Bild A30.13: Schiefer exzentrischer Stoß zweier Scheiben

Lösung der Aufgabe 30.13:

Freikörperbilder:

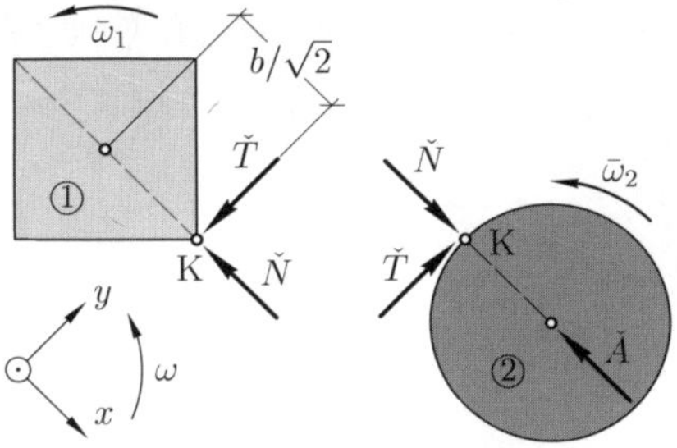

Kinetik (Impuls- und Drallsatz):

$$m_1\,(\bar{v}_{S1y} - v_{S1y}) = -\check{T}$$

$$\Theta_1^S\,(\bar{\omega}_1 - 0) = -\frac{b}{\sqrt{2}}\check{T}$$

$$m_2\,(\bar{v}_{S2y} - 0) = \check{T}$$

$$\Theta_2^S\,(\bar{\omega}_2 - 0) = -r\check{T}$$

Stoßhypothese:

$$e = -\frac{\bar{v}_{K1x} - 0}{v_{K1x} - 0}$$

Rauher Stoß:

$$\bar{v}_{K1y} = \bar{v}_{K2y}$$

Kinematik:

$$v_{S1x} = \frac{v_S}{\sqrt{2}} \qquad v_{S1y} = \frac{v_S}{\sqrt{2}} \qquad v_{K1x} = v_{S1x} = \frac{v_S}{\sqrt{2}}$$

$$\bar{v}_{K1x} = \bar{v}_{S1x} \qquad \bar{v}_{K1y} = \bar{v}_{S1y} + \bar{\omega}_1\,\frac{b}{\sqrt{2}} \qquad \bar{v}_{K2y} = \bar{v}_{S2y} - \bar{\omega}_2\,r$$

Ausrechnung der gefragten Größen:

$$\bar{v}_{S1x} = \bar{v}_{K1x} = -e\,v_{K1x} = -\frac{e}{\sqrt{2}}\,v_S$$

$$\bar{v}_{K1y} = \bar{v}_{K2y} \quad\Longrightarrow\quad \bar{v}_{S1y} + \bar{\omega}_1\,\frac{b}{\sqrt{2}} = \bar{v}_{S2y} - \bar{\omega}_2\,r \quad\Longrightarrow$$

$$\check{T} = \frac{m_2\,\Theta_1^S\,\Theta_2^S}{m_1\,m_2\left(\Theta_1^S\,r^2 + \Theta_2^S\,\frac{b^2}{2}\right) + \Theta_1^S\,\Theta_2^S\left(m_1 + m_2\right)}\,\frac{m_1\,v_S}{\sqrt{2}}$$

$$\bar{v}_{S1y} = v_{S1y} - \frac{\check{T}}{m_1} = \frac{m_1\,m_2\left(\Theta_1^S\,r^2 + \Theta_2^S\,\frac{b^2}{2}\right) + m_1\,\Theta_1^S\,\Theta_2^S}{m_1\,m_2\left(\Theta_1^S\,r^2 + \Theta_2^S\,\frac{b^2}{2}\right) + \Theta_1^S\,\Theta_2^S\left(m_1 + m_2\right)}\,\frac{v_S}{\sqrt{2}}$$

$$\bar{\omega}_1 = -\frac{m_1\,m_2\,\Theta_2^S\,b^2}{m_1\,m_2\left(\Theta_1^S\,r^2 + \Theta_2^S\,\frac{b^2}{2}\right) + \Theta_1^S\,\Theta_2^S\left(m_1 + m_2\right)}\,\frac{v_S}{2\,b}$$

Aufgabe 30.14:

Eine Punktmasse m wird mit der Anfangsgeschwindigkeit v_0 unter dem Winkel α nach oben geschleudert. Nach einer gewissen Zeit prallt sie auf den glatten Boden zurück. Nach dem Stoß (Stoßzahl e) erreicht die Punktmasse wieder eine gewisse Höhe, aus der sie dann erneut auf den Boden herabfällt. Dieser Vorgang wiederholt sich bei ständig abnehmenden Steighöhen.

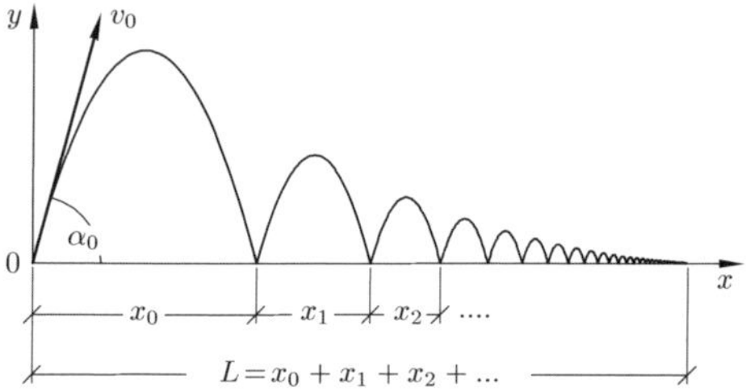

Bild A30.14: Wiederholte Stöße einer Punktmasse

a) Welchen Weg x_0 legt die Punktmasse zwischen Abwurf und erstem Aufprall in horizontaler Richtung zurück?

b) Wie groß sind die Geschwindigkeitskomponenten $\bar{v}_{1x}$ und $\bar{v}_{1y}$ der Punktmasse nach dem ersten Stoß?

c) Wie groß sind die Geschwindigkeitskomponenten $\bar{v}_{nx}$ und $\bar{v}_{ny}$ nach dem n-ten Stoß, und welchen horizontalen Weg x_n legt die Punktmasse zwischen dem n-ten und dem $(n+1)$-ten Aufprall zurück?

d) Welchen Gesamtweg L legt die Punktmasse in horizontaler Richtung zurück, bis sie nicht mehr abhebt?

Gegeben: α_0, v_0, m, $e<1$, g

Lösung der Aufgabe 30.14:

a) Schiefer Wurf:

$$\ddot{x} = 0 \qquad \ddot{y} = -g$$

$$\dot{x} = v_0 \cos\alpha_0 \qquad \dot{y} = -g\,t \quad + v_0 \sin\alpha_0$$

$$x = v_0 \cos\alpha_0\, t \qquad y = -\frac{1}{2} g\,t^2 + v_0 \sin\alpha_0\, t$$

$$y(T_0) = 0 \implies T_0 = \frac{2\,v_0}{g} \sin\alpha_0 \implies x_0 = \frac{v_0^2}{g}\, 2\cos\alpha_0\, \sin\alpha_0 = \frac{v_0^2}{g} \sin 2\alpha_0$$

b) Erster Stoß:

$$v_{1x} = v_0 \cos\alpha_0 \quad \text{glatt} \implies \bar{v}_{1x} = v_0 \cos\alpha_0$$

$$v_{1y} = -v_0 \sin\alpha_0 \quad \text{Stoß} \implies \bar{v}_{1y} = -e\,v_{1y} = e\,v_0 \sin\alpha_0$$

c) n-ter Stoß:

$$\bar{v}_{nx} = v_0 \cos\alpha_0 \qquad \text{(glatt)}$$

$$\bar{v}_{ny} = -e\,v_{ny} = e\,\bar{v}_{(n-1),y} = e^n\, v_0 \sin\alpha_0$$

$$T_0 = \frac{2}{g}(v_0 \sin\alpha_0) \qquad T_1 = \frac{2}{g}(e\,v_0 \sin\alpha_0) \qquad .... \qquad T_n = \frac{2}{g}(e^n\, v_0 \sin\alpha_0)$$

$$x_0 = \frac{v_0^2}{g} \sin 2\alpha_0 \qquad x_1 = \frac{v_0^2}{g} \sin 2\alpha_0\, e \qquad .... \qquad x_n = \frac{v_0^2}{g} \sin 2\alpha_0\, e^n$$

d) Gesamtweg für $e<1$:

$$L = x_0 + x_1 + ... = \sum_{n=0}^{\infty} x_n = \frac{v_0^2}{g} \sin 2\alpha_0 \sum_{n=0}^{\infty} e^n = \frac{v_0^2}{g} \sin 2\alpha_0\, \frac{1}{1-e}$$

Aufgabe 30.15:

Eine homogene Kugel (Radius r, Masse m_2, Massenträgheitsmoment Θ_2^S) fällt ohne Drehung nach unten und stößt mit der Geschwindigkeit v_{20} vollplastisch ($e = 0$) auf einen ursprünglich ruhenden Keil (Masse m_1). Der Keil liegt auf einer glatten Ebene. Die Kugel und die obere Fläche des Keils sind so rauh, daß die Kugel nach dem Stoß auf dem Keil abrollt.

Geben Sie alle Gleichungen zur Berechnung

- der Winkelgeschwindigkeit $\overline{\omega}$ der Kugel,
- der Horizontal- und Vertikalgeschwindigkeit $\overline{v}_{2Sx}$ und $\overline{v}_{2Sy}$ des Kugelschwerpunktes und
- der Horizontalgeschwindigkeit $\overline{v}_{1x}$ des Keiles unmittelbar nach dem rauhen, plastischen Stoß an.

Gegeben: r, m_2, $\Theta_2^S = (2/5)\, m_2 r^2$, v_{20}, $m_1 = 2m_2$, α

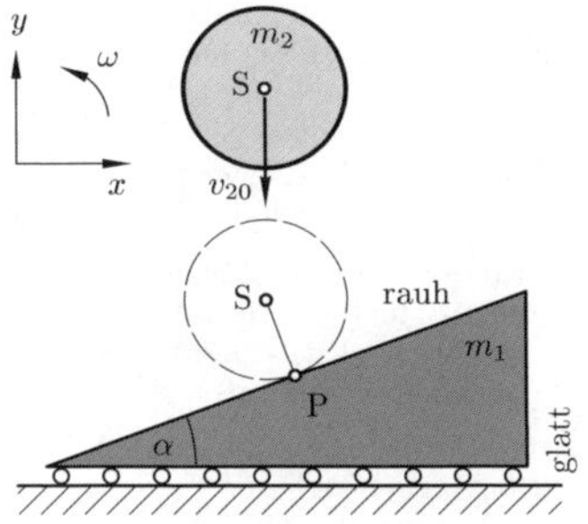

Bild A30.15: Stoß von Kugel auf Keil

Lösung der Aufgabe 30.15:

Geschwindigkeitsplan:

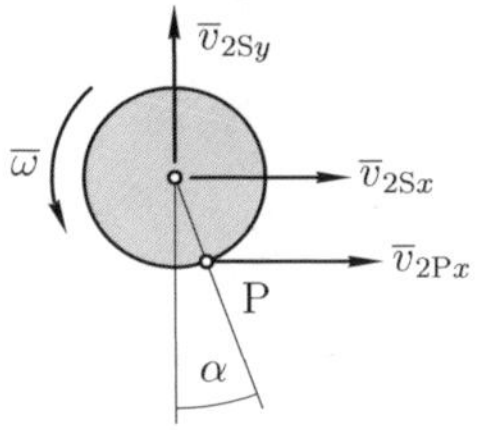

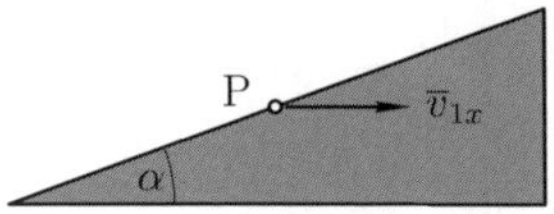

Kinematik nach dem Stoß:

$$\overline{v}_{2Px} = \overline{v}_{2Sx} + \overline{\omega}\, r \cos\alpha = \overline{v}_{1x}$$

$$\overline{v}_{2Py} = \overline{v}_{2Sy} + \overline{\omega}\, r \sin\alpha = 0$$

Freikörperbilder:

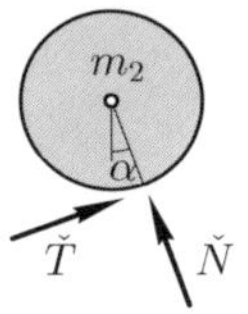

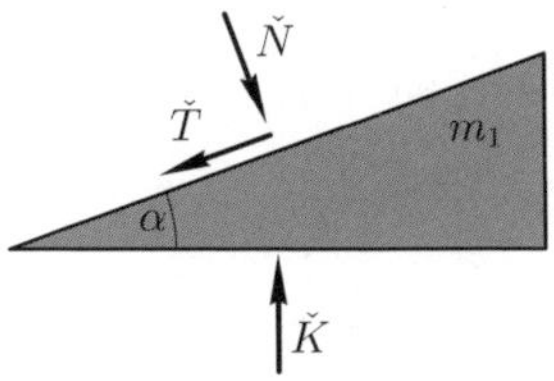

Impuls- und Drallsätze:

$$m_1\,(\overline{v}_{1x} - 0) = \check{N}\sin\alpha - \check{T}\cos\alpha$$

$$m_2\,(\overline{v}_{2Sx} - 0) = \check{T}\cos\alpha - \check{N}\sin\alpha$$

$$m_2\left[\overline{v}_{2Sy} - (-v_{20})\right] = \check{N}\cos\alpha + \check{T}\sin\alpha$$

$$\Theta_2^S\,(\overline{\omega}_2 - 0) = \check{T}\,r$$

Aufgabe 30.16:

Ein vertikal geführter Balken (Masse m, Länge $4\,a$) fällt rein translatorisch mit der Geschwindigkeit v_1 auf eine horizontal geführte Scheibe (Masse $2m$, Radius a), die sich anfänglich mit der Winkelgeschwindigkeit ω_2 um ihr Lager dreht. Der Stoß in B sei rauh und werde durch die Stoßziffer e beschrieben.

a) Berechnen Sie die Winkelgeschwindigkeit $\overline{\omega}_1$ des Balkens und die Horizontalgeschwindigkeit $\overline{v}_{2x}$ des Scheibenlagers unmittelbar nach dem Stoßvorgang.

b) Wie groß ist der Tangentialkraftstoß $\check{T}$ in der Kontaktstelle B?

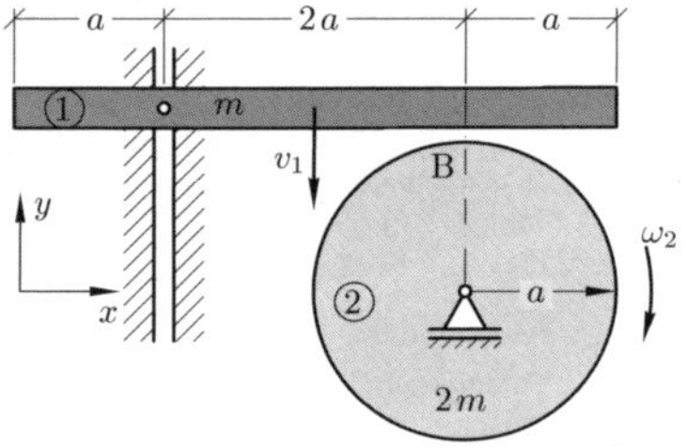

Bild A30.16: Stoß von Balken und Scheibe

Gegeben: m, a, v_1, ω_2, $e=1/6$

Lösung der Aufgabe 30.16:

Freikörperbilder mit Kraftstößen:

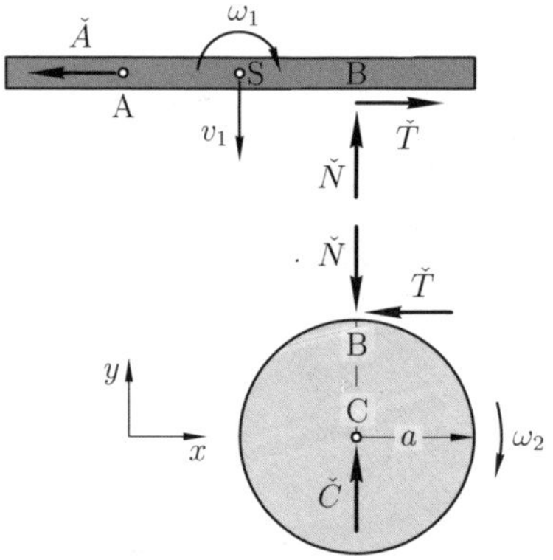

Massengeometrie:

$$\Theta_1^S = \frac{1}{12}\,m\,(4\,a)^2 = \frac{4}{3}\,m\,a^2\,,$$

$$\Theta_2^S = \frac{1}{2}\,(2\,m)\,a^2 = m\,a^2$$

Impuls- und Drallsätze:

$$m\,(\overline{v}_{1Sx} - v_{1Sx}) = \check{T} - \check{A}$$

$$m\,(\overline{v}_{1Sy} - v_{1Sy}) = \check{N} \qquad (1)$$

$$\Theta_1^S\,(\overline{\omega}_1 - \omega_1) = -\check{N}\,a \qquad (2)$$

$$2\,m\,(\overline{v}_{2Sx} - v_{2Sx}) = -\check{T} \qquad (3)$$

$$2\,m\,(\overline{v}_{2Sy} - v_{2Sy}) = \check{C} - \check{N}$$

$$\Theta_2^S\,(\overline{\omega}_2 - \omega_2) = -\check{T}\,a \qquad (4)$$

Kinematik:

$v_{1Sx} = 0\,,$ $\quad v_{1Sy} = -v_1\,,$ $\quad \omega_1 = 0$

$v_{1Bx} = 0\,,$ $\quad v_{1By} = -v_1$

$v_{2Sx} = 0\,,$ $\quad v_{2Sy} = 0\,,$ $\quad \omega_2 = \omega_2$

$v_{2Bx} = \omega_2\,a\,,$ $\quad v_{2By} = 0$

$\overline{v}_{1Sx} = 0\,,$ $\quad \overline{v}_{1By} = \overline{v}_{1Sy} - \overline{\omega}_1\,a$

$\overline{v}_{2Bx} = \overline{v}_{2Sx} + \overline{\omega}_2\,a\,,$ $\quad \overline{v}_{2By} = \overline{v}_{2Sy} = 0$

Stoßhypothese:

$$e = -\frac{\overline{v}_{1By} - \overline{v}_{2By}}{v_{1By} - v_{2By}} = -\frac{\overline{v}_{1By}}{-v_1} = \frac{\overline{v}_{1Sy} - \overline{\omega}_1\,a}{v_1} \qquad (5)$$

Bedingung für rauhen Stoß:

$$\overline{v}_{1Bx} = \overline{v}_{2Bx} = \overline{v}_{2Sx} + \overline{\omega}_2 a = 0 \tag{6}$$

Ausrechnung:

$$\begin{aligned}
&a \cdot (1)+(2): &\quad \overline{v}_{1Sy} + \frac{4}{3} a \overline{\omega}_1 &= -v_1 \\
&\text{aus } (5): &\quad \overline{v}_{1Sy} - a\overline{\omega}_1 &= e\, v_1 \\
&a \cdot (3)-(4): &\quad \overline{v}_{2Sx} - \frac{1}{2} a \overline{\omega}_2 &= -\frac{1}{2} a\, \omega_2 \\
&\text{aus } (6): &\quad \overline{v}_{2Sx} + a \overline{\omega}_2 &= 0
\end{aligned}$$

Ausrechnen!

Ergebnisse:

$$\overline{\omega}_1 = -\frac{3}{7}\frac{1+e}{a} v_1 = -\frac{v_1}{2a}; \qquad \overline{v}_{2Sx} = -\frac{1}{3} a\, \omega_2; \qquad \check{T} = \frac{2}{3} m\, a\, \omega_2$$

Aufgabe 30.17:

Ein Geschoß der Masse m_G durchschlägt ein zunächst ruhendes Brett der Masse m_B in dessen Schwerpunkt S. Die Auftreffgeschwindigkeit ist v_G und die Austrittsgeschwindigkeit ist $\overline{v}_G$. Das Brett ist auf der Unterlage reibungsfrei verschieblich gelagert.

a) Wie groß ist die Geschwindigkeit $\overline{v}_B$ des Brettes nach dem Durchschuß?

b) Welcher relative Anteil der ursprünglichen Geschoßenergie wird beim Durchschuß in plastische Verformung und Wärme umgewandelt?

Gegeben: m_G, m_B, g, v_G, $\overline{v}_G = v_G/2$

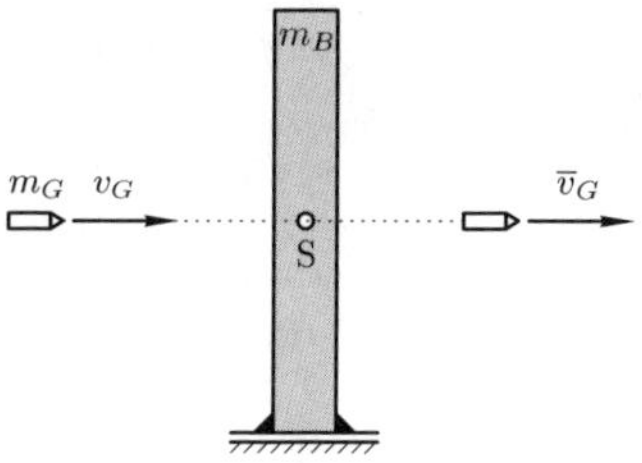

Bild A30.17: Schuß durch ein Brett

Lösung der Aufgabe 30.17:

a) Geschwindigkeit nach Durchschuß:

Impulserhaltung während des Durchschusses:

$$p_{nach} - p_{vorh} = 0$$

$$m_G \overline{v}_G + m_B \overline{v}_B - m_G v_G = 0 \qquad \Longrightarrow \qquad \overline{v}_B = \frac{m_G}{m_B}\left(v_G - \overline{v}_G\right) = \frac{1}{2}\frac{m_G}{m_B} v_G$$

b) Energiebetrachtungen:

Kinetische Energie vor dem Durchschuß:

$$T = \frac{1}{2} m_G v_G^2$$

Kinetische Energie nach dem Durchschuß:

$$\overline{T} = \frac{1}{2} m_G \overline{v}_G^2 + \frac{1}{2} m_B \overline{v}_B^2 = \frac{1}{8}\left(1 + \frac{m_G}{m_B}\right) m_G v_G^2$$

Energieverlust:

$$\Delta T = T - \overline{T} = \frac{1}{2}\left(m_G v_G^2 - m_G \overline{v}_G^2 - m_B \overline{v}_B^2\right) = \frac{1}{8}\frac{m_G}{m_B}\left(3m_B - m_G\right) v_G^2 \qquad \Longrightarrow$$

$$\frac{\Delta T}{T} = 1 - \left(\frac{\overline{v}_G}{v_G}\right)^2 - \frac{m_G}{m_B}\left(1 - \frac{\overline{v}_G}{v_G}\right)^2 = \frac{3m_B - m_G}{4m_B}$$

Aufgabe 30.18:

Ein Pkw (Masse m_1) rollt ohne Antrieb mit der Geschwindigkeit v_0 auf einen stehenden Eisenbahnwaggon (Masse m_2). Sobald der Pkw vollständig auf dem Waggon ist, bremst er mit blockierenden Rädern (Reibkoeffizient μ). Nach einem Bremsweg der Länge s kommt er relativ zum Eisenbahnwaggon zur Ruhe. Die Räder des Eisenbahnwaggons sind reibungsfrei gelagert, ihre Drehträgheiten können vernachlässigt werden.

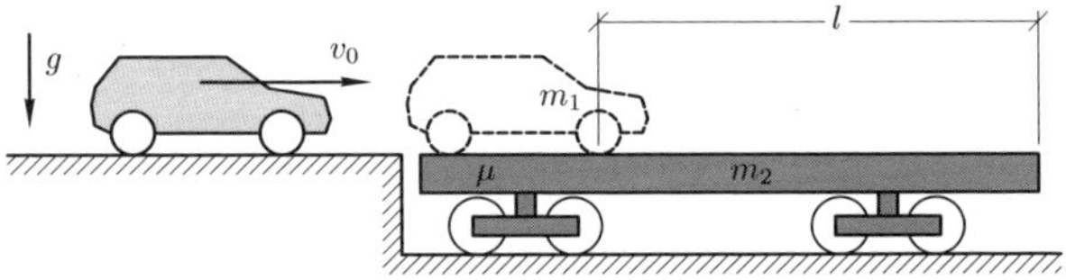

Bild A30.18: PKW-Verladung

a) Wie groß ist der Gesamtimpuls $\overline{p}_{ges}$ von Eisenbahnwaggon und Pkw, nachdem der Pkw auf dem Waggon zur Ruhe gekommen ist?

b) Wie groß ist die Geschwindigkeit $\overline{v}_{ges}$ des Eisenbahnwaggons, nachdem der Pkw darauf zum Stehen gekommen ist?

c) Welche mechanische Energie ΔT wird durch die Reibung der blockierten Räder dem System entzogen?

d) Wie lang ist der Bremsweg s?

Gegeben: m_1, $m_2 = 10\,m_1$, μ, g, v_0

Lösung der Aufgabe 30.18:

a) Berechnung des Impulses nach dem Ladevorgang:

Impulssatz des Gesamtsystems, keine äußeren Horizontalkräfte:

$\overline{p}_{ges} - p_0 = 0$

Impuls des Gesamtsystems nach dem Ladevorgang:

$\overline{p}_{ges} = p_0 = m_1\, v_0$

b) Berechnung der Geschwindigkeit nach dem Ladevorgang:

Impulssatz des Gesamtsystems, keine äußeren Horizontalkräfte:

$\overline{p}_{ges} - p_0 = (m_1 + m_2)\,\overline{v}_{ges} - m_1\, v_0 = 0$

Geschwindigkeit nach dem Ladevorgang:

$$\overline{v}_{ges} = \frac{m_1}{m_1 + m_2}\, v_0 = \frac{1}{11}\, v_0$$

c) Verlust an mechanischer Energie:

$$\Delta T = T - \overline{T} = \frac{1}{2} m_1 v_0^2 - \frac{1}{2}(m_1 + m_2)\,\overline{v}_{ges}^2 =$$

$$= \frac{1}{2} m_1 \frac{(m_1 + m_2) - m_1}{m_1 + m_2} v_0^2 = \frac{1}{2}\frac{m_1 m_2}{m_1 + m_2} v_0^2 = \frac{10}{22} m_1 v_0^2$$

d) Berechnung des Bremsweges aus dem Arbeitssatz:

Konstante Reibkraft und Reibarbeit:

$R = \mu m_1 g, \qquad W^* = -R\, s$

Arbeitssatz:

$T + W^* = \overline{T}, \qquad R\, s = T - \overline{T} = \Delta T$

Bremsweg:

$$s = \frac{\Delta T}{R} = \frac{1}{2}\frac{m_1 m_2}{(m_1 + m_2)\,\mu m_1 g} v_0^2 = \frac{10}{22}\frac{v_0^2}{\mu g}$$

Aufgabe 30.19:

Ein Brett (Masse m_B, Massenträgheitsmoment Θ_B^S) ruht zunächst auf der horizontalen glatten Unterlage. Ein Geschoß (Punktmasse m_G) durchschlägt das Brett im Abstand r vom Brettschwerpunkt. Die Auftreffgeschwindigkeit des Geschosses ist v_G und die Abfluggeschwindigkeit ist $\overline{v}_G$.

a) Wie groß ist die Geschwindigkeit $\overline{v}_B$ des Brettschwerpunktes S nach dem Durchschuß?

b) Wie groß ist der Kraftstoß $\check{F}$, den das Geschoß auf das Brett ausübt?

c) Welche Winkelgeschwindigkeit $\overline{\Omega}$ hat das Brett nach dem Durchschuß?

Gegeben: m_G, m_B, Θ_B^S, r, v_G, $\overline{v}_G = v_G/3$

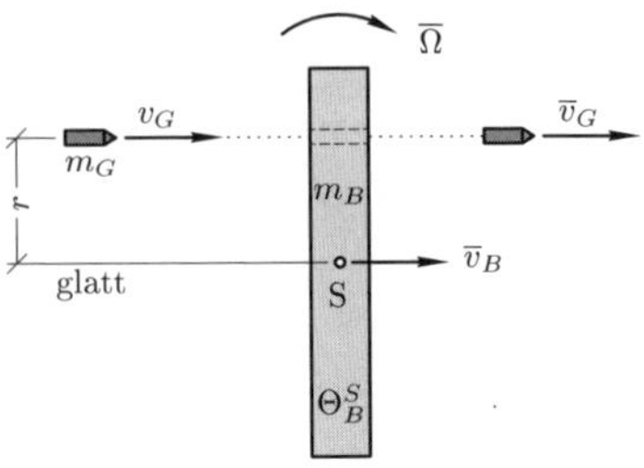

Bild A30.19: Durchschuß eines Brettes

Lösung der Aufgabe 30.19:

a) Geschwindigkeit des Brettes nach dem Durchschuß:

Impulserhaltung während des Durchschusses:

$$p_{nach} - p_{vorh} = 0$$

$$m_G \overline{v}_G + m_B \overline{v}_B - m_G v_G = 0 \quad \Longrightarrow \quad \overline{v}_B = \frac{m_G}{m_B}\left(v_G - \overline{v}_G\right) = \frac{2}{3}\frac{m_G}{m_B} v_G$$

b) Kraftstoß:

Freikörperbilder:

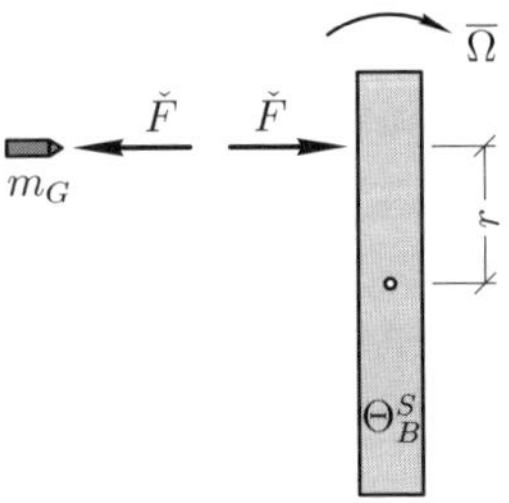

Impulssatz für das Geschoß:

$$m_G \overline{v}_G - m_G v_G = -\int F\,dt = -\check{F}$$

Kraftstoß:

$$\check{F} = m_G\,(v_G - \overline{v}_G) = \frac{2}{3} m_G v_G$$

c) Berechnung der Winkelgeschwindigkeit $\overline{\Omega}$ des Brettes:

Drallsatz für das Brett:

$$\Theta_B^S\,\overline{\Omega} - \Theta_B^S \cdot 0 = r\,\check{F}$$

Winkelgeschwindigkeit:

$$\overline{\Omega} = \frac{r\,\check{F}}{\Theta_B^S} = \frac{r\,m_G\,(v_G - \overline{v}_G)}{\Theta_B^S} = \frac{2\,m_G\,r}{3\,\Theta_B^S}\,v_G$$

Kapitel 31

Das Prinzip von d'Alembert

Aufgabe 31.1:

Zwei Körper (Massen m_1 und m_2) sind über ein undehnbares Seil und eine Feder (Steifigkeit k) miteinander verbunden. Die Masse 2 rutscht auf einer rauhen horizontalen Ebene (Reibungskoeffizient μ). Das Seil ist über eine homogene Scheibe geführt, auf der es haftet. An der Scheibe (Radius r, Massenträgheitsmoment Θ) wirkt das konstante Bremsmoment M_R.

Ermitteln Sie mit dem Prinzip von D'ALEMBERT die Bewegungsgleichungen des Systems.

Gegeben: m_1, m_2, Θ, r, k, M_R, g

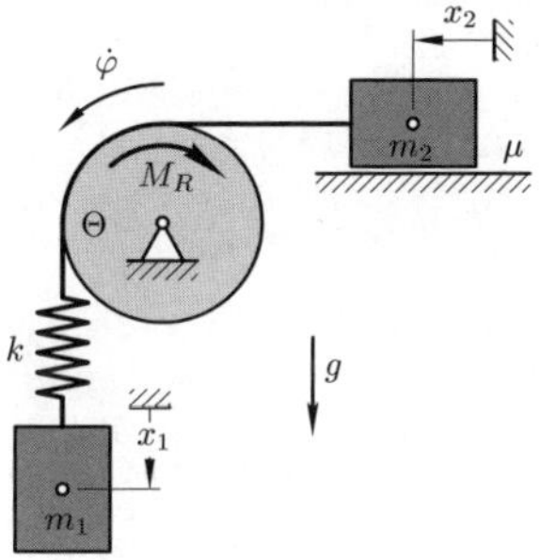

Bild A31.1: Walze mit rutschendem Klotz

Lösung der Aufgabe 31.1:

Freikörperbilder mit d'Alembertschen Trägheitskräften:

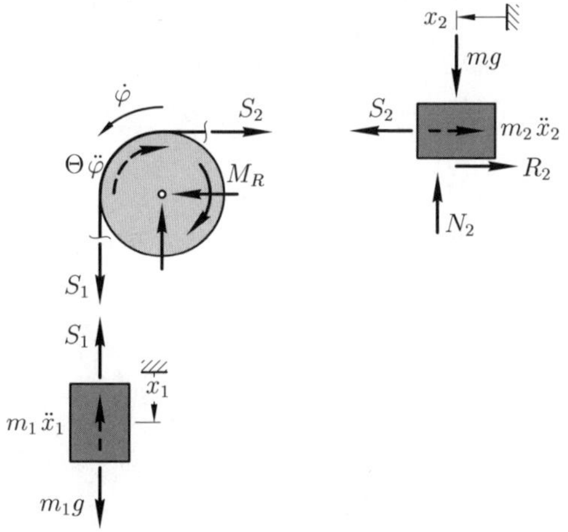

Kinematik:

$$r\,\dot{\varphi} = \dot{x}_2$$

$$r\,\delta\varphi = \delta x_2$$

Federkraft:

$$S_1 = k\,(x_1 - x_2)$$

Reibkraft:

$$R_2 = m_2 g\,\mu\,\mathrm{sgn}\,\dot{x}_2$$

Dynamisches Gleichgewicht:

$$(S_2 - m_2\,\ddot{x}_2 - R_2)\,\delta x_2 + (r\,S_1 - r\,S_2 - \Theta\,\ddot{\varphi} - M_R\,\mathrm{sgn}\dot{\varphi})\,\delta\varphi + (m_1 g - m_1\,\ddot{x}_1 - S_1)\,\delta x_1 = 0$$

Ausrechnung:

$$\Big[r\,S_1 - r\,S_2 - \Theta\,\ddot{\varphi} - M_R\,\mathrm{sgn}\dot{\varphi} + r\,S_2 - m_2\,r^2\,\ddot{\varphi} - r\,R_2\Big]\,\delta\varphi +$$
$$+\Big[m_1 g - m_1\,\ddot{x}_1 - k\,(x_1 - x_2)\Big]\,\delta x_1 = 0$$

Da δx_1 und $\delta\varphi$ voneinander unabhängig sind, müssen die Klammerausdrücke vor diesen virtuellen Verrückungen für sich verschwinden. Daraus folgen die beiden Bewegungsgleichungen:

$$m_1\,\ddot{x}_1 + \qquad k\,x_1 - \;k\,r\,\varphi = m_1 g$$

$$(\Theta + m_2 r^2)\,\ddot{\varphi} + (M_R + \mu\, m_2 g\, r)\,\mathrm{sgn}\dot{\varphi} - k\,r\,x_1 + k\,r^2\,\varphi = 0$$

Aufgabe 31.2:

Ein abgewinkelter, masseloser Rahmen (Balkenlängen l) trägt an seinen Enden Punktmassen (Massen m_1 und m_2). An den Punktmassen sind zwei Federn (Steifigkeiten k_1 und k_2) befestigt und am horizontalen Rahmenausleger ist mittig ein stets vertikaler Dämpfer (Dämpferkonstante b) angebracht. Die Federn sind so vorgespannt, daß die Stellung $\varphi = 0$ eine Gleichgewichtslage ist.

Stellen Sie mit der Prinzip von D'ALEMBERT in die LAGRANGEschen Fassung die lineare Bewegungsgleichung für kleine Kippschwingungen φ auf.

Gegeben: m_1, m_2, k_1, k_2, l, b, g

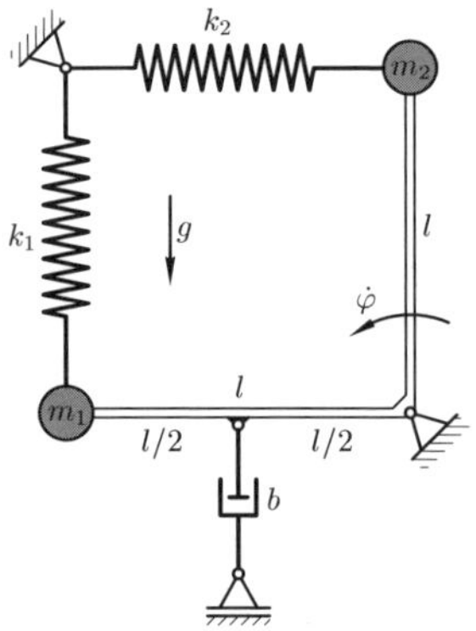

Bild A31.2: Abgewinkelter Rahmen

Lösung der Aufgabe 31.2:

Ausgelenktes System mit äußeren Kräften und mit Trägheitskräften:

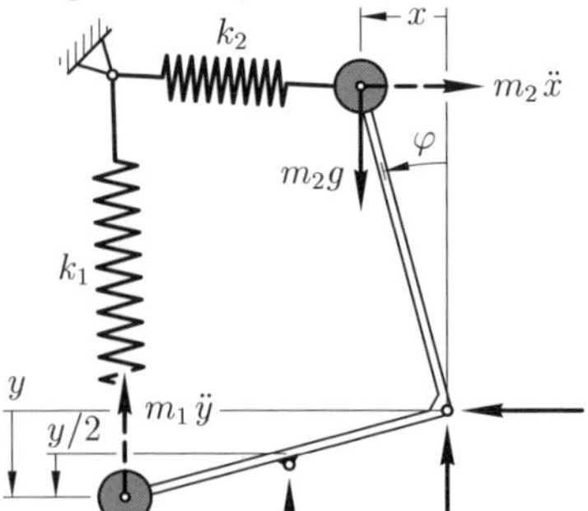

Dämpferkraft:

$$F_D = b\,\dot{y}_D = b\,\frac{l}{2}\,\dot{\varphi}$$

Massengeometrie:

$$\Theta^A = (m_1 + m_2)\,l^2$$

Linearisierte Kinematik und virtuelle Verrückungen:

$$\dot{x} = l\,\dot{\varphi} \qquad \Longrightarrow \qquad \delta x = l\,\delta\varphi; \qquad \ddot{x} = l\,\ddot{\varphi}$$

$$\dot{y}_D = \frac{l}{2}\,\dot{\varphi} \qquad \Longrightarrow \qquad \delta y_D = \frac{l}{2}\,\delta\varphi$$

$$\dot{y} = l\,\dot{\varphi} \qquad \Longrightarrow \qquad \delta y = l\,\delta\varphi$$

Prinzip von D'ALEMBERT in der LAGRANGEschen Fassung:

$$\delta W + \delta W_T = 0$$

Energien:

$$U_F = \frac{1}{2}k_1\,y^2 + \frac{1}{2}k_2\,x^2 = \frac{1}{2}k_1\,(l\,\varphi)^2 + \frac{1}{2}k_2\,(l\,\varphi)^2$$

$$\delta U_F = k_1\,l^2\,\varphi\,\delta\varphi + k_2\,l^2\,\varphi\,\delta\varphi$$

$$\delta W = -m_2 g\,l\,\varphi\,\delta\varphi - \delta U_F - F_D\,\delta y_D = -\Big\{\Big[m_2 g\,l + k_1\,l^2 + k_2\,l^2\Big]\,\varphi + b\,\frac{l^2}{4}\,\dot{\varphi}\Big\}\,\delta\varphi$$

$$\delta W_T = -m_1\,\ddot{y}\,\delta y - m_2\,\ddot{x}\,\delta x = -(m_1 + m_2)\,l^2\,\ddot{\varphi}\,\delta\varphi$$

Einsetzen und ausrechnen:

$$\Big\{(m_1 + m_2)\,l^2\,\ddot{\varphi} + b\,\frac{l^2}{4}\,\dot{\varphi} + \Big[(k_1 + k_2)\,l^2 - m_2 g\,l\Big]\,\varphi\Big\}\,\delta\varphi = 0$$

Bewegungsgleichung aus der Forderung $\delta\varphi = 0$:

$$(m_1 + m_2)\,l^2\,\ddot{\varphi} + b\,\frac{l^2}{4}\,\dot{\varphi} + \Big[(k_1 + k_2)\,l^2 - m_2 g\,l\Big]\,\varphi = 0$$

Kennkreisfrequenz und Dämpfung:

$$\omega_0^2 = \frac{(k_1 + k_2)\,l - m_2 g}{(m_1 + m_2)\,l}$$

$$2D\omega_0 = \frac{b/4}{m_1 + m_2}$$

Mit Vorspannkraft $F_{02} = k_2\,x_0$ und Gewicht $m_1 g$:

$$U_F = \frac{1}{2}k_1\,y^2 + \frac{1}{2}k_2\,(x + x_0)^2$$

$$\delta U_F = k_1\,y\,\delta y + k_2\,(x + x_0)\,\delta x = \Big[k_1\,l^2\,\varphi + k_2\,(l\,\varphi + x_0)\,l\Big]\,\delta\varphi$$

$$\delta W = -\Big\{\Big[m_2 g\,l + k_1\,l^2 + k_2\,l^2\Big]\,\varphi + b\,\frac{l^2}{4}\,\dot{\varphi} + k_2\,l\,x_0 - m_1 g\,l\Big\}\,\delta\varphi$$

Gleichgewichtslage $\varphi = 0$:

$$k_2\,l\,x_0 - m_1 g\,l = 0$$

Vorspannweg und -kraft in Feder 2:

$$x_0 = \frac{m_1 g}{k_2}; \qquad F_{02} = m_1 g$$

Aufgabe 31.3:

Auf einer glatten horizontalen Ebene rutscht ein starrer Körper (Masse M) mit einer reibungsfrei gelagerten homogenen Pendelstange (Masse m, Länge $2\,r$). Das System hat somit die beiden Freiheitsgrade x und φ.

a) Stellen Sie die Koordinaten x_S und y_S, die Geschwindigkeitskomponeneten $\dot{x}_S$ und $\dot{y}_S$ sowie die virtuellen Verrückungen δx_S und δy_S des Pendelschwerpunktes mit den entsprechenden Größen der beiden generalisierten Koordinaten x und φ dar.

b) Zeichnen Sie die realen Kräfte und die D'ALEMBERTschen Trägheitskräfte (-lasten) in die Systemskizze ein.

c) Ermitteln Sie die beiden Bewegungsgleichungen für die Koordinaten $x(t)$ und $\varphi(t)$.

Gegeben: M, m, a, g

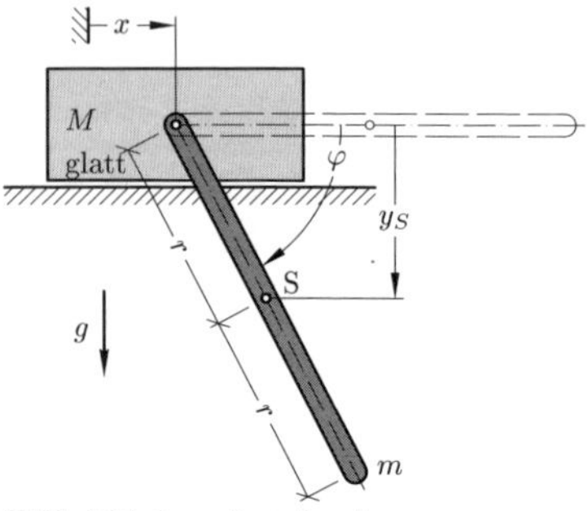

Bild A31.3: Rutschender Körper mit Pendelstange

Lösung der Aufgabe 31.3:

a) Kinematik des Pendelschwerpunktes:

$$x_S = x + r\cos\varphi$$

$$\dot{x}_S = \dot{x} - r\sin\varphi\,\dot{\varphi}$$

$$\delta x_S = \delta x - r\sin\varphi\,\delta\varphi$$

$$y_S = r\sin\varphi$$

$$\dot{y}_S = r\cos\varphi\,\dot{\varphi}$$

$$\delta y_S = r\cos\varphi\,\delta\varphi$$

b) Systemskizze mit äußeren Kräften und Trägheitslasten:

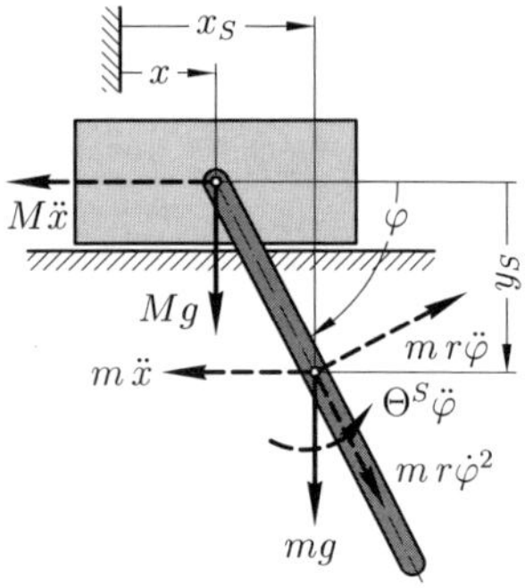

c) Ermittlung der Bewegungsgleichungen:

Virtuelle Arbeit der äußeren Kräfte:

$$\delta W = mg\,\delta y_S = mg\,r\cos\varphi\,\delta\varphi$$

Virtuelle Arbeit der Trägheitskräfte:

$$\delta W_T = -M\ddot{x}\,\delta x + (+m\ddot{\varphi}r\sin\varphi + m\dot{\varphi}^2 r\cos\varphi - m\ddot{x})\,\delta x_S + \\ +(-m\ddot{\varphi}r\cos\varphi + m\dot{\varphi}^2 r\sin\varphi)\,\delta y_S - \Theta^S\ddot{\varphi}\,\delta\varphi$$

Prinzip von D'ALEMBERT in der LAGRANGEschen Fassung:

$$\delta W + \delta W_T = \Big[-M\ddot{x} - m\ddot{x} + m\ddot{\varphi}r\sin\varphi + m\dot{\varphi}^2 r\cos\varphi\Big]\,\delta x + \\ + \Big[(+m\,\ddot{\varphi}r\sin\varphi + m\,\dot{\varphi}^2 r\cos\varphi)(-r\sin\varphi) + (-m\ddot{x})(-r\sin\varphi) + \\ + (-m\,\ddot{\varphi}r\cos\varphi + m\,\dot{\varphi}^2 r\sin\varphi)\,r\cos\varphi - \Theta^S\ddot{\varphi} + mg\,r\cos\varphi\Big]\,\delta\varphi = 0$$

Auswertung des Prinzips: Die virtuellen Verrückungen δx und $\delta\varphi$ sind unabhängig.

Bewegungsgleichungen:

$$(M+m)\,\ddot{x} \quad - m\,r\,\ddot{\varphi}\sin\varphi - m\,r\,\dot{\varphi}^2\cos\varphi = 0$$

$$(\Theta^S + m\,r^2)\,\ddot{\varphi} - m\,r\,\ddot{x}\sin\varphi - \quad mg\,r\cos\varphi = 0$$

Aufgabe 31.4:

Ein Wagen mit einer reibungsfrei gelagerten, homogenen Walze rollt auf einer schiefen Ebene (Neigungswinkel α). Wagen und Walze (Außenradius r, Trägheitsmoment Θ^S, Gesamtmasse m) sind über eine Drehfeder (Drehfedersteifigkeit k) elastisch gegeneinander abgestützt. Auf der Walze ist ein Seil aufgewickelt, dessen Ende an der Wand befestigt ist. Der Wagen wird die schiefe Ebene soweit hinab gezogen, daß die Drehfeder um den Winkel $\varphi_0 = -4\pi$ vorgespannt ist, und dann losgelassen. Durch die Vorspannung und das Gewicht werden Walze und Wagen in Bewegung versetzt.

Stellen Sie die Bewegungsgleichung des Systems auf.

Gegeben: m, Θ^S, k, r, α, $\varphi_0 = -4\pi$, g

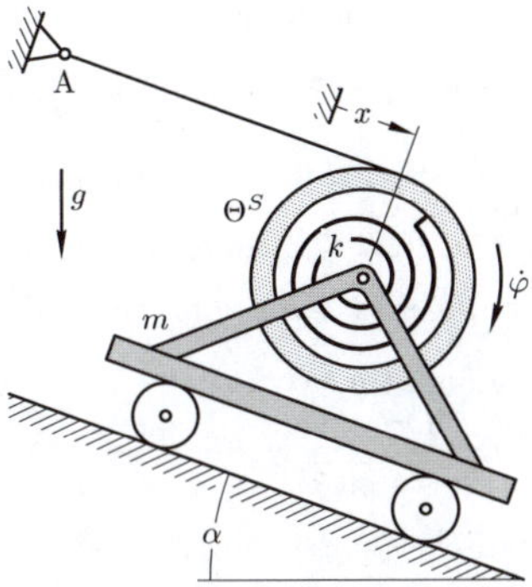

Bild A31.4: Wagen auf schiefer Ebene

Lösung der Aufgabe 31.4:

Kinematik:

$\dot{x}_A = \dot{x} + \dot{\varphi} r = 0 \quad \Longrightarrow \quad \dot{x} = -r\,\dot{\varphi}; \quad \delta x = -r\,\delta\varphi; \quad x = -r\,\varphi$

Freikörperbild mit Trägheitskräften:

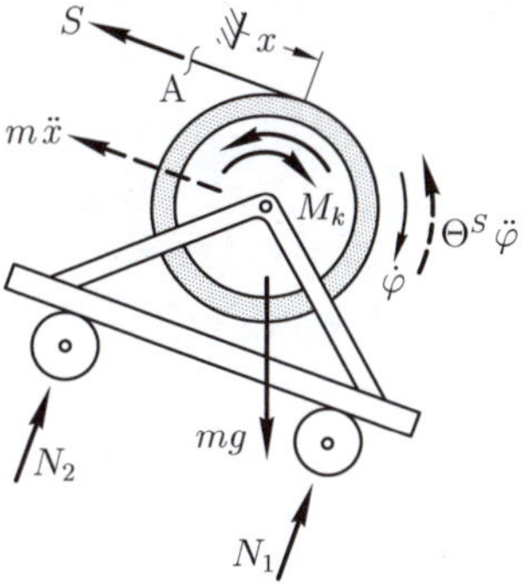

Federmoment:

$M_k = k\,\varphi$

d'Alembert in der Lagrangeschen Fassung:

$(mg \sin\alpha - m\ddot{x})\,\delta x + (-M_k - \Theta^S \ddot{\varphi})\,\delta\varphi = 0$

Die Seilkraft S leistet wegen $\dot{x}_A = 0$ bzw. $\delta x_A = 0$ keine virtuelle Arbeit.

Einsetzen und Auflösen:

$$\Big(mg\sin\alpha - m\,\ddot{x} - \frac{k}{r^2}\,x - \frac{\Theta^S}{r^2}\,\ddot{x}\Big)\,\delta x = 0$$

Diese Arbeitsbilanz muß für jede virtuelle Verrückung $\delta x \neq 0$ verschwinden.

Daraus folgt die Bewegungsgleichung:

$$(\Theta^S + m\,r^2)\,\ddot{x} + k\,x = m\,r^2\,g\sin\alpha$$

Kennkreisfrequenz:

$$\omega_0^2 = \frac{k}{\Theta^S + m\,r^2}$$

Statischer Durchhang:

$$x_s = \frac{m\,r^2 g\sin\alpha}{k} = \frac{mg\sin\alpha}{k/r^2}$$

Lösung der homogenen Gleichung, freier Schwingungen:

$$x_h = A_c\cos\omega_0 t + A_s\sin\omega_0 t$$

Gesamtlösung:

$$x = x_h + x_s = A_c\cos\omega_0 t + A_s\sin\omega_0 t + \frac{mg\sin\alpha}{k/r^2}$$

$$\varphi = -\frac{1}{r}\,x = -\frac{1}{r}\Big\{A_c\cos\omega_0 t + A_s\sin\omega_0 t + \frac{mg\sin\alpha}{k/r^2}\Big\}$$

$$\dot{\varphi} = -\frac{1}{r}\,\dot{x} = -\frac{1}{r}\Big\{-\omega_0\,A_c\sin\omega_0 t + \omega_0\,A_s\cos\omega_0 t\Big\}$$

Anfangsbedingungen:

$$\varphi(0) = -4\pi \qquad \Longrightarrow \qquad -\frac{1}{r}\Big\{A_c + \frac{mg\sin\alpha}{k/r^2}\Big\} = -4\pi$$

$$\dot{\varphi}(0) = 0 \qquad \Longrightarrow \qquad \omega_0\,A_s = 0$$

$$\Longrightarrow \qquad A_s = 0$$

$$\Longrightarrow \qquad A_c = 4\pi\,r - \frac{mg\sin\alpha}{k/r^2}$$

An die Anfangsbedingungen angepaßte Gesamtlösung:

$$x(t) = \Big(4\pi\,r - \frac{mg\sin\alpha}{k/r^2}\Big)\cos\omega_0 t + \frac{mg\sin\alpha}{k/r^2}$$

Aufgabe 31.5:

Eine dünne homogene Rechteckscheibe (Masse m, Kantenlängen $2s$ und $2t$) ist im Punkt A drehbar aufgehängt. An der Aufhängung befindet sich eine Drehfeder (Steifigkeit k_φ), die bei $\varphi = 0$ spannungsfrei ist. Im Scheibenschwerpunkt ist ein Dämpfer (Dämpferkonstante b) befestigt, der stets vertikal bleibt. Die Scheibe wird aus der horizontalen Lage ($\varphi = 0$) losgelassen.

Berechnen Sie die Winkelbeschleunigung $\ddot{\varphi}(\dot{\varphi}, \varphi)$ mit dem Prinzip von D'ALEMBERT in der LAGRANGEschen Fassung.

Gegeben: m, k_φ, s, t, b, g

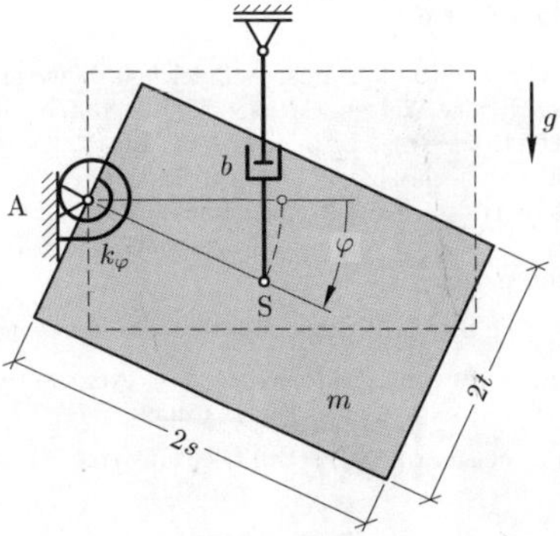

Bild A31.5: Elastisch gelagerte Rechteckscheibe

Lösung der Aufgabe 31.5:

Freikörperbild mit Scheinkräften:

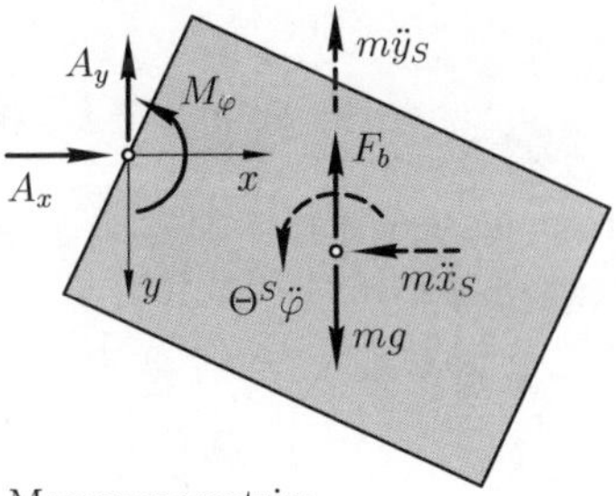

Massengeometrie:

$$\Theta^S = \frac{s^2+t^2}{3}\,m$$

Kinematik:

$$x_S = s\cos\varphi$$
$$\dot{x}_S = -s\dot{\varphi}\sin\varphi$$
$$\ddot{x}_S = -s\ddot{\varphi}\sin\varphi - s\dot{\varphi}^2\cos\varphi$$
$$y_S = s\sin\varphi$$
$$\dot{y}_S = s\dot{\varphi}\cos\varphi$$
$$\ddot{y}_S = s\ddot{\varphi}\cos\varphi - s\dot{\varphi}^2\sin\varphi$$

Stoffgesetze:

$$M_\varphi = k_\varphi\varphi$$
$$F_b = b\dot{y}_S$$

Virtuelle Arbeit:

$$\begin{aligned}\delta W + \delta W_T &= mg\,\delta y_S - m\ddot{x}_S\,\delta x_S - m\ddot{y}_S\,\delta y_S - \Theta^S\ddot{\varphi}\,\delta\varphi - k_\varphi\varphi\,\delta\varphi - b\dot{y}_S\,\delta y_S = \\ &= mg\,s\cos\varphi\,\delta\varphi + m(-s\ddot{\varphi}\sin\varphi - s\dot{\varphi}^2\cos\varphi)\,s\sin\varphi\,\delta\varphi - \\ &\quad -m(s\ddot{\varphi}\cos\varphi - s\dot{\varphi}^2\sin\varphi)\,s\cos\varphi\,\delta\varphi - \Theta_S\ddot{\varphi}\,\delta\varphi - k_\varphi\varphi\,\delta\varphi - b\,s^2\dot{\varphi}\cos^2\varphi\,\delta\varphi = \\ &= \left[mg\,s\cos\varphi - m\,s^2\ddot{\varphi} - \Theta_S\ddot{\varphi} - k_\varphi\varphi - b\,s^2\dot{\varphi}\cos^2\varphi\right]\delta\varphi = 0\end{aligned}$$

Bewegungsgleichung aus $\delta W = 0$ bei $\delta\varphi \neq 0$:

$$\ddot{\varphi} = \frac{mg\,s\cos\varphi - b\,s^2\dot{\varphi}\cos^2\varphi - k_\varphi\varphi}{m\,s^2 + (s^2+t^2)\,m/3}$$

Aufgabe 31.6:

Ein Fahrzeug besteht aus zwei gleichen, homogenen zylindrischen Walzen (Masse m), die durch einen Balken (Masse m_0) verbunden sind. Ein Motor (Gewicht vernachlässigbar) auf dem Balken gibt an die hintere Walze das Antriebsmoment M ab und das Fahrzeug beginnt auf der horizontalen rauhen Bahn zu rollen.

Ermitteln Sie die Beschleunigung $\ddot{x}$ des Fahrzeuges

a) unter Nutzung des Prinzips von D'ALEMBERT in der LAGRANGEschen Fassung und

b) mit den LAGRANGEschen Gleichungen.

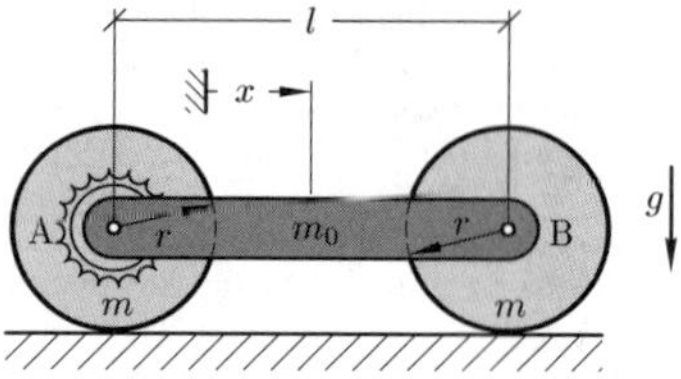

Bild A31.6: Fahrzeug mit Antrieb

Gegeben: l, r, m, m_0, M, g

Lösung der Aufgabe 31.6:

a) Prinzip von d'Alembert in der Lagrangeschen Fassung:

Kinematik:

$$\dot{x} = r\,\dot{\varphi} \quad \Longrightarrow \quad \ddot{x} = r\,\ddot{\varphi}\,, \qquad x = r\,\varphi$$

Massengeometrie:

$$\Theta^A = \Theta^B = \Theta = \frac{1}{2} m r^2$$

System mit äußeren Kräften sowie mit Scheinkräften und -momenten:

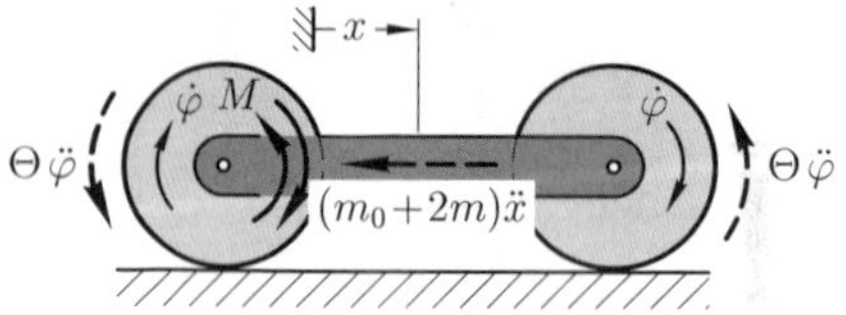

Arbeitsprinzip von d'Alembert:

$$\delta W + \delta W_T = M\,\delta\varphi - 2\Theta\,\ddot{\varphi}\,\delta\varphi - (m_0+2m)\,\ddot{x}\,\delta x = 0$$

Auflösung:

$$\left[M - 2\Theta\,\ddot{\varphi} - (m_0+2\,m)r^2\ddot{\varphi}\right]\delta\varphi = 0$$

$$\Longrightarrow \qquad \ddot{\varphi} = \frac{M}{2\Theta + (m_0+2\,m)r^2} = \frac{M}{(m_0+3\,m)r^2}$$

$$\Longrightarrow \qquad \ddot{x} = \frac{M}{(m_0+3\,m)r}$$

b) Lösung mit den Lagrangeschen Gleichungen:

Kinematik und Massengeometrie wie unter a)

Kinetische und potentielle Energien:

$$T = \frac{1}{2}(m_0+2m)\,\dot{x}^2 + \frac{1}{2}\,2\Theta\,\dot{\varphi}^2 = \frac{1}{2}(m_0+3m)\,r^2\,\dot{\varphi}^2\,; \qquad U = 0$$

Lagrangesche Funktion:

$$L = T - U = \frac{1}{2}(m_0+3m)\,r^2\,\dot{\varphi}^2$$

Berechnung der Zwischenwerte:

$$\frac{\partial L}{\partial \dot{\varphi}} = (m_0+3m)\,r^2\,\dot{\varphi}\,; \qquad \frac{d}{dt}\left(\frac{\partial L}{\partial \dot{\varphi}}\right) = (m_0+3m)\,r^2\,\ddot{\varphi}\,; \qquad \frac{\partial L}{\partial \varphi} = 0$$

Generalisierte Kraft:

$$Q_\varphi = M\,\frac{\partial \dot{\varphi}}{\partial \dot{\varphi}} = M$$

Lagrangesche Bewegungsgleichung:

$$\frac{d}{dt}\left(\frac{\partial L}{\partial \dot{\varphi}}\right) - \frac{\partial L}{\partial \varphi} = Q_\varphi \qquad \Longrightarrow \qquad (m_0+3m)\,r^2\,\ddot{\varphi} = M$$

Ausrechnung der Beschleunigung:

$$\ddot{\varphi} = \frac{M}{(m_0+3m)\,r^2}\,; \qquad \ddot{x} = \frac{M}{(m_0+3m)\,r}$$

Aufgabe 31.7:

Ein Hubsystem besteht aus dem Antrieb (Außenradius $3r$, Innenradius r, Massenträgheitsmoment Θ_1, Antriebsmoment M_A), einer Gegenlaufrolle (Radius r, Massenträgheitsmoment Θ_2) und einer Hubrolle (Masse m_3, Radius $2r$, Massenträgheitsmoment Θ_3).

Ermitteln Sie die Beschleunigung $\ddot{x}$ der unteren Walze mit dem Prinzip von D'ALEMBERT in der LAGRANGEschen Fassung.

Gegeben: r, m_3, Θ_1, Θ_2, Θ_3, M_A, g

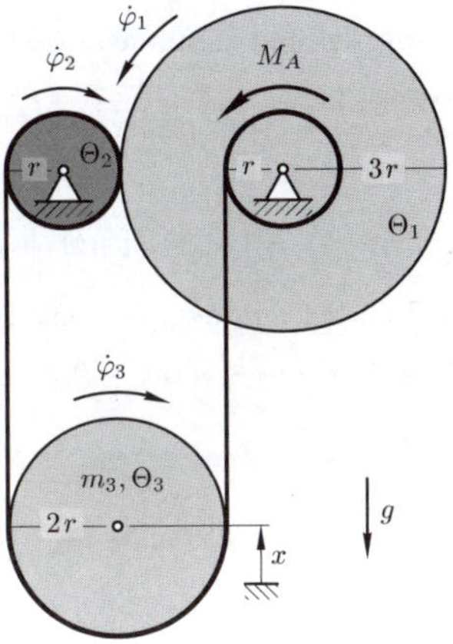

Bild A31.7: Hubsystem mit Rollen

Lösung der Aufgabe 31.7:

a) Kinematik und virtuelle Verrückungen:

$$\left.\begin{aligned} \dot{x} &= -\dot{\varphi}_1 r + \dot{\varphi}_3 2r \\ \dot{x} &= \quad \dot{\varphi}_2 r - \dot{\varphi}_3 2r \\ \dot{\varphi}_2 r &= \dot{\varphi}_1 3r \end{aligned}\right\} \Longrightarrow \left\{\begin{aligned} \dot{\varphi}_1 &= \frac{\dot{x}}{r} & \Longrightarrow \quad \delta\varphi_1 &= \frac{1}{r}\,\delta x \\ \dot{\varphi}_2 &= 3\dot{\varphi}_1 = 3\frac{\dot{x}}{r} & \Longrightarrow \quad \delta\varphi_2 &= \frac{3}{r}\,\delta x \\ \dot{\varphi}_3 &= \dot{\varphi}_1 = \frac{\dot{x}}{r} & \Longrightarrow \quad \delta\varphi_3 &= \frac{1}{r}\,\delta x \end{aligned}\right.$$

b) Bewegungsgleichungen mit dem Prinzip von D'ALEMBERT:

Strukturskizze mit äußeren Kräften und mit Trägheitskräften:

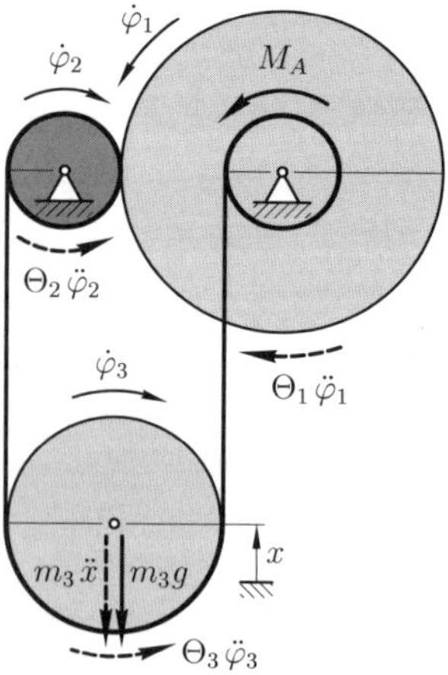

Prinzip von D'ALEMBERT:

$$\delta W + \delta W_T = (-\Theta_1\,\ddot{\varphi}_1 + M_A)\,\delta\varphi_1 + (-\Theta_2\,\ddot{\varphi}_2)\,\delta\varphi_2 + (-m_3\,\ddot{x} - m_3 g)\,\delta x + (-\Theta_3\,\ddot{\varphi}_3)\,\delta\varphi_3$$

Einsetzen und zusammenfassen:

$$\begin{aligned} \delta W + \delta W_T &= (\,-\Theta_1\frac{1}{r}\,\ddot{x} + M_A)\,\frac{1}{r}\,\delta x + (\,-\Theta_2\frac{3}{r}\,\ddot{x})\,\frac{3}{r}\,\delta x + (-m_3\,\ddot{x} - m_3 g)\,\delta x + \\ &\qquad + (\,-\Theta_3\frac{1}{r}\,\ddot{x})\,\frac{1}{r}\,\delta x = \\ &= [\,-(\Theta_1 + 9\,\Theta_2 + r^2 m_3 + \Theta_3)\,\ddot{x} + (M_A r - m_3 g r^2)]\,\delta x \end{aligned}$$

Willkürlichkeit der virtuellen Verschiebung δx:

$$\Big[-(\Theta_1 + 9\,\Theta_2 + r^2 m_3 + \Theta_3)\,\ddot{x} + (M_A r - m_3 g r^2)\Big] = 0$$

Beschleunigung:

$$\ddot{x} = \frac{M_A r - m_3 g r^2}{\Theta_1 + 9\,\Theta_2 + r^2 m_3 + \Theta_3}$$

Aufgabe 31.8:

Auf einer rauhen schiefen Ebene (Neigungswinkel α) rollen zwei gleiche homogene Walzen (Radius r, Masse m). Auf den beiden Walzen liegt ein langes Brett (Masse M), auf dem eine dritte, zu den ersten Walzen baugleiche Walze rollt. Durch Eigengewicht setzt sich die Anordnung in Bewegung, wobei es an keiner Stelle zum Rutschen kommt.

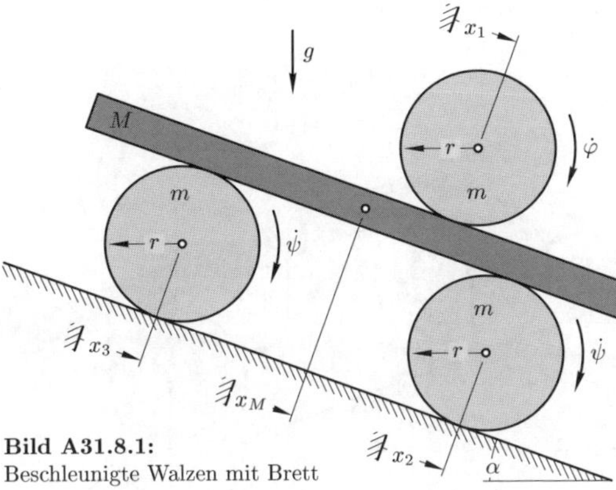

Bild A31.8.1:
Beschleunigte Walzen mit Brett

a) Stellen Sie die Translationsgeschwindigkeiten $\dot{x}_1$, $\dot{x}_2 = \dot{x}_3$ und $\dot{x}_M$ als Funktionen der Winkelgeschwindigkeiten $\dot{\varphi}$ und $\dot{\psi}$ dar und geben Sie die zugehörigen virtuellen Verschiebungen δx_1, $\delta x_2 = \delta x_3$ und δx_M in Abhängigkeit von den virtuellen Drehwinkeln $\delta\varphi$ und $\delta\psi$ an.

b) Ermitteln Sie mit dem Prinzip von D'ALEMBERT in der LAGRANGEschen Fassung die Bewegungsgleichungen für die Drehwinkel φ und ψ der Körper und berechnen Sie daraus die Winkelbeschleunigungen $\ddot{\varphi}$ und $\ddot{\psi}$.

c) Ermitteln Sie die Bewegungsgleichungen mit dem Prinzip von LAGRANGE.

d) Das System wird nun durch drei gleiche Federn (Steifigkeit k) ergänzt, die die Walzenmittelpunkte mit dem Brett elastisch verbinden. Es entsteht ein schwingungsfähiges System mit den beiden Freiheitsgraden φ und ψ. Geben Sie den virtuellen Arbeitsausdruck $\delta W_k(\varphi, \psi)$ an, um den die Gleichung für die virtuelle Arbeit des Ausgangssystems zu ergänzen ist, und ergänzen Sie die unter c) ermittelten Bewegungsgleichungen.

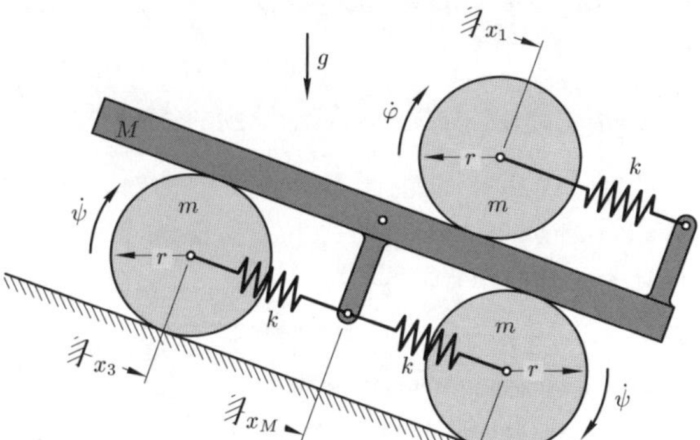

Bild A31.8.2:
Abgefederte Walzen mit Brett

Gegeben: r, m, M, k, α, g

Lösung der Aufgabe 31.8:

a) Kinematik und virtuelle Verrückungen:

$$\dot{x}_2 = \dot{x}_3 = r\,\dot{\psi}, \qquad \delta x_2 = \delta x_3 = r\,\delta\psi,$$

$$\dot{x}_M = 2\,r\,\dot{\psi}, \qquad \delta x_M = 2\,r\,\delta\psi,$$

$$\dot{x}_1 = \dot{x}_M + \dot{\varphi}\,r = 2\,r\,\dot{\psi} + r\,\dot{\varphi} = r\,(2\,\dot{\psi} + \dot{\varphi}), \qquad \delta x_1 = 2\,r\,\delta\psi + r\,\delta\varphi$$

b) Bewegungsgleichungen mit dem Prinzip von D'ALEMBERT:

Strukturskizze mit äußeren Kräften und mit Trägheitskräften:

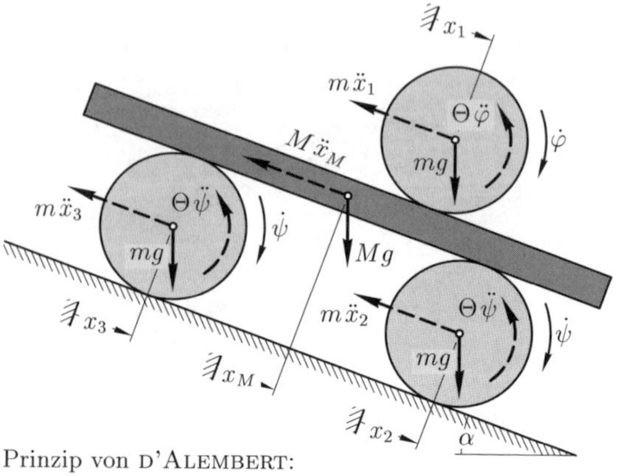

Massenträgheitsmomente um S:

$\Theta = \frac{1}{2} m r^2$

Prinzip von D'ALEMBERT:

$$\delta W + \delta W_T = (-2m\ddot{x}_2 + 2mg\sin\alpha)\,\delta x_2 + (-m\ddot{x}_1 + mg\sin\alpha)\,\delta x_1 + $$
$$+ (-M\ddot{x}_M + Mg\sin\alpha)\,\delta x_M + (-2\Theta\ddot{\psi})\,\delta\psi + (-\Theta\ddot{\varphi})\,\delta\varphi = 0$$

Einsetzen und zusammenfassen:

$$\delta W + \delta W_T = \Big[-2mr\ddot{\psi} + 2mg\sin\alpha\Big]\,r\,\delta\psi + \Big[-m(2\ddot{\psi}+\ddot{\varphi})r + mg\sin\alpha\Big]\,r\,(2\delta\psi + \delta\varphi) +$$
$$+\Big[-2Mr\ddot{\psi} + Mg\sin\alpha\Big]\,2r\,\delta\psi - 2\Theta\ddot{\psi}\,\delta\psi - \Theta\ddot{\varphi}\,\delta\varphi =$$
$$= \Big[-(4Mr^2 + 6mr^2 + 2\Theta)\ddot{\psi} - 2mr^2\ddot{\varphi} + 2(M+2m)\,g\,r\sin\alpha\Big]\,\delta\psi +$$
$$+\Big[-2mr^2\ddot{\psi} - (mr^2+\Theta)\ddot{\varphi} + mgr\sin\alpha\Big]\,\delta\varphi = 0$$

Willkürlichkeit der virtuellen Verschiebungen $\delta\psi$ und $\delta\varphi$:

$$(4Mr^2 + 6mr^2 + 2\Theta)\ddot{\psi} + 2mr^2\ddot{\varphi} = 2(M+2m)\,g\,r\sin\alpha$$
$$2mr^2\ddot{\psi} + (mr^2+\Theta)\ddot{\varphi} = mgr\sin\alpha$$

Auflösen nach den Winkelbeschleunigungen:

$$\ddot{\psi} = \frac{2(2m+M)(mr^2+\Theta) - 2m^2r^2}{(4Mr^2+2\Theta)(\Theta+mr^2) + 2mr^2(mr^2+3\Theta)}\,g\,r\sin\alpha$$

$$\ddot{\varphi} = \frac{m(4Mr^2+6mr^2+2\Theta) - 4(2m+M)mr^2}{(4Mr^2+2\Theta)(\Theta+mr^2) + 2mr^2(mr^2+3\Theta)}\,g\,r\sin\alpha$$

c) Bewegungsgleichungen mit dem LAGRANGEschen Prinzip:

Kinetische und potentielle Energien:

$$T = \frac{1}{2}M\dot{x}_M^2 + \frac{1}{2}m\dot{x}_1^2 + \frac{1}{2}\Theta\dot{\varphi}^2 + 2\,\frac{1}{2}m\dot{x}_2^2 + 2\,\frac{1}{2}\Theta\dot{\psi}^2 =$$
$$= 2Mr^2\dot{\psi}^2 + 3mr^2\dot{\psi}^2 + 2mr^2\dot{\varphi}\dot{\psi} + \frac{1}{2}mr^2\dot{\varphi}^2 + \frac{1}{2}\Theta\dot{\varphi}^2 + \Theta\dot{\psi}^2$$

$$U = -Mg\sin\alpha\, x_M - mg\sin\alpha\, x_1 - 2mg\sin\alpha\, x_2 =$$
$$= -\Big[2(2m+M)\,\psi + m\varphi\Big]\, gr\,\sin\alpha$$

LAGRANGEsche Funktion:

$$L = T - U = 2Mr^2\dot{\psi}^2 + 3mr^2\dot{\psi}^2 + 2mr^2\dot{\varphi}\dot{\psi} + \frac{1}{2}mr^2\dot{\varphi}^2 + \frac{1}{2}\Theta\dot{\varphi}^2 + \Theta\dot{\psi}^2 +$$
$$+\Big[2(2m+M)\,\psi + m\varphi\Big]\, gr\sin\varphi$$

Berechnung der Zwischenwerte:

$$\frac{\partial L}{\partial\dot{\psi}} = 4Mr^2\dot{\psi} + 6mr^2\dot{\psi} + 2mr^2\dot{\varphi} + 2\Theta\dot{\psi}$$

$$\frac{d}{dt}\Big(\frac{\partial L}{\partial\dot{\psi}}\Big) = \Big(4Mr^2+6mr^2+2\Theta\Big)\ddot{\psi} + 2mr^2\ddot{\varphi}$$

$$\frac{\partial L}{\partial\psi} = (2M+4m)\, gr\sin\alpha$$

$$\frac{\partial L}{\partial\dot{\varphi}} = 2mr^2\dot{\psi} + mr^2\dot{\varphi} + \Theta\dot{\varphi}$$

$$\frac{d}{dt}\Big(\frac{\partial L}{\partial\dot{\varphi}}\Big) = 2mr^2\ddot{\psi} + (mr^2+\Theta)\,\ddot{\varphi}$$

$$\frac{\partial L}{\partial\varphi} = mgr\sin\alpha$$

Generalisierte Kräfte:

$$Q_\psi = 0; \qquad Q_\varphi = 0$$

LAGRANGEsche Gleichungen:

$$\frac{d}{dt}\Big(\frac{\partial L}{\partial\dot{\psi}}\Big) - \frac{\partial L}{\partial\psi} = Q_\psi; \qquad \frac{d}{dt}\Big(\frac{\partial L}{\partial\dot{\varphi}}\Big) - \frac{\partial L}{\partial\varphi} = Q_\varphi$$

Bewegungsgleichungen:

$$\begin{aligned}
(4Mr^2+6mr^2+2\Theta)\,\ddot{\psi} \;+\; 2mr^2\ddot{\varphi} \quad &= \; 2\Big(2m+M\Big)\, gr\sin\alpha \\
2mr^2\ddot{\psi} \;+\; (mr^2+\Theta)\,\ddot{\varphi} \quad &= \; mgr\sin\alpha
\end{aligned}$$

d) Berücksichtigung zusätzlicher Federn über die Federarbeit:

$$\delta W_k = -\delta U_k = -\delta\Big\{\frac{1}{2}k\,(x_3-x_M)^2 + \frac{1}{2}k\,(x_2-x_M)^2 + \frac{1}{2}k\,(x_1-x_M)^2\Big\} =$$
$$= -\frac{1}{2}kr^2\,\delta\Big\{(\psi-2\psi)^2 + (\psi-2\psi)^2 + (2\psi+\varphi-2\psi)^2\Big\} =$$
$$= -kr^2\Big\{\psi\,\delta\psi + \psi\,\delta\psi + \varphi\,\delta\varphi\Big\} = -2kr^2\psi\,\delta\psi - kr^2\varphi\,\delta\varphi$$

Bewegungsgleichungen:

$$\begin{aligned}
(4Mr^2+6mr^2+2\Theta)\,\ddot{\psi} \;+\; 2mr^2\ddot{\varphi} \;+\; 2kr^2\psi \quad &= \; 2(2m+M)\, gr\sin\alpha \\
2mr^2\ddot{\psi} \;+\; (mr^2+\Theta)\,\ddot{\varphi} \;+\; kr^2\varphi \quad &= \; mgr\sin\alpha
\end{aligned}$$

Kapitel 32

Lagrangesche Gleichungen

Aufgabe 32.1:

Ein Rollbendel (Masse m, zentrales Massenträgheitsmoment Θ^S) rollt mit seiner halbkreisförmigen Unterseite (Radius r) auf einer rauhen horizontalen Ebene. Liegt der Schwerpunkt S unterhalb vom Kreismittelpunkt M ($s > 0$), führt es Schwingungen um seine stabile vertikale Gleichgewichtslage aus.

Stellen Sie die nichtlineare Bewegungsgleichung für die Schwingbewegung des Rollpendels auf; wählen Sie dazu als generalisierte Koordinate den Winkel φ.

Gegeben: m, Θ^S, r, s, g

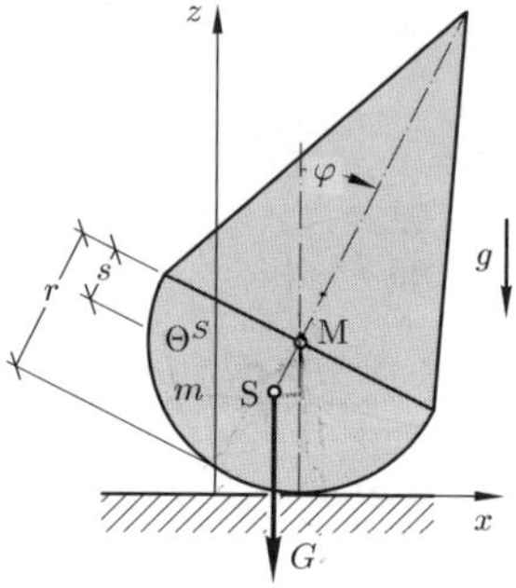

Bild A32.1: Rollpendel

Lösung der Aufgabe 32.1:

a) Lösung mit den LAGRANGEschen Gleichung:

Kinematik:

$$\dot{x}_S = (r - s\cos\varphi)\,\dot{\varphi}; \qquad x_S = r\,\varphi - s\sin\varphi$$

$$\dot{z}_S = s\sin\varphi\,\dot{\varphi}; \qquad z_S = r - s\cos\varphi$$

Potentielle Energie:

$$U = -mg\,s\cos\varphi$$

Kinetische Energie:

$$T = \frac{1}{2}\Theta^S\dot{\varphi}^2 + \frac{1}{2}m\,v_S^2 = \frac{1}{2}\Theta^S\dot{\varphi}^2 + \frac{1}{2}m\,(\dot{x}_S^2 + \dot{z}_S^2) =$$

$$= \frac{1}{2}\Big\{\Theta^S + m\Big[(r - s\cos\varphi)^2 + (s\sin\varphi)^2\Big]\Big\}\,\dot{\varphi}^2 = \frac{1}{2}\Big\{\Theta^S + m\Big[r^2 + s^2 - 2\,r\,s\cos\varphi\Big]\Big\}\,\dot{\varphi}^2$$

LAGRANGEsche Funktion:

$$L = T - U = \frac{1}{2}\Big\{\Theta^S + m\Big[r^2 + s^2 - 2\,r\,s\cos\varphi\Big]\Big\}\,\dot{\varphi}^2 + mg\,s\cos\varphi$$

LAGRANGEsche Bewegungsgleichungen:

$$\frac{d}{dt}\left(\frac{\partial L}{\partial\dot{\varphi}}\right) - \frac{\partial L}{\partial\varphi} = Q_\varphi$$

Berechnung der Teilausdrücke:

$$\frac{\partial L}{\partial \dot\varphi} = \Big\{\Theta^S + m\Big[r^2+s^2-2\,r\,s\cos\varphi\Big]\Big\}\,\dot\varphi$$

$$\frac{d}{dt}\Big(\frac{\partial L}{\partial \dot\varphi}\Big) = \Big\{\Theta^S + m\Big[r^2+s^2-2\,r\,s\cos\varphi\Big]\Big\}\,\ddot\varphi + 2m\,r\,s\,\dot\varphi^2\sin\varphi$$

$$\frac{\partial L}{\partial \varphi} = m\,r\,s\,\dot\varphi^2\sin\varphi - m g\,s\sin\varphi$$

Bewegungsgleichung:

$$\Big\{\Theta^S + m\Big[r^2+s^2-2\,r\,s\cos\varphi\Big]\Big\}\,\ddot\varphi + m\,r\,s\,\dot\varphi^2\sin\varphi + m g\,s\sin\varphi = 0$$

Linearisierung für kleine Schwingungen $|\varphi| \ll 1$:

$$\Big\{\Theta^S + m\,(r-s)^2\Big\}\,\ddot\varphi + m g\,s\,\varphi = 0$$

b) Lösung mit der Prinzip von D'ALEMBERT:

Kinematik wie unter a)

Variationen und Beschleunigungen:

$$\delta x_S = (r - s\cos\varphi)\,\delta\varphi; \qquad \ddot x_S = (r - s\cos\varphi)\,\ddot\varphi + s\sin\varphi\,\dot\varphi^2$$

$$\delta z_S = s\sin\varphi\,\delta\varphi; \qquad \ddot z_S = s\sin\varphi\,\ddot\varphi + s\cos\varphi\,\dot\varphi^2$$

Struktur mit äußeren Kräften und mit Trägheitskräften:

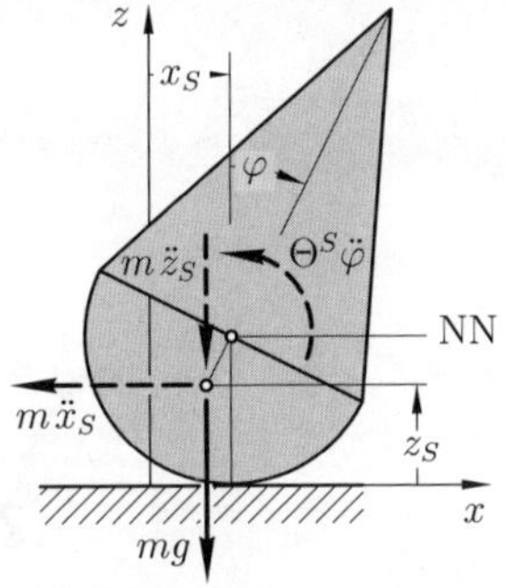

Arbeitsprinzip von D'ALEMBERT (Prinzip der virtuellen Verrückungen):

$$-m\,\ddot x_S\,\delta x_S - (mg + m\,\ddot z_S)\,\delta z_S - \Theta^S\,\ddot\varphi\,\delta\varphi = 0$$

Einsetzen und ausrechnen:

$$\Big\{-\,m\Big[(r - s\cos\varphi)\,\ddot\varphi + s\sin\varphi\,\dot\varphi^2\Big](r - s\cos\varphi) -$$
$$-\Big[mg + m\,(s\sin\varphi\,\ddot\varphi + s\cos\varphi\,\dot\varphi^2)\Big]\,s\sin\varphi - \Theta^S\ddot\varphi\Big\}\,\delta\varphi = 0$$

Nichtlineare Bewegungsgleichung:

$$\Big\{\Theta^S + m\Big[r^2+s^2-2\,r\,s\cos\varphi\Big]\Big\}\,\ddot\varphi + m\,r\,s\,\dot\varphi^2\sin\varphi + m g\,s\sin\varphi = 0$$

Aufgabe 32.2:

Eine Glocke besteht aus dem Glockengehäuse (Masse m_G, Massenträgheitsmoment Θ_G^A) und dem Klöppel (Masse m_K, Massenträgheitsmoment Θ_K^B). Glockengehäuse und Klöppel sind reibungsfrei aufgehängt und schwingen in einer Ebene.

Stellen Sie die beiden nichtlinearen Bewegungsgleichungen für die gekoppelten Schwingungen φ_G und φ_K von Glockengehäuse und Klöppel auf.

Gegeben: m_G, m_K, Θ_G^A, Θ_K^B, s_G, s_K, a, g

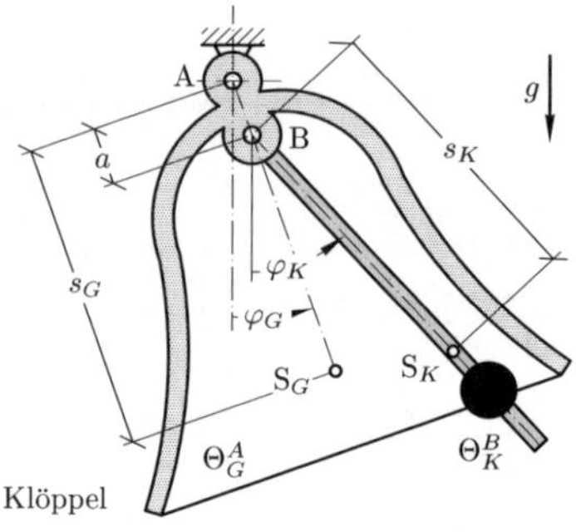

Bild A32.2: Glocke mit Klöppel

Lösung der Aufgabe 32.2:

Kinematik:

$$v_{SG} = s_G\,\dot{\varphi}_G$$

$$\vec{v}_{SK} = \vec{v}_B + \vec{\omega}_K \times \vec{s}_K = a\,\dot{\varphi}_G\,\vec{e}_{\varphi G} + s_K\,\dot{\varphi}_K\Big[\cos(\varphi_K-\varphi_G)\,\vec{e}_{\varphi G} - \sin(\varphi_K-\varphi_G)\,\vec{e}_{rG}\Big]$$

$$v_{SK}^2 = \Big[a\,\dot{\varphi}_G + s_K\,\dot{\varphi}_K\cos(\varphi_K-\varphi_G)\Big]^2 + \Big[s_K\,\dot{\varphi}_K\sin(\varphi_K-\varphi_G)\Big]^2 =$$
$$= a^2\,\dot{\varphi}_G^2 + s_K^2\,\dot{\varphi}_K^2 + 2\,a\,s_K\,\dot{\varphi}_G\,\dot{\varphi}_K\cos(\varphi_K-\varphi_G)$$

Potentielle Energie:

$$U = -m_G g\,s_G\cos\varphi_G - m_K g\,(a\cos\varphi_G + s_K\cos\varphi_K)$$

Kinetische Energie:

$$T = \frac{1}{2}\Theta_G^S\,\dot{\varphi}_G^2 + \frac{1}{2}m_G\,v_{SG}^2 + \frac{1}{2}\Theta_K^S\,\dot{\varphi}_K^2 + \frac{1}{2}m_K\,v_{SK}^2 =$$
$$= \frac{1}{2}\Big\{\Theta_G^S + m_G\,s_G^2\Big\}\,\dot{\varphi}_G^2 + \frac{1}{2}\Big\{\Theta_K^S + m_K\,s_K^2\Big\}\,\dot{\varphi}_K^2 + \frac{1}{2}m_K\,a^2\,\dot{\varphi}_G^2 +$$
$$+ m_K\,a\,s_K\,\dot{\varphi}_K\,\dot{\varphi}_G\cos(\varphi_K-\varphi_G) =$$
$$= \frac{1}{2}\Big\{\Theta_G^A + m_K\,a^2\Big\}\,\dot{\varphi}_G^2 + \frac{1}{2}\Theta_K^B\,\dot{\varphi}_K^2 + m_K\,a\,s_K\,\dot{\varphi}_K\,\dot{\varphi}_G\cos(\varphi_K-\varphi_G)$$

LAGRANGEsche Funktion:

$$L = T - U = \frac{1}{2}\Big\{\Theta_G^A + m_K\,a^2\Big\}\,\dot{\varphi}_G^2 + \frac{1}{2}\Theta_K^B\,\dot{\varphi}_K^2 + m_K\,a\,s_K\,\dot{\varphi}_K\,\dot{\varphi}_G\cos(\varphi_K-\varphi_G) +$$
$$+ m_G g\,s_G\cos\varphi_G + m_K g\,(a\cos\varphi_G + s_K\cos\varphi_K)$$

Glieder in den LAGRANGEschen Gleichungen:

$$\frac{\partial L}{\partial \varphi_G} = m_K\, a\, s_K\, \dot\varphi_K\, \dot\varphi_G \sin(\varphi_K - \varphi_G) - (m_G\, s_G + m_K\, a)\, g \sin\varphi_G$$

$$\frac{\partial L}{\partial \dot\varphi_G} = (\Theta_G^A + m_K\, a^2)\, \dot\varphi_G + m_K\, a\, s_K\, \dot\varphi_K \cos(\varphi_K - \varphi_G)$$

$$\frac{d}{dt}\frac{\partial L}{\partial \dot\varphi_G} = (\Theta_G^A + m_K\, a^2)\, \ddot\varphi_G + m_K\, a\, s_K \Big\{ \ddot\varphi_K \cos(\varphi_K - \varphi_G) - \dot\varphi_K\, (\dot\varphi_K - \dot\varphi_G) \sin(\varphi_K - \varphi_G) \Big\}$$

$$\frac{\partial L}{\partial \varphi_K} = -m_K\, a\, s_K\, \dot\varphi_K\, \dot\varphi_G \sin(\varphi_K - \varphi_G) - m_K g\, s_K \sin\varphi_K$$

$$\frac{\partial L}{\partial \dot\varphi_K} = \Theta_K^B\, \dot\varphi_K + m_K\, a\, s_K\, \dot\varphi_G \cos(\varphi_K - \varphi_G)$$

$$\frac{d}{dt}\frac{\partial L}{\partial \dot\varphi_K} = \Theta_K^B\, \ddot\varphi_K + m_K\, a\, s_K \Big\{ \ddot\varphi_G \cos(\varphi_K - \varphi_G) - \dot\varphi_G\, (\dot\varphi_K - \dot\varphi_G) \sin(\varphi_K - \varphi_G) \Big\}$$

Bewegungsgleichungen:

$$(\Theta_G^A + m_K\, a^2)\, \ddot\varphi_G + m_K\, a\, s_K \Big\{ \ddot\varphi_K \cos(\varphi_K - \varphi_G) - \dot\varphi_K^2 \sin(\varphi_K - \varphi_G) \Big\} + \\ + (m_G\, s_G + m_K\, a)\, g \sin\varphi_G = 0$$

$$\Theta_K^B\, \ddot\varphi_K \qquad + m_K\, a\, s_K \Big\{ \ddot\varphi_G \cos(\varphi_K - \varphi_G) + \dot\varphi_G^2 \sin(\varphi_K - \varphi_G) \Big\} + \\ + m_K g\, s_K \sin\varphi_K = 0$$

Aufgabe 32.3:

Eine homogene Stange (Masse m_1, Länge l) ist im Punkt A reibungsfrei gelenkig gelagert. Am unteren Stangenende B ist eine homogene Scheibe (Masse m_2, Radius r) reibungsfrei gelagert und mit einer Spiralfeder (Drehfedersteifigkeit k_φ) an die Stange gefesselt.

Ermitteln Sie mit den LAGRANGEschen Gleichungen zweiter Art die beiden nichtlinearen Bewegungsgleichungen des schwingungsfähigen Systems.

Gegeben: m_1, l, m_2, r, k_φ, g

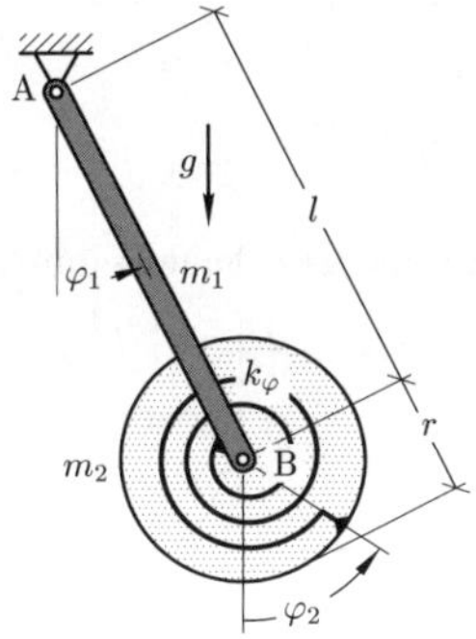

Bild A32.3: Pendel mit Scheibe

Lösung der Aufgabe 32.3:

Kinematik:

$$v_B = l\,\dot\varphi_1, \qquad v_{S1} = \frac{1}{2}\,l\,\dot\varphi_1$$

Massengeometrie:

$$\Theta^S_{Stab} = \frac{1}{12}\,m_1\,l^2, \qquad \Theta^B_{Scheibe} = \frac{1}{2}\,m_2\,r^2$$

Kinetische Energie:

$$T = \frac{1}{2}\,m_1\,v_{S1}^2 + \frac{1}{2}\,\Theta^S_{Stab}\,\dot\varphi_1^2 + \frac{1}{2}\,m_2\,v_B^2 + \frac{1}{2}\,\Theta^B_{Scheibe}\,\dot\varphi_2^2 =$$

$$= \frac{1}{2}\Big[m_1\Big(\frac{l}{2}\Big)^2 + \frac{1}{12}\,m_1\,l^2 + m_2\,l^2\Big]\,\dot\varphi_1^2 + \frac{1}{2}\frac{1}{2}\,m_2\,r^2\,\dot\varphi_2^2$$

Potentielle Energie:

$$U = -\Big(\frac{1}{2}\,m_1 + m_2\Big)\,g\,l\cos\varphi_1 + \frac{1}{2}\,k_\varphi\,(\varphi_1 - \varphi_2)^2$$

LAGRANGEsche Gleichungen und Lagrangesche Funktion:

$$\frac{d}{dt}\Big(\frac{\partial L}{\partial \dot q_n}\Big) - \frac{\partial L}{\partial q_n} = Q_n\,; \qquad L = T - U$$

Generalisierte Koordinaten:

$$q_1 = \varphi_1, \qquad q_2 = \varphi_2$$

Berechnung der Teilausdrücke in den LAGRANGEschen Gleichungen:

$$\frac{\partial L}{\partial \dot\varphi_1} = \Big[m_1\Big(\frac{l}{2}\Big)^2 + \frac{1}{12}\,m_1\,l^2 + m_2\,l^2\Big]\,\dot\varphi_1$$

$$\frac{d}{dt}\frac{\partial L}{\partial \dot\varphi_1} = \Big[m_1\Big(\frac{l}{2}\Big)^2 + \frac{1}{12}\,m_1\,l^2 + m_2\,l^2\Big]\,\ddot\varphi_1$$

$$\frac{\partial L}{\partial \varphi_1} = -\Big(\frac{1}{2}\,m_1 + m_2\Big)\,g\,l\sin\varphi_1 - k_\varphi\,(\varphi_1 - \varphi_2)$$

$$\frac{\partial L}{\partial \dot\varphi_2} = \frac{1}{2}\,m_2\,r^2\,\dot\varphi_2$$

$$\frac{d}{dt}\frac{\partial L}{\partial \dot\varphi_2} = \frac{1}{2}\,m_2\,r^2\,\ddot\varphi_2$$

$$\frac{\partial L}{\partial \varphi_2} = k_\varphi\,(\varphi_1 - \varphi_2)$$

Bewegungsgleichungen durch Einsetzen:

$$\Big[\frac{1}{3}\,m_1\,l^2 + m_2\,l^2\Big]\,\ddot\varphi_1 + \Big(\frac{1}{2}\,m_1 + m_2\Big)\,g\,l\sin\varphi_1 + k_\varphi\,(\varphi_1 - \varphi_2) = 0$$

$$\frac{1}{2}\,m_2\,r^2\,\ddot\varphi_2 + k_\varphi\,(\varphi_2 - \varphi_1) = 0$$

Berechung der Geschwindigkeiten $\dot\varphi_1$ und $\dot\varphi_2$ durch numerische Integration.

Aufgabe 32.4:

Eine Laufkatze (Masse m_1) ist elastisch gefesselt (Federsteifigkeit k) und kann sich reibungsfrei horizontal bewegen. An der Laufkatze hängt ein reibungsfrei gelagertes Pendel (Pendellänge l, Punktmasse m_2). An der verlängerten, masselosen Pendelstange greift in der Höhe l unterhalb der Laufkatze ein stets horizontaler Stößel an, auf den die Horizontalkraft $F(t)$ einwirkt.

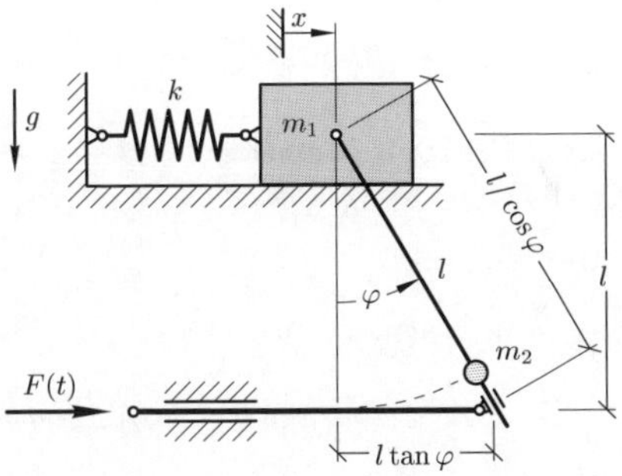

Bild A32.4: Laufkatze mit Antrieb

a) Wie hängen die Geschwindigkeiten v_2 der Pendelmasse und v_F des Kraftangriffspunktes von den generalisierten Koordinaten x und φ sowie den Geschwindigkeiten $\dot{x}$ und $\dot{\varphi}$ ab?

b) Wie hängen kinetische und potentielle Energie des Systems von den generalisierten Koordinaten x, φ, $\dot{x}$ und $\dot{\varphi}$ ab?

c) Mit den LAGRANGEschen Gleichungen zweiter Art ermittle man die Bewegungsgleichungen dieses Systems mit zwei Freiheitsgraden in den generalisierten Koordinaten x und φ.

Gegeben: m_1, m_2, k, l, F, g

Lösung der Aufgabe 32.4:

a) Kinematik:

$$x_2 = x + l\sin\varphi; \qquad \dot{x}_2 = \dot{x} + l\,\dot{\varphi}\cos\varphi$$

$$y_2 = \quad -l\cos\varphi; \qquad \dot{y}_2 = \quad l\,\dot{\varphi}\sin\varphi$$

$$v_2 = \sqrt{\dot{x}_2^2 + \dot{y}_2^2} = \sqrt{\dot{x}^2 + 2\,l\,\dot{x}\,\dot{\varphi}\cos\varphi + l^2\,\dot{\varphi}^2}$$

$$x_F = x + \frac{l}{\cos\varphi}\sin\varphi; \qquad \dot{x}_F = \dot{x} + \frac{l\,\dot{\varphi}}{\cos^2\varphi}$$

$$y_F = -l; \qquad \dot{y}_F = 0$$

$$v_F = \dot{x} + \frac{l\,\dot{\varphi}}{\cos^2\varphi}$$

b) Energien:

$$T = \frac{1}{2}m_1\,\dot{x}^2 + \frac{1}{2}m_2\,v_2^2 = \frac{1}{2}m_1\,\dot{x}^2 + \frac{1}{2}m_2\left[\dot{x}^2 + 2\,l\,\dot{x}\,\dot{\varphi}\cos\varphi + l^2\,\dot{\varphi}^2\right]$$

$$U = \frac{1}{2}k\,x^2 - m_2 g\,l\cos\varphi$$

c) LAGRANGEsche Gleichungen:

$$\frac{d}{dt}\frac{\partial L}{\partial \dot{q}_i} - \frac{\partial L}{\partial q_i} = Q_i; \qquad L = T - U$$

Generalisierte Koordinaten:

$$q_1 = x; \qquad q_2 = \varphi$$

Ableitungen:

$$\frac{\partial L}{\partial \dot{x}} = m_1\,\dot{x} + m_2\,\dot{x} + m_2\,l\,\dot{\varphi}\cos\varphi$$

$$\frac{d}{dt}\frac{\partial L}{\partial \dot{x}} = m_1\,\ddot{x} + m_2\,\ddot{x} + m_2\,l\,\ddot{\varphi}\cos\varphi - m_2\,l\,\dot{\varphi}^2\sin\varphi$$

$$\frac{\partial L}{\partial x} = -k\,x$$

$$\frac{\partial L}{\partial \dot{\varphi}} = m_2\,l^2\,\dot{\varphi} + m_2\,l\,\dot{x}\cos\varphi$$

$$\frac{d}{dt}\frac{\partial L}{\partial \dot{\varphi}} = m_2\,l^2\,\ddot{\varphi} + m_2\,l\,\ddot{x}\cos\varphi - m_2\,l\,\dot{x}\,\dot{\varphi}\sin\varphi$$

$$\frac{\partial L}{\partial \varphi} = -m_2\,\dot{x}\,\dot{\varphi}\,l\sin\varphi - m_2 g\,l\sin\varphi$$

Generalisierte Kräfte:

$$Q_x = F(t)\,\frac{\partial \dot{x}_F}{\partial \dot{x}} = F(t), \qquad Q_\varphi = F(t)\,\frac{\partial \dot{x}_F}{\partial \dot{\varphi}} = F(t)\,\frac{l}{\cos^2\varphi}$$

Bewegungsgleichungen:

$$(m_1+m_2)\,\ddot{x} + m_2\,l\,\ddot{\varphi}\cos\varphi - m_2\,l\,\dot{\varphi}^2\sin\varphi + k\,x = F(t)$$

$$m_2\,l^2\,\ddot{\varphi} + m_2\,l\,\ddot{x}\cos\varphi + m_2 g\,l\sin\varphi = F(t)\,\frac{l}{\cos^2\varphi}$$

Aufgabe 32.5:

Ein homogenes dünnes Brett (Länge l, Masse M) ist an zwei masselosen Seilen (Länge b) pendelnd aufgehängt. Auf dem rauhen Brett rollt eine homogene rauhe Walze (Radius r, Masse m). Das System mit den beiden generalisierten Freiheitsgraden φ und ψ führt freie Schwingungen aus.

a) Geben Sie die potentielle und die kinetische Energie für einen beliebigen Bewegungszustand an.

b) Ermitteln Sie mit den LAGRANGEschen Gleichungen die Bewegungsgleichungen für die beiden generalisierten Koordinaten φ und ψ.

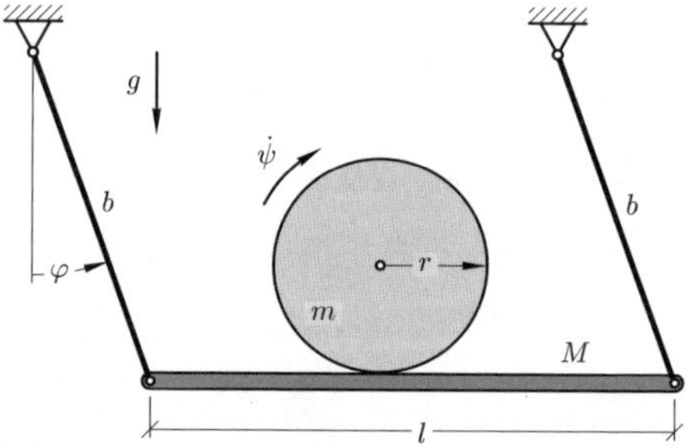

Bild A32.5: Schaukelndes Brett mit rollender Walze

Gegeben: b, l, M, r, m, g

Lösung der Aufgabe 32.5:

a) Berechnung der Energien:

Kinematik:

$$v_M = b\,\dot\varphi$$

$$v_m^2 = v_{mx}^2 + v_{my}^2 = (b\dot\varphi\cos\varphi + r\,\dot\psi)^2 + (b\dot\varphi\sin\varphi)^2 = b^2\,\dot\varphi + r^2\,\dot\psi^2 + 2\,r\,b\,\dot\varphi\,\dot\psi\cos\varphi$$

Massengeometrie:

$$\Theta_m^S = \frac{1}{2}\,m\,r^2$$

Kinetische Energie:

$$T = \frac{1}{2}\,M\,v_M^2 + \frac{1}{2}\,m\,v_m^2 + \frac{1}{2}\,\Theta_m^S\,\dot\psi^2 = \frac{1}{2}\Big[(M+m)\,b^2\,\dot\varphi^2 + \frac{3}{2}\,m\,r^2\,\dot\psi^2 + 2\,m\,r\,b\,\dot\varphi\,\dot\psi\cos\varphi\Big]$$

Potentielle Energie (Nullniveau bei horizontalen Seilen):

$$U = -(M+m)\,g\,b\cos\varphi$$

b) Ermittlung der Bewegungsgleichungen:

LAGRANGEsche Funktion:

$$L = T - U = \frac{1}{2}\Big[(M+m)\,b^2\,\dot\varphi^2 + \frac{3}{2}\,m\,r^2\,\dot\psi^2 + 2\,m\,r\,b\,\dot\varphi\,\dot\psi\cos\varphi\Big] + (M+m)\,g\,b\cos\varphi$$

LAGRANGEsche Gleichungen:

$$\frac{d}{dt}\Big(\frac{\partial L}{\partial \dot q_n}\Big) - \frac{\partial L}{\partial q_n} = Q_n^*$$

Generalisierte Koordinaten:

$$q_1 = \varphi, \qquad q_2 = \psi$$

Berechnung der Teilausdrücke in den LAGRANGEschen Gleichungen:

$$\frac{d}{dt}\frac{\partial L}{\partial \dot\varphi} = \frac{d}{dt}\Big[(M+m)\,b^2\,\dot\varphi + m\,r\,b\,\dot\psi\cos\varphi\Big] = (M+m)\,b^2\,\ddot\varphi + m\,r\,b\,(\ddot\psi\cos\varphi - \dot\psi\,\dot\varphi\sin\varphi)$$

$$\frac{\partial L}{\partial \varphi} = -m\,r\,b\,\dot\varphi\,\dot\psi\sin\varphi - (M+m)\,g\,b\sin\varphi$$

$$\frac{d}{dt}\frac{\partial L}{\partial \dot\psi} = \frac{d}{dt}\Big[\frac{3}{2}\,m\,r^2\,\dot\psi + m\,r\,b\,\dot\varphi\cos\varphi\Big] = \frac{3}{2}\,m\,r^2\,\ddot\psi + m\,r\,b\,(\ddot\varphi\cos\varphi - \dot\varphi^2\sin\varphi)$$

$$\frac{\partial L}{\partial \psi} = 0, \qquad Q_\varphi^* = 0, \qquad Q_\psi^* = 0$$

Bewegungsgleichungen durch Einsetzen:

$$(M+m)\,b^2\,\ddot\varphi + m\,r\,b\,\ddot\psi\cos\varphi + (M+m)\,g\,b\sin\varphi = 0$$

$$\frac{3}{2}\,m\,r^2\,\ddot\psi \qquad + m\,r\,b\,\ddot\varphi\cos\varphi - m\,r\,b\,\dot\varphi^2\sin\varphi \qquad = 0$$

Aufgabe 32.6:

Auf einer masselosen, reibungsfrei gelagerten Spule sind auf unterschiedlichen Radien (r_1 und r_2) masselose Seile aufgewickelt. Am Ende des eine Seils hängt das Gewicht $m_2 g$, das Ende des anderen Seils ist über eine Feder (Steifigkeit k) mit einer homogenen Walze (Radius r_1, Masse m_1) verbunden. Die Walze ist durch eine weitere, baugleiche Feder gefesselt und rollt auf einer schiefen Ebene (Neigungswinkel α). Das schwingungsfähige System hat somit die beiden Freiheitsgrade x_1 und x_2.

a) Geben Sie die potentielle und die kinetische Energie für einen beliebigen Auslenkungs- und Geschwindigkeitszustand (x_1, x_2, $\dot{x}_1$, $\dot{x}_2$) an.

b) Leiten Sie mit den LAGRANGEschen Gleichungen die Bewegungsgleichungen für die beiden Translationsfreiheitsgrade x_1 und x_2 her und stellen Sie diese in Matrizenform dar.

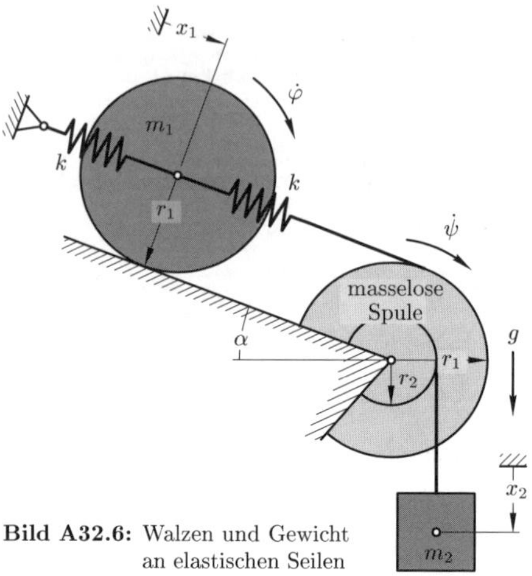

Bild A32.6: Walzen und Gewicht an elastischen Seilen

Gegeben: r_1, r_2, m_1, m_2, k, α, g

Lösung der Aufgabe 32.6:

a) Berechnung der potentiellen und der kinetischen Energie:

Massenträgheitsmoment:

$$\Theta_1 = \frac{1}{2} m_1 r_1^2$$

Kinematik der Schwerpunkte:

$$\dot{x}_1 = r_1 \dot{\varphi}$$

$$\dot{x}_2 = r_2 \dot{\psi}$$

Federverlängerungen:

Feder 1: $\Delta l_1 = x_1$

Feder 2: $\Delta l_2 = r_1 \psi - x_1 = \dfrac{r_1}{r_2} x_2 - x_1$

Kinetische und potentielle Energie:

$$T = \frac{1}{2} m_2 \dot{x}_2^2 + \frac{1}{2} m_1 \dot{x}_1^2 + \frac{1}{2} \Theta_1 \dot{\varphi}^2 = \frac{1}{2} m_2 \dot{x}_2^2 + \frac{3}{4} m_1 \dot{x}_1^2$$

$$U = -m_2 g\, x_2 - m_1 g \sin\alpha\, x_1 + \frac{1}{2} k\, \Delta l_1^2 + \frac{1}{2} k\, \Delta l_2^2 =$$

$$= -m_2 g\, x_2 - m_1 g \sin\alpha\, x_1 + \frac{1}{2} k\, x_1^2 + \frac{1}{2} k \left(x_1 - \frac{r_1}{r_2} x_2\right)^2$$

b) Ermittlung der Bewegungsgleichungen:

LAGRANGEsche Funktion:

$L = T - U$

LAGRANGEsche Gleichungen:

$$\frac{d}{dt}\Big(\frac{\partial L}{\partial \dot{q}_k}\Big) - \frac{\partial L}{\partial q_k} = Q_k$$

Generalisierte Koordinaten:

$q_1 = x_1, \qquad q_2 = x_2$

Berechnung der einzelnen Ausdrücke:

$$\frac{\partial L}{\partial \dot{x}_1} = \frac{3}{2} m_1 \dot{x}_1, \qquad \frac{d}{dt}\Big(\frac{\partial L}{\partial \dot{x}_1}\Big) = \frac{3}{2} m_1 \ddot{x}_1$$

$$\frac{\partial L}{\partial x_1} = m_1 g \sin\alpha - k\,x_1 - k\Big(x_1 - \frac{r_1}{r_2} x_2\Big)$$

$$\frac{\partial L}{\partial \dot{x}_2} = m_2 \dot{x}_2, \qquad \frac{d}{dt}\Big(\frac{\partial L}{\partial \dot{x}_2}\Big) = m_2 \ddot{x}_2$$

$$\frac{\partial L}{\partial x_2} = m_2 g + k\frac{r_1}{r_2}\Big(x_1 - \frac{r_1}{r_2} x_2\Big)$$

Einsetzen und ausrechnen:

$$\frac{3}{2} m_1 \ddot{x}_1 + 2k\,x_1 - k\frac{r_1}{r_2} x_2 = m_1 g \sin\alpha$$

$$m_2 \ddot{x}_2 - k\frac{r_1}{r_2} x_1 + k\Big(\frac{r_1}{r_2}\Big)^2 x_2 = m_2 g$$

Matrizenschreibweise

$$\begin{bmatrix} \frac{3}{2} m_1 & 0 \\ 0 & m_2 \end{bmatrix} \begin{bmatrix} \ddot{x}_1 \\ \ddot{x}_2 \end{bmatrix} + \begin{bmatrix} 2k & -k\frac{r_1}{r_2} \\ -k\frac{r_1}{r_2} & k\Big(\frac{r_1}{r_2}\Big)^2 \end{bmatrix} \begin{bmatrix} x_1 \\ x_2 \end{bmatrix} = \begin{bmatrix} m_1 g \sin\alpha \\ m_2 g \end{bmatrix}$$

Aufgabe 32.7:

Ein Mechanismus besteht aus zwei dünnen homogenen Stangen (Längen l, Massen m), die im Verbindungsgelenk B mit einer Spiralfeder (Drehfedersteifigkeit k_φ) gegeneinander elastisch abgestützt sind. Die Drehfeder ist in der Lage $\varphi = 0$ momentenfrei. Der Mechanismus ist in A mit einem Festlager und in C mit einem Loslager gelagert. Im Verbindungsgelenk B greift eine vorgegebene horizontale Kraft $F_B(t)$ an. Das ganze System liegt in einer horizontalen Ebene (Gewicht spielt keine Rolle).

Ermitteln Sie mit dem Formalismus von LAGRANGE (LAGRANGEsche Gleichungen zweiter Art) die Bewegungsgleichung $\ddot{\varphi} = f(\dot{\varphi}, \varphi, F_B(t))$.

Gegeben: $l,\ m,\ k_\varphi,\ F_B(t)$

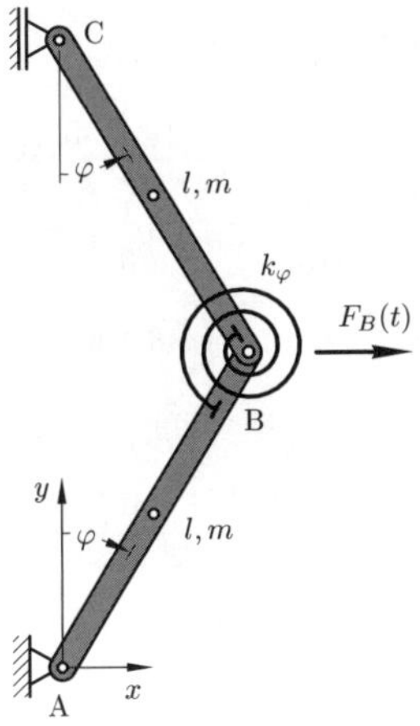

Bild A32.7: Hebelmechanismus mit Feder

Lösung der Aufgabe 32.7:

Kinematik:

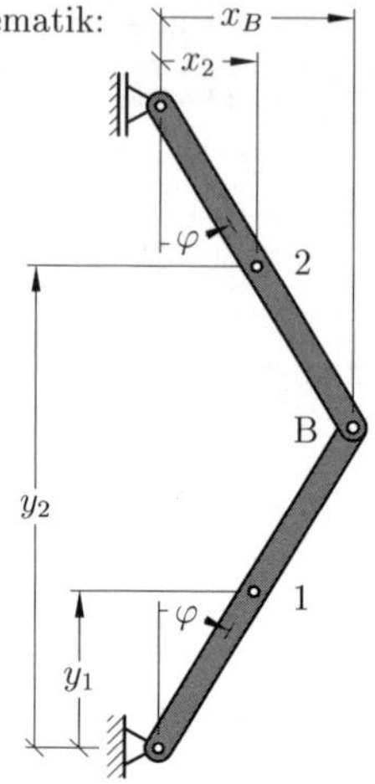

$$x_1 = \frac{l}{2}\sin\varphi, \qquad \dot{x}_1 = \frac{l}{2}\dot{\varphi}\cos\varphi$$

$$y_1 = \frac{l}{2}\cos\varphi, \qquad \dot{y}_1 = -\frac{l}{2}\dot{\varphi}\sin\varphi$$

$$x_2 = x_1, \qquad y_2 = 3\,y_1$$

$$\dot{x}_B = l\,\dot{\varphi}\cos\varphi$$

Massengeometrie:

$$\Theta = \frac{1}{12}m\,l^2$$

Potentielle Energie:

$$U = \frac{1}{2}k_\varphi(2\,\varphi)^2 = 2\,k_\varphi\,\varphi^2$$

Generalisierte Kräfte:

$$Q^*_\varphi = F_B\,\frac{\partial \dot{x}_B}{\partial\dot{\varphi}} = F_B\,l\cos\varphi$$

Kinetische Energie:

$$T = \frac{1}{2}m\left(\dot{x}_1^2+\dot{y}_1^2\right) + \frac{1}{2}m\left(\dot{x}_2^2+\dot{y}_2^2\right) + 2\,\frac{1}{2}\Theta\,\dot{\varphi}^2 =$$

$$= \left[\frac{1}{2}m\,l^2\left(\frac{1}{4}\cos^2\varphi+\frac{1}{4}\sin^2\varphi\right) + \frac{1}{2}m\,l^2\left(\frac{1}{4}\cos^2\varphi+\frac{9}{4}\sin^2\varphi\right) + 2\,\frac{1}{2}\Theta\right]\dot{\varphi}^2 =$$

$$= m\,l^2\left(\frac{1}{3}+\sin^2\varphi\right)\dot{\varphi}^2$$

LAGRANGEsche Funktion:

$$L = T - U = m\,l^2\left(\frac{1}{3}+\sin^2\varphi\right)\dot{\varphi}^2 - 2\,k_\varphi\,\varphi^2$$

Ableitungen:

$$\frac{\partial L}{\partial\varphi} = -4\,k_\varphi\,\varphi + 2\,m\,l^2\sin\varphi\cos\varphi\,\dot{\varphi}^2$$

$$\frac{\partial L}{\partial\dot{\varphi}} = \frac{\partial T}{\partial\dot{\varphi}} = 2\,m\,l^2\left(\frac{1}{3}+\sin^2\varphi\right)\dot{\varphi}$$

$$\frac{d}{dt}\frac{\partial L}{\partial\dot{\varphi}} = 2\,m\,l^2\left(\frac{1}{3}+\sin^2\varphi\right)\ddot{\varphi} + 2\,m\,l^2\left(2\sin\varphi\cos\varphi\right)\dot{\varphi}^2$$

Bewegungsgleichung:

$$2\,m\,l^2\left(\frac{1}{3}+\sin^2\varphi\right)\ddot{\varphi} + 2\,m\,l^2\sin\varphi\cos\varphi\,\dot{\varphi}^2 + 4\,k_\varphi\,\varphi = F_B\,l\cos\varphi$$

Kapitel 33

Stichwortverzeichnis

Weitere Bücher des Autors sind im selben Verlag erschienen:

MARKERT, R.: **Dynamik**, Teil B der Technischen Mechanik;
Shaker Verlag, Aachen, 2013, ISBN 978-3-8440-2080-9

MARKERT, R.: **Strukturdynamik**;
Shaker Verlag, Aachen, 2013, ISBN 978-3-8440-2098-4